Ernest Rutherford

Radioaktive Umwandlungen

Ernest Rutherford

Radioaktive Umwandlungen

ISBN/EAN: 9783957007476

Auflage: 1

Erscheinungsjahr: 2015

Erscheinungsort: Norderstedt, Deutschland

Hergestellt in Europa, USA, Kanada, Australien, Japan
Verlag der Wissenschaften in Hansebooks GmbH, Norderstedt

Cover: Foto ©Bernd Kasper / pixelio.de

DIE WISSENSCHAFT

Sammlung naturwissenschaftlicher und mathematischer Monographien

===== Heft 21 =====

RADIOAKTIVE UMWANDLUNGEN

VON

E. RUTHERFORD

PROFESSOR DER PHYSIK AN DER MC GILL UNIVERSITÄT IN MONTREAL

ÜBERSETZT VON **M. LEVIN**

MIT 53 EINGEDRUCKTEN ABBILDUNGEN

BRAUNSCHWEIG
DRUCK UND VERLAG VON FRIEDRICH VIEWEG UND SOHN
1907

ANKÜNDIGUNG.

Der vorliegende Band der „Wissenschaft" enthält die Übersetzung einer Vortragsreihe von Professor E. Rutherford, deren englisches Original im November vorigen Jahres erschienen ist. Das Buch gibt in leicht verständlicher Form einen umfassenden Überblick über unsere gegenwärtige Kenntnis der Radioaktivität. In übersichtlicher Darstellung werden die Prozesse, die sich in den radioaktiven Elementen abspielen, an der Hand der von dem Verfasser entwickelten Theorie des Atomzerfalls behandelt; die mannigfaltigen Erscheinungen, die bei der Umwandlung des Radiums auftreten, erfahren eine besonders eingehende Besprechung.

Die Vorträge waren für eine Zuhörerschaft bestimmt, die sich nur zu einem Teil aus Fachgelehrten zusammensetzte. Daher sind die allgemein interessanten Folgerungen, zu denen die Forschungen auf dem Gebiete der Radioaktivität geführt haben, sehr ausführlich behandelt worden; es findet sich im zweiten Teile des Buches eine fesselnde Darstellung der wichtigen Rolle, welche die radioaktiven Elemente in dem Haushalte unseres Planeten spielen, speziell der großen Bedeutung, die sie für den elektrischen Zustand der Atmosphäre und für das Wärmegleichgewicht der Erde haben.

Der schnellen Entwickelung, deren sich die junge Wissenschaft der Radioaktivität erfreut, ist durch Zusätze und Anmerkungen Rechnung getragen; das Buch enthält den Bericht über einige an anderer Stelle noch nicht veröffentlichte Forschungsergebnisse.

Schon der Name des Verfassers, an den eine große Reihe der wichtigsten Entdeckungen auf dem Gebiete der Radioaktivität geknüpft sind, wird dem Buche eine freundliche Aufnahme sichern.

Braunschweig, im Mai 1907.

Friedrich Vieweg und Sohn.

DIE WISSENSCHAFT

SAMMLUNG
NATURWISSENSCHAFTLICHER UND MATHEMATISCHER
MONOGRAPHIEN

EINUNDZWANZIGSTES HEFT

RADIOAKTIVE UMWANDLUNGEN

VON

E. RUTHERFORD

PROFESSOR DER PHYSIK AN DER MC GILL UNIVERSITÄT IN MONTREAL

ÜBERSETZT VON **M. LEVIN**

MIT 53 EINGEDRUCKTEN ABBILDUNGEN

BRAUNSCHWEIG
DRUCK UND VERLAG VON FRIEDRICH VIEWEG UND SOHN
1907

RADIOAKTIVE UMWANDLUNGEN

VON

E. RUTHERFORD

PROFESSOR DER PHYSIK AN DER MC GILL UNIVERSITÄT IN MONTREAL

ÜBERSETZT VON **M. LEVIN**

MIT 53 EINGEDRUCKTEN ABBILDUNGEN

BRAUNSCHWEIG
DRUCK UND VERLAG VON FRIEDRICH VIEWEG UND SOHN
1907

THE SILLIMAN FOUNDATION.

In the year 1883 a legacy of eighty thousand dollars was left to the President and Fellows of Yale College in the city of New Haven to be held in trust, as a gift from her children, in memory of their beloved and honored mother Mrs. Hepsa Ely Silliman.

On this foundation Yale College was requested and directed to establish an annual course of lectures designed to illustrate the presence and providence, the wisdom and goodness of God, as manifested in the natural and moral world. These were to be designated as the Mrs. Hepsa Ely Silliman Memorial Lectures. It was the belief of the testator that any orderly presentation of the facts of nature or history contributed to the end of this foundation more effectively than any attempt to emphasize the elements of doctrine or of creed; and he therefore provided that lectures on dogmatic or polemical theology should be excluded from the scope of this foundation, and that the subjects should be selected rather from the domains of natural science and history, giving special prominence to astronomy, chemistry, geology, and anatomy.

It was further directed that each annual course should be made the basis of a volume to form part of a series constituting a memorial to Mrs. Silliman. The memorial fund came into the possession of the Corporation of Yale University in the year 1902; and the present volume constitutes the third of the series of memorial lectures.

PREFACE.

The present work contains the subject matter of eleven lectures delivered under the Silliman Foundation at Yale University, March, 1905.

I chose as the subject of my lectures the most recent and at the same time the most interesting development of Radioactivity, namely the transformations which are continuously taking place in radioactive matter. While dealing fully with this aspect of the subject, it was necessary for clearness to give some account of radioactive phenomena in general, although with much less completeness than in my previous book on Radioactivity.

In arranging the chapters of the present volume, the order in which the subject was dealt with in the lectures has been closely followed, but as our knowledge of the subject is increasing so rapidly, I have thought it desirable to incorporate the results of the many important investigations which have been made since the lectures were delivered. This is especially the case in the chapter dealing with the α-rays, to which much attention has been devoted in the past year on account of the important part they play in radioactive transformations.

In a rapidly growing subject like Radioactivity, it is very difficult to arrange that the subject matter of a book will be completely up-to-date at the moment of publication;

as some months have elapsed since the appearance of the English edition, it has been thought desirable to make a brief reference, in the form of footnotes, to the more important advances made in the interval.

In presenting this book to the German public, it is an added satisfaction to me that the translation has been undertaken by my friend Dr. Max Levin of Göttingen, who spent a year with me in the Laboratory at Montreal. I feel confident that in his hands the work of translation will be ably and efficiently done.

Montreal, March 8th 1907.

E. Rutherford.

VORBEMERKUNG ZUR DEUTSCHEN AUSGABE.

Herr Professor Rutherford hat die Liebenswürdigkeit gehabt, die vorliegende deutsche Übersetzung seiner Silliman-Vorlesungen durch einige Zusätze zu ergänzen, die über die neuesten Ergebnisse der Forschung berichten. Die durch * gekennzeichneten Anmerkungen sind von dem Übersetzer hinzugefügt.

Göttingen, 8. April 1907.

M. Levin.

INHALTSVERZEICHNIS.

	Seite
The Silliman Foundation	V
Preface	VI
Vorbemerkung zur deutschen Ausgabe	VII
Inhaltsverzeichnis	VIII
Kap. 1. Historische Einleitung	1
„ 2. Die radioaktiven Umwandlungen des Thoriums	39
„ 3. Die Radiumemanation	72
„ 4. Die Umwandlungen des aktiven Niederschlages des Radiums	96
„ 5. Der langsam sich umwandelnde aktive Niederschlag des Radiums	122
„ 6. Ursprung und Lebensdauer des Radiums	146
„ 7. Die Umwandlungsprodukte des Uraniums und Aktiniums und der Zusammenhang zwischen den Radioelementen	160
„ 8. Die Entstehung von Helium aus Radium und die Umwandlung der Materie	177
„ 9. Die Radioaktivität der Erde und der Atmosphäre	194
„ 10. Die Eigenschaften der α-Strahlen	217
„ 11. Radioaktive Prozesse im Lichte physikalischer Anschauungen	255
Register	277

Radioaktive Umwandlungen.

Erstes Kapitel.

Historische Einleitung.

Das letzte Jahrzehnt war eine sehr fruchtbare Periode für die Physik; in schneller Folge haben sich Entdeckungen von weittragendster Bedeutung und höchstem Interesse aneinandergereiht. Obwohl diese Untersuchungen sich auf sehr verschiedenen Gebieten bewegten, so stehen sie doch, wie eine genauere Prüfung zeigt, in sehr engem Zusammenhange; jede Entdeckung stellte zugleich einen Ausgangspunkt dar, von dem aus die Forschung weiterschreiten konnte.

Die Entwickelung ging so schnell vor sich, daß es selbst für die, die direkt an den Untersuchungen teilnahmen, schwer war, sofort die volle Bedeutung der zutage geförderten Ergebnisse zu übersehen. In besonderem Maße war dies auf dem Gebiete der Radioaktivität der Fall, wo die beobachteten Erscheinungen so verwickelt, und die Gesetze, die sie beherrschen, so ungewöhnlich sind, daß, um sie zu verstehen, neue Vorstellungen geschaffen werden mußten.

Den Ausgangspunkt dieser Epoche der Physik bildeten Röntgens Entdeckung der X-Strahlen im Jahre 1895 und Lenards Kathodenstrahlen-Versuche. Die außergewöhnlichen Eigenschaften der X-Strahlen zogen sofort die Aufmerksamkeit der wissenschaftlichen Welt auf sich und führten zu einer Reihe von Untersuchungen, deren Gegenstand es nicht allein war, die Eigenschaften der Strahlen selbst zu prüfen, sondern auch über die eigentliche Natur der Strahlen und ihren Ursprung Aufschluß zu verschaffen.

Diese letzte Frage führte zu einer viel genaueren Untersuchung der Kathodenstrahlen in der Vakuumröhre; denn man fand, daß zwischen diesen Strahlen und der Entstehung der Röntgenstrahlen ein gewisser enger Zusammenhang bestand. Im Jahre 1897 gelang es J. J. Thomson, endgültig zu beweisen, daß die Kathodenstrahlen aus einem Strom von Partikeln bestehen, die negativ geladen sind und sich mit großer Geschwindigkeit fortbewegen. Diese Teilchen haben eine scheinbare Masse von nur etwa $1/1800$ der des Wasserstoffatoms und stellen somit die kleinsten bisher bekannten Körper dar. Diese Korpuskeln oder „Elektronen", wie sie genannt werden, sind offenbar ein Bestandteil aller Materie, und man nimmt an, daß aus diesen kleinsten Teilchen die Atome zusammengesetzt sind.

Diese Elektronenhypothese ist außerordentlich fruchtbar gewesen und hat bereits in hohem Maße frühere Anschauungen über die Konstitution der Materie umgestaltet, oder vielmehr erweitert. Sie hat auf vielen Gebieten der Physik der Forschung weite Arbeitsfelder erschlossen und hat die Wissenschaft gewissermaßen mit einem Mikroskop versehen, das den Aufbau der chemischen Atome zu untersuchen erlaubt. J. J. Thomson hat die Frage der Stabilität von Atomen, die aus einer Anzahl rotierender Elektronen zusammengesetzt sind, mathematisch behandelt und gezeigt, daß diese fingierten Atommodelle in bemerkenswerter Weise einige der fundamentalen Eigenschaften der chemischen Atome aufweisen.

Der Beweis dafür, daß die Kathodenstrahlen korpuskularer Natur sind, wies sofort auf eine Erklärung des Ursprungs und der Natur der X-Strahlen hin. Stokes, J. J. Thomson und Wiechert kamen unabhängig voneinander zu der Annahme, daß die Kathodenstrahlen die X-Strahlen erzeugen. Das plötzliche Anhalten der Elektronen im Kathodenstrom verursacht eine starke elektromagnetische Störung, die von dem Auftreffpunkte mit Lichtgeschwindigkeit ausgeht. Von diesem Gesichtspunkte aus stellen die X-Strahlen eine Anzahl unzusammenhängender Impulse dar, die einander schnell, aber ohne bestimmte Ordnung folgen. Sie gleichen in gewisser Beziehung sehr kurzen Wellen ultravioletten Lichtes, unterscheiden sich aber von diesen dadurch, daß die Impulse nicht periodisch sind. Das Durchdringungsvermögen der X-Strahlen und das Fehlen der direkten Reflexion, der Brechung und Polarisation, ergeben sich als Folgerungen dieser Theorie, wenn die Impulsbreite im Vergleich zu dem Atomdurchmesser klein ist. Einen einfachen, ausgezeichneten Bericht über die Natur und die Eigenschaften solcher Impulse hat J. J. Thomson[1]) in den Sillimanvorlesungen von 1903 gegeben.

Inzwischen war eine andere bemerkenswerte Eigenschaft der X-Strahlen eingehend untersucht worden. Der Durchgang von X-Strahlen durch ein Gas teilt diesem die Fähigkeit mit, einen elektrisierten Körper schnell zu entladen. Dieses wurde in zufriedenstellender Weise durch die Hypothese erklärt, daß die Strahlen in dem elektrisch neutralen Gase eine Anzahl positiv oder negativ geladener Teilchen oder Ionen bilden[2]). Die Untersuchung dieser Erscheinungen geschah nach zwei verschiedenen Methoden, der elektrischen und der optischen. C. T. R. Wilson[3]) fand, daß unter gewissen Bedingungen die Ionen, die von den X-Strahlen in dem Gase gebildet werden, Kerne für die Kondensation von Wasserdampf werden. Jedes Ion wird so das Zentrum eines sichtbaren, geladenen Wassertröpfchens, das sich unter dem Einfluß eines elektrischen Feldes bewegt. Versuche dieser Art bestätigten in bemerkenswerter Weise die Fundamentalanschauungen der Ionentheorie und ließen deutlich die diskontinuierliche oder atomistische Struktur der Elektrizitätsträger erkennen.

Aus Versuchen über die Diffusion der Ionen in Gasen leitete Townsend[4]) die wichtige Tatsache ab, daß die Ladung eines Gasions in allen Fällen dieselbe ist, die ein Wasserstoffatom bei der Elektrolyse des Wassers trägt. Durch eine Kombination der elektrischen mit der optischen Methode fand J. J. Thomson[5]) den wirklichen Wert der von einem Ion transportierten Ladung.

Die Bestimmung dieser wichtigen physikalischen Konstanten erlaubt sofort, die Ionen zu zählen, die in jedem beliebigen Volumen eines Gases, das dem Einfluß eines Ionisators ausgesetzt worden ist, vorhanden sind. Diese Bestimmung ermöglicht

---

[1]) J. J. Thomson, Elektrizität und Materie. (Friedr. Vieweg und Sohn, Braunschweig 1904.)

[2]) J. J. Thomson und E. Rutherford, Phil. Mag., Nov. 1896.

[3]) C. T. R. Wilson, Phil. Trans., p. 265, 1897; p. 403, 1899; p. 289, 1900.

[4]) Townsend, Phil. Trans. A, 129 (1899).

[5]) J. J. Thomson, Phil. Mag., Dez. 1898; März 1903.

ferner die genaueste Berechnung der Anzahl der Moleküle, die in einem Kubikzentimeter irgend eines Gases bei 0^0 und 760 mm enthalten sind. Diese Zahl, die sich lediglich auf experimentelle Daten stützt, ist, wie wir sehen werden, in der Radioaktivität für die Berechnung verschiedenartiger Größen von dem größten Werte.

Die Ionentheorie der Gase wurde ferner erfolgreich angewandt, um die Leitfähigkeit von Flammen und erhitzten Dämpfen zu erklären, und um die verwickelten Erscheinungen aufzuklären, die bei der Elektrizitätsentladung durch eine Vakuumröhre beobachtet werden. Dieses fesselnde und umfangreiche Gebiet physikalischer Forschung verdankt seine erste Bearbeitung und einen großen Teil seiner Entwickelung Professor J. J. Thomson und den Schülern, die unter seiner Leitung in Cambridge im Cavendish Laboratory gearbeitet haben.

Von theoretischer Seite waren die Möglichkeiten, die eine Ionen- oder Elektronentheorie der Materie bietet, bereits lange vor ihrer experimentellen Bestätigung erkannt. Die hervorragendsten Führer auf diesem Gebiete waren Lorentz und Larmor, deren Theorien unter anderem dazu dienten, den Mechanismus der Strahlung zu erklären.. Zeemans Entdeckung, daß ein magnetisches Feld die Spektrallinien verschiebt, lieferte eine wertvolle Bestätigung der allgemeinen Theorie, denn die beobachteten experimentellen Ergebnisse waren zum großen Teil durch die Lorentzsche Theorie vorausgesagt worden. Es wurde ferner nachgewiesen, daß das Ion, dessen Bewegungen zu der Aussendung von Strahlen Anlaß geben, eine Masse von etwa derselben Größe besitzt, wie die von J. J. Thomson untersuchte Korpuskel der Kathodenstrahlen. Ergebnisse dieser Art dehnten sofort die Anwendung der Ionentheorie auf die Materie im allgemeinen aus, und obwohl auf diesem Gebiete noch viel zu tun bleibt, hat sich die Elektronentheorie doch bereits als ein wertvolles Hilfsmittel für die Aufklärung der Beziehungen erwiesen, die zwischen einigen der kompliziertesten physikalischen Erscheinungen bestehen.

Die Bewegung, die durch Röntgens Entdeckung angeregt wurde, hatte unerwarteterweise noch wichtigere Folgen in einer ganz anderen Richtung. Unmittelbar nach der Entdeckung der X-Strahlen dachte man, daß die Aussendung dieser Strahlen in irgend einer Weise mit der Phosphoreszenz zusammenhinge, die durch Kathodenstrahlen auf den Wänden einer Vakuumröhre erzeugt wird. Verschiedenen Forschern kam daher der Gedanke, daß die Substanzen, die unter dem Einfluß des Lichtes phosphoreszieren, die Eigenschaft besitzen könnten, eine Art durchdringender Strahlen, ähnlich den X-Strahlen, auszusenden. Wir wissen jetzt, daß diese Spekulation auf keinem sicheren Boden ruhte, sie lieferte jedoch den Anstoß, Substanzen nach dieser Richtung hin zu untersuchen und führte bald zu einer Entdeckung von weittragender Bedeutung.

Henri Becquerel[1]), ein ausgezeichneter französischer Physiker, untersuchte, diese Idee verfolgend, unter anderen Substanzen eine phosphoreszierende Uraniumverbindung, das Doppelsulfat von Uranium und Kalium, hinsichtlich ihrer Wirkung auf eine in schwarzes Papier gewickelte photographische Platte. Es wurde eine Schwärzung der Platte beobachtet, woraus hervorging, daß die Uraniumverbindung Strahlen aussendet, die imstande sind, eine Materie zu durchdringen, die für das gewöhnliche Licht undurchlässig ist. Es zeigte sich jedoch bald, daß diese Eigenschaft in keiner Weise mit der Phosphoreszenz zusammenhing, denn die Fähigkeit, auf die photographische Platte einzuwirken, fand sich bei allen Verbindungen des Uraniums und bei dem Metall selbst, auch wenn es für lange Zeit im Dunkelzimmer aufbewahrt gewesen war.

Das Durchdringungsvermögen der vom Uranium ausgesandten Strahlen war ungefähr ebenso groß wie das der X-Strahlen. Man dachte zuerst, daß die Uraniumstrahlen sich von den X-Strahlen dadurch unterschieden, daß sie die Eigenschaft der Reflexion, Refraktion und Polarisation besäßen; aber diese Annahme erwies sich später als unrichtig.

Becquerel beobachtete, daß die Uraniumstrahlen neben ihrer Wirkung auf die photographische Platte, wie die X-Strahlen, die Fähigkeit besitzen, einen elektrisch geladenen Körper zu entladen. Diese Eigenschaft der Strahlen wurde später im einzelnen durch den Verfasser[2]) untersucht, welcher fand, daß dieser Entladungs-

---

[1]) Becquerel, Compt. rend. **122**, 420, 501, 559, 689, 762, 1086 (1896).

[2]) Rutherford, Phil. Mag., Jan. 1899.

vorgang durch die Annahme erklärt werden kann, daß das Gas durch den Durchgang der Strahlen ionisiert wird. Die Ionen erwiesen sich als identisch mit den durch die X-Strahlen erzeugten, und die Ionentheorie konnte daher direkt zur Erklärung der verschiedenen durch die Uraniumstrahlen hervorgerufenen Entladungserscheinungen angewandt werden. Zu gleicher Zeit wurde nachgewiesen, daß die Uraniumstrahlen aus zwei verschiedenen Arten bestehen, die α- und β-Strahlen genannt wurden. Die ersteren werden leicht in Luft und dünnen Schichten von Metallfolie absorbiert, während die letzteren ein viel größeres Durchdringungsvermögen besitzen.

Die Intensität der Uraniumstrahlen ist konstant, wie sowohl nach der elektrischen wie photographischen Untersuchungsmethode nachgewiesen ist; jedenfalls ändert sie sich nur außerordentlich langsam, denn im Verlauf mehrerer Jahre ist keine merkliche Veränderung zu beobachten. Die photographischen und elektrischen Wirkungen des Uraniums sind, verglichen mit denen der gewöhnlichen X-Strahlen, sehr schwach. Um irgend eine deutliche Einwirkung auf der Platte hervorzurufen, ist es erforderlich, diese mindestens einen Tag lang der Strahlung eines Uraniumsalzes auszusetzen.

Unter „Radioaktivität" versteht man jetzt allgemein die Eigenschaft gewisser Substanzen, wie Uranium, Thorium und Radium, spontan besondere Strahlenarten auszusenden, die imstande sind, auf die photographische Platte zu wirken und elektrisch geladene Körper zu entladen. Mit dem Ausdruck „Aktivität" einer Substanz bezeichnet man die Stärke der elektrischen oder irgend einer anderen Wirkung ihrer Strahlen, verglichen mit der Wirkung einer Normalsubstanz. Uranium wird in der Regel wegen der Konstanz seiner Aktivität als Vergleichssubstanz gewählt; gewöhnlich versteht man unter der Aktivität einer Substanz das Verhältnis ihrer elektrischen Wirkung zu der eines Präparates von metallischem Uranium oder von Uraniumoxyd, welches bei gleichem Gewicht eine gleich große Fläche bedeckt. Wenn zum Beispiel gesagt wird, daß die Aktivität des Radiums zwei Millionen beträgt, so ist damit gemeint, daß der von einer bestimmten Menge Radium hervorgerufene elektrische Effekt zwei Millionen Mal so groß ist wie der einer gleichen Gewichtsmenge Uranium, die eine gleich große Fläche bedeckt.

Obwohl die Eigenschaft des Uraniums, ohne eine bemerkbare Veränderung zu erfahren, spontan Energie auszusenden, notwendigerweise als eine höchst beachtenswerte Erscheinung angesehen werden mußte, so ist doch das Maß der von dem Uranium ausgesandten Energie so gering, daß diese Erscheinung nicht dieselbe Aufmerksamkeit erfuhr, die später durch die Entdeckung des Radiums geweckt wurde. Diese Substanz besitzt die Eigenschaften des Uraniums in so hohem Grade, daß ihre Bedeutung sich nicht nur der wissenschaftlichen Welt, sondern auch dem Laien aufdrängte.

Kurz nach Becquerels Entdeckung unternahm Mme. Curie[1]) eine Untersuchung verschiedener Substanzen auf ihre Radioaktivität und fand, daß das Element Thorium ähnliche Eigenschaften wie Uranium besitzt, und fast ebenso stark aktiv ist. Diese Tatsache wurde unabhängig auch von Schmidt[2]) beobachtet. Es folgte dann eine Untersuchung der in der Natur vorkommenden Mineralien, die Thorium und Uranium enthalten, und hier ergab sich ein unerwartetes Resultat. Einige dieser Mineralien zeigten sich mehrere Male so stark aktiv wie reines Uranium oder Thorium, und in allen Fällen war die Aktivität der Uraniummineralien vier- bis fünfmal größer, als nach dem Uraniumgehalt zu vermuten gewesen wäre. Mme. Curie fand, daß die Radioaktivität des Uraniums eine atomistische Eigenschaft ist, d. h., daß die beobachtete Aktivität nur von dem Betrage des vorhandenen Uraniums selbst abhängt und sich nicht ändert, wenn das Uranium chemische Verbindungen eingeht. Mit Rücksicht hierauf konnte die starke Aktivität der Uraniummineralien nur durch die Annahme erklärt werden, daß in ihnen eine noch unbekannte Substanz enthalten war, die viel stärker aktiv war, als Uranium selbst.

Im Vertrauen auf die Richtigkeit dieser Hypothese unternahm Mme. Curie den kühnen Versuch, diese unbekannte aktive Substanz chemisch aus den Uraniummineralien abzuscheiden. Durch das Entgegenkommen der österreichischen Regierung erhielt sie eine Tonne Uraniumabfälle aus dem staatlichen Bergwerk in Joachimstal in Böhmen. In der Umgegend von Joachimstal

---

[1]) Mme. Curie, Compt. rend. 126, 1101 (1898).
[2]) G. C. Schmidt, Ann. d. Phys. 65, 141 (1898).

finden sich ausgedehnte Lager von Uraninit, gewöhnlich Pechblende genannt, die wegen des Uraniums, das sie enthalten, ausgebeutet werden. Diese Pechblende besteht hauptsächlich aus Uranium, enthält aber auch geringe Mengen einer Anzahl seltener Elemente.

Als Führer für die Trennung der aktiven Substanz benutzte Mme. Curie ein geeignetes Elektroskop, mit dem die durch die aktive Substanz hervorgerufene Ionisation gemessen wurde. Nach jeder Fällung wurde die Aktivität der Fällung und des Filtrates getrennt untersucht, und auf diesem Wege war es möglich, festzustellen, ob die aktive Substanz wesentlich gefällt oder in der Lösung geblieben war.

Die elektrische Methode diente so als ein Hilfsmittel, um qualitative und quantitative Analysen schnell auszuführen. Mme. Curie fand auf diese Weise, daß nicht eine, sondern zwei sehr stark aktive Substanzen in den Uraniumrückständen vorhanden waren. Die erste, die mit Wismut abgeschieden wurde, nannte sie zu Ehren ihres Heimatlandes Polonium [1]), die zweite, die dem Baryum folgte, Radium [2]). Die Wahl dieses Namens entsprang einer glücklichen Eingebung, denn das Strahlungsvermögen dieser Substanz ist etwa zwei Millionen Mal so groß wie das des Uraniums. Mme. Curie schritt dann zu dem mühsamen Werk, das Radium vom Baryum zu trennen, und es gelang ihr schließlich, eine kleine Menge von wahrscheinlich reinem Radiumchlorid zu erhalten. Für das Atomgewicht des Radiums wurde die Zahl 225 gefunden. Das Spektrum des Radiums, das zuerst von Demarçay untersucht wurde, besteht aus einer Anzahl heller Linien und ist in vieler Beziehung dem der Erdalkalien analog.

Nach seinem chemischen Verhalten ist das Radium dem Baryum eng verwandt, von dem es jedoch wegen des Unterschiedes, der in der Löslichkeit der Chloride und Bromide besteht, vollständig getrennt werden kann. Mit Rücksicht auf die geringen Mengen von Radiumsalzen, die zur Verfügung stehen, und wegen ihrer Kostspieligkeit, ist bisher nicht versucht, das Radium im metallischen Zustande herzustellen. Marckwald [3]) hat jedoch

---

[1]) Mme. Curie, Compt. rend. **127**, 175 (1898).
[2]) M. und Mme. Curie und G. Bemont, Compt. rend. **127**, 1215 (1898).
[3]) Marckwald, Ber. d. d. chem. Ges., Nr. 1, S. 88 (1904).

eine Radiumlösung unter Verwendung einer Quecksilberkathode elektrolysiert und gefunden, daß das metallische Radium mit dem Quecksilber, in derselben Weise wie Baryum, ein Amalgam bildet. Die geringe Menge des so erhaltenen Metalls zeigte die charakteristischen Strahlungseigenschaften der Radiumverbindungen.

Es kann nicht der geringste Zweifel darüber bestehen, daß metallisches Radium radioaktiv sein wird; denn die Radioaktivität ist eine Eigenschaft der Atome und nicht der Moleküle. Außerdem besitzen Uranium und Thorium im metallischen Zustande die Aktivität, die nach der Aktivität ihrer Verbindungen zu erwarten ist.

Radium kommt nur in sehr geringen Mengen in radioaktiven Mineralien vor. Wir werden später sehen, daß in verschiedenartigen Mineralien der Radiumgehalt immer dem Uraniumgehalt proportional ist. Der Radiumbetrag per Tonne Uranium ist etwa 0,35 Gramm, oder weniger als ein Teil in einer Million Teilen des Minerals. Aus einer Tonne Joachimstaler Pechblende, die etwa 50 Proz. Uranium enthält, sollten sich ungefähr 0,17 g Radium gewinnen lassen.

Um das Radium vom Baryum, mit dem es gemischt war, zu trennen, wandte Mme. Curie die Methode der fraktionierten Kristallisation der Chloride an. Giesel[1]) fand, daß durch Verwendung der Bromide anstatt der Chloride die Trennung von Radium und Baryum sehr erleichtert wird. Er gibt an, daß sechs Kristallisationen fast vollständig genügen, um das Radium von dem Baryum zu trennen.

Die Entdeckung des Radiums regte lebhaft dazu an, radioaktive Mineralien auf die Anwesenheit anderer radioaktiver Substanzen zu untersuchen. Debierne[2]) gelang es, einen neuen radioaktiven Körper aufzufinden, den er „Aktinium" nannte. Giesel[1]) beobachtete unabhängig von Debierne das Vorhandensein eines neuen radioaktiven Körpers, den er „Emanationskörper" und später „Emanium" nannte, weil der Körper in großen Mengen eine radioaktive Emanation produziert. Neuere Arbeiten haben gezeigt, daß die von Debierne und Giesel abgeschiedenen Substanzen in bezug auf radioaktive Eigenschaften identisch sind

---

[1]) Giesel, Ber. d. d. chem. Ges., S. 3608 (1902); S. 342 (1903).
[2]) Debierne, Compt. rend. 129, 593 (1899); 130, 206 (1900).

und dasselbe Element enthalten müssen. Hofmann und Strauss[1]) trennten eine aktive Substanz ab, welche mit Blei zusammen ausfiel, und die sie „Radioblei" nannten, während Marckwald[2]) später aus Resten von Pechblende eine außerordentlich aktive Substanz erhielt, die er „Radiotellurium" nannte, da sie anfänglich mit Tellurium abgeschieden wurde.

Außer Radium hat man bisher keinen dieser aktiven Körper rein darstellen können. Wir werden später sehen, daß das aktive Element in dem Radiotellurium von Marckwald fast sicher mit dem identisch ist, welches in Mme. Curies Polonium enthalten ist. Wir werden auch sehen, daß die im Radioblei und Radiotellurium enthaltenen aktiven Elemente in Wirklichkeit aus dem in der Pechblende enthaltenen Radium entstanden sind, oder mit anderen Worten, daß beide Produkte der Umwandlung des Radiumatoms sind.

Die Möglichkeit, sehr aktive Radiumpräparate als Strahlenquelle zu benutzen, führte zu einer genaueren Untersuchung der Natur der intensiven Strahlen, die vom Radium ausgesandt werden. Giesel[3]) beobachtete 1899, daß die durchdringenden Strahlen, welche als β-Strahlen bekannt sind, in einem magnetischen Felde nach derselben Richtung abgelenkt werden wie die Kathodenstrahlen, wodurch gezeigt ist, daß sie aus negativen Partikeln bestehen, welche mit großer Geschwindigkeit von der aktiven Substanz ausgeschleudert werden.

Dies wurde durch Experimente von Becquerel[4]) bestätigt, welcher die Ablenkung eines Strahlenbündels in elektrischen und magnetischen Feldern untersuchte. Seine Resultate zeigten, daß die β-Partikeln dieselbe geringe Masse haben wie die Partikeln des Kathodenstromes, dessen korpuskulare Natur schon vorher durch J. J. Thomson bewiesen war. Die β-Partikel ist in der Tat identisch mit dem Elektron, welches durch die elektrische Entladung in der Vakuumröhre in Freiheit gesetzt wird.

Die β-Partikeln werden von dem Radium mit verschiedenen Geschwindigkeiten ausgeschleudert, ihre Durchschnittsgeschwindigkeit ist jedoch viel größer als die des Elektrons in der Vakuum-

---

[1]) Hofmann u. Strauss, Ber. d. d. chem. Ges., S. 3035 (1901).
[2]) Marckwald, Ebend. S. 2662 (1903).
[3]) Giesel, Ann. d. Phys. 69, 834 (1899).
[4]) Becquerel, Compt. rend. 130, 809 (1900).

röhre und kommt in vielen Fällen nahe an die Geschwindigkeit des Lichtes heran. Diese Eigenschaft des Radiums, einen Strom von β-Partikeln verschiedener Geschwindigkeit auszusenden, wurde später von Kaufmann[1]) benutzt, um die Änderung der Masse der β-Partikeln mit der Geschwindigkeit zu bestimmen. J. J. Thomson hatte 1887 gezeigt, daß ein bewegter geladener Körper vermöge seiner Bewegung elektrische Masse besitzt. Die Theorie dieser Erscheinung wurde später von Heaviside, Searle, Abraham und anderen entwickelt.

Die fortbewegte Ladung wirkt wie ein elektrischer Strom, ein magnetisches Feld wird um den Körper herum erzeugt und bewegt sich mit ihm fort. Magnetische Energie wird in dem Medium, das den geladenen Körper umgibt, aufgespeichert, und der Körper selbst verhält sich infolgedessen so, als ob er eine größere Masse hätte als im ungeladenen Zustande. Diese elektrische Masse, die sich zu der mechanischen Masse addiert, sollte nach der Theorie für kleine Geschwindigkeiten konstant sein, jedoch mit Annäherung an die Lichtgeschwindigkeit rasch anwachsen.

Kaufmann fand, daß nach seinen Versuchen die scheinbare Masse des Elektrons mit der Geschwindigkeit wächst, und daß diese Zunahme sehr rasch erfolgt, wenn die Geschwindigkeit des Elektrons sich der Lichtgeschwindigkeit nähert. Aus dem Vergleich der Theorie mit dem Experiment schloß er, daß die scheinbare Masse der β-Partikel völlig elektrischen Ursprungs, und daß die Annahme eines materiellen Kernes, über den die Ladung verteilt ist, nicht notwendig sei.

Dieses war ein sehr wichtiges Resultat, denn es ermöglichte indirekt, den Ursprung der Masse zu erklären, der immer für die Wissenschaft ein großes Rätsel gewesen ist. Wenn eine fortbewegte elektrische Ladung genau die Eigenschaften der mechanischen Masse zeigt, so ist es möglich, daß allgemein die Materie elektrischen Ursprungs ist und von der Bewegung der Elektronen herrührt, aus welchen sich die Moleküle der Materie aufbauen Ein solcher Gesichtspunkt kann jedoch augenblicklich, obwohl er wichtig und interessant ist, nur als Basis einer gerechtfertigten Spekulation betrachtet werden.

---

[1]) Kaufmann, Phys. Zeitschr. 4, 54 (1902).

Villard[1]) fand 1900, daß Radium außer den α- und β-Strahlen noch eine dritte Art von Strahlen von außerordentlich hohem Durchdringungsvermögen aussendet, welche man jetzt γ-Strahlen nennt. Diese Strahlen werden im magnetischen oder elektrischen Felde nicht abgelenkt und scheinen eine Art durchdringender X-Strahlen zu sein, die die Aussendung der β-Partikeln des Radiums begleiten. Das Vorhandensein dieser Strahlen wurde später auch bei dem Thorium, Uranium und Aktinium beobachtet.

In der Zwischenzeit fing man an, die Wichtigkeit der α-Strahlen deutlicher zu erkennen. Die Fähigkeit der α-Strahlen, Materie zu durchdringen, ist nicht sehr groß, sie werden bereits absorbiert, wenn sie nur wenige Zentimeter Luft oder einige Lagen von Metallfolie passieren. Andererseits ionisieren sie das Gas viel stärker als die β- und γ-Strahlen, und der größte Teil der Energie, welche die radioaktiven Körper aussenden, entfällt auf die α-Strahlen. Man dachte zuerst, daß die α-Strahlen im magnetischen Felde nicht abgelenkt würden, aber 1902 zeigte der Verfasser[2]), daß sie in starken magnetischen und elektrischen Feldern in meßbarem Betrage abgelenkt werden. Die Richtung der Ablenkung ist entgegengesetzt derjenigen der β-Partikeln, woraus hervorgeht, daß die α-Strahlen aus positiv geladenen Teilchen bestehen.

Durch Messungen der Ablenkung der Strahlen in magnetischen und elektrischen Feldern wurde gefunden, daß die α-Partikel des Radiums mit einer Geschwindigkeit von $1/_{10}$ der Lichtgeschwindigkeit ausgeschleudert wird, und daß ihre scheinbare Masse das Doppelte der eines Wasserstoffatoms beträgt. Die α-Strahlen des Radiums bestehen also aus einem Strome materieller Atome, die mit großer Geschwindigkeit ausgeschleudert werden. Wir werden später sehen, daß Grund zu der Annahme vorhanden ist, daß die α-Partikel ein Heliumatom ist. Die wesentlichen Strahlen des Radiums sind also korpuskularen Charakters und bestehen aus Strömen von positiv und negativ geladenen Partikeln.

Im Jahre 1903 entdeckten Sir William Crookes[3]) und Elster und Geitel[4]) unabhängig voneinander eine sehr inter-

---

[1]) Villard, Compt. rend. 130, 1010, 1178 (1900).
[2]) Rutherford, Phil. Mag., Febr. 1903; Phys. Zeitschr. 4, 235 (1902).
[3]) Crookes, Proc. Roy. Soc. 81, 405 (1903).
[4]) Elster u. Geitel, Phys. Zeitschr. 15, 437 (1903).

essante Eigenschaft der α-Strahlen. Die α-Strahlen des Radiums oder anderer stark aktiver Substanzen rufen auf einem Schirm von kristallinischem Zinksulfid (Sidotblende) Phosphoreszenz hervor. Bei Prüfung des Schirmes mit einer Lupe findet man, daß der Schirm nicht gleichmäßig erhellt ist, sondern daß die Lumineszenz dadurch hervorgebracht wird, daß der Schirm an vielen Punkten für kurze Zeit hell aufleuchtet. Diese Szintillationen sind wahrscheinlich ein Resultat des Bombardements, das der Schirm durch die α-Partikeln erfährt, doch die genaue Erklärung dieser auffallenden Erscheinung steht noch aus.

Die Prozesse, die sich im Thorium abspielen, sind sehr komplizierter Natur. Der Verfasser[1]) zeigte im Jahre 1900, daß Thorium nicht nur α- und β-Partikeln, sondern auch ununterbrochen ein radioaktives Gas, die Thoriumemanation, abgibt; Radium sowohl wie Aktinium zeigen eine ähnliche Eigenschaft. Die Emanationen bestehen aus radioaktiver Materie, deren Strahlungsvermögen rasch abstirbt. Die Emanationen von Thorium, Radium und Aktinium können nach der Geschwindigkeit, mit der sie ihre Aktivität verlieren, leicht voneinander unterschieden werden. Die Emanationen von Aktinium und Thorium besitzen eine kurze Lebensdauer; die erstere verliert die Hälfte ihrer Aktivität in 3,9 Sekunden. Die Radiumemanation zerfällt dagegen viel langsamer; erst nach Verlauf von etwa vier Tagen sinkt ihre Aktivität auf den halben Wert.

Um dieselbe Zeit wurde eine andere bemerkenswerte Eigenschaft des Radiums und Thoriums entdeckt. M. und Mme. Curie[2]) fanden, daß alle Körper, die in der Nähe von Radiumsalzen aufbewahrt werden, vorübergehend aktiv werden. Eine ähnliche Eigenschaft wurde, unabhängig, von dem Verfasser[3]) am Thorium beobachtet. Diese Eigenschaft des Radiums und Thoriums, auf Gegenständen, die sich in ihrer Nähe befinden, Aktivität zu „erregen" oder zu „induzieren", rührt direkt von den Emanationen dieser Stoffe her. Die Emanation ist eine instabile Substanz und wandelt sich in einen festen Stoff um, der sich auf allen Gegenständen in der Nachbarschaft niederschlägt.

---

[1]) Rutherford, Phil. Mag., Jan. und Febr. 1900.
[2]) M. und Mme. Curie, Compt. rend. 129, 714 (1899).
[3]) Rutherford, Phil. Mag., Jan. und Febr. 1900.

Eine andere auffallende Erscheinung des Radiums wurde im Jahre 1903 von P. Curie und Laborde[1]) beobachtet. Ein Radiumsalz strahlt ununterbrochen eine Wärmemenge aus, die genügen würde, um in einer Stunde mehr Eis zu schmelzen, als dem Eigengewicht des Radiums entspricht. Infolge hiervon besitzt ein Radiumpräparat immer eine höhere Temperatur als die umgebende Luft. Diese schnelle Wärmeemission des Radiums ist eng mit seinen radioaktiven Eigenschaften verknüpft; sie rührt, wie wir später sehen werden, wesentlich von dem Bombardement her, das das Radium durch seine eigenen α-Partikeln erfährt.

Aus der obigen kurzen Übersicht über die wichtigeren Eigenschaften radioaktiver Substanzen geht hervor, daß die Prozesse, die sich in einer radioaktiven Substanz abspielen, sehr verwickelter Natur sind. In einem Radiumpräparat findet z. B. die Aussendung von α- und β-Partikeln und γ-Strahlen statt, ferner die Erzeugung einer großen Wärmemenge, die dauernde Produktion eines Gases und die Bildung eines aktiven Niederschlages, der zu der Bildung der „induzierten" Aktivität Anlaß gibt.

Das Verständnis dieser verschiedenartigen Vorgänge wurde durch die Entdeckung Rutherfords und Soddys[2]), daß aus dem Thorium eine sehr aktive Substanz durch einen einfachen chemischen Prozeß abgeschieden werden kann, wesentlich gefördert. Diese Substanz, die Thorium-X genannt wurde, verliert mit der Zeit ihre Aktivität, während das vom Thorium-X befreite Thorium spontan eine neue Menge von Thorium-X nachbildet. In einer Thoriummenge, die sich im radioaktiven Gleichgewicht befindet, gehen die beiden Prozesse der Bildung und des Zerfalls von Thorium-X gleichzeitig vor sich, und der Betrag von Thorium-X erreicht einen konstanten Wert, wenn sein Zerfall der Nachbildung aus dem Thorium das Gleichgewicht hält. Es wurde gefunden, daß die Thoriumemanation direkt aus Thorium-X entsteht und ihrerseits den aktiven Niederschlag bildet, der die induzierte Aktivität hervorruft.

Es ist bereits bemerkt worden, daß die Radioaktivität eine atomistische Eigenschaft ist und folglich von einem Prozeß her-

---

[1]) P. Curie und Laborde, Compt. rend. 136, 673 (1903).
[2]) Rutherford und Soddy, Phil. Mag., Sept. und Nov. 1902; Trans. Chem. Soc. 81, 321 u. 837 (1902).

rühren muß, der sich im Atom und nicht im Molekül abspielt. Zur Erklärung der radioaktiven Erscheinungen stellten Rutherford und Soddy die „Disintegrations- oder Zerfallstheorie" auf. In dieser Theorie wird angenommen, daß die Atome radioaktiver Substanzen unbeständig sind, daß in jeder Sekunde ein bestimmter Bruchteil der vorhandenen Atome instabil wird und mit explosionsartiger Gewalt zerfällt, ein Vorgang, der gewöhnlich von der Ausschleuderung einer α- oder β-Partikel, oder beider zugleich begleitet wird. Der Rest des Atoms ist um eine α-Partikel leichter als das unversehrte Atom und bildet das Atom einer neuen Substanz, die von der Muttersubstanz in chemischer und physikalischer Beziehung völlig verschieden ist. Im Falle des Thoriums wird z. B. angenommen, daß das Thorium-X-Atom aus dem Thoriumatom abzüglich einer α-Partikel besteht. Thorium-X ist instabil und zerfällt mit einer bestimmten Geschwindigkeit unter Ausschleuderung einer neuen α-Partikel. Der Rest des Thorium-X-Atoms bildet das Atom der Emanation, und dieses erfährt noch eine weitere Folge von Umwandlungen.

Diese Theorie trägt in befriedigender Weise nicht nur allen Prozessen Rechnung, die sich im Thorium abspielen, sondern auch denen aller anderen radioaktiven Elemente. Im Lichte dieser Theorie gehen die radioaktiven Substanzen eine spontane Umwandlung ein, als deren Resultat neue Stoffarten auftreten, die instabil sind und eine beschränkte Lebensdauer haben. Die Aussendung von Strahlen ist eine Begleiterscheinung der Umwandlung und rührt von einer explosionsartigen Störung innerhalb des Atoms her.

Die Tatsache, daß die radioaktiven Substanzen für eine lange Zeit Energie ausstrahlen, bietet der Erklärung vom Standpunkte dieser Theorie aus keine grundsätzlichen Schwierigkeiten und steht mit dem Prinzip der Erhaltung der Energie im Einklang. Die Materie verliert bei jeder Phase der Umwandlung an Atomenergie, und die ausgestrahlte Energie stammt aus der im Innern der Atome aufgespeicherten Energie. Es wird angenommen, daß das Atom aus einer Anzahl geladener Teile besteht, die sich in oszillatorischer oder kreisförmiger Bewegung befinden. Diese Energie des Atoms ist teils kinetischer, teils potentieller Natur und rührt von der Bewegung der geladenen Teilchen und von der Konzentration der elektrischen Ladungen in dem winzigen

Volumen des Atoms her. Die Atomenergie ist für gewöhnlich latent und äußert sich nicht, weil die chemischen und physikalischen Kräfte, die zu unserer Verfügung stehen, uns nicht gestatten, den Bau des Atoms anzugreifen. Ein Teil der Energie wird jedoch bei den radioaktiven Umwandlungen in Freiheit gesetzt, bei denen das Atom selbst, unter schneller Ausschleuderung eines seiner geladenen Teile, eine Zerstörung erleidet.

Diese Theorie ist von größtem Nutzen gewesen, um die verschiedenartigen Phänomene der Radioaktivität miteinander in Zusammenhang zu bringen. In manchen Fällen liefert sie sowohl eine qualitative wie auch eine quantitative Erklärung der experimentell beobachteten Tatsachen und hat der Wissenschaft wertvolle Anregung zu neuen Forschungen gegeben.

Die Disintegrationstheorie hat nicht nur bei der Untersuchung der Umwandlungsprodukte der radioaktiven Elemente gute Dienste getan, sie hat auch als Hilfsmittel für den Nachweis gedient, daß Radium aus Uranium entsteht, und daß die aktiven Bestandteile im Radioblei und Radiotellurium Umwandlungsprodukte des Radiums sind.

Die Anwendung dieser Theorie auf die komplizierten Umwandlungen des Radiums, Thoriums und Aktiniums wird den Hauptinhalt dieser Vorlesungen bilden.

Die Zerfallstheorie erfuhr eine bemerkenswerte Bestätigung durch die wichtige Entdeckung von Ramsay und Soddy[1]), daß Helium von der Radiumemanation erzeugt wird. Die Versuche von Ramsay und Soddy brachten einen unzweideutigen Beweis dafür, daß im Radium in Wirklichkeit eine Umwandlung der Materie stattfindet, die neben anderen Produkten das inaktive Gas Helium liefert.

Wir werden später sehen, daß gewichtige Gründe dafür sprechen, die α-Partikel des Radiums als ein Heliumatom aufzufassen. Hiernach entsteht Helium bei der Umwandlung jedes α-Strahlen aussendenden Produktes. Dieser Schluß wird, abgesehen von anderen Bestätigungen, durch die kürzlich von Debierne gemachte Entdeckung gestützt, daß auch aus dem Aktinium Helium entsteht.

---

[1]) Ramsay und Soddy, Proc. Roy. Soc. 72, 204 (1903); 73, 341 (1904).

In dem vorstehenden Überblick haben wir die Hauptlinie verfolgt, auf der sich der Fortschritt unseres Wissens auf dem Gebiete der Radioaktivität vollzogen hat, es fand jedoch noch in einer anderen Richtung eine rasche und wichtige Fortentwickelung statt.

Elster und Geitel[1]) wiesen im Jahre 1901 nach, daß radioaktive Substanzen in der Atmosphäre vorhanden sind. Spätere Arbeiten zeigten, daß die Radioaktivität der Atmosphäre wesentlich durch die Anwesenheit der Radiumemanation bedingt ist, die von der Erdoberfläche in die Atmosphäre diffundiert. Elster und Geitel und andere haben eine umfassende Untersuchung der Radioaktivität des Erdbodens und der von Quell- und Brunnenwassern vorgenommen, und gezeigt, daß kleine Mengen von radioaktiver Materie überall in der Erdkruste und in der Atmosphäre vorhanden sind. Eine Anzahl von Forschern hat sich diesem neuen Untersuchungsgebiet zugewandt und bereits eine große Menge wertvoller Daten angesammelt. Während die radioaktiven Elemente die Eigenschaft der Radioaktivität in sehr deutlichem Maße zeigen, finden sich immer mehr Anzeichen dafür, daß auch gewöhnliche Materie diese Eigenschaft in geringem Maße besitzt, und daß die an ihr beobachtete Aktivität nicht von Spuren der bekannten Radioelemente herrührt. Die Entdeckung der Radioaktivität gewöhnlicher Materie ist nur durch die außerordentliche Empfindlichkeit der elektrischen Untersuchungsmethode ermöglicht worden.

Wenn man sich daran erinnert, daß die Radioaktivität des Uraniums im Jahre 1896 entdeckt wurde, so sieht man, wie schnell unsere Kenntnis dieses schwierigen Gebietes fortgeschritten ist. Eine große Menge experimenteller Tatsachen ist bereits gesammelt, und ihr wechselseitiger Zusammenhang ist durch die Aufstellung einer einfachen Theorie aufgeklärt worden. In der Geschichte der Wissenschaft ist selten oder nie ein so schneller Fortschritt zu verzeichnen gewesen, und es ist von Interesse, die Einflüsse zu untersuchen, die ihn herbeigeführt haben.

Die Entwickelung ist nicht deshalb so schnell vor sich gegangen, weil die Zahl der auf dem Gebiete Arbeitenden groß gewesen wäre; bis zu den letzten ein oder zwei Jahren haben

---

[1]) Elster und Geitel, Phys. Zeitschr. **11**, 590 (1901).

verhältnismäßig wenige Forscher sich mit diesem Thema beschäftigt. Der Hauptgrund liegt in der außerordentlich günstigen Zeit, zu der das neue Feld erschlossen wurde, und in dem fördernden Einfluß, den die Bearbeitung des Gebietes durch die rasche Erweiterung unseres Wissens über den Durchgang der Elektrizität durch Gase erfahren hat.

In diesem Zusammenhange mag darauf aufmerksam gemacht werden, daß die Entdeckung der radioaktiven Eigenschaft des Uraniums auch schon vor einem Jahrhundert hätte gemacht werden können, denn dazu wäre nur erforderlich gewesen, eine Uraniumverbindung der geladenen Platte eines Goldblattelektroskops zu exponieren. Hinweise auf die Existenz des Uraniums wurden von Klaproth im Jahre 1789 gemacht, und die Fähigkeit des Uraniums, ein Elektroskop zu entladen, hätte nicht übersehen werden können, wenn es in die Nähe eines aufgeladenen Elektroskops gebracht worden wäre. Es würde nicht schwierig gewesen sein, nachzuweisen, daß das Uranium eine Art von Strahlen aussendet, die imstande sind, lichtundurchlässige Metallschichten zu passieren. Hier hätte jedoch wahrscheinlich der Fortschritt geendet, denn die Kenntnis von dem Zusammenhange zwischen Elektrizität und Materie war um jene Zeit viel zu gering, als daß eine vereinzelte Beobachtung dieser Art große Aufmerksamkeit auf sich hätte ziehen können.

Um den großen Einfluß anschaulich zu machen, den die rasche Entwickelung der Radioaktivität durch Entdeckungen auf dem verwandten Gebiete der Entladung der Elektrizität durch Gase erfahren hat, ist es jedoch nicht nötig, so weit zurückzugehen. Hätte die Entdeckung der radioaktiven Eigenschaften des Uraniums nur ein Jahrzehnt früher stattgefunden, so hätte die radioaktive Forschung viel langsamer und vorsichtiger geschehen müssen. Zu jener Zeit wurde die Möglichkeit, daß es Strahlen gäbe, die lichtundurchlässige Materie zu durchdringen vermöchten, nicht einmal in Betracht gezogen, und über die wahre Natur der Kathodenstrahlen konnte man nur Vermutungen hegen. Der Charakter der Strahlen von radioaktiven Substanzen hätte nur nach einer Reihe langer und mühevoller Untersuchungen erkannt werden können, denn dem Forscher würde es nicht nur an der Leitung durch Analogieschlüsse gefehlt haben, sondern er hätte auch mit Notwendigkeit die Untersuchungsmethoden unter schwierigen Bedingungen von Grund aus entwickeln müssen. Es wäre ferner nötig gewesen, die entladende Wirkung der Strahlen im einzelnen zu untersuchen, denn auf ihr beruht die wichtigste Messungsmethode der Radioaktivität.

Wir wollen nun die Bedingungen betrachten, unter denen die Entwickelung der Radioaktivitätslehre sich in Wirklichkeit vollzogen hat. Der Mechanismus der Entladung der Elektrizität durch Gase war zuerst an solchen Gasen untersucht worden, die der Einwirkung von X-Strahlen ausgesetzt waren, und wurde durch das Studium der Elektrizitätsentladung in der Vakuumröhre weitergebildet. Die so gewonnenen Kenntnisse wurden direkt auf die Ionisation angewandt, die durch die Strahlen aktiver Substanzen hervorgerufen wird, und dienten als Grundlagen für die elektrische Untersuchungsmethode, die als ein schnelles quantitatives Hilfsmittel in der radioaktiven Analyse gebraucht wird. Nachdem gefunden war, daß die β-Strahlen des Radiums in derselben Weise wie die Kathodenstrahlen in einem magnetischen Felde abgelenkt werden, war es zum Nachweis der Identität beider Strahlenarten nur nötig, Methoden anzuwenden, die in der Wissenschaft schon seit einigen Jahren gebräuchlich waren. In ähnlicher Weise wurde das Verhalten der unablenkbaren γ-Strahlen direkt mit den bekannten Eigenschaften der X-Strahlen verglichen, während die α-Strahlen in mancher Beziehung mit den Goldsteinschen Kanalstrahlen verwandt erschienen, von denen Wien früher gezeigt hatte, daß sie im magnetischen und elektrischen Felde abgelenkt werden.

Der Einfluß der Ionentheorie auf die Entwickelung der Radioaktivität tritt noch in einer anderen Beziehung hervor. Die Kenntnis der von einem Ion transportierten Ladung ist für die Bestimmung der Größenordnung radioaktiver Prozesse von der größten Bedeutung gewesen. Dieser Wert wurde benutzt, um die Zahl der α- und β-Partikeln, die vom Radium ausgesandt werden, zu bestimmen und lieferte so Schlüsse auf die Mengen von Emanation und Helium, die aus dem Radium entstehen. Derartige Berechnungen haben es ferner erlaubt, mit einiger Sicherheit die Geschwindigkeit anzugeben, mit der sich Radium und die anderen radioaktiven Stoffe zersetzen, und im voraus den Wert mancher physikalischen und chemischen Größe zu bestimmen; sie haben so indirekt Methoden angeregt, nach denen die verschiedenen neu entstandenen Probleme angegriffen werden konnten.

Das Zusammentreffen glücklicher Umstände in der Geschichte der Radioaktivität tritt an der Entdeckung, daß Radium Helium entwickelt, deutlich hervor. Helium hat eine dramatische Geschichte, sein Vorhandensein in der Sonne wurde im Jahre 1868 von Lockyer entdeckt, aber erst im Jahre 1898 wurde sein Vorkommen in dem Mineral Clevëit von Ramsay beobachtet. Die Prüfung der physikalischen und chemischen Eigenschaften des Heliums war kaum beendet, als Ramsay und Soddy, geleitet von der Disintegrationstheorie, eine Untersuchung der vom Radium entwickelten Gase unternahmen und entdeckten, daß Helium ein Umwandlungsprodukt des Radiums ist. Wäre Helium nicht kurze Zeit vorher in radioaktiven Mineralien gefunden, so wäre sicher diese höchst auffallende Eigenschaft des Radiums, Helium zu bilden, noch lange verborgen geblieben.

Während die Ionentheorie an der Erweiterung unserer Kenntnis der Radioaktivität einen großen Anteil gehabt hat, ist auch umgekehrt die Ionentheorie durch die Radioaktivität gefördert worden, denn die aus dem Studium der Radioaktivität gewonnenen Resultate haben in hohem Grade die Ionentheorie erweitern und sichern helfen. Die Entdeckung der Radioaktivität hat dem Experimentator eine konstante und kräftige Quelle ionisierender Strahlen als Ersatz für die variablen X-Strahlen geliefert, und dieses ist für die Gewinnung genauer Werte von großem Vorteil gewesen. Ferner sind die Resultate von Kaufmanns Versuchen über die Änderung der Masse der β-Partikel des Radiums mit ihrer Geschwindigkeit ein wichtiger Faktor in der Bestätigung und Erweiterung unserer Vorstellungen über das Elektron gewesen.

Beispiele dieser Art könnten leicht noch in großer Menge angeführt werden, die angegebenen genügen jedoch, um zu zeigen, welch enge Beziehungen zwischen diesen beiden Forschungsgebieten bestanden und noch bestehen, und welchen Einfluß das eine auf die Entwickelung des anderen ausgeübt hat.

Strahlen aktiver Stoffe.

Im folgenden wird ein kurzer Überblick über die wesentlichen Eigenschaften und die Natur der α-, β- und γ-Strahlen aktiver Stoffe gegeben werden. Alle drei Strahlenarten besitzen gemeinsam die Eigenschaft, auf die photographische Platte zu wirken, in gewissen Substanzen Phosphoreszenz hervorzurufen und elektrisch geladene Körper zu entladen. Die Strahlen können durch die Ungleichheit ihres Durchdringungsvermögens und durch ihr verschiedenartiges Verhalten im magnetischen oder elektrischen Felde voneinander unterschieden werden. Die α-Strahlen werden durch eine Aluminiumschicht von 0,05 mm Dicke völlig absorbiert, der größere Teil der β-Strahlen durch 5 mm Aluminium, während zur Absorption der γ-Strahlen eine Aluminiumplatte von mindestens 50 cm Dicke erforderlich sein würde. Das Durchdringungsvermögen der drei Strahlenarten steht also etwa in dem Verhältnis 1 : 100 : 10 000. Es darf jedoch nicht vergessen werden, daß dieses Mittelwerte sind, denn jede Strahlenart ist komplex und besteht aus Strahlen, die ungleichmäßig absorbiert werden.

Die α-Strahlen bestehen aus positiv geladenen Teilchen, die mit einer Geschwindigkeit von etwa 20 000 km per Sekunde ausgeschleudert werden. Die scheinbare Masse der α-Partikel beträgt ungefähr das Doppelte der des Wasserstoffatoms. Obwohl die magnetische Ablenkung dieser Strahlen bis jetzt nur für so aktive Substanzen wie Radium und Polonium beobachtet ist, so kann doch kaum ein Zweifel darüber bestehen, daß die α-Strahlen der anderen aktiven Substanzen von gleicher Natur sind*).

Die β-Strahlen bestehen aus negativ geladenen Teilchen, die mit großer Geschwindigkeit ausgeschleudert werden. Die scheinbare Masse der β-Partikeln beträgt etwa 1 : 1800 der des Wasserstoffatoms; abgesehen von ihrer Geschwindigkeit sind die β-Strahlen in jeder Beziehung mit den Kathodenstrahlen einer Vakuumröhre identisch.

Die β-Partikeln des Radiums werden mit sehr verschiedenen Geschwindigkeiten fortgeschleudert, deren größte der Lichtgeschwindigkeit sehr nahe kommt; β-Strahlen werden ebenfalls von Uranium, Thorium und Aktinium ausgesandt.

Die γ-Strahlen werden im magnetischen oder elektrischen Felde nicht abgelenkt, sie gleichen in ihrem allgemeinen Charakter den stark durchdringenden X-Strahlen einer harten Vakuumröhre.

---

*) Vgl. hierzu Kap. 10.

Nach unseren jetzigen Anschauungen müssen die γ-Strahlen daher als eine Art von Ätherwellen angesehen werden, die wahrscheinlich aus Impulsen bestehen, welche durch die Ausschleuderung der β-Partikel hervorgerufen werden. Nur diejenigen aktiven Substanzen, die β-Strahlen aussenden, emittieren γ-Strahlen. γ-Strahlen werden von Uranium, Thorium, Radium und Aktinium ausgesandt, die γ-Strahlen des Uraniums und Aktiniums haben jedoch ein geringeres Durchdringungsvermögen als die des Thoriums und Radiums.

Jede dieser drei primären Strahlenarten erzeugt beim Auftreffen auf Materie sekundäre Strahlen. Im Falle der α-Strahlen besteht die sekundäre Strahlung aus negativ geladenen Teilchen (Elektronen), deren Geschwindigkeiten, verglichen mit denen der β-Strahlen, verhältnismäßig klein sind. Die von β- und γ-Strahlen erzeugten sekundären Strahlen bestehen zum Teil aus Elektronen von beträchtlicher Geschwindigkeit. Diese sekundären Strahlen erzeugen tertiäre Strahlen, und so fort.

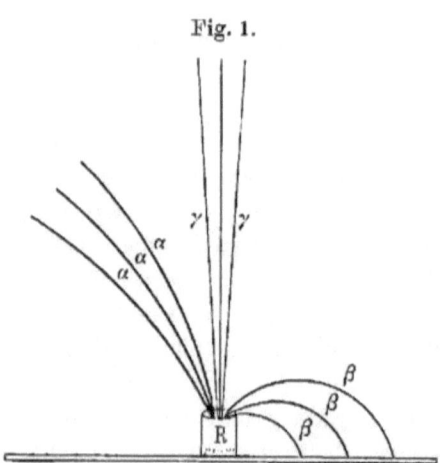

Fig. 1.

Trennung der Radiumstrahlen unter dem Einfluß eines magnetischen Feldes.

Wenn ein starkes magnetisches Feld senkrecht zu einem Bündel von α-, β- und γ-Strahlen erzeugt wird, so werden die drei Strahlenarten voneinander getrennt. Dieses ist in Fig. 1 veranschaulicht, in der angenommen ist, daß die magnetischen Kraftlinien die Fläche des Papieres von oben nach unten durchsetzen. Die β-Strahlen bestehen aus Teilchen, die ungleiche Geschwindigkeiten besitzen, und infolgedessen Kreise von verschieden großen Durchmessern beschreiben. In der Figur ist die magnetische Ablenkung der α-Strahlen im Verhältnis zu der Ablenkung der β-Strahlen stark übertrieben. Die Durchschnittswerte der Geschwindigkeit und der Energie der α- und β-Partikeln und ihrer Masse sind in Fig. 2 graphisch wiedergegeben; in der Figur repräsentieren die Kreise die Masse, bzw. die Energie, die geraden Linien die Geschwindigkeit.

Man sieht aus dieser Zusammenstellung, daß die β-Partikel wegen ihrer relativ geringen Masse im Durchschnitt eine viel geringere kinetische Energie besitzt als die α-Partikel, obwohl diese die kleinere Geschwindigkeit hat. Dieses Resultat steht in

Fig. 2.

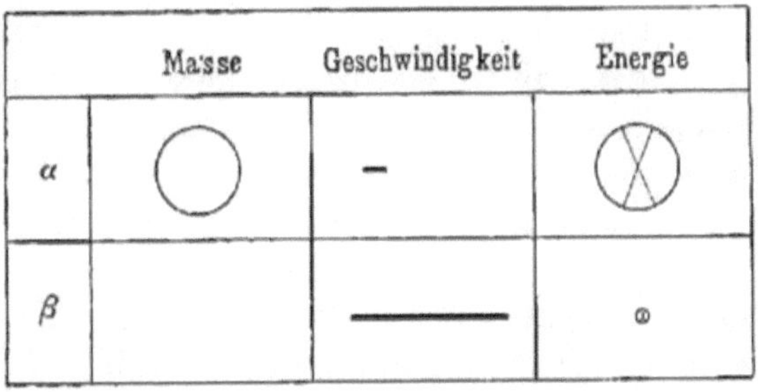

	Masse	Geschwindigkeit	Energie
α	○	–	⊗
β		——	○

Übereinstimmung mit der Beobachtung, daß die Ionisation und die Wärmeentwickelung, die von einer α-Partikel hervorgerufen werden, viel größer sind als bei einer β-Partikel.

Der Verfasser hat kürzlich nachgewiesen, daß ein Gramm Radium im radioaktiven Gleichgewicht etwa 7×10^{10} β-Partikeln und etwa $2,5 \times 10^{11}$ α-Partikeln per Sekunde aussendet. Es werden somit beim Radium vier α-Partikeln für jede β-Partikel ausgesandt.

Radioaktive Stoffe.

Untenstehend ist ein Verzeichnis der radioaktiven Stoffe gegeben, die bis jetzt aufgefunden sind. Die Art ihrer Strahlen und das Vorhandensein oder Fehlen einer Emanation ist gleichfalls angegeben. Unter „Periode" ist die Zeit verstanden, in der ihre Aktivität auf den halben Wert sinkt.

Uranium: α-, β- und γ-Strahlen; keine Emanation.
Thorium: α-, β- und γ-Strahlen; Emanation, Periode 54 Sek.
Radium: α-, β- und γ-Strahlen; Emanation, Periode 3,8 Tage.
Aktinium: } α-, β- und γ-Strahlen; Emanation, Periode 3,9 Sek.
Emanium:

Polonium: \
Radiotellurium: } nur α-Strahlen; keine Emanation.

Radioblei (einige Zeit nach Herstellung) α-, β- und γ-Strahlen; keine Emanation.

Diese Substanzen behalten mit Ausnahme des Poloniums ihr Strahlungsvermögen während einer langen Zeit bei. Außer diesen Stoffen gibt es noch eine Anzahl verhältnismäßig kurzlebiger radioaktiver Produkte, die von jedem Radioelement gebildet werden. Diese Produkte sind an und für sich ebenso wichtig wie die langlebigen Substanzen und können mit gleichem Recht Elemente genannt werden. Wegen ihrer raschen Umwandlung kommen sie nur in außerordentlich geringen Mengen in der Pechblende vor und werden kaum je in solcher Menge erhalten werden, daß man sie nach gewöhnlichen chemischen Methoden untersuchen könnte. Polonium und Radiotellurium, die denselben radioaktiven Bestandteil enthalten, unterscheiden sich von den anderen oben angeführten Substanzen dadurch, daß sie nur α-Strahlen aussenden. Hinsichtlich ihrer Lebensdauer nehmen sie eine Mittelstellung zwischen den kurzlebigen Produkten, wie zum Beispiel den Emanationen, und langsam sich umwandelnden Stoffen, wie dem Radium, ein. Die Aktivität des Radiotelluriums fällt in ungefähr 140 Tagen auf den halben Wert, während die entsprechende Zeit für Radium etwa 1300 Jahre beträgt.

Mit Ausnahme des Uraniums, Thoriums und Radiums ist keine der radioaktiven Substanzen bisher rein dargestellt worden; ihre Atomgewichte und Spektren konnten infolgedessen bisher noch nicht untersucht werden. Es ist jedoch wahrscheinlich, daß Aktinium ein mindestens ebenso stark aktives Element ist wie Radium.

Wir werden später sehen, daß bei gleichem Gewicht Radiotellurium und Radioblei im reinen Zustande viel stärker aktiv sein müssen als Radium. Die Aktivität einer Substanz, die α-Strahlen aussendet, hängt von der Anzahl der in der Sekunde ausgesandten α-Partikeln ab, und diese Zahl ist, für gleiche Gewichtsmengen, der Periode der Substanz indirekt proportional. Zum Beispiel muß die Aktiniumemanation, deren Periode 3,9 Sekunden beträgt, Gewicht für Gewicht mindestens eine Milliarde Mal so aktiv sein wie Radium. Wegen ihrer enormen Aktivität und ihrer damit zusammenhängenden schnellen Umwandlung können jedoch solche Substanzen niemals in einer für eine chemische Analyse hinreichenden Menge gewonnen werden. Nur die Stoffe von geringerer Umwandlungsgeschwindigkeit, wie Radium, Radioblei und Radiotellurium, sammeln sich in genügender Menge in Pechblende an, um chemisch dargestellt werden zu können.

Wir werden später sehen, daß die Strahlen des Uraniums, Thoriums, Radiums und Aktiniums nur zum Teil von dem primär aktiven Stoffe selbst herrühren. Die β- und γ-Strahlen rühren in allen Fällen nur von den Umwandlungsprodukten dieser Elemente her. Diese sind mit der Muttersubstanz gemischt und addieren ihre Strahlen zu denen der Muttersubstanz.

Messungsmethoden.

Drei Haupteigenschaften radioaktiver Substanzen sind der Ausführung von Messungen zugrunde gelegt worden:
1. Die Wirkung der Strahlen auf eine photographische Platte.
2. Die Erregung der Phosphoreszenz in gewissen kristallinischen Substanzen.
3. Die Ionisation, welche die Strahlen in einem Gase hervorrufen.

Von den Meßmethoden, die von diesen Eigenschaften Gebrauch machen, beschränkt sich die Phosphoreszenzmethode auf Substanzen wie Radium, Aktinium und Polonium, die eine sehr intensive Strahlung besitzen. Die α-, β- und γ-Strahlen produzieren alle ein ausgesprochenes Leuchten der Platincyanüre und des Minerals Willemit (Zinksilikat). Das Mineral Kunzit reagiert hauptsächlich auf die β- und γ-Strahlen, während Sidotblende (kristallinisches Zinksulfid) hauptsächlich auf die α-Strahlen reagiert. Außer diesen gibt es noch eine große Zahl von Substanzen, welche durch die Strahlen zu einem mehr oder weniger starken Leuchten angeregt werden. Die Eigenschaft der α-Strahlen, auf einem mit Zinksulfid bedeckten Schirm Szintillationen hervorzurufen, ist besonders interessant; es ist möglich, mit Hilfe der Szintillationsmethode noch die α-Strahlen von so schwach aktiven Substanzen, wie Uranium, Thorium und Pechblende, nachzuweisen. Man hat Zinksulfidschirme auch benutzt, um das Vorhandensein der Emanation von Radium und Aktinium sichtbar zu machen.

Die Phosphoreszenzmethode ist im allgemeinen in ihrer Anwendbarkeit sehr beschränkt und liefert nur angenähert quantitative Resultate, während sie ein sehr interessantes Mittel ist, um die Strahlen auf optischem Wege zu untersuchen.

Die photographische Methode hat in den ersten Entwickelungsstadien der Radioaktivität gute Dienste geleistet, wurde aber allmählich durch die elektrische Methode ersetzt, je mehr quantitative Bestimmungen nötig wurden. Für die Untersuchung der Bahnen, die die Strahlen in magnetischen und elektrischen Feldern beschreiben, ist sie von besonderem Nutzen gewesen. Sie eignet sich jedoch nicht ohne weiteres zu quantitativen Vergleichen, und ist in ihrer Anwendbarkeit sehr beschränkt. Bei Verwendung schwach aktiver Substanzen, wie Uranium und Thorium, ist eine lange Exposition nötig, um einen guten photographischen Effekt zu erzielen. Man kann die Methode ferner nicht gebrauchen, um die schnellen Umwandlungen zu verfolgen, die sich bei vielen radioaktiven Produkten finden, und sie ist oft nicht empfindlich genug, das Vorhandensein von Strahlen nachzuweisen, die man nach der elektrischen Methode noch leicht beobachtet.

Für die Entwickelung der Radioaktivität ist die elektrische Messungsmethode von außerordentlicher Bedeutung gewesen, da sie allgemein anwendbar ist und in bezug auf Empfindlichkeit die beiden anderen Methoden bei weitem übertrifft. Sie eignet sich gut zu schnellen, quantitativen Messungen und kann für alle Strahlenarten angewendet werden, die ionisierende Eigenschaften besitzen.

Diese Methode gründet sich, wie wir gesehen haben, auf die Eigenschaft der α-, β- und γ-Strahlen, in dem Gasvolumen, durch welches sie hindurchgehen, geladene „Elektrizitätsträger" oder Ionen zu produzieren. Angenommen, eine Schicht einer radioaktiven Substanz — z. B. Uranium — befinde sich auf der unteren der zwei isolierten, parallelen Platten A und B (Fig. 3). Das Gas zwischen den Platten wird von den Strahlen in konstantem Verhältnis ionisiert, es entsteht so in dem Luftvolumen eine Verteilung negativ und positiv geladener Ionen. Wenn kein elektrisches Feld einwirkt, so wächst die Zahl der Ionen nicht unbegrenzt an, sondern erreicht bald ein Maximum, und zwar dann, wenn die Zahl der durch die Strahlung neugebildeten Ionen genau der Zahl derjenigen gleichkommt, die durch die Wiedervereinigung der positiven und negativen Ionen verschwinden. Die Wiedervereinigung wird offenbar dann eintreten, wenn die positiven und negativen Ionen im Lauf ihrer Bewegung in die Sphäre gegenseitiger Anziehung kommen. Wir wollen annehmen, daß die Platte A konstant auf dem Potential V erhalten wird, und daß die Geschwindigkeit, mit welcher B, ursprünglich auf dem Potential Null, eine elektrische Ladung gewinnt, mit einem geeigneten Meßinstrument, zum Beispiel einem Quadrantenelektrometer, bestimmt werden kann.

Unter dem Einfluß des elektrischen Feldes bewegen sich die positiven Ionen zu der negativen Platte und die negativen Ionen zu der positiven Platte. Es entsteht also ein Strom in dem Gas,

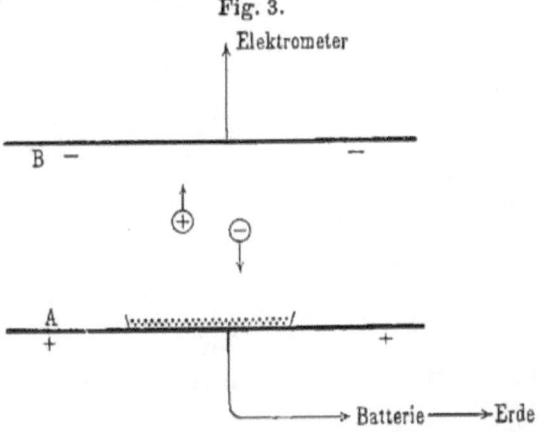

Fig. 3.

und die Platte B und alles, was mit ihr leitend verbunden ist, wird positiv geladen. Die Geschwindigkeit, mit der das Potential der Platte B steigt, ist ein Maß für den Strom, der durch das Gas fließt. Wenn V einen kleinen Wert hat, ist die Strömung gering, sie nimmt aber mit wachsendem V allmählich zu, bis ein Wert erreicht ist, bei welchem der Strom bei einem großen Zuwachs von V nur wenig ansteigt. Fig. 4 zeigt die Beziehung zwischen dem Strom und der angewandten Spannung. Die Form dieser Kurve findet durch die Ionentheorie eine einfache Erklärung. Die Ionen bewegen sich mit einer Geschwindigkeit, die der Stärke des elektrischen Feldes proportional ist. In einem schwachen Felde bewegen sich also die positiven und negativen Ionen langsam aneinander vorbei. Ein großer Teil der Ionen hat bei Verwendung kleiner Spannungen Zeit, sich wieder zu vereinigen, ehe sie die Elektroden erreichen, und der in dem Gase beobachtete Strom ist dem entprechend klein. Wenn die Spannung zunimmt, wächst die Geschwindigkeit der Ionen, und für ihre Wiedervereinigung bleibt weniger Zeit. Schließlich werden in einem starken Felde praktisch alle Ionen zu den Elektroden befördert, ehe eine merkliche Wiedervereinigung stattfinden kann. Der Maximum- oder „Sättigungsstrom", der durch das Gas fließt, ist dann ein Maß der Ladung, welche die durch die Strahlen per Sekunde produzierten Ionen transportieren, das heißt, der Sättigungsstrom ist ein Maß der Geschwindigkeit, mit der die Ionen gebildet werden.

Der Ausdruck „Sättigung", der mit Rücksicht auf die Ähnlichkeit der Stromspannungskurve mit der Magnetisierungskurve

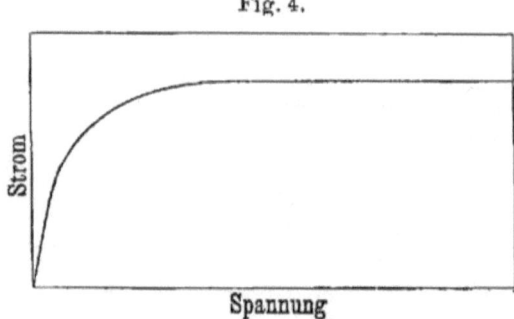

Fig. 4.

Typische Kurve für den Sättigungsstrom in einem ionisierten Gase.

des Eisens angewandt ist, ist nicht sehr glücklich gewählt, hat jedoch als ein bequemes, wenn auch ungenaues, Ausdrucksmittel für eine experimentelle Tatsache allgemeine Anwendung gefunden.

Unter Einhaltung aller anderen Bedingungen wächst die Spannung, die erforderlich ist, um Sättigung hervorzurufen, mit der Intensität der Ionisierung, das heißt mit der Zunahme der Aktivität der untersuchten Substanz. Zunahme der Entfernung zwischen den beiden Platten erniedrigt den Wert des elektrischen Feldes und erhöht den Weg, den die Ionen zurücklegen müssen. Beide Umstände machen zur Erreichung der Sättigung die Anwendung einer erhöhten Spannung erforderlich.

Es ist experimentell gefunden, daß für parallele Platten, die nicht mehr als drei oder vier Zentimeter voneinander entfernt sind, 300 Volt ausreichen, um angenäherte Sättigung herbeizuführen, wenn man Substanzen benutzt, deren Aktivität nicht größer ist, als das Tausendfache der Aktivität des Uraniums. Bei Verwendung von stark aktiven Substanzen, wie Radium, müssen die Platten, damit überhaupt Sättigung zustande kommt, einander sehr genähert und auf hohes Potential geladen werden.

Die wesentliche Bedingung für quantitative Vergleiche nach der elektrischen Methode ist die genaue Messung des Sättigungsstromes, denn dieser ist ein Maß für die Gesamtzahl der Ionen, die per Sekunde in einem Gase erzeugt werden.

Die elektrische Methode kann gebraucht werden, um mit Zuverlässigkeit die Aktivität von Substanzen zu vergleichen, die genau dieselben Strahlen aussenden und sich nur durch die Größe ihrer Aktivität unterscheiden. Sie dient zum Beispiel dazu, genau die Geschwindigkeit zu bestimmen, mit der einfache Produkte, wie die Emanationen, ihre Aktivität verlieren.

Wenn nicht noch andere Faktoren berücksichtigt werden, kann die elektrische Methode nicht direkt zum Vergleich der Intensität verschiedenartiger Strahlen benutzt werden. Zum Beispiel können unter den in Fig. 3 angedeuteten Versuchsbedingungen die Sättigungsströme, die von den α- und β-Strahlen einer dicken Uraniumschicht erzeugt werden, nicht als Vergleichsmittel für die Intensität der beiden Strahlenarten benutzt werden. Von der Gesamtenergie der β-Strahlen wird nämlich wegen ihres großen Durchdringungsvermögens ein viel geringerer Bruchteil zwischen den Platten durch Produktion von Ionen absorbiert als von der Energie der leicht absorbierbaren α-Strahlen. Ehe derartige Messungen von Sättigungsströmen benutzt werden können, um die Energien der beiden Strahlenarten zu vergleichen, müssen das Durchdringungsvermögen und die Ionisierungsfähigkeit der Strahlenarten genau bekannt sein. Das Hauptgebiet der elektrischen Methode ist jedoch die Bestimmung der Aktivität eines Stoffes, der nur eine Art von Strahlen aussendet, und hier ist sie von großem Werte gewesen und hat Resultate von beträchtlicher Genauigkeit geliefert.

Eine Anzahl verschiedenartiger Methoden ist angewendet worden, um Ionisationsströme zu messen. Wenn eine sehr stark aktive Substanz untersucht wird, so kann ein empfindliches Galvanometer zur Messung des Sättigungsstromes verwandt werden. Mit geringen Abänderungen versehen, hat sich das Goldblattelektroskop als ein zuverlässiges Meßinstrument erwiesen und hat in der Entwickelung der Radioaktivität eine hervorragende Rolle gespielt. Verschiedene Typen des Instrumentes sind benutzt worden. Eine einfache Form, die ich zum Vergleich von Aktivitäten sehr geeignet gefunden habe, ist in Fig. 5 wiedergegeben. Die aktive Substanz wird auf die untere Platte A gelegt, welche auf einem Schieber befestigt ist, um zur Aufnahme der aktiven Substanz leicht nach außen geschoben werden zu können. Die obere Platte B, die etwa 3 cm von A entfernt ist, ist mit einem Stabe R verbunden, der mittels des Querstabes TT fest auf zwei isolierenden Schwefelstücken ruht (SS). Das Aluminium- oder Goldblatt ist an dem oberen Teil von R befestigt. Der Draht C dient zur Aufladung des Goldblattsystems.

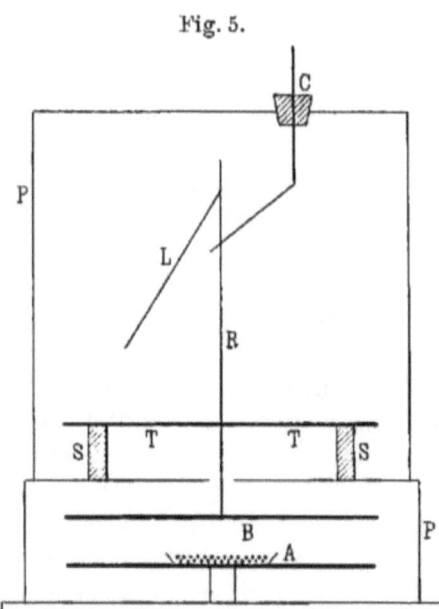

Fig. 5.

Elektroskop zur Messung von α-Strahlenaktivitäten.

Die Bewegung des Goldblattes wird durch Glas oder Glimmerfenster mit Hilfe eines Fernrohres von geringer Vergrößerung beobachtet, in dessen Okular sich eine Mikrometerskala befindet. Die untere Platte A und der Kasten PP sind zur Erde abgeleitet.

Bei geeigneter Wahl der Länge des Goldblattes und geschickter Aufstellung des Fernrohres kann leicht erreicht werden, daß die Zeit, die das Goldblatt gebraucht, um eine gewisse Anzahl von Skalenteilen zu passieren, in einem beträchtlichen Bereiche konstant ist. Zur Ausführung eines Versuches wird die radioaktive Substanz in einer Metallschale oder einem anderen leitenden Gefäß eingeführt. Dann wird das Elektroskop aufgeladen und beobachtet, wie lange das Goldblatt braucht, um einen bestimmten Teil der Skala zu passieren. Diese Zeit muß für den natürlichen Ladungsverlust des Instrumentes korrigiert werden, der vor Einführung der aktiven Substanz bestimmt wird. Dieser natürliche Abfall kann zum Teil davon herrühren, daß die Schwefelstäbe nicht völlig isolieren, oder er kann in den meisten Fällen durch eine geringe Aktivität der Elektroskopwände verursacht werden. Alle Stoffe sind in geringem Grade aktiv, und diese Aktivität vermehrt sich häufig unter dem Einfluß radioaktiver Emanationen. Zwei- oder dreihundert Volt reichen zur Ladung des Elektroskops aus, und bei dieser Spannung erhält man Sättigung für den größten Teil des Bereiches, vorausgesetzt, daß das aktive Material das Elektroskop nicht in weniger als zwei oder drei Minuten seine Ladung verlieren läßt.

Auf diese Weise können Messungen schnell und sicher ausgeführt werden. Eine Genauigkeit von 1 Proz. läßt sich leicht erreichen, und bei einiger Sorgfalt läßt sich die Genauigkeit der Messungen noch steigern. Die großen Vorzüge dieses Instrumentes liegen darin, daß es einfach, transportabel und leicht zu bauen ist. Ein derartiges Instrument ist, wenn es durch eine konstante Strahlenquelle, wie Uranium, geeicht wird, sehr geeignet, die Änderungen in der Aktivität von Stoffen zu bestimmen, die sich sehr langsam umwandeln.

Eine Modifikation dieses Elektroskops, die zuerst von C. T. R. Wilson gebraucht wurde, erlaubt es, außerordentlich kleine Ströme zu messen.

Fig. 6.

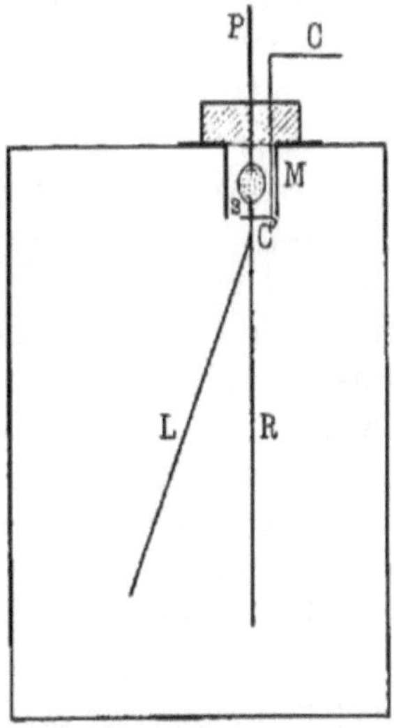

Elektroskop zur Vergleichung von β- und γ-Strahlenaktivitäten, und zur Messung sehr schwacher Aktivitäten.

Die Konstruktion dieses Instrumentes ist aus Fig. 6 zu ersehen.

In einem reinen Gefäß aus Messing oder einem anderen Metall, von ungefähr einem Liter Inhalt, ist ein Goldblatt L an einem Stabe R befestigt, der innerhalb des Gefäßes durch eine Schwefel- oder Bernsteinperle isoliert ist. Das Goldblatt wird durch einen beweglichen Draht C oder durch eine magnetische Vorrichtung geladen. Nach geschehener Aufladung wird der obere Stab P mit dem Elektroskopgehäuse verbunden oder direkt zur Erde abgeleitet. In besonderen Fällen, wenn außerordentlich kleine Ströme zu messen sind, hält man den Stab P dauernd auf einem etwas höheren Potential geladen als das Elektroskopsystem. Hierdurch wird eine Entladung des Elektroskops über die Schwefelisolation verhindert.

Die Bewegung des Goldblattes wird, wie früher, mit Hilfe eines Fernrohres mit Mikrometerteilung beobachtet. Der große Vorzug dieser Konstruktion liegt darin, daß das Instrument hermetisch verschlossen werden kann. Die Entladung des Elektroskops muß daher ausschließlich von der Ionisation im Innern des Gefäßes herrühren und von äußeren elektrostatischen Störungen unabhängig sein.

Ein Instrument dieser Art ist besonders zur Messung von β- und γ-Strahlenaktivitäten geeignet. Zur Messung der ersteren entfernt man den Boden des Elektroskops und ersetzt ihn durch eine Aluminiumplatte von etwa 0,1 mm Dicke, welche die α-Strahlen vollständig, die β-Strahlen aber nur sehr wenig absorbiert. Zur Beobachtung von γ-Strahlen wird das Gefäß auf eine Bleiplatte von etwa 5 mm Dicke gesetzt, unterhalb deren sich die aktive Substanz befindet. Die β-Strahlen werden in einer Bleischicht von dieser Dicke vollkommen absorbiert, so daß die Ionisation in dem Gefäß dann ausschließlich von den durchdringenderen γ-Strahlen herrührt.

Die zweckmäßigste Meßmethode ist die Verwendung des Quadrantenelektrometers. Eine für radioaktive und andere Untersuchungen sehr geeignete und zweckmäßige Elektrometerkonstruktion ist von Dolezalek[1]) angegeben. Die allgemeine Konstruktion eines Dolezalek-Elektrometers ist aus Fig. 7 zu ersehen.

Die vier Quadranten ruhen auf Bernstein oder Schwefelsäulen. Eine sehr leichte Nadel, N, aus versilbertem Papier, ist an einem dünnen Quarzfaden oder Phosphorbronzeband aufgehängt. Die Nadel wird auf ein Potential von 100 bis 300 Volt geladen. Bei Verwendung eines Quarzfadens geschieht die Aufladung dadurch, daß man den Metalldraht, durch den die Nadel an dem Quarzfaden befestigt ist, leicht mit einem Draht berührt, der zu der Stromquelle führt. Oft ist es zweckmäßiger, ein

---

[1]) Dolezalek, Instrumentenkunde, S. 345 (1901).

dünnes Phosphorbronzeband zu benutzen. Die Nadel kann dann direkt mit dem einen Pol der Batterie, deren anderer Pol geerdet ist, verbunden und so auf konstantem Potential gehalten werden. Bei der Verwendung einer feinen Quarzaufhängung kann die Empfindlichkeit des Instrumentes sehr groß gemacht werden. Unter der Empfindlichkeit versteht man die Anzahl von Millimetern,

Fig. 7.

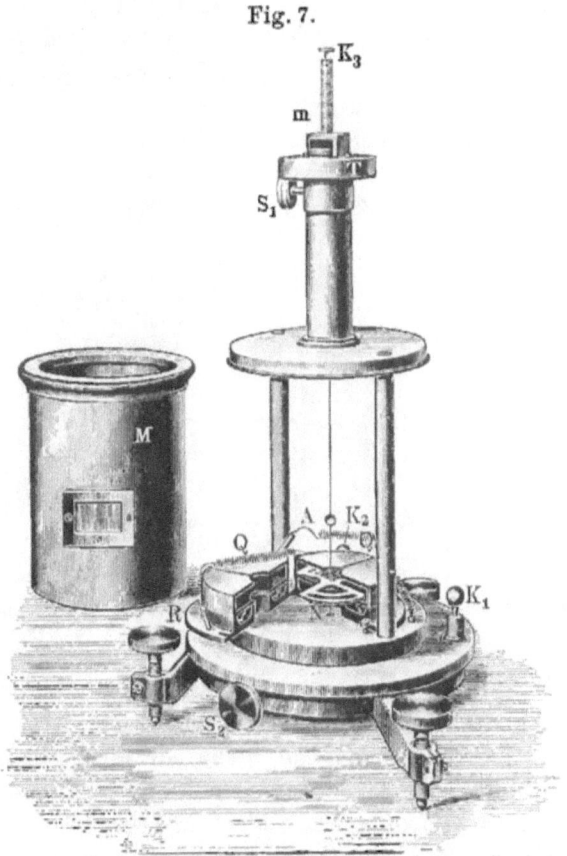

Dolezalek-Elektrometer.

die der Lichtfleck durchläuft, wenn zwischen den Quadranten eine Potentialdifferenz von einem Volt besteht. Eine Empfindlichkeit von 10000 mm pro Volt ist nicht ungewöhnlich. Wenn jedoch nicht sehr kleine Ströme gemessen werden sollen, ist es nicht ratsam, mit einer Empfindlichkeit von mehr als 1000 mm pro Volt zu arbeiten, und oft sind 200 mm pro Volt ausreichend. Das

Quadrantenelektrometer ist wesentlich ein Instrument, um das Potential des Leiters zu messen, mit dem es verbunden ist, es wird jedoch in der Radioaktivität indirekt zur Messung von Ionisationsströmen verwandt. Die Kapazität des Elektrometers und seiner Verbindungen bleibt bei Bewegung der Nadel nahezu konstant, und die Geschwindigkeit, mit der der Lichtfleck sich über die Skala bewegt, ist daher ein Maß für die Geschwindigkeit, mit der das Potential des Elektrometersystems wächst. Diese Geschwindigkeit dient als Maß für den Ionisationsstrom zwischen den Elektroden des Versuchsgefäßes.

Die allgemeine Versuchsanordnung ist in Fig. 8 veranschaulicht. Die aktive Substanz wird auf die untere der beiden parallelen, isolierten Platten A und B gelegt. Die Platte A wird mit

Fig. 8.

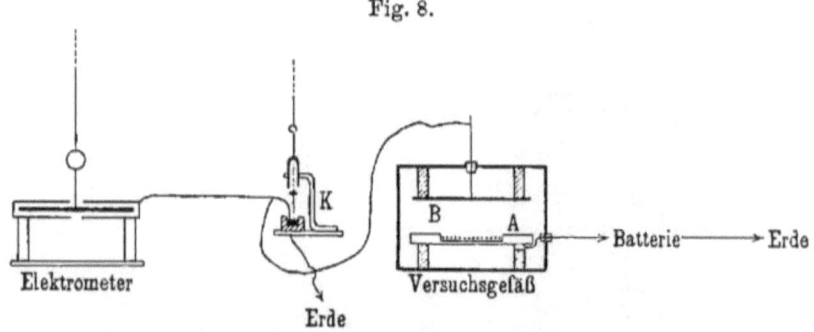

Versuchsanordnung für Aktivitätsbestimmungen mit Hilfe des Elektrometers.

dem einen Pol einer Batterie von geeignetem Potential, die Platte B durch einen Schlüssel K mit dem einen Quadrantenpaar des Elektrometers verbunden. Wenn keine Messung gemacht wird, leitet der Schlüssel die Quadranten und ihre Verbindungen zur Erde ab. Zur Ausführung einer Messung wird die Verbindung mit der Erde ruhig, aber schnell durch eine mechanische oder elektromagnetische Einrichtung unterbrochen. Das Potential der Platte B und ihrer Verbindung steigt, und dieses wird durch die Bewegung des Lichtfleckes über die Skala angezeigt. Die Zeit, die der Fleck gebraucht, um über eine bestimmte Strecke der Skala zu wandern, wird gemessen, und die Anzahl der per Sekunde passierten Teilstriche bildet ein Maß für die Stärke des Stromes, der durch das Gas fließt.

Wenn die Bewegung des Lichtfleckes für genaue Beobachtung zu schnell wird, so schaltet man eine weitere Kapazität in Gestalt eines Luft- oder Glimmerkondensators an das Elektrometersystem an, wodurch die Geschwindigkeit des Ausschlages auf ein gewünschtes Maß gebracht werden kann.

Bei diesem Verfahren kann man leicht Aktivitäten von sehr verschiedener Größe messen. Die Größe der Ströme, die gemessen werden können, ist nur abhängig von der Kapazität des Kondensators und dem Potential der Batterie, welches ausreichen muß, um Sättigung in dem Versuchsgefäß herbeizuführen.

Bei der bisher beschriebenen Verwendung von Elektroskopen und Elektrometern wird die Winkelgeschwindigkeit des bewegten Systems zur Messung der Aktivität benutzt. Bei geeigneter Anordnung kann jedoch ein Elektrometer gebraucht werden, um Ströme in derselben Weise wie mit einem Galvanometer direkt abzulesen.

Wir wollen annehmen, daß das Elektrometersystem durch einen sehr hohen Widerstand, der dem Ohmschen Gesetze gehorcht, mit der Erde verbunden ist. Wenn die Erdung der Quadranten unterbrochen wird, so steigt das Potential der Platte B (Fig. 8), bis die nachgelieferte Elektrizitätsmenge gleich der ist, die durch den hohen Widerstand fortgeleitet wird. Da die Ablenkung der Elektrometernadel der angelegten Spannung proportional ist, so muß sich der Lichtfleck aus der Ruhelage in eine bestimmte Stellung begeben; die Ablenkung, die er so erfährt, ist proportional dem Strom im Versuchsgefäß.

Für Messungen dieser Art muß der angewandte Widerstand von der Größenordnung 10^{11} Ohm sein. Der Hauptnachteil der Methode ist der, daß es schwierig ist, geeignete Widerstände von dieser Größe zu finden, die frei von Polarisation sind und dem Ohmschen Gesetz gehorchen. Das Prinzip dieser Methode ist von Dr. Bronson[1]) in dem Laboratorium des Verfassers ausgearbeitet worden.

Eine derartige Anordnung ist zur genauen Verfolgung schneller Aktivitätsveränderungen besonders geeignet. Die Ablenkung ist unabhängig von der Kapazität des Elektrometers und

---

[1]) Bronson, Amer. Journ. Science, Juli 1905; Phil. Mag., Jan. 1906.

seiner Verbindungen, und die Messungen können in einem weiten Bereiche schnell und genau ausgeführt werden.

In Fig. 9 und Fig. 10 sind einige Typen von Versuchsgefäßen wiedergegeben, die zur Bestimmung von Aktivitäten mit Hilfe des Elektrometers geeignet sind.

Das aktive Material wird auf die untere der beiden parallelen Platten A und B gebracht, die sich in einem geschlossenen Gefäß befinden (Fig. 9). Die isolierte Platte B ist durch Ebonitstäbe an dem Gehäuse des Apparates befestigt, welches zur Erde abgeleitet ist, so daß kein direkter Elektrizitätsübergang von der Batterie zu der Platte B stattfinden kann.

Fig. 9.

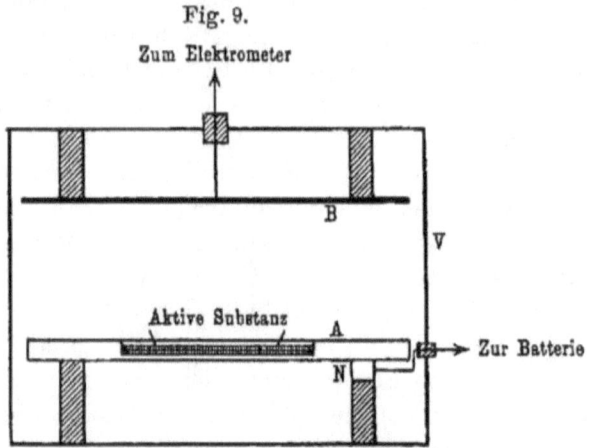

Versuchsgefäß mit parallelen Plattenelektroden.

Fig. 10 stellt ein zylindrisches Gefäß dar, das zur Untersuchung von aktiven Drähten oder Stäben dient. Die innere Elektrode A durchsetzt einen Ebonitstopfen. Ein direkter Elektrizitätsübergang über den Ebonit wird durch Anbringung eines Schutzringes verhindert, in Gestalt eines zur Erde abgeleiteten Metallzylinders, der den Ebonitstopfen in zwei Teile teilt. Unter diesen Umständen braucht der Ebonit nur gegen die kleine Potentialdifferenz zu isolieren, die erforderlich ist, um eine passende Ablenkung der Elektrometernadel zu bewirken. Die Anwendung des Schutzringprinzips ist in allen Fällen ratsam, um eine etwaige Elektrizitätsleitung über die Oberfläche des Isolators zu vermeiden.

Ein Apparat der in Fig. 10 dargestellten Art ist sehr geeignet, um die Abfallskurven von Aktivitäten zu bestimmen, die auf zylindrischen Elektroden induziert sind, und um den Abfall von Emanationen zu verfolgen, die in den Zylinder eingeführt sind.

Die elektrische Methode ist ein außerordentlich feines Mittel, um das Vorhandensein verschwindend kleiner Mengen von radioaktiver Materie zu entdecken. Dieses kann durch einen einfachen Versuch illustriert werden. Ein Milligramm Radiumbromid wird in 100 ccm Wasser aufgelöst. Nachdem die Lösung gut durchgemischt ist, wird ihr ein Kubikzentimeter entnommen, und zu 99 ccm Wasser hinzugesetzt. Ein Kubikzentimeter der letzten Lösung enthält demnach 10^{-7} g Radiumbromid. Wenn ein Kubikzentimeter dieser Lösung in einer Metallschale zur

Fig. 10.

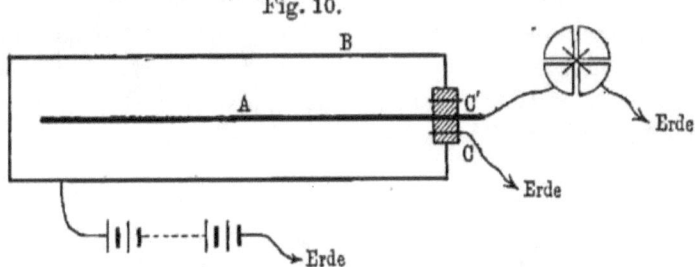

Zylindrisches Versuchsgefäß mit Schutzring zur Messung der Aktivität von Drähten oder Stäben.

Trockene eingedampft wird, so reicht die Aktivität der vorhandenen geringen Radiummenge aus, um ein Elektroskop von der in Fig. 11 (S. 40) angegebenen Form mit außerordentlicher Schnelligkeit zu entladen, wenn die Metallschale nur in die Nähe der oberen Platte des Elektroskops gebracht wird. Falls die Metallschale auf die Platte selbst gesetzt wird, so vermögen die Goldblättchen ihre Ladung kaum mehr als ein paar Sekunden zu behalten.

Benutzt man ein Elektroskop, das einen kleinen natürlichen Ladungsverlust besitzt, so kann man leicht das Vorhandensein von 10^{-11} g Radium an der größeren Geschwindigkeit der Goldblättchen erkennen.

Außerordentlich kleine Ströme können mit Genauigkeit in einem Elektroskop von dem Typus der Fig. 6 gemessen werden.

Zum Beispiel hat Cooke beobachtet, daß in einem gut gereinigten Messinggefäß von etwa einem Liter Inhalt der Potentialabfall, herrührend von der natürlichen Ionisation der Luft innerhalb des Gefäßes, ungefähr 6 Volt per Stunde betrug. Die Kapazität des Goldblattsystems betrug etwa eine elektrostatische Einheit. Der Strom i ist gleich dem Produkt aus der Kapazität und dem Potentialabfall per Sekunde, das heißt:

$$i = \frac{1 \times 6}{3600 \times 300} = 5{,}6 \times 10^{-6} \text{ E. S.}$$
$$= 1{,}9 \times 10^{-15} \text{ Ampere.}$$

Mit besonderen Vorsichtsmaßregeln kann noch eine Entladungsgeschwindigkeit von 1/10 dieses Betrages genau gemessen werden.

Die Zahl der in dem Elektroskop erzeugten Ionen kann leicht berechnet werden. J. J. Thomson hat nachgewiesen, daß ein Ion eine Ladung von $3{,}4 \times 10^{-10}$ elektrostatischen Einheiten oder $1{,}13 \times 10^{-19}$ Coulomb transportiert. Die Anzahl der in der Sekunde gebildeten Ionen ist also

$$\frac{1{,}9 \times 10^{-15}}{1{,}13 \times 10^{-19}} = 17\,000.$$

Nehmen wir an, daß die Ionisation in dem ganzen Luftvolumen gleichförmig war, so entspricht dieser Zahlenwert einer Produktion von 17 Ionen per Kubikzentimeter in der Sekunde, da das Volumen der Luft in dem Gefäß einen Liter betrug.

Wir werden später sehen, daß die α-Partikel im Durchschnitt imstande ist, ungefähr 100 000 Ionen zu erzeugen, bevor sie aufhört, das Gas zu ionisieren. Durch die elektrische Methode kann also noch die Ionisation nachgewiesen werden, die von einer aktiven Substanz hervorgerufen wird, welche im Durchschnitt eine α-Partikel in der Sekunde aussendet; oder mit anderen Worten, die elektrische Methode erlaubt, eine Umwandlung der Materie zu beobachten, welche mit der Geschwindigkeit von einem Atom per Sekunde vor sich geht.

Für die Auffindung von Substanzen, die die Eigenschaft der Radioaktivität besitzen, übertrifft daher die elektrische Methode das Spektroskop an Empfindlichkeit. Wir sind imstande, das Vorhandensein eines aktiven Stoffes, wie Radium, festzustellen, wenn er in fast unendlich kleinem Betrage in einem Gemisch mit inaktiven Substanzen vorkommt und können auch mit einiger Genauigkeit seine Menge feststellen. Diese Bestimmung ist so außerordentlich fein, daß in allen bisher untersuchten Substanzen die Gegenwart verschwindend kleiner Radiummengen sich hat nachweisen lassen.

Zweites Kapitel.
Die radioaktiven Umwandlungen des Thoriums.

In dem vorhergehenden Kapitel ist ein kurzer Überblick über die wichtigeren Eigenschaften der radioaktiven Körper und eine kurze Beschreibung der verschiedenen Meßmethoden radioaktiver Größen gegeben. In diesem und den folgenden Kapiteln werden wir die Prozesse, die in den radioaktiven Substanzen vor sich gehen, und die Theorien, welche zu ihrer Erklärung aufgestellt sind, eingehender analysieren. Obgleich im folgenden die Besprechung der Eigenschaften des Radiums, als unseres typischen Radioelementes, den größten Raum einnimmt, so sind doch die Umwandlungen des Radiums so zahlreich und verwickelt, daß es ratsam ist, vor dem Eingehen auf das schwierigere Problem ein einfacheres Beispiel zu behandeln.

Wir werden daher zuerst die Umwandlungen besprechen, welche das Thorium erfährt. Auf diese Weise können wir unsere Aufmerksamkeit auf die Hauptphänomene richten, ohne zu sehr durch Kleinigkeiten aufgehalten zu werden. Nachdem einmal die allgemeinen Prinzipien dargelegt sind, wird ihre Anwendung auf das verwickeltere Problem des Radiums keine besonderen Schwierigkeiten mehr bieten.

Diese Einteilung folgt auch der historischen Entwickelung, denn die Zerfallstheorie, welche die Basis für die Erklärung der radioaktiven Erscheinungen bilden wird, wurde an der Hand der Prozesse entwickelt, die bei der Umwandlung des Thoriums stattfinden.

Thoriumverbindungen besitzen Gewicht für Gewicht dieselbe Radioaktivität wie die entsprechenden Uraniumverbindungen, und senden wie diese α-, β- und γ-Strahlen aus. Wir haben jedoch gesehen, daß Thorium sich dadurch vom Uranium unterscheidet, daß es außer den drei Strahlenarten noch ein radioaktives Gas oder eine „Emanation" aussendet. Diese Eigenschaft des Thoriums, eine flüchtige radioaktive Substanz zu erzeugen, kann leicht mit dem einfachen experimentellen Arrangement gezeigt werden, welches in Fig. 11 dargestellt ist.

Eine Glasröhre A wird mit etwa 50 g Thoriumhydroxyd gefüllt, welches die Emanation leichter abgibt als das Oxyd. Die Röhre A wird durch eine enge, etwa 1 m lange Röhre L mit einem geeigneten, gut isolierten Elektroskop verbunden. Nach Aufladung des Elektroskops fallen die Goldblättchen zunächst

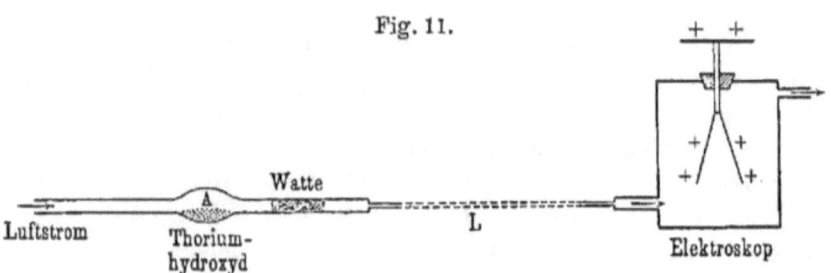

Fig. 11.

Aktivität der Thoriumemanation.

sehr langsam zusammen, da die Thoriumverbindung die Luft innerhalb des Elektroskops kaum merkbar ionisiert. Wenn nun ein langsamer gleichmäßiger Luftstrom aus einem Blasebalg oder Gasometer über das Thorium geblasen wird, so bleibt das Elektroskop eine gewisse Zeit lang unverändert, bis die Luft von A in das Elektroskop gelangt ist. Alsdann sieht man jedoch die Goldblättchen schnell zusammenfallen, wobei die Geschwindigkeit, mit der die Goldblättchen sich bewegen, während mehrerer Minuten zunimmt. Diese Entladung des Elektroskops rührt von dem ionisierenden Einfluß der Thoriumemanation her, welche durch den Luftstrom in das Elektroskop gebracht wird. Stellt man den Luftstrom ab, so nimmt die Geschwindigkeit der Goldblättchen gleichmäßig ab und sinkt in ungefähr einer Minute, oder genauer in 54 Sekunden, auf die Hälfte des ursprünglichen Wertes. Nach ungefähr fünf Minuten ist die Wirkung der Emanation kaum noch bemerkbar. Die Emanation verliert, sich selbst überlassen, ihre Aktivität nach einem Exponentialgesetz. In den ersten 54 Sekunden sinkt die Aktivität auf den halben Wert; in der doppelten Zeit, d. h. in 108 Sekunden, sinkt die Aktivität auf ein Viertel, in 162 Sekunden auf ein Achtel des Anfangswertes, usw. Diese Abfallsgeschwindigkeit der Aktivität der Thoriumemanation ist ihre charakteristische Eigenschaft und dient als zuverlässige physikalische Methode, die Thoriumemanation von der des Radiums oder Aktiniums zu unterscheiden, die mit ganz anderen Geschwindigkeiten ihre Aktivität verlieren.

Obgleich die Menge der Emanation, welche aus einem Kilogramm einer Thoriumverbindung gewonnen werden kann, viel zu gering ist, als daß sie durch ihr Volumen oder ihr Gewicht entdeckt werden könnte, so ist doch der elektrische Nachweis so außerordentlich empfindlich, daß man mit wenigen Milligrammen Thorium die Entladungserscheinung beobachten kann.

Die Emanationsmenge, welche eine bestimmte Menge Thorium an die Luft abgibt, ist bei den verschiedenen Thoriumverbindungen außerordentlich verschieden. Die Emanation wird z. B. vom Thoriumhydroxyd reichlich abgegeben, vom Thoriumnitrat dagegen nur in sehr geringem Maße. Rutherford und Soddy[1]) haben das „Emanierungsvermögen" der Thoriumverbindungen eingehend untersucht, d. h. die Emanationsmenge gemessen, welche ein gegebenes Gewicht der Substanz per Sekunde an die Luft abgibt, und gefunden, daß das Emanierungsvermögen von physikalischen und chemischen Umständen stark beeinflußt wird. Das Emanierungsvermögen nimmt unter dem Einflusse von Feuchtigkeit, und bei Steigerung der Temperatur bis zur Rotglut, zu. Erniedrigung der Temperatur bis zu — 80° C verringert das Emanierungsvermögen in den meisten Fällen erheblich. Die Emanation wird jedoch von allen Thoriumverbindungen in Lösung reichlich und in gleichem Maße abgegeben. Dies kann man sehr leicht zeigen, wenn man einen Luftstrom durch eine Lösung leitet, wobei ein Teil der Emanation mit dem Luftstrom entweicht. Rutherford und Soddy wiesen nach, daß der große Unterschied des Emanierungsvermögens, der bei den Thoriumverbindungen beobachtet wird, nicht von Unterschieden in der Bildungsgeschwindigkeit der

---

[1]) Rutherford und Soddy, Phil. Mag., Sept. 1902.

Emanation herrührt, sondern lediglich dadurch zustande kommt daß die Menge der an die Luft abgegebenen Emanation veränderlich ist. Da die Thoriumemanation in wenigen Minuten ihre Aktivität zum großen Teil verliert, so muß jede Verlangsamung, welche die Emanation auf ihrem Wege durch die Poren einer festen Substanz erfährt, das Emanierungsvermögen sehr erheblich ändern. Rutherford und Soddy fanden, daß für gleiche Gewichtsmengen Thorium alle Thoriumverbindungen in der Sekunde die gleiche Menge Emanation produzieren, daß aber das Verhältnis, in welchem die Emanation in die Luft entweicht, in hohem Maße von physikalischen und chemischen Bedingungen abhängig ist.

Wir werden nun kurz die chemische Natur der Emanation besprechen. Da die Emanation nur in verschwindend kleiner Menge frei wird, so kann sie nicht direkt chemisch untersucht werden, aber die Leitfähigkeit, welche die Emanation in Luft hervorruft, bietet ein einfaches Mittel, um festzustellen, ob ihre Menge sich verringert hat, nachdem verschiedene Reagenzien auf sie eingewirkt haben. Wenn z. B. die Leitfähigkeit in einem Versuchsgefäß unverändert bleibt, nachdem die Emanation eine auf Weißglut erhitzte Platinröhre langsam passiert hat, und dies ist tatsächlich beobachtet worden, so können wir mit Sicherheit den Schluß ziehen, daß die Emanation bei einer Erhitzung auf diese Temperatur unverändert bleibt. Auf diese Weise fanden Rutherford und Soddy, daß die Thoriumemanation von keinem physikalischen oder chemischen Reagens angegriffen wird. Die Emanation wurde mit so starken Reagenzien behandelt, daß kein Gas außer einem aus der Gruppe der Edelgase, der Argon- und Heliumfamilie, diese verschiedenen Prozesse hätte durchmachen können, ohne seine Menge zu verändern. Da der Emanation die Eigenschaft fehlt, chemische Verbindungen eingehen zu können, so muß sie der Argon-Heliumfamilie zugerechnet werden.

Die materielle Natur der Emanation wurde durch die Beobachtung erwiesen, daß die Emanation durch große Kälte aus jedem Gase, mit dem sie gemischt ist, kondensiert werden kann. Die Thoriumemanation beginnt bei einer Temperatur von -120^0 C sich aus einem Gemisch mit Luft zu kondensieren. Die Emanation wird also vollständig aufgehalten, wenn man das Gas, mit dem sie gemischt ist, langsam durch eine U-Röhre leitet, die in flüssige

Luft getaucht ist. Aus der Geschwindigkeit, mit der die Emanation durch Luft und andere Gase diffundiert, ergibt sich, daß die Emanation ein Gas von hohem Molekulargewicht ist.

Wir haben bereits gesehen, daß die Emanation ihre Aktivität rasch nach einem Exponentialgesetz verliert. Wenn J_0 die anfängliche Aktivität ist, so wird die Aktivität J_t zu irgend einer späteren Zeit durch die Gleichung gegeben:

$$\frac{J_t}{J_0} = e^{-\lambda t},$$

worin λ eine Konstante und e die Basis der natürlichen Logarithmen ist. Da die Aktivität in ungefähr 54 Sekunden auf den halben Wert sinkt, so ist der Wert von λ:

$$\lambda = \frac{ln\,2}{54} = 0{,}0128\,(\text{sec})^{-1}.$$

Die Zerfallskurve der Thoriumemanation ist in Fig. 12 wiedergegeben. Wenn die Logarithmen der Aktivität als Ordi-

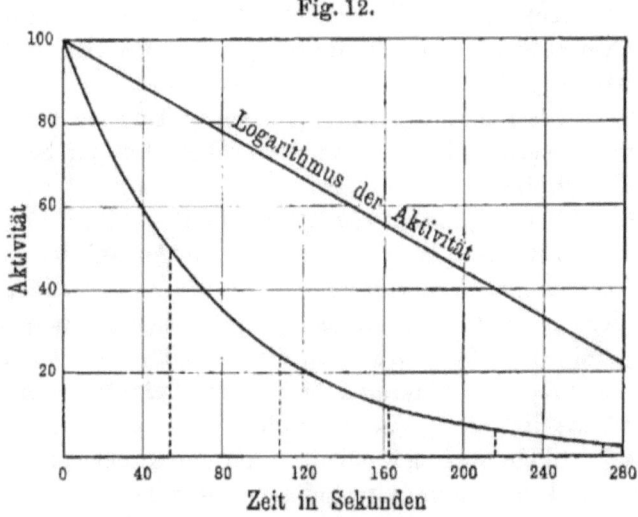

Fig. 12.

Abfall der Aktivität der Thoriumemanation.

naten und die Zeiten als Abszissen aufgetragen werden, so liegen die Punkte alle in einer geraden Linie. Dieses ist aus der Figur zu ersehen, in der der Logarithmus der Anfangsaktivität als $\overline{100}$ angenommen ist.

Der Wert von λ ist eine charakteristische Konstante der Emanation und wird die „radioaktive Konstante" der Emanation genannt. Aus den bisherigen Beobachtungen geht hervor, daß λ von physikalischen oder chemischen Bedingungen unabhängig ist. Z. B. ist der Wert von λ derselbe wie unter gewöhnlichen Bedingungen, wenn die Emanation in flüssiger Luft, bei einer Temperatur von — 186° C, kondensiert wird.

Alle einfachen radioaktiven Produkte verlieren ihre Aktivität nach einem Exponentialgesetz, es ist daher empfehlenswert, zur Bezeichnung der Zeit, die ein einfaches radioaktives Produkt gebraucht, um die Hälfte seiner Aktivität zu verlieren, einen einfachen Ausdruck zu gebrauchen. Der Ausdruck „Periode" eines Produktes wird in diesem Sinne zur Vermeidung längerer Umschreibungen gebraucht werden.

Wir haben nun eine Deutung für das Gesetz zu finden, nach dem die Aktivität der Emanation abfällt. Ist die Aktivität lediglich eine vorübergehende unwesentliche Eigenschaft, oder hängt sie direkt mit irgend einer wichtigen Veränderung in der Emanation selbst zusammen? Wir wollen für einen Augenblick unsere Aufmerksamkeit auf die Messungen der Aktivität richten. Die Emanation sendet nur α-Strahlen aus, welche, wie wir gesehen haben, aus schweren, positiv geladenen Teilchen bestehen, die mit einer Geschwindigkeit von etwa 20 000 km per Sekunde fortgeschleudert werden. Die Ionisation des Gases rührt von dem Zusammenstoß der ausgesandten α-Partikel mit den Gasmolekülen her, denen sie auf ihrem Wege begegnet. Die Anzahl der Ionen, die unter gewöhnlichen Bedingungen von einer α-Partikel gebildet werden, ist sehr groß und beträgt wahrscheinlich in einigen Fällen ungefähr 100 000. Mißt man die Aktivität nach der elektrischen Methode, so erhält man somit ein Maß für die Anzahl der α-Partikeln, die die Emanation in der Sekunde aussendet.

Die α-Partikeln stammen offenbar von den Atomen der Emanation her, und man muß notwendigerweise annehmen, daß sie nicht aus dem Zustande der Ruhe fortgeschleudert werden, sondern sich bereits in lebhafter Bewegung befinden, ehe sie das Atom verlassen. Man kann berechnen, daß die α-Partikel einen Weg, auf dem ein Potentialabfall von etwa fünf Millionen Volt besteht, ohne Zusammenstoß zurücklegen müßte, um ihre außerordentliche Geschwindigkeit zu gewinnen.

Es ist schwer, sich innerhalb oder außerhalb des Atoms einen Mechanismus vorzustellen, der imstande wäre, eine so schwere Masse, wie die der α-Partikel, plötzlich in so schnelle Bewegung zu setzen. Wir sind beinahe zu der Annahme gezwungen, daß die α-Partikel sich bereits innerhalb des Atoms in schneller Bewegung befindet und plötzlich aus irgend einem Grunde das Atomsystem unter Beibehaltung ihrer Geschwindigkeit verläßt. Wir können annehmen, daß die Fortschleuderung einer α-Partikel das Resultat einer heftigen Explosion innerhalb des Atoms ist.

Der Rest des Atoms ist leichter als das Mutteratom, und man wird erwarten, daß seine physikalischen und chemischen Eigenschaften sich von denen des Mutteratoms unterscheiden. Dieses trifft, wie wir später sehen werden, in allen Fällen zu. Durch die Abgabe der α-Partikeln wandelt sich die Thoriumemanation in eine andere Substanz um, die sich wie ein fester Stoff verhält und sich auf anderen Gegenständen niederschlägt. Dieses Produkt der Zersetzung, oder besser des Zerfalls der Emanation, werden wir später besprechen.

Wenn jedes Atom der Emanation bei seinem Zerfall eine α-Partikel aussendet, so drückt sich das beobachtete Gesetz des Abfalls der Aktivität durch die Gleichung aus:

$$\frac{n_t}{n_0} = e^{-\lambda t},$$

worin n_0 die Anzahl der Atome ist, die anfänglich per Sekunde zerfallen, und λ die radioaktive Konstante bedeutet. Diese Gleichung gilt auch dann, wenn jedes Atom bei seinem Zerfall zwei oder mehr α-Partikeln aussendet.

Nehmen wir der Einfachheit halber an, daß bei dem Zerfall eines jeden Atoms eine α-Partikel frei wird, so muß die Zahl N_0 der Atome der Emanation, die anfänglich vorhanden waren, gleich der Gesamtzahl der α-Partikeln sein, die von der Emanation während der ganzen Dauer ihres Lebens abgegeben werden. Diese Zahl ist gegeben durch:

$$N_0 = \int_0^\infty n_t \, dt = n_0 \int_0^\infty e^{-\lambda t} \, dt = \frac{n_0}{\lambda}.$$

Die Anzahl N der Atome, die nach einer Zeit t noch unverändert sind, ist offenbar durch die Gleichung gegeben:

$$N = \int_t^\infty n_0 e^{-\lambda t} dt = \frac{n_0}{\lambda} e^{-\lambda t}.$$

Folglich ist

$$\frac{N}{N_0} = e^{-\lambda t}.$$

Wir sind so zu dem wichtigen Schlusse gekommen, daß die Anzahl der noch nicht zerfallenen Atome genau in derselben Weise abnimmt wie die Aktivität, oder mit anderen Worten, die Aktivität der Emanation ist der Anzahl der vorhandenen Atome der Emanation direkt proportional.

Das Exponentialgesetz der Umwandlung radioaktiver Materie ist dasselbe wie das der sogenannten unimolekularen Umwandlung der Chemie, das man im besonderen beobachtet, wenn eine der beiden Substanzen, die eine Verbindung eingehen, im großen Überschuß vorhanden ist. Die Tatsache, daß die Zerfallskonstante von der Konzentration der Emanation unabhängig ist, führt zu dem Schluß, daß nur ein einziges in der Umwandlung begriffenes System in Frage kommt. Da die Zerfallskonstante nicht von physikalischen oder chemischen Bedingungen abhängt, liegt die Vermutung nahe, daß das sich umwandelnde System nicht das Molekül, sondern das Atom selbst ist.

Die radioaktive Konstante λ hat eine wohldefinierte physikalische Bedeutung. Wir haben oben gesehen, daß

$$N = N_0 e^{-\lambda t}.$$

Differenziert man diese Gleichung nach der Zeit, so erhält man:

$$\frac{dN}{dt} = -\lambda N,$$

oder die Anzahl der Atome, die per Sekunde zerfallen, ist gleich der Gesamtzahl der vorhandenen Atome, multipliziert mit λ. Der Wert von λ stellt so den Prozentsatz der Atome dar, die in der Sekunde zerfallen. Für die Thoriumemanation, die in 54 Sekunden zur Hälfte zerfällt, ist $\lambda = 0,0128 \sec^{-1}$. Nehmen wir beispielsweise an, daß ein Gefäß im Anfange 10 000 Atome der Thoriumemanation enthält. In der ersten Sekunde zerfallen 128 Atome;

nach 54 Sekunden sind nur noch 5000 Atome vorhanden, und 64 Atome wandeln sich per Sekunde um. Nach 108 Sekunden beträgt die Zahl der unveränderten Atome 2500 und von ihnen zerfallen 32 per Sekunde usw. Ebenso hat λ für jedes andere radioaktive Produkt eine bestimmte Bedeutung.

Wir haben einige Zeit auf die Betrachtung der physikalischen Erklärung des Gesetzes verwandt, nach dem die Aktivität der Emanation abfällt, da, soweit bisher bekannt ist, jedes radioaktive Produkt demselben Umwandlungsgesetz mit einem anderen, aber bestimmten Werte von λ folgt, der für jede spezielle radioaktive Substanz charakteristisch ist. Die gleiche Deutung des Abfalls der Aktivität kann also direkt auf jedes andere aktive Produkt angewandt werden.

Die induzierte Aktivität des Thoriums.

Der Verfasser[1]) hat gezeigt, daß das Thorium, abgesehen davon, daß es drei Strahlenarten und eine Emanation aussendet, noch folgende bemerkenswerte Eigenschaft besitzt. Jeder Körper, welcher der Thoriumemanation exponiert wird, wird selbst radioaktiv. Diese „übertragene" oder „induzierte" Radioaktivität ist nicht beständig, sondern fällt ab, wenn der Körper nicht mehr mit der Emanation in Berührung ist. Die Aktivität kann in einem starken elektrischen Felde in großem Maße auf der negativen Elektrode konzentriert werden. Dieses läßt sich leicht zeigen, wenn man einen dünnen Draht AB (Fig. 13) in einem geschlossenen Gefäß V der Emanation einer Thoriumverbindung exponiert.

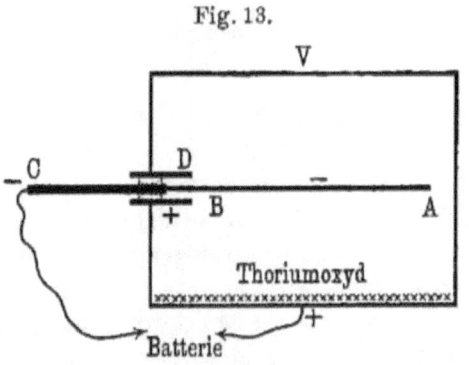

Fig. 13.

Konzentrierung der induzierten Aktivität an der Kathode.

Wenn der Draht der einzige negativ geladene Körper ist, welcher der Emanation ausgesetzt wird, so wird er stark aktiv.

---

[1]) Rutherford, Phil. Mag., Jan. u. Febr. 1900.

Wenn er positiv geladen ist, nimmt er nur eine schwache Aktivität an. Ein dünner Draht kann auf diese Weise per Flächeneinheit mehrere hundert Mal stärker aktiv gemacht werden als Thorium selbst. Die Aktivität rührt von einem materiellen Niederschlag auf dem Draht her, denn man kann sie teilweise entfernen, indem man den Draht mit einem Stück Zeug reibt; ferner kann sie von einem Platindraht mittels starker Säuren abgelöst werden. Wenn die Säure in einer Schale zur Trockene eingedampft wird, so bleibt ein aktiver Rückstand zurück. Die aktive Substanz kann dadurch vertrieben werden, daß man den Platindraht über Rotglut erhitzt. Diese Eigenschaft des „aktiven Niederschlages", wie diese Substanz genannt werden wird, werden wir später noch eingehender besprechen. Die Größe der Aktivität, welche unter gegebenen Umständen einem Körper mitgeteilt werden kann, ist unabhängig von seiner chemischen Natur. Alle Substanzen, welche auf diese Weise aktiv gemacht sind, verhalten sich, wie wenn sie mit einer unsichtbaren Schicht des gleichen radioaktiven Stoffes überzogen wären. Obgleich die Menge des aktiven Niederschlages zu klein ist, als daß man ihn direkt nachweisen könnte, so übt er doch eine leicht meßbare elektrische Wirkung aus.

Der Zusammenhang zwischen dem aktiven Niederschlag und der Emanation.

Die Fähigkeit, den aktiven Niederschlag zu bilden, ist nicht eine Eigenschaft des Thoriums selbst, sondern seiner Emanation. Die Aktivität, welche auf einem Körper hervorgerufen wird, der sich in der Nähe einer Thoriumverbindung befindet, hängt von dem Emanierungsvermögen der Verbindung ab. Sie ist z. B. bei den Hydroxyden viel größer als bei den Nitraten, weil die ersteren die Emanation viel reichlicher abgeben. Wenn die Thoriumverbindung vollständig mit einer ganz dünnen Glimmerplatte, die das Ausströmen der Emanation verhindert, bedeckt ist, so wird keine induzierte Aktivität auf einem außerhalb befindlichen Körper hervorgerufen. Dies zeigt, daß die induzierte Aktivität nicht durch die Strahlen hervorgebracht wird, die das Thorium aussendet, sondern durch die Anwesenheit der Emanation bedingt ist, da die Strahlen von der Glimmerscheibe kaum aufgehalten werden. Der enge Zusammenhang, welcher zwischen der Emanation und der induzierten Aktivität besteht, wird durch das folgende Experiment deutlich zum Ausdruck gebracht. Ein langsamer konstanter Luftstrom, der über eine große Menge einer Thoriumverbindung streicht und sich so mit der Emanation mischt, wird durch eine lange Röhre geleitet, in welcher drei zylindrische Elektroden, A, B, C, von gleicher Länge angebracht sind. Die Versuchsanordnung ist in Fig. 14 wiedergegeben. Die Leitfähigkeit des Gases, welche ein Maß für die Menge der vorhandenen Emanation ist, fällt von Elektrode zu Elektrode ab, da die Emanation ihre Aktivität mit der Zeit verliert. Der Ionisationsstrom, den man z. B. zwischen der Elektrode A und dem äußeren Zylinder beobachtet, ist ein Maß für die Menge der Emanation,

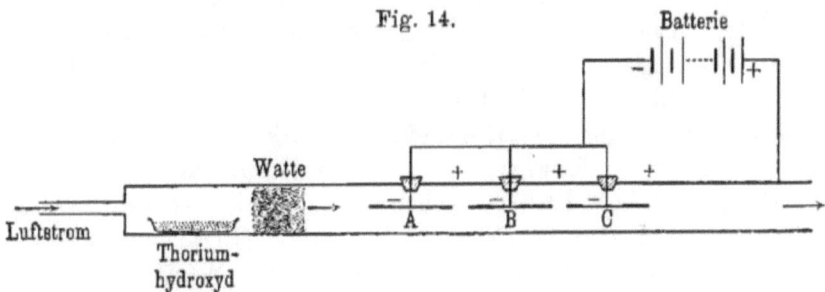

Fig. 14.

Versuchsanordnung zum Nachweis des Zusammenhanges zwischen der Emanation und der induzierten Aktivität.

die sich in dem Raum zwischen dieser Elektrode und dem Zylinder befindet. Nach mehreren Stunden wird der Luftstrom unterbrochen, die Stäbe A, B, C entfernt, und die Aktivität der Stäbe auf elektrischem Wege mit einem ähnlichen Apparate gemessen, wie er in Fig. 9 dargestellt ist. Man beobachtet, daß die induzierte Aktivität in genau demselben Verhältnis von Elektrode zu Elektrode abfällt wie die Aktivität, die von der Emanation allein herrührte. Dies zeigt, daß die entstandene induzierte Aktivität der Menge der vorhandenen Emanation direkt proportional ist; denn in dem Maße, in dem die Menge der Emanation abnimmt, fällt die induzierte Aktivität ab. Dieses Experiment zeigt folglich auch, daß es die Emanation ist, welche die induzierte Aktivität hervorruft, da die letztere an Stellen gebildet wird, die weit außerhalb des Bereiches der direkten Strahlung des Thoriums liegen.

Das Verhältnis, welches zwischen der Menge des aktiven Niederschlages und der Emanation besteht, zeigt deutlich, daß die Emanation die Muttersubstanz des aktiven Niederschlages ist. Wir wollen annehmen, daß der Rest des Atoms der Emanation, der nach Ausschleuderung einer α-Partikel zurückbleibt, das Atom des aktiven Niederschlages bildet. Das neue Atom gewinnt auf irgend eine Weise eine positive Ladung und wird zu der negativen Elektrode transportiert, auf der es sich niederschlägt. Wenn kein elektrisches Feld vorhanden ist, gelangen die Träger der aktiven Substanz durch Diffusion an die Wände des Gefäßes, das die Emanation enthält. Die Zahl der Partikeln des aktiven Niederschlages, die in der Sekunde gebildet werden, sollte der Zahl der Atome der Emanation proportional sein, die per Sekunde zerfallen. Diese Zahl ist, wie wir gesehen haben, der mit dem Elektrometer gemessenen Aktivität proportional. Die Anschauung, daß die Partikeln des aktiven Niederschlages von dem Zerfall der Emanation herrühren, führt sofort zu dem Schluß, daß die Größe der in irgend einem Raume induzierten Aktivität der Aktivität der vorhandenen Emanation, d. h. der Menge der Emanation, direkt proportional ist. Wir können so mit Sicherheit den Schluß ziehen, daß der aktive Niederschlag seinen Ursprung in dem Zerfall der Emanation hat, oder mit anderen Worten, daß die Emanation die Muttersubstanz des aktiven Niederschlages ist.

Es besteht ein deutlicher Unterschied zwischen den physikalischen und chemischen Eigenschaften des aktiven Niederschlages und seiner Muttersubstanz. Letztere ist, wie wir gezeigt haben, ein Edelgas, unlöslich in Säuren und kondensiert sich bei -120^0 C. Der aktive Niederschlag verhält sich wie ein fester Körper, ist in starken Säuren löslich und verflüchtigt sich bei einer Temperatur über Rotglut.

Die komplexe Natur des aktiven Niederschlages.

Wenn ein Körper mehrere Tage lang der Emanation ausgesetzt war, so fällt die induzierte Aktivität ziemlich genau nach einem Exponentialgesetz ab, und zwar mit einer Periode von 11 Stunden. Der aktive Niederschlag sendet α-, β- und γ-Strahlen aus; man erhält dieselben Abfallskurven, einerlei, welche Strahlenarten man zur Messung benutzt. Dies läßt zunächst die Anwesenheit einer radioaktiven Substanz vermuten, welche sich in 11 Stunden ungefähr zur Hälfte umwandelt und während ihres Zerfalls die drei Strahlenarten aussendet. Der aktive Niederschlag ist jedoch nicht so einfach zusammengesetzt. Wenn ein Körper nur wenige Minuten lang einer großen Menge Emanation exponiert wird, so ändert sich seine Aktivität nach der Herausnahme in ganz anderer Weise als nach einer langen Exposition. Die Aktivität ist zuerst ganz klein, nimmt aber während einer Zeit von ungefähr 3,66 Stunden stetig zu und erreicht alsdann ein Maximum. Nach sechs Stunden nimmt die Aktivität mit der

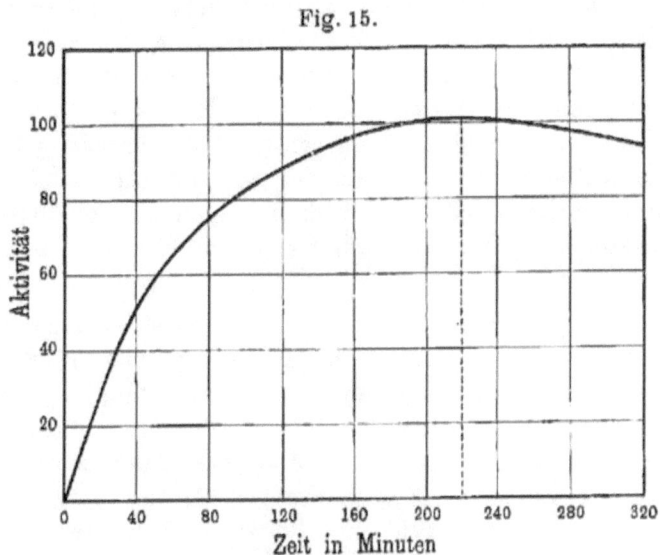

Fig. 15.

Änderung der induzierten Aktivität des Thoriums nach kurzer Exposition.

11 Stundenperiode ab, die nach langer Exposition beobachtet wird. Die Abfallskurve ist in Fig. 15 dargestellt.

Diese verschiedenartige Änderung der Aktivität scheint auf den ersten Blick auffallend und schwer zu erklären. Die Änderung der Aktivität ist ganz unabhängig von der chemischen Beschaffenheit des Körpers, auf welchem der aktive Niederschlag gebildet ist, und man erhält identische Kurven, einerlei ob der exponierte Körper aus einer dicken Metallplatte oder ganz dünner Metallfolie besteht. Die Kurve kann jedoch vollständig erklärt werden, wenn angenommen wird, daß der aktive Niederschlag aus zwei wohlunterschiedenen Substanzen besteht, von denen die eine aus der anderen entsteht. Wir wollen annehmen, daß die Thoriumemanation sich in eine Substanz Thorium-A umwandelt und daß diese, nachdem sie sich auf einen Gegenstand niedergeschlagen hat, allmählich einen neuen Stoff bildet. Wir nehmen an, daß Thorium-A ohne die Aussendung von α-, β- und γ-Strahlen umgewandelt wird, während Thorium-B alle drei Strahlenarten besitzt. Wenn die Zeit, während der ein Gegenstand der Emanation ausgesetzt war, verglichen mit den Umwandlungsperioden von Thorium-A und Thorium-B, sehr kurz ist, so wird die Substanz, die sich aus der Emanation niederschlägt, zunächst fast ausschließlich aus dem inaktiven Thorium-A bestehen. Die Aktivität wird daher gleich nach Entfernung aus der Emanation sehr gering sein. Da A sich allmählich in B umwandelt, und der Zerfall von B unter Aussendung von Strahlen vor sich geht, so wird die Aktivität zunächst mit der Zeit anwachsen, denn es wird immer mehr B gebildet. Nach einer gewissen Zeit wird die in der Sekunde sich umwandelnde Menge von B gleich der aus A neugebildeten sein.

Zu diesem Zeitpunkt wird die Aktivität ein Maximum erreichen und nachher sinken, da die Menge von Thorium-B dauernd abnimmt. Die Hypothese trägt also dem allgemeinen Charakter der Kurve Rechnung; wir werden jetzt zeigen, daß sie auch eine vollständige quantitative Erklärung liefert. Wir wollen die radioaktiven Konstanten von A und B λ_1 und λ_2 nennen und annehmen, daß in der kurzen Zeit, während der ein Körper der Emanation exponiert ist, nur Atome von A auf ihm sich niederschlagen. Nach der Beendigung der Exposition ändert sich die Zahl P der Atome von A nach der Gleichung:

$$P = n_0 \, e^{-\lambda_1 t}.$$

Die Änderung von P mit der Zeit wird durch die Gleichung gegeben:

$$\frac{dP}{dt} = -\lambda_1 n_0 \, e^{-\lambda_1 t}.$$

Wenn Q die Anzahl der Atome von B ist, die zu einer späteren Zeit t vorhanden sind, so ist die Wachstumsgeschwindigkeit von Q gleich der Differenz aus der Geschwindigkeit, mit der neue Atome aus A entstehen, und der Umwandlungsgeschwindigkeit der Atome von B selbst, d. h.:

$$\frac{dQ}{dt} = \lambda_1 n_0 e^{-\lambda_1 t} - \lambda_2 Q. \quad (1)$$

Die Lösung dieser Gleichung ist von der Form:

$$Q = a e^{-\lambda_1 t} + b e^{-\lambda_2 t};$$

und da $Q = 0$, wenn $t = 0$ ist, so ist $a + b = 0$.
Durch Einsetzen finden wir:

$$a = -b = \frac{\lambda_1 n_0}{\lambda_2 - \lambda_1},$$

$$Q = \frac{\lambda_1 n_0}{\lambda_2 - \lambda_1} (e^{-\lambda_1 t} - e^{-\lambda_2 t}).$$

Der Wert von Q nimmt zuerst zu, passiert ein Maximum und nimmt dann ab. Das Maximum wird erreicht, wenn

$$\frac{dQ}{dt} = 0$$

ist, d. h. zu einer Zeit T, die durch die Gleichung:

$$\frac{\lambda_2}{\lambda_1} = e^{-(\lambda_1 - \lambda_2) T}$$

bestimmt ist.

Da nur B Strahlen aussendet, so ist die Aktivität J_t zu jeder Zeit t dem vorhandenen Betrage von B proportional, d. h. dem Werte von Q. Wir sehen also, daß:

$$\frac{J_t}{J_T} = \frac{e^{-\lambda_2 t} - e^{-\lambda_1 t}}{e^{-\lambda_2 T} - e^{-\lambda_1 T}}, \quad (2)$$

worin J_T die Maximalaktivität bedeutet. Da die Aktivität nach kurzer wie nach langer Exposition schließlich nach einem Exponentialgesetz mit einer Periode von 11 Stunden abfällt, so folgt, daß entweder Thorium-A oder Thorium-B sich nach dieser Periode umwandelt. Wir wollen einmal annehmen, daß Thorium-A sich in 11 Stunden zur Hälfte umwandelt; dann ist

$$\lambda_1 = 1{,}75 \times 10^{-5} (\text{sec})^{-1}.$$

Wir haben nun die Periode von Thorium-B aus der experimentell gefundenen Kurve abzuleiten. Da festgestellt ist, daß das Maximum der Aktivität nach $T = 220$ Minuten erreicht wird, so findet man durch Einsetzung der Werte für λ_1 und T in Gleichung (2) für λ_2:

$$\lambda_2 = 2{,}08 \times 10^{-4} (\text{sec})^{-1}.$$

Dieses bedeutet, daß Thorium-B in 55 Minuten zur Hälfte umgewandelt wird. Durch Einsetzung der Werte von λ_1, λ_2 und T in Gleichung (2) kann der Quotient $\frac{J_t}{J_T}$ sofort bestimmt werden. Die so theoretisch berechneten Werte stimmen sehr gut mit den experimentell bestimmten überein, wie aus der folgenden Tabelle hervorgeht:

Zeit in Minuten	Theoretischer Wert von $\frac{J_t}{J_T}$	Beobachteter Wert von $\frac{J_t}{J_T}$
15	0,22	0,23
30	0,38	0,37
60	0,64	0,63
120	0,90	0,91
220	1,00	1,00
305	0,97	0,96

Die Übereinstimmung bleibt auch für noch längere Zeiten gleich gut. Nach etwa sechs Stunden fällt die Aktivität sehr angenähert exponential mit einer Periode von 11 Stunden ab.

Wir erhalten also eine quantitative Erklärung der Aktivitätskurve auf Grund der folgenden Annahmen:

1. daß Thorium-A sich aus der Emanation bildet, und sich in 11 Stunden zur Hälfte umwandelt, aber selbst keine Strahlen aussendet;
2. daß Thorium-A Thorium-B bildet, welches sich in 55 Minuten zur Hälfte umwandelt und alle drei Strahlenarten aussendet.

Eine sehr interessante Aufgabe ist die Bestimmung, welchem der beiden Produkte die längere und welchem die kürzere Periode zukommt. Wir haben angenommen, daß die Periode von 11 Stunden die des ersten strahlenlosen Produktes ist, aber die Aktivitätskurve selbst gibt uns auf diese Frage keine Antwort. Wir sehen, daß Gleichung (2) in bezug auf λ_1 und λ_2 symmetrisch ist und sich deshalb durch eine Vertauschung dieser Werte nicht ändert. Um eine Entscheidung zu treffen, ist es nötig, Thorium-B aus dem Gemisch von Thorium-A und Thorium-B abzuscheiden und seine Periode direkt zu bestimmen. Wenn es möglich ist, aus dieser Mischung ein aktives Produkt zu isolieren, welches exponential mit einer Periode von 55 Minuten zerfällt, so folgt sofort, daß das zweite strahlende Produkt diese Periode hat, und daß die Periode von 11 Stunden dem strahlenlosen ersten Produkt zukommt. Diese Trennung ist wirklich nach verschiedenen Methoden ausgeführt, die Resultate bestätigen vollständig die Theorie, die wir oben entwickelt haben, und illustrieren zugleich in bemerkenswerter Weise die Unterschiede, die zwischen Thorium-A und Thorium-B hinsichtlich ihres physikalischen und chemischen Verhaltens bestehen.

Pegram[1]) untersuchte die Aktivität, die bei der Elektrolyse von Thoriumlösungen auf den Elektroden entsteht, und erhielt unter geeigneten Bedingungen ein Produkt, dessen Aktivität nach einem Exponentialgesetz und zwar in etwa einer Stunde auf den halben Wert fiel.

v. Lerch[2]) führte eine Reihe von Versuchen über die Elektrolyse des aktiven Thoriumniederschlages aus, der durch Behandlung aktiver Platindrähte mit Salzsäure in Lösung gebracht war. Durch die Elektrolyse wurden unter verschiedenen Bedingungen Niederschläge von wechselndem Aktivitätsabfall erhalten, indem einige in 11 Stunden, andere in kürzerer Zeit zur Hälfte abfielen. Auf eingetauchten Nickelplatten erhielt er eine aktive Substanz, die nach einem Exponentialgesetz in einer Stunde zur Hälfte zerfiel. Mit Rücksicht auf die gute Übereinstimmung zwischen der berechneten und der beobachteten Periode, von 55 bzw. 60 Minuten, kann kein Zweifel bestehen, daß das strahlende Produkt, Thorium-B, aus dem Gemisch von A und B rein abgeschieden war. Die Abfallskurven der Niederschläge, die unter verschiedenen Bedingungen erhalten werden, sind leicht zu erklären, denn in den meisten Fällen werden A und B durch die Elektrolyse gemeinsam, aber in wechselndem Verhältnis, abgeschieden.

---

[1]) Pegram, Phys. Rev., Dez. 1903.
[2]) v. Lerch, Ann. d. Phys., Nov. 1903; Akad. Wiss. Wien, März 1905.

Die oben gemachte Annahme wurde durch Miss Slater[1]) noch nach einer anderen Methode bestätigt. Ein Platindraht wurde aktiv gemacht, indem er der Emanation ausgesetzt und dann mit Hilfe eines elektrischen Stromes auf eine hohe Temperatur erhitzt wurde. Nach früheren Beobachtungen von Miss Gates[2]) verliert ein Platindraht seine Aktivität, wenn er auf Weißglut erhitzt wird. Umgibt man jedoch den erhitzten Draht mit einer gekühlten Röhre, so findet sich auf deren Innenseite die Aktivität in unvermindertem Betrage wieder. Dieser Versuch zeigte, daß die Aktivität unter dem Einflusse der hohen Temperatur nicht verloren gegangen war, sondern daß die aktive Substanz verflüchtigt war, und sich auf den Gegenständen der Umgebung kondensiert hatte. Miss Slater untersuchte die Abfallsgeschwindigkeiten sowohl der Aktivität, die auf dem Drahte zurückgeblieben war, nachdem er für kurze Zeit auf verschiedene Temperaturen erhitzt war, wie auch diejenige, die einem Bleizylinder, der den Draht umgab, mitgeteilt worden war. Die Aktivität des Drahtes war, nachdem er auf 700° C erhitzt war, ein wenig schwächer. Die Aktivität des Bleizylinders war anfänglich klein, wuchs jedoch an, erreichte nach ungefähr vier Stunden ein Maximum, und fiel dann exponential mit einer Periode von 11 Stunden ab. Diese Änderung der Aktivität ist fast genau die gleiche wie die, welche die Aktivität eines Drahtes erfährt, der für kurze Zeit der Thoriumemanation exponiert war, d. h. unter Bedingungen, unter denen die niedergeschlagene Substanz anfänglich nur aus Thorium-A besteht. Dieses Resultat zeigt also, daß Thorium-A unter dem Einfluß der hohen Temperatur verjagt und auf dem Bleizylinder niedergeschlagen war. Durch eine Erhitzung auf ungefähr 1000° C wurde fast alles Thorium-A entfernt, denn die auf dem Drahte verbliebene Aktivität fiel exponential in ungefähr einer Stunde auf die Hälfte ihres Wertes. Bei 1200° C wurde auch fast das gesamte Thorium-B verflüchtigt. Diese Versuche zeigen demnach einwandfrei, daß die Periode des strahlenden Produktes, Thorium-B, ungefähr eine Stunde beträgt, und daß dem strahlenlosen Produkt, Thorium-A, die Periode von 11 Stunden zukommt. Wir sehen also, daß es gelungen ist,

---

[1]) Miss Slater, Phil. Mag., Mai 1905.
[2]) Miss Gates, Phys. Rev., S. 300 (1903).

Thorium-A und Thorium-B aus ihrem Gemisch nach zwei verschiedenen Methoden zu isolieren, indem man einmal den Unterschied in ihrem elektrolytischen Verhalten, das andere Mal den Unterschied ihrer Verdampfungstemperaturen benutzt hat. Dieses Resultat ist sehr interessant, weil es nicht nur zeigt, wie verschieden die beiden Komponenten des aktiven Niederschlages hinsichtlich ihrer physikalischen und chemischen Eigenschaften sind, sondern auch beweist, daß es bei Verwendung geeigneter Methoden möglich ist, zwei Substanzen, die nur in verschwindend kleinen Mengen vorhanden sind, voneinander zu trennen.

Es ist zunächst sehr überraschend, daß wir imstande sind, eine Substanz wie Thorium-A, die ihre Anwesenheit nicht durch die Aussendung von Strahlen kundgibt, nicht nur aufzufinden, sondern auch ihre Eigenschaften zu bestimmen. Dieses ist jedoch nur deshalb möglich, weil ihr Umwandlungsprodukt Strahlen aussendet; anderenfalls hätten wir weder Thorium-A noch Thorium-B mit unseren jetzigen Hilfsmitteln entdecken können.

Wenn ein Gegenstand für lange Zeit der Emanation ausgesetzt gewesen ist, so beginnt die induzierte Aktivität nach Beendigung der Exposition sofort abzufallen. Dieses ist auch nach theoretischen Überlegungen zu erwarten. Wenn der Draht eine Woche lang der Emanation exponiert wird, so erreicht die Aktivität einen konstanten Grenzwert, wenn für jedes Produkt die Zahl der in der Sekunde nachgelieferten Atome gleich der der zerfallenden Atome ist. Unmittelbar nach der Herausnahme des Drahtes beginnt die Menge von A nach einem Exponentialgesetz abzunehmen, und es kann theoretisch und experimentell gezeigt werden, daß die Aktivität, die ein Maß für die vorhandene Menge von Thorium-B ist, anfänglich nicht nach einem Exponentialgesetz mit einer Periode von 11 Stunden abfällt, sondern etwas langsamer. Mehrere Stunden nach der Herausnahme ist jedoch der Abfall sehr angenähert exponential.

Es ist interessant, daß die Aktivität nach langer Exposition nicht nach der Periode der strahlenden Substanz, sondern nach der der strahlenlosen abnimmt. Der Abfall wird in solchen Fällen immer nach der größeren Periode erfolgen, einerlei ob die Substanz, die nach dieser Periode sich umwandelt, Strahlen aussendet oder nicht.

Wir wollen nun die erhaltenen Resultate zusammenstellen:
1. Die Thoriumemanation ist ein Gas, welches in 54 Sekunden zur Hälfte umgewandelt wird und α-Strahlen aussendet.
2. Die Emanation wandelt sich in einen festen Stoff, Thorium-A, um, der in 11 Stunden zur Hälfte zerfällt, aber keine Strahlung besitzt*).
3. Thorium-A bildet Thorium-B, welches α-, β- und γ-Strahlen aussendet und sich in ungefähr einer Stunde zur Hälfte umwandelt.

Die Reihenfolge der Umwandlungen ist im untenstehenden Diagramm dargestellt:

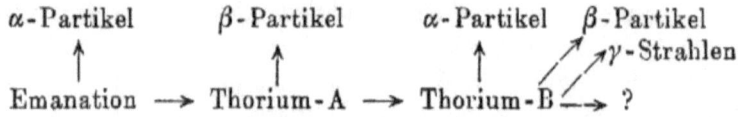

Zur Zeit haben wir noch keine Kenntnis von dem Umwandlungsprodukt von Thorium-B. Es ist entweder inaktiv oder in so geringem Grade aktiv, daß seine Eigenschaften mit Hilfe der elektrischen Methode nicht entdeckt werden können[1]).

Die Abscheidung des Thorium-X.

Wir müssen nun zurückgreifen, um nach der Muttersubstanz der Emanation zu suchen. Wir werden aber zuerst eine Reihe wichtiger Versuche von Rutherford und Soddy[2]) besprechen, die nicht nur diese Frage gelöst, sondern auch ein helles Licht auf die Umwandlungen des Thoriums geworfen haben.

Zu einer kleinen Menge Thoriumnitrat, die in Wasser gelöst war, wurde genügend Ammoniak gegeben, um das Thorium als Hydroxyd zu fällen. Nach dem Filtrieren wurde das Filtrat zur Trockene eingedampft und die Ammoniumsalze durch Erhitzen

---

*) v. Lerch [Phys. Zeitschr. **7**, 913 (1906)] hat neuerdings gefunden, daß Thorium-A β-Strahlen von geringem Durchdringungsvermögen aussendet.

[1]) Hahn [Phys. Zeitschr. **7**, 412 (1906)] hat kürzlich nachgewiesen, daß Thorium-B komplex ist und aus zwei verschiedenen Stoffen besteht.

[2]) Rutherford und Soddy, Phil. Mag., Sept. u. Nov. 1902.

vertrieben. Der kleine Rückstand, den man erhielt, war Gewicht für Gewicht mehr als tausendmal so stark aktiv als das ursprüngliche Thoriumnitrat. Die starke Aktivität dieses Rückstandes läßt sich leicht mit Hilfe des Elektroskops zeigen. Der geringe aktive Rückstand, den man aus 50 g Nitrat erhält, läßt die Blätter des Elektroskops in wenigen Sekunden zusammenfallen, während eine gleich kleine Gewichtsmenge von Thoriumnitrat kaum eine merkbare Bewegung hervorruft.

Die in dem Rückstande enthaltene aktive Substanz wurde Thorium-X (Th-X) genannt. Sie ist in wahrscheinlich verschwindend kleiner Menge in den Verunreinigungen enthalten, die nach der Verdampfung der Ammoniumsalze zurückbleiben und wohl zum Teil aus nicht gefälltem Thorium bestehen. Da das Thorium-X aus dem Thoriumsalz gewonnen ist, so muß das letztere einen Teil seiner Aktivität verloren haben. Das bei der Fällung erhaltene Thoriumhydroxyd war in der Tat nur ungefähr halb so stark aktiv, als man hätte erwarten sollen.

Die α-Strahlenaktivität des Thorium-X und des gefällten Hydroxyds wurde von Zeit zu Zeit mit Hilfe eines Elektrometers untersucht. Die Aktivität des Thorium-X war nicht konstant, sondern stieg während des ersten Tages an und fiel dann mit einer Periode von ungefähr vier Tagen ab. Nach Verlauf eines Monats war die Aktivität auf einen kleinen Bruchteil ihres ursprünglichen Wertes gesunken. Die Veränderung, welche die Aktivität von Thorium-X mit der Zeit erfährt, ist in Kurve 1, Fig. 16, wiedergegeben.

Wir wollen jetzt unsere Aufmerksamkeit auf das gefällte Hydroxyd richten. Die Aktivität des Hydroxyds nahm während des ersten Tages ein wenig ab, passierte ein Minimum, wuchs mit der Zeit stetig an und erreichte nach etwa einem Monat einen fast konstanten Wert. Diese Ergebnisse sind in Kurve 2, Fig. 16, veranschaulicht.

Die Zerfallskurve von Thorium-X und die Erholungskurve des Thoriums stehen in sehr enger Beziehung zueinander. Der anfängliche Anstieg der Thorium-X-Kurve entspricht einem Abfall der Erholungskurve, und wenn die Aktivität des Thorium-X fast verschwunden ist, so hat die Aktivität des Thoriums praktisch ein Maximum erreicht. Die Summe der Aktivitäten des Thorium-X und des Thoriums, aus dem es gewonnen ist, ist in dem ganzen

Bereiche sehr angenähert konstant. Die Kurven der Erholung und des Zerfalls sind komplementär zueinander. In dem Maße, wie Thorium-X seine Aktivität verliert, steigt die Aktivität des Thoriums. Diese Beziehung zwischen den beiden Kurven ist auf den ersten Blick sehr auffallend, und es könnte scheinen, als ob ein wechselseitiger Einfluß zwischen dem Thorium-X und dem Thorium, von dem es abgetrennt ist, bewirkte, daß das letztere

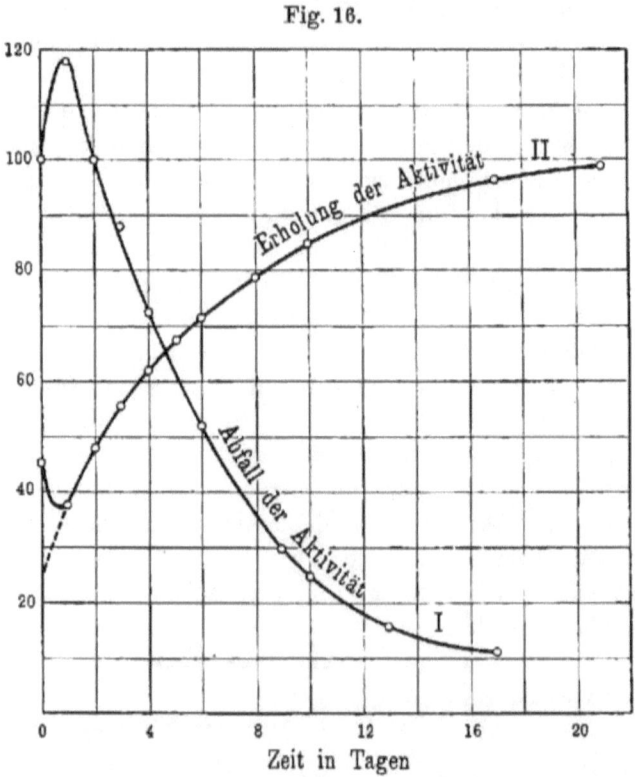

Fig. 16.

Abfall der Aktivität des Thorium-X und Erholung der Aktivität des von Thorium-X befreiten Thoriums.

die Aktivität absorbiert, die das Thorium-X verliert. Dieser Standpunkt ist jedoch unhaltbar, denn die Zerfalls- und Erholungskurven sind unabhängig voneinander und ändern sich nicht, wenn das Thorium und Thorium-X in versiegelten Gefäßen, und weit voneinander entfernt, aufbewahrt werden. Wenn das Thoriumhydroxyd, nachdem es seine Aktivität wiedergewonnen hat, von neuem aufgelöst und mit Ammoniak versetzt wird, so erhält man den gleichen Betrag von Thorium-X wie im ersten Versuch. Dieses Verfahren kann unbegrenzt oft wiederholt werden, und man erhält stets die gleichen Mengen von Thorium-X, vorausgesetzt, daß man zwischen zwei Fällungen je einen Monat verstreichen läßt, um dem Thorium zu erlauben, seine verlorene Aktivität wiederzugewinnen. Dieses zeigt, daß das Thorium-X nach jeder Fällung in dem Thorium neu entsteht.

Wir wollen uns nun der Erklärung des Zusammenhanges zuwenden, der zwischen der Zerfalls- und Erholungskurve besteht.

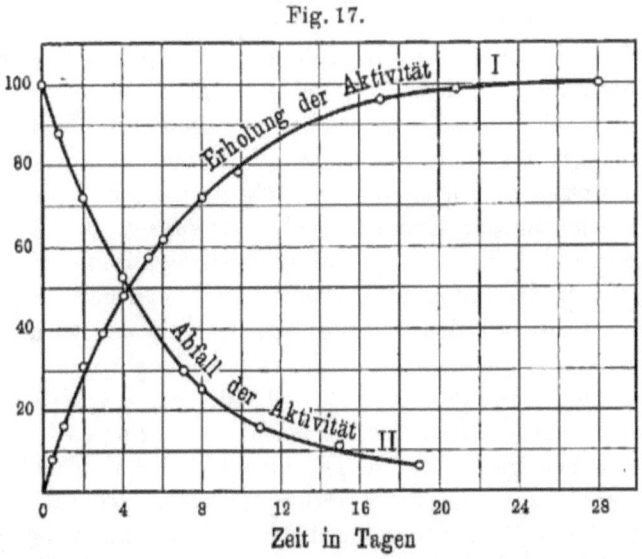

Fig. 17.

Zerfallskurve des Thorium-X und Erholungskurve des Thoriums nach Messungen, die einen Tag nach der Abscheidung des Thorium-X begonnen wurden.

Die anfänglichen Unregelmäßigkeiten der beiden Kurven werden später diskutiert werden. Wenn die Erholungskurve der Fig. 16 bis zum Schnitt mit der Ordinatenachse verlängert wird, so trifft sie die Achse bei einem Wert von 25 Proz. Zeichnet man nur die Zunahme, die die Aktivität über diesen Minimumwert von 25 Proz. hinaus erfährt, so erhält man die Erholungskurve von Fig. 17. In derselben Figur ist die Kurve, nach der das Thorium-X vom zweiten Tage an zerfällt, im gleichen Maßstabe eingetragen. Die Zerfallskurve des Thorium-X ist exponential, die Aktivität des Thorium-X fällt in ungefähr vier Tagen auf den halben Wert ab. Die Abnahme der Aktivität ist durch die Gleichung $J_t = J_0 e^{-\lambda t}$ bestimmt.

Die beiden Kurven sind komplementär, und die Summe der Ordinaten ist zu allen Zeiten in dem willkürlichen Maßstabe gleich 100. Nach vier Tagen ist die Aktivität vom Thorium-X auf ihren halben Wert gefallen, und in derselben Zeit hat Thorium die Hälfte seiner verlorenen Aktivität wiedergewonnen. Die Erholungskurve wird also durch eine Gleichung der Form

$$\frac{J_t}{J_0} = 1 - e^{-\lambda t}$$

ausgedrückt, in der J_t die Aktivität ist, die nach irgend einer Zeit wiedergewonnen ist, und J_0 die Maximalaktivität, die nach Erreichung eines stetigen Zustandes besteht. In dieser Gleichung hat λ genau denselben Wert wie in der Gleichung der Zerfallskurve.

Um derselben Schlußweise zu folgen, die wir zur Deutung der Abfallkurve der Emanation (S. 42) angewandt haben, sei angenommen, daß Thorium-X eine unbeständige Substanz ist, die in vier Tagen zur Hälfte umgewandelt wird, und daß der Bruchteil des Thorium-X, der sich umwandelt, stets der vorhandenen Gesamtmenge proportional ist. Die Aussendung von α-Strahlen begleitet die Umwandlung und vollzieht sich gleichfalls proportional zu dem Betrage des vorhandenen Thorium-X.

Wir haben gesehen, daß Thorium-X von dem Thorium neu gebildet wird, nachdem die ursprünglich vorhandene Menge entfernt ist. Diese Produktion von Thorium-X geschieht mit gleichförmiger Geschwindigkeit; trotzdem kann die Menge des Thorium-X nicht unbegrenzt wachsen, denn gleichzeitig wandelt sich Thorium-X ununterbrochen in eine andere Substanz um. Ein Gleichgewichtszustand wird offenbar erreicht, wenn in der Zeiteinheit genau so viel Thorium-X neugebildet wird, wie durch die Umwandlung verschwindet.

Die Zahl der Thorium-X-Atome, die in der Sekunde zerfallen, ist gleich λN, wenn λ die radioaktive Konstante des Thorium-X und N die Anzahl der zu irgend einer Zeit vorhandenen Thorium-X-Atome ist. Im Gleichgewichtszustande muß die Zahl q der in der Sekunde neugebildeten Thorium-X-Atome gleich der Zahl λN_0 sein, die in der Sekunde zerfallen, d. h.

$$q = \lambda N_0.$$

N_0 bezeichnet die Maximalzahl der vorhandenen Moleküle, die im Gleichgewichtszustande erreicht wird.

Zu jeder anderen Zeit ist $\frac{dN}{dt}$, die Zunahme der Atomzahl in der Zeiteinheit, gleich der Differenz zwischen der Anzahl der in der Sekunde neugebildeten und zerfallenden Atome, d. h.

$$\frac{dN}{dt} = q - \lambda N.$$

Die Lösung dieser Gleichung ist von der Form:

$$N = a e^{-\lambda t} + b,$$

worin a und b Konstanten sind. Da $N = 0$ ist, wenn $t = 0$ ist, so ist $a + b = 0$, und da für $t = \infty$, $N = N_0$ ist, so ist

$$a = -b = -N_0$$

und folglich:

$$\frac{N}{N_0} = 1 - e^{-\lambda t}.$$

Diese für die Anzahl der jeweils vorhandenen Thorium-X-Atome theoretisch abgeleitete Gleichung hat somit die gleiche Form wie die experimentell erhaltene Gleichung des Aktivitätsabfalles. Wir sehen also, daß die Abfalls- und Erholungskurven des Thorium-X vollständig durch die einfachen Hypothesen erklärt werden:

1. daß eine konstante Produktion von Thorium-X durch das Thorium stattfindet;
2. daß Thorium-X ununterbrochen zerfällt, und daß die in der Zeiteinheit zerfallende Menge stets der vorhandenen Gesamtmenge proportional ist.

Es ist früher gezeigt, daß die zweite Hypothese nur eine andere Ausdrucksweise für den beobachteten Abfall der Aktivität des Thorium-X nach einem Exponentialgesetz ist.

Die erste Hypothese kann experimentell geprüft werden. Die Menge Thorium-X, die vorhanden ist, nachdem das Anwachsen für eine Zeit t angedauert hat, sollte durch die Gleichung gegeben sein:

$$\frac{N}{N_0} = 1 - e^{-\lambda t},$$

worin N_0 die Gleichgewichtsmenge bedeutet.

Da Thorium-X in vier Tagen zur Hälfte zerfällt, ist $\lambda = 0{,}173\ (\text{Tage})^{-1}$. Nachdem ein Tag nach der völligen Entfernung des Thorium-X verflossen ist, sollte also die neugebildete Menge 16 Proz. des Maximums betragen, nach vier Tagen 50 Proz., nach acht Tagen 75 Proz. usw. Es wurde experimentell gefunden, daß drei schnell nacheinander ausgeführte Fällungen des Thoriums mit Ammoniak das Thorium fast völlig vom Thorium-X befreiten. Nachdem das Thorium für bestimmte Zeit sich selbst überlassen war, wurde das neugebildete Thorium-X entfernt, und die Mengen, die man erhielt, fanden sich in guter Übereinstimmung mit der Theorie.

Wir sehen also, daß die scheinbar konstante Aktivität des Thoriums in Wirklichkeit das Resultat zweier einander entgegenarbeitender Prozesse, der Neubildung und des Zerfalles von Thorium-X, ist; radioaktive Substanz wird fortwährend neu gebildet und zerfällt andererseits ununterbrochen, und verliert so ihre Aktivität. Es besteht also eine Art von chemischem Gleichgewicht, in welchem die Materie ebenso schnell neu gebildet wird, als sie zerfällt.

Der Ursprung der Thoriumemanation.

Eine Thoriumverbindung, die vollständig von Thorium-X befreit ist, gibt sehr wenig Emanation ab, selbst in gelöstem Zustande. Andererseits gibt die Ammoniaklösung, welche das Thorium-X enthält, eine große Menge von Emanation ab. Mit der Entfernung des Thorium-X verliert also das Thorium sein Emanierungsvermögen. Es scheint daher wahrscheinlich, daß die Emanation aus dem Thorium-X entsteht, und dieses wird durch weitere Versuche bestätigt. Wenn man durch eine Thorium-X-Lösung einen konstanten Luftstrom hindurchgehen läßt, so findet man, daß die Menge der mitgeführten Emanation nach einem Exponentialgesetz in vier Tagen auf den halben Wert sinkt. Dieses ist genau das Resultat, das man erwarten muß, wenn Thorium-X die Emanation erzeugt, denn die Aktivität des Thorium-X ist ein Maß für die Anzahl der Thorium-X-Atome, die in der Sekunde zerfallen, d. h. für die Anzahl der Atome der neugebildeten Substanz. Die Menge der von dem Thorium-X entwickelten Emanation sollte daher immer der Aktivität des Thorium-X proportional sein und müßte in demselben Maße und nach demselben Gesetze abnehmen. Dieses ist, wie wir gesehen haben, experimentell beobachtet. Obwohl das Thorium nach der Entfernung des Thorium-X zeitweilig völlig der Fähigkeit beraubt ist, eine Emanation auszusenden, so gewinnt es doch allmählich diese Fähigkeit wieder, und zwar nach demselben Gesetz, nach dem die Neubildung des Thorium-X vor sich geht. Dieses Resultat ergibt sich naturgemäß, wenn die Emanation aus Thorium-X entsteht. Das Emanierungsvermögen muß proportional der Menge des vorhandenen Thorium-X sein und sich deshalb pari passu mit ihr ändern.

Wir können also mit Sicherheit schließen, daß das Emanierungsvermögen nicht eine Eigenschaft des Thoriums selbst, sondern des Thorium-X ist.

Die anfänglichen Unregelmäßigkeiten der Zerfalls- und Erholungskurven.

Wir sind nun imstande, die anfänglichen Unregelmäßigkeiten der in der Fig. 16 wiedergegebenen Zerfalls- und Erholungskurven zu erklären. Die Aktivität des abgeschiedenen Thorium-X wächst zunächst an, während die Aktivität des gefällten Thoriums anfänglich abnimmt. Der aktive Niederschlag, den die Emanation bildet, ist in Ammoniak nicht löslich, er wird daher mit dem Thorium ausgefällt. Das abgetrennte Thorium-X bildet die Emanation, und diese wiederum Thorium-A und Thorium-B. Durch die Neubildung von Thorium-B wächst die Aktivität, und dieser Zuwachs ist zunächst größer als die Abnahme des Thorium-X selbst. Die Aktivität steigt infolgedessen an; da aber die Umwandlung von A und B, verglichen mit der von Thorium-X, sehr rasch vor sich geht, so wird nach ungefähr einem Tage praktisch ein Gleichgewicht erreicht, wenn angenähert gleich viele Atome von Thorium-X und aller seiner Produkte in der Sekunde zerfallen. Nachdem dieses eingetreten ist, wird sich die Aktivität der Emanation und von Thorium-B in genau derselben Weise ändern wie die von Thorium-X. Die Aktivität des aktiven Filtratrestes, die sich aus der Aktivität von Thorium-X, der Emanation, und Thorium-B zusammensetzt, nimmt weiterhin exponential mit einer Periode von vier Tagen ab.

Da der aktive Niederschlag, der aus der Emanation entsteht, nicht mit dem Thorium-X zusammen entfernt wird, so muß die Aktivität des gefällten Thoriums zunächst abnehmen, weil in Abwesenheit von Thorium-X und der Emanation keine Nachlieferung von neuem Thorium-A und B stattfindet, die deren Zerfall ausgleichen könnte. Die Aktivität des Thoriums wird also abnehmen, bis die Zunahme der Aktivität, die von dem Thorium-X und seinen Produkten herrührt, der Abnahme der Aktivität des aktiven Niederschlages die Wage hält. Die Aktivität erreicht dann ein Minimum und nimmt weiterhin infolge der gleichmäßigen Neubildung von Thorium-X zu.

Der komplementäre Charakter der Zerfalls- und Erholungskurven ist, ganz abgesehen von den hier angestellten Betrachtungen, eine notwendige Folgerung aus den Gesetzen, die die radioaktiven Umwandlungen beherrschen. Die Geschwindigkeit der Umwandlung wird nach den bisherigen Beobachtungen nicht durch physikalische oder chemische Vorgänge beeinflußt. Die Umwandlung von Thorium-X findet in der Mischung mit Thorium mit derselben Geschwindigkeit und nach denselben Gesetzen statt, wie wenn es von dem Thorium durch einen chemischen Prozeß getrennt worden ist. Wenn die Aktivität einer Thoriumverbindung einen konstanten Wert erreicht hat, und dann ein aktives Produkt von dem Thorium abgetrennt wird, so muß die Aktivität dieses Produktes plus der Aktivität, die von dem Thorium und den anderen zurückgebliebenen aktiven Produkten herrührt, gleich der anfänglichen konstanten Aktivität des im Gleichgewicht befindlichen Thoriums sein. Anderenfalls würde eine Neubildung oder Zerstörung von Radioaktivität lediglich durch die Entfernung eines Produktes stattfinden, und dieses würde einen Gewinn oder Verlust von radioaktiver Energie bedeuten. Wenn, wie in dem Falle von Thorium-X, die Aktivität des abgetrennten Produktes zunächst ansteigt und dann abnimmt, so muß eine entsprechende Abnahme und darauf ein Anstieg in der Aktivität des Thoriums stattfinden, aus dem es abgeschieden ist, damit die Summe beider Aktivitäten konstant bleiben kann.

Dieses Prinzip der Erhaltung der Radioaktivität gilt nicht nur für Thorium, sondern für jede radioaktive Substanz. Die Gesamtaktivität einer im Gleichgewicht befindlichen Substanz kann nicht durch irgend welche chemischen oder physikalischen

Reaktionen beeinflußt werden, wenn auch die Radioaktivität von einer Reihe von der Muttersubstanz abtrennbarer Produkte herrühren mag. Es liegt jedoch Grund zu der Annahme vor, daß die Radioaktivität der primär aktiven Substanzen nicht völlig unveränderlich ist, sondern langsam abnimmt, obwohl bei schwach aktiven Substanzen, wie Thorium und Uranium, wahrscheinlich in einer Million von Jahren keine merkliche Änderung festgestellt werden könnte.

Was das stark aktive Radium betrifft, so werden wir später sehen, daß seine Gesamtaktivität wahrscheinlich exponential mit einer Periode von 1300 Jahren abfällt. Falls jedoch das Beobachtungsintervall, verglichen mit der Lebensdauer der primären Substanz, klein ist, so bildet das Prinzip der Erhaltung der Radioaktivität einen hinreichend genauen Ausdruck für die experimentellen Ergebnisse. In den folgenden Kapiteln werden sich viele Beispiele finden, die als Stützen dieses Prinzips dienen können.

Methoden der Abscheidung von Thoriumprodukten.

Außer dem Ammoniak sind noch verschiedene Reagenzien gefunden, die es erlauben, Thorium-X aus Thorium zu entfernen. Schlundt und R. B. Moore[1]) fanden, daß Pyridin und Fumarsäure Thorium-X aus Thoriumnitratlösungen abscheiden. Diese Reagenzien unterscheiden sich in ihrer Wirkung von dem Ammoniak dadurch, daß sie das inaktive Produkt Thorium-A mit dem Thorium-X entfernen, während das aktive Produkt Thorium-B bei dem Thorium verbleibt.

v. Lerch[2]) hat gezeigt, daß Thorium-X durch Elektrolyse aus einer alkalischen Lösung gewonnen werden kann, indem er amalgamiertes Zink, Kupfer, Quecksilber oder Platin als Elektroden benutzte. Die Periode von Thorium-X ist von ihm zu 3,64 Tagen bestimmt. Ferner hat v. Lerch gefunden, daß Thorium-X auf verschiedenen Metallen abgeschieden werden kann, wenn sie mehrere Stunden in alkalischer Lösung von Thorium-X belassen werden. Eisen und Zink schieden die größte Menge ab. In einer

---

[1]) Schlundt und Moore, Journ. Phys. Chem., Nov. 1905.
[2]) v. Lerch, Wien. Ber., März 1905.

sauren Lösung des aktiven Niederschlages bedeckt sich ein Nickelstab mit Thorium-B, denn seine Aktivität fällt exponential mit einer Periode von einer Stunde ab. Andere Metalle werden gleichfalls aktiv, aber aus ihren Abfallskurven geht hervor, daß eine Mischung von Thorium-A und Thorium-B auf ihnen niedergeschlagen wird.

Diese Versuche haben die Unterschiede, die in dem physikalischen und chemischen Verhalten der verschiedenen Thoriumprodukte bestehen, deutlich hervortreten lassen. Die chemische Trennung der verschwindend kleinen Substanzmengen läßt sich ebenso gut ausführen wie die der großen Mengen, um die es sich bei gewöhnlichen chemischen Prozessen handelt, während das Strahlungsvermögen als ein einfaches und zuverlässiges Hilfsmittel der Analyse dient.

Die Umwandlungen des Thoriums.

Wir haben bisher gezeigt, daß Thorium Thorium-X erzeugt, und daß dieses sich in die Emanation umwandelt, die wiederum eine Umwandlung in Thorium-A und Thorium-B erfährt.

Wenn Thorium mehrere Tage hintereinander mit Ammoniak gefällt wird, so wird das Thorium-X ebenso schnell entfernt, als es sich bildet, und der aktive Niederschlag hat Zeit, zu zerfallen. Die Aktivität des Thoriums sinkt dann zu einem Minimalwert herab, der etwa 25 Proz. der Gleichgewichtsaktivität beträgt. Die Erholungskurve des so hergestellten Thoriumhydroxyds zeigt den oben besprochenen anfänglichen Abfall nicht, sondern steigt stetig, wie die Erholungskurve der Fig. 17, an. Das Thorium selbst liefert also nur 25 Proz. der Gleichgewichtsaktivität, der übrige Betrag rührt von Thorium-X, der Emanation und Thorium-B her. Jedes dieser α-Strahlen-Produkte liefert ungefähr 25 Proz. der Gesamtaktivität. Dies ist zu erwarten, wenn im Gleichgewicht eine gleiche Anzahl von Atomen von Thorium, Thorium-X, der Emanation und von Thorium-B in der Sekunde zerfällt. Hierbei ist noch die naheliegende Annahme gemacht, daß jedes Atom bei seinem Zerfall nur ein Atom des folgenden Produktes erzeugt. Die bisher erhaltenen Resultate lassen sich vollständig an der Hand der Disintegrationstheorie von Rutherford und Soddy erklären. Nach dieser Theorie wird in jeder

Sekunde ein kleiner konstanter Bruchteil der Thoriumatome instabil und zerfällt unter Aussendung einer α-Partikel. Der Rest des Atoms bildet das Atom einer neuen Substanz, des Thorium-X. Dieses ist weit weniger stabil als das Thorium selbst und zerfällt unter Aussendung einer α-Partikel so schnell, daß es in vier Tagen zur Hälfte umgewandelt ist. Thorium-X bildet die Emanation, die sich ihrerseits in den aktiven Niederschlag umwandelt, der aus zwei nacheinander entstehenden Produkten, dem Thorium-A und dem Thorium-B, besteht. Das Atom von Thorium-B zerfällt unter Aussendung von α-, β- und γ-Strahlen. Thorium-A wandelt sich ohne irgend welche Strahlungserscheinung in Thorium-B um. Eine strahlenlose Umwandlung mag entweder durch eine Umlagerung der Teile zustande kommen, aus denen sich das Atom aufbaut, ohne daß ein Teil der Masse verloren geht, oder

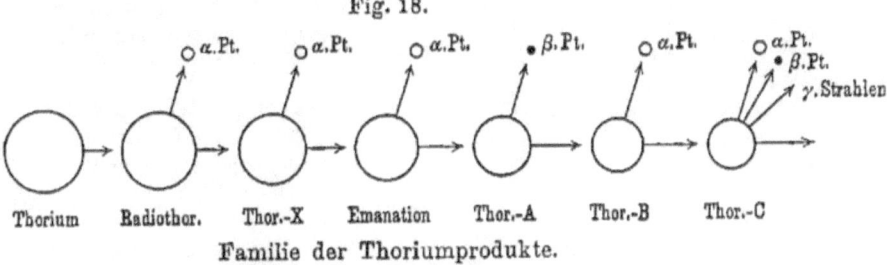

Fig. 18.

Familie der Thoriumprodukte.

aber in der Aussendung einer α-Partikel von so kleiner Geschwindigkeit bestehen, daß das Gas nicht mehr ionisiert wird. Nach den Betrachtungen von Kapitel 10 erscheint die letztere Annahme nicht unberechtigt.

Eine Zusammenstellung der Thoriumprodukte und ihrer charakteristischen physikalischen und chemischen Eigenschaften findet sich in der Tabelle auf S. 70 und eine graphische Darstellung der Thoriumfamilie in dem Diagramm der Fig. 18.

Das Radiothorium.

Über die Frage, ob Thorium in Wirklichkeit ein radioaktives Element ist, d. h., ob die Aktivität des Thoriums von dem Thorium selbst herrührt oder von irgend einem aktiven Stoff, der gewöhnlich in ihm enthalten ist, sind die Meinungen sehr geteilt gewesen. Einige Forscher haben nach besonderen Methoden

Tabelle der Umwandlungsprodukte des Thoriums.

Radioaktives Produkt	Periode	Strahlenart	Einige physikalische und chemische Eigenschaften.
Thorium ↓	ca. 10^9 Jahre	α	Unlöslich in Ammoniak.
Thorium-X ↓	3,65 Tage[1])	α	Kann vom Thorium wegen seiner Löslichkeit in Ammoniak und Wasser, durch Elektrolyse und mit Hilfe von Fumarsäure und Pyridin getrennt werden.
Emanation ↓	54 Sekunden	α	Ein chemisch träges Gas von hohem Molekulargewicht, kondensiert sich aus einem Gasgemisch bei -120^0.
Thorium-A ↓	11 Stunden	β	Niedergeschlagen auf der Oberfläche von Gegenständen; im elektrischen Felde auf der negativen Elektrode konzentriert; löslich in starken Säuren; bei hohen Temperaturen flüchtig. A ist flüchtiger als B. A kann von B durch Elektrolyse und auf Grund ihrer verschiedenen Flüchtigkeit getrennt werden.
Thorium-B ↓	1 Stunde	α	
Thorium-C ↓	?	α, β, γ	

eine fast inaktive Substanz erhalten, die den chemischen Reaktionen des Thoriums folgte. Eine kürzlich erschienene Arbeit von Hahn[2]) ist in dieser Beziehung von besonderer Bedeutung.

Hahn hat aus dem auf Ceylon vorkommenden Mineral Thorianit, welches wesentlich aus Thorium und aus 12 Proz. Uranium besteht, nach gewissen chemischen Methoden eine kleine Menge

---

[1]) Der genaue Wert der Periode des Thorium-X beträgt nach neueren Untersuchungen von v. Lerch, Elster und Geitel, und Levin 3,65 Tage.

[2]) Hahn, Proc. Roy. Soc., März 1900; Jahrbuch der Radioaktivität II, Heft 3 (1905).

einer Substanz abgetrennt, deren Aktivität von der Größenordnung der Aktivität des Radiums war. Diese Substanz, die Hahn Radiothorium genannt hat, gab die Thoriumemanation in so großem Maße ab, daß das Vorhandensein der Emanation leicht durch das Aufleuchten eines Zinksulfidschirmes festgestellt werden konnte. Thorium-X konnte aus dem Radiothorium in derselben Weise wie aus Thorium gewonnen werden, während die von der Emanation gebildete induzierte Aktivität mit der für Thorium charakteristischen Periode von 11 Stunden abfiel. Die Aktivität des Radiothoriums scheint ziemlich konstant zu sein, und es ist sehr wahrscheinlich, daß diese Substanz ein Abkömmling des Thoriums ist, und also in der Umwandlungsreihe eine Stelle zwischen Thorium und Thorium-X einnimmt. Das Radiothorium bildet Thorium-X, welches sich in die Emanation umwandelt, usw. Es bleibt noch nachzuweisen, daß Radiothorium aus gewöhnlichem Thorium gewonnen werden kann*); es kann jedoch kaum ein Zweifel darüber herrschen, daß Radiothorium entweder der mit dem Thorium gemischte aktive Bestandteil ist, oder, was wahrscheinlicher ist, daß es aus dem Thorium entsteht. Wir werden später sehen, daß Aktinium selbst inaktiv ist und sich hierdurch von dem Thorium unterscheiden würde, dem es sich sonst durch die Bildung einer Reihe von Produkten, die in vieler Beziehung der Familie der Thoriumprodukte auffallend analog sind, sehr ähnlich verhält. Die Resultate der Hahnschen Versuche legen die Vermutung nahe, daß die Umwandlung des Thoriums selbst strahlenlos ist, daß aber Radiothorium, das aus dem Thorium entstehende Produkt, Strahlen aussendet. Weitere Versuche sind erforderlich, ehe dieser Schluß als gesichert angesehen werden kann, aber die bisher von Hahn erhaltenen Resultate sind von großer Bedeutung und von höchstem Interesse.

---

*) Es ist neuerdings G. A. Blanc [Phys. Zeitschr. 7, 620 (1906)] gelungen, das Radiothorium aus gewöhnlichem Thorium mit Hilfe von Baryumsulfat teilweise abzuscheiden; vgl. auch B. B. Boltwood, Phys. Zeitschr. 7, 482 (1906).

Drittes Kapitel.

Die Radiumemanation.

Kurze Zeit, nachdem der Verfasser[1]) gezeigt hatte, daß Thoriumverbindungen beständig eine radioaktive Emanation abgeben, fand Dorn[2]), daß das Radium eine ähnliche Eigenschaft besitzt. Feste Radiumverbindungen geben unter gewöhnlichen Umständen sehr wenig Emanation ab, sie emanieren jedoch stark, wenn sie gelöst oder erhitzt werden. Die Emanationen des Thoriums und Radiums besitzen sehr viele analoge Eigenschaften, sie lassen sich aber leicht durch die Verschiedenheit der Geschwindigkeit, mit welcher ihre Aktivität abfällt, voneinander unterscheiden. Während die Aktivität der Thoriumemanation in 54 Sekunden auf den halben Wert sinkt und praktisch im Laufe von zehn Minuten verschwindet, ist die Radiumemanation dagegen sehr beständig; sie braucht etwa vier Tage, um auf den halben Wert zu fallen und ist nach einem Monat noch nachweisbar.

In ihren physikalischen und chemischen Eigenschaften ist die Radiumemanation der des Thoriums ähnlich; wegen ihrer großen Aktivität und verhältnismäßig langsamen Umwandlung hat man sie jedoch besser als die Thoriumemanation im einzelnen untersuchen können. Es ist gelungen, sie chemisch zu isolieren, ihr Volumen zu messen, und ihr Spektrum zu untersuchen. Die Aktivität und die Wärmeentwickelung der Emanation, die im Verhältnis zu ihrem geringen Gewicht enorm sind, haben die Radiumemanation zum Gegenstande großen Interesses gemacht. Wir werden im folgenden die wichtigeren physikalischen und

---

[1]) Rutherford, Phil. Mag., Jan., Febr. 1900.
[2]) Dorn, Naturforsch. Ges. für Halle a. S. (1900).

chemischen Eigenschaften der Radiumemanation eingehend besprechen. Das Studium dieser Substanz wird weiteres Licht auf die allgemeine Theorie der Radioaktivität werfen, die schon im vorigen Kapitel besprochen ist.

Von den Radiumsalzen kommen in der Regel die Bromide und Chloride beim Experimentieren zur Verwendung. Beide Verbindungen geben in trockener Luft sehr wenig Emanation ab. Die Emanation speichert sich in der Masse der Substanz auf und wird beim Erhitzen oder Auflösen der Verbindung frei. Die außerordentliche Aktivität der Radiumemanation wird durch folgendes einfache Experiment veranschaulicht.

Ein kleiner Kristall des Bromids oder Chlorids wird in eine kleine Waschflasche gebracht, und in wenigen Kubikzentimetern Wasser aufgelöst. Hierauf wird die Flasche sofort verschlossen. Ein langsamer Luftstrom wird dann durch die Lösung und weiterhin durch eine enge Glasröhre in das Innere eines Elektroskops geleitet. Wenn das Elektroskop anfänglich geladen war, so fallen die Goldblättchen fast in demselben Moment zusammen, in dem der Luftstrom in das Elektroskop eintritt. Später wird es unmöglich, die Goldblättchen länger als einen Augenblick zum Divergieren zu bringen.

Wird die Emanation durch einen Luftstrom wieder aus dem Elektroskop entfernt, so fallen die Goldblättchen noch immer schnell zusammen. Diese zurückgebliebene Aktivität rührt von einer aktiven Substanz her, die sich auf den Wänden des Gefäßes niedergeschlagen hat. Die Radiumemanation gleicht hierin der des Thoriums. Die induzierte Aktivität fällt jedoch rascher ab als beim Thorium, der größte Teil verschwindet in wenigen Stunden, während die Wirkung beim Thorium mehrere Tage anhält.

Messungen der Geschwindigkeit, mit welcher die Aktivität der Emanation abnimmt, sind von verschiedenen Forschern gemacht worden. Rutherford und Soddy[1]) bewahrten eine mit Emanation gemischte Luftmenge in einem Gasometer über Quecksilber auf; aus dem Gasometer wurden bestimmte Volumina in bestimmten Zwischenräumen entnommen und in ein Versuchsgefäß geleitet, wie es Fig. 10 darstellt. Die Aktivität, welche nach dem Eintreten der Emanation in das Gefäß beobachtet

---

[1]) Rutherford und Soddy, Phil. Mag., April 1903.

wurde, nahm infolge der Bildung des aktiven Niederschlages mehrere Stunden lang zu. Durch Messung des Sättigungsstromes gleich nach dem Eintreten der Emanation in den Versuchszylinder wurde die Menge der vorhandenen Emanation bestimmt. Auf diese Weise wurde gefunden, daß die Menge der vorhandenen Emanation nach einem Exponentialgesetz abnimmt, und in 3,77 Tagen auf den halben Wert sinkt. P. Curie[1]) bestimmte die Zerfallskonstante der Emanation auf eine etwas andere Weise. Ein Glasgefäß wurde mit einer großen Menge Emanation gefüllt und zugesiegelt; es wurde dann die Ionisation, die von den heraustretenden Strahlen herrührte, von Zeit zu Zeit mit einem Elektrometer in einem geeigneten Versuchsgefäß gemessen. Wir werden später sehen, daß die Emanation nur α-Strahlen aussendet, die bereits vollständig durch Glas aufgehalten werden, welches dünner als $^1/_{10}$ mm ist. Folglich wurden bei den Versuchen von Curie die α-Strahlen der Emanation durch die Wände der Glasröhre absorbiert. Die außen bemerkbare elektrische Wirkung rührt lediglich von den β- und γ-Strahlen her, die der aus der Emanation gebildete aktive Niederschlag aussendet. Da nach ungefähr drei Stunden der aktive Niederschlag mit der Emanation im radioaktiven Gleichgewicht ist und dann in demselben Verhältnis zerfällt wie die Muttersubstanz, so wird die Intensität der β- und γ-Strahlen in demselben Verhältnis und nach demselben Gesetz abnehmen wie die Emanation selbst. Nach dieser Methode wurde gefunden, daß die Aktivität nach einem Exponentialgesetz in 3,99 Tagen auf den halben Wert sinkt. Die Übereinstimmung der für die Zerfallsperiode nach verschiedenen Methoden erhaltenen Werte zeigt, daß die Menge des aktiven Niederschlages der Menge der vorhandenen Emanation in jedem Augenblick ihres Lebens proportional ist. Dies ist einer der Beweise dafür, daß der aktive Niederschlag ein Zerfallsprodukt der Emanation ist.

Weitere Versuche zur Bestimmung der Zerfallskonstante der Emanation sind von Bumstead und Wheeler[2]) und Sackur[3]) ausgeführt worden. Nach Bumstead und Wheeler sinkt die Aktivität in 3,88 Tagen auf den halben Wert, während nach

---

[1]) P. Curie, Compt. rend. 135, 857 (1902).
[2]) Bumstead und Wheeler, Amer. Journ. Science, Febr. 1904.
[3]) Sackur, Ber. d. d. chem. Ges. 38, Nr. 7, 1754 (1905).

Sackur die Periode 3,86 Tage beträgt. Wir können also annehmen, daß die Periode der Emanation ungefähr 3,8 Tage beträgt.

Radium wird fast vollständig von seiner Emanation befreit, wenn man die Lösung eines Radiumsalzes zum Kochen bringt oder Luft durch sie hindurchleitet. Der aktive Niederschlag bleibt mit dem Radium zurück, verschwindet aber nach mehreren Stunden. Wenn die Radiumlösung alsdann zur Trockene eingedampft wird, so findet man, daß die α-Strahlenaktivität ein Minimum von etwa 25 Proz. ihres Normalwertes erreicht hat.

Fig. 19.

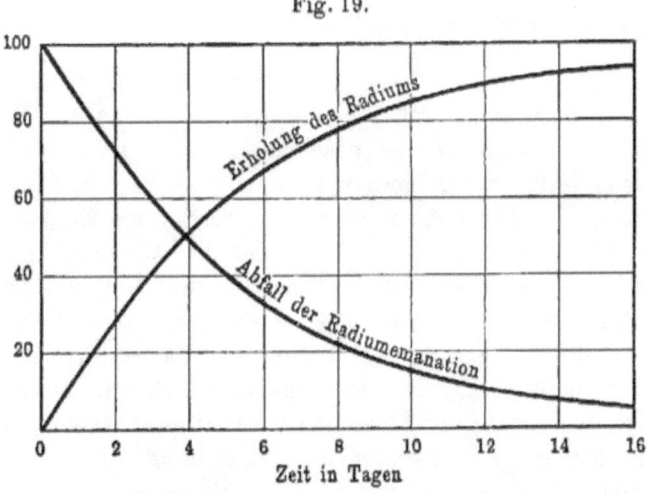

Abfallskurve der Radiumemanation und Erholungskurve des Radiums nach Messungen der α-Strahlenaktivität; für die Erholungskurve ist das Minimum von 25 Proz. als Null angesetzt.

Wird das Radiumsalz dann in trockener Luft aufbewahrt, so bleibt die neugebildete Emanation im Radium eingeschlossen, die Aktivität des Radiums nimmt folglich zu und erreicht in einem Monat ihren Normalwert. Die Erholungskurve des Radiums, von dem Minimalwert von 25 Proz. ab gerechnet, ist in Fig. 19 wiedergegeben. Die Zerfallskurve ist zum Vergleich hinzugefügt.

Die Zerfalls- und Erholungskurven sind komplementär wie beim Thorium. Die Aktivität der Emanation fällt in etwa 3,8 Tagen auf den halben Wert, während die von dem Radium verlorene Aktivität in derselben Zeit zur Hälfte wiedergewonnen wird.

Die Aktivität der vom Radium abgegebenen Emanation wird zu jeder Zeit durch folgende Gleichung bestimmt:

$$\frac{J_t}{J_0} = e^{-\lambda t},$$

während die Gleichung der Erholungskurve vom Minimum ab die folgende ist:

$$\frac{J_t}{J_0} = 1 - e^{-\lambda t},$$

d. h. die Menge Emanation N_t, welche im Radium aufgespeichert ist, nachdem es eine Zeit t sich selbst überlassen war, ist durch die folgende Gleichung gegeben:

$$\frac{N_t}{N_0} = 1 - e^{-\lambda t},$$

worin N_0 die Maximalmenge bezeichnet. Diese Kurven sind auf die gleiche Weise zu erklären wie die entsprechenden Kurven des Thoriums. Die Emanation ist eine unbeständige Substanz, die sich in 3,8 Tagen zur Hälfte umwandelt. Sie wird mit konstanter Geschwindigkeit vom Radium gebildet, und die Aktivität der Radiumverbindungen erreicht einen konstanten Wert, wenn in einer Sekunde ebenso viel Emanation neugebildet wird, als durch Umwandlung der bereits vorhandenen Menge verschwindet. Wenn N_0 die Anzahl der Atome der Emanation im Gleichgewichtszustande und q die Zahl der in der Sekunde neugebildeten Atome ist, so ist:

$$q = \lambda N_0, \quad \lambda = \frac{q}{N_0}.$$

Der Wert von λ hat also eine bestimmte physikalische Bedeutung, er stellt die Emanationsmenge, die in der Sekunde neugebildet wird und zerfällt, als Bruchteil des Maximalbetrages dar. Nimmt man die Periode der Emanation zu 3,8 Tagen an, so ist $\lambda = 1/474000$ sec^{-1}, d. h. in einer Sekunde wird $1/474000$ des Maximalbetrages nachgeliefert.

Dieses Resultat wird durch einen sehr einfachen Versuch von Rutherford und Soddy veranschaulicht. Eine kleine Menge im Gleichgewicht befindlichen Radiumchlorids wurde in heißem Wasser gelöst. Die freigewordene Emanation wurde durch einen Luftstrom in ein geeignetes Versuchsgefäß geblasen, in dem der

Sättigungsstrom sofort gemessen wurde. Der so gemessene Strom ist ein relatives Maß für N_0, die Gleichgewichtsmenge der Emanation.

Durch die Radiumlösung wurde dann für einige Zeit ein Luftstrom getrieben, um die letzten Spuren der Emanation zu verjagen, und hierauf blieb die Lösung für 105 Minuten ungestört stehen. Die Emanation, die sich während dieser Zeit angesammelt hatte, wurde dann in ein ähnliches Versuchsgefäß gebracht, und der Sättigungsstrom gemessen. Dieser ist ein Maß für N_t, die Menge der neugebildeten Emanation. Für das Verhältnis $\frac{N_t}{N_0}$ wurde der Wert 0,0131 gefunden; läßt man die kleine Menge der Emanation, die in der Zwischenzeit zerfallen ist, unberücksichtigt, so ist:

$$N_t = q \times 105 \times 60$$

und

$$\frac{q}{N_0} = 1/480000.$$

Trägt man dem Zerfall der Emanation Rechnung, so wird

$$\frac{q}{N_0} = 1/477000,$$

während, wie wir gesehen haben, die Zerfallskonstante der Emanation

$$\lambda = \frac{q}{N_0} = 1/474000 \text{ ist.}$$

Die Übereinstimmung zwischen Theorie und Experiment ist also ausgezeichnet und ist ein direkter Beweis dafür, daß die Bildung der Emanation in einer festen Verbindung mit derselben Geschwindigkeit, wie in Lösung, vor sich geht. Im ersten Fall bleibt die Emanation eingeschlossen, im letzteren verteilt sie sich zwischen der Lösung und der über der Lösung befindlichen Luft.

Es ist auffallend, wie hartnäckig die Emanation von Radiumsalzen im trockenen Zustande festgehalten wird. Bei einem Versuch betrug das Emanierungsvermögen im festen Zustande weniger als ein halbes Prozent des Emanierungsvermögens in Lösung. Da ein Radiumsalz nahezu 500000 mal so viel Emanation aufspeichert, wie in der Sekunde gebildet wird, so zeigt dieser Versuch, daß die Menge der in der Sekunde entweichenden

Emanation weniger als den hundertmillionsten Teil der in dem Salze eingeschlossenen beträgt.

Die Erholungskurve eines von der Emanation befreiten festen Radiumsalzes ändert sich, wenn viel von der Emanation entweicht. In diesem Falle wird die Maximalaktivität früher erreicht und ist viel kleiner als die normale Aktivität eines nicht emanierenden Salzes. Die Fähigkeit des Radiums, seine Emanation zurückzuhalten, ist schwer befriedigend zu erklären, wenn man nicht annimmt, daß eine schwache chemische Einwirkung des Radiums auf die Emanation stattfindet. Godlewski[1]) hat die Vermutung ausgesprochen, daß die Emanation sich in dem Zustande einer festen Lösung befinde. Diese Ansicht wird durch gewisse Beobachtungen Godlewskis über die Diffusionsgeschwindigkeit des Uranium-X in Uranium gestützt. Eine Besprechung seiner Beobachtungen wird in Kapitel 7 gegeben werden.

Die Kondensation der Emanation.

Nach der Entdeckung der Emanationen des Thoriums und Radiums herrschten mehrere Jahre lang sehr geteilte Anschauungen über ihre eigentliche Natur. Einige Physiker vermuteten, daß die Emanationen nicht materieller Natur seien, sondern aus Kraftzentren beständen, die mit den Molekülen des Gases, mit dem die Emanation gemischt ist, verbunden wären, und sich mit ihnen fortbewegten. Andere waren der Ansicht, daß die Emanation ein Gas sei, das in so geringen Mengen vorhanden ist, daß man es nur schwer mit dem Spektroskop oder auf direktem chemischem Wege nachweisen kann. Die Einwände, die gegen eine materielle Beschaffenheit der Emanation gemacht sind, wurden zum größten Teil durch die Entdeckung von Rutherford und Soddy[2]) beseitigt, daß die Emanationen des Thoriums und Radiums eine charakteristische Eigenschaft der Gase besitzen, daß sie sich nämlich bei sehr tiefen Temperaturen aus dem inaktiven Gase, mit dem sie gemischt sind, kondensieren lassen. Als Resultat sorgfältiger Untersuchungen wurde gefunden, daß die Radiumemanation bei einer Temperatur von — 150° C

---

[1]) Godlewski: Phil. Mag., Juli 1905.
[2]) Rutherford und Soddy, Phil. Mag., Mai 1903.

flüssig wird. Die Temperaturen der Kondensation und Verflüchtigung ließen sich genau bestimmen und wichen um nicht mehr als 1° C voneinander ab. Die Thoriumemanation fing ungefähr bei — 120° C an, sich zu kondensieren; aber die Kondensation war gewöhnlich nicht eher vollständig, als bis eine Temperatur von — 150° C erreicht war. Der wahrscheinliche Grund dieses interessanten Unterschiedes in dem Verhalten der beiden Emanationen wird später besprochen werden.

Wenn eine große Menge Emanation zu Gebote steht, so kann die Kondensation der Radiumemanation leicht mit bloßem Auge beobachtet werden. Das experimentelle Arrangement ist in Fig. 20 dargestellt. Die mit Luft gemischte Emanation wird in einem

Fig. 20.

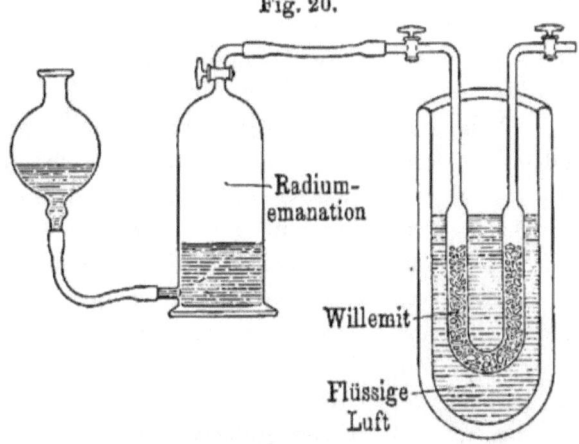

Kondensation der Radiumemanation.

kleinen Gasometer aufgespeichert und aus diesem durch ein U-Rohr geleitet, welches in flüssige Luft eintaucht. Das U-Rohr wird mit Stücken von Willemit oder Kristallen von Baryumplatincyanür gefüllt, die unter dem Einfluß der Emanation zu leuchten anfangen. Wenn die mit Emanation gemischte Luft sehr langsam durch die Röhre strömt, so beginnen diejenigen Willemitkristalle, die sich direkt unter der Oberfläche der flüssigen Luft befinden, zu leuchten, und man kann das Leuchten auf einen kleinen Teil der Röhre konzentrieren. Dies zeigt, daß die Emanation sich an den Wänden der Röhre und auf der Oberfläche des Willemits abgesetzt hat und also bei der Temperatur der flüssigen Luft nicht mehr gasförmig ist. Wenn das U-Rohr nun teilweise evakuiert und dann verschlossen wird, so bleibt die Emanation noch einige Minuten auf der Röhre und dem Willemit konzentriert, obwohl die flüssige Luft entfernt wurde. Sobald jedoch die Temperatur der Röhre auf -150^0 C steigt, so verflüchtigt sich die Emanation sehr schnell und verteilt sich über die ganze Röhre, so daß plötzlich die ganze Menge des Willemits zu leuchten beginnt. Die Stelle, an der die Emanation kondensiert war, bleibt noch eine Zeitlang heller als der übrige Teil der Röhre. Dies rührt daher, daß die Emanation auch im kondensierten Zustande den aktiven Niederschlag gebildet hatte. Wenn die Emanation sich verflüchtigt, so bleibt der aktive Niederschlag zurück, und seine Strahlen erzeugen das stärkere Leuchten an dieser Stelle. Nach Ablauf einer Stunde ist der Unterschied in dem Leuchten fast ganz verschwunden, und der Willemit leuchtet überall gleichmäßig stark. Das Leuchten kann durch lokales Kühlen mit flüssiger Luft auf einen beliebigen Punkt konzentriert werden. Wenn die U-Röhre mit verschiedenen Lagen phosphoreszierender Substanzen, wie Willemit, Kunzit, Zinksulfid und Baryumplatincyanür, gefüllt wird, so leuchtet jede Lage der verschiedenen Substanzen mit dem ihr eigenen Lichte. Das grünliche Leuchten des Willemits ist von dem des Baryumplatincyanürs nicht leicht zu unterscheiden, es besteht lediglich eine Verschiedenheit der Intensität. Der Kunzit glüht in einer dunkelroten Farbe, während das Zinksulfid ein gelbliches Licht aussendet. Zwischen der Wirkung der Strahlen der Emanation und derjenigen der Strahlen des aktiven Niederschlages auf diese Substanzen bestehen einige interessante Unterschiede. Abweichend von dem Verhalten der anderen Substanzen, verschwindet das Leuchten des Zinksulfids bei der Temperatur der flüssigen Luft, erscheint aber bei höherer Temperatur wieder. Unter dem Einfluß der α-Strahlen leuchten Willemit, Platincyanür und Zinksulfid hell auf, Kunzit jedoch fast gar nicht. Der letztere reagiert nur auf die von dem aktiven Niederschlag ausgesandten β- und γ-Strahlen. Infolgedessen leuchtet der Kunzit direkt nach dem Einführen der Emanation sehr wenig. Das Licht gewinnt jedoch an Intensität in dem Maße, wie der aktive Niederschlag sich aus der Emanation bildet, und erreicht etwa drei Stunden nach der Einführung der Emanation ein Maximum. Wenn Baryumplatincyanür längere Zeit der Wirkung einer großen Menge Emanation ausgesetzt wird, so nehmen die Kristalle eine rötliche Farbe an, und ihr Leuchten wird sehr viel schwächer. Es wurde gezeigt, daß dies von einer permanenten Umwandlung herrührt, die die Kristalle unter dem Einfluß der Strahlen erfahren. Nach Auflösung der Kristalle und erneuter Kristallisation kehrt das Leuchten zurück.

Curie und Debierne zeigten schon früher, daß Glas unter Einwirkung der Strahlen der Emanation leuchtend wird. Diese Wirkung ist bei Thüringer Glas besonders deutlich, aber in der Regel ist das Leuchten schwach, verglichen mit der Luminiszenz,

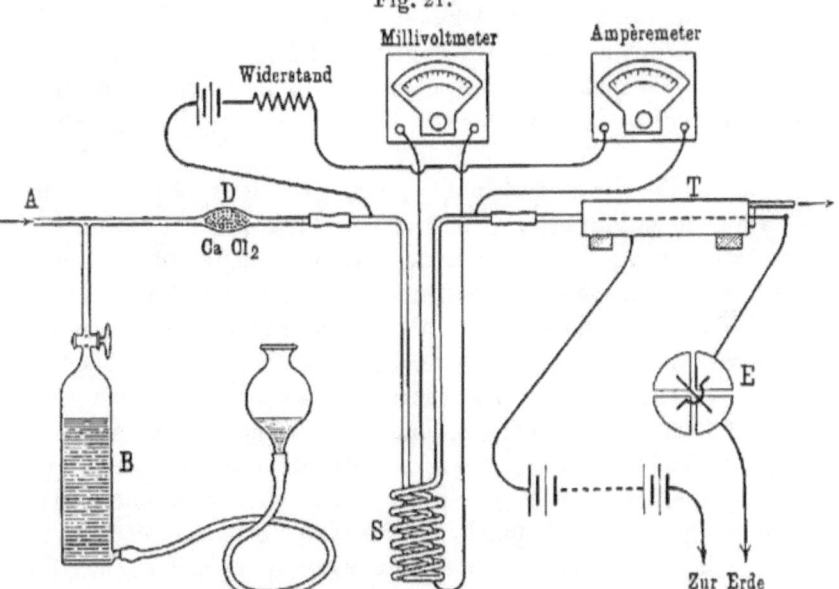

Fig. 21.

Bestimmung der Kondensationstemperatur der Radiumemanation mit Hilfe der elektrischen Methode.

welche im Willemit und Zinksulfid hervorgerufen wird. Das Glas wird unter der Einwirkung der Strahlen farbig und unter dem Einfluß großer Emanationsmengen bald schwarz.

Einige Versuche von Rutherford und Soddy, die unter Benutzung der elektrischen Methode ausgeführt sind, zeigen sehr deutlich, zwischen wie engen Temperaturgrenzen die Verflüchtigung der Radiumemanation vor sich geht. Die Emanation, die in einem Gasometer aufgespeichert ist, wird in einer langen spiralförmigen Kupferröhre S kondensiert (s. Fig. 21), die in flüssige Luft eintaucht; ein langsamer stetiger Luftstrom passiert die Röhre und wird in ein kleines Versuchsgefäß T geleitet. Nachdem die Emanation kondensiert ist, wird die Kupferspirale aus der flüssigen Luft entfernt und sehr langsam erwärmt. Die Temperatur wird durch Messungen des Widerstandes der Kupferspirale bestimmt. Kurz ehe der Verflüchtigungspunkt erreicht wird, ist die in dem Versuchsgefäß beobachtete Wirkung noch sehr klein. Plötzlich tritt eine große Beschleunigung in der Bewegung der Elektrometernadel ein, und bei Verwendung einer großen Menge von Emanation wächst die Geschwindigkeit der Nadel von mehreren Teilstrichen zu mehreren hundert Teilstrichen in der Sekunde. Der Temperaturunterschied zwischen dem Punkte, bei dem praktisch keine Emanation, und demjenigen, wo sie in großen Mengen entwich, betrug in vielen Fällen nicht mehr als einen Bruchteil eines Grades.

Es ist bereits darauf hingewiesen, daß die Kondensation der Thoriumemanation keineswegs bei einer bestimmten Temperatur stattfindet, sondern sich meistens über ein Temperaturgebiet von 30° C erstreckt. Dieser auffallende Unterschied in dem Verhalten der beiden Emanationen rührt aller Wahrscheinlichkeit nach von der geringen Menge von Thoriumemanation her, die bei den Versuchen verwandt wurde. Die Thoriumemanation zerfällt mit einer etwa 6000 mal größeren Geschwindigkeit als die Radiumemanation. Wenn beide Emanationen die gleiche Anzahl von α-Partikeln aussenden, d. h. angenähert gleich große elektrische Wirkung zeigen, so muß die letztere ungefähr in 6000 mal größerer Menge vorhanden sein. Ferner war bei den meisten Versuchen mit der Radiumemanation so viel Emanation vorhanden, daß ihre elektrische Wirkung mehr als 100 mal so groß war wie der Effekt, den die kleine Menge der aus Thoriumsalzen gewonnenen Emanation hervorrief. Aus diesen Gründen war bei einigen Versuchen die Menge der Radiumemanation 10 000 mal und oft mehr als 1 000 000 mal größer als die der Thoriumemanation. Es läßt sich leicht berechnen, daß bei den unternommenen Versuchen nicht mehr als 100 Atome der Thoriumemanation in 1 ccm der durch die Kupferspirale getriebenen Luft enthalten sein konnten. Unter diesen Umständen ist es weniger überraschend, daß die Thoriumemanation keine scharfe Verflüchtigungstemperatur besitzt, als daß sie sich überhaupt kondensieren läßt.

Verringerung des Luftdruckes in der Spirale oder der Ersatz des Sauerstoffes durch Wasserstoff bewirkten eine schnellere Verflüssigung. Nach den oben dargelegten Gesichtspunkten ist dieses zu erwarten, da in beiden Fällen die Geschwindigkeit vermehrt wird, mit der die Atome der Emanation durch das Gas diffundieren.

Würde sich die Thoriumemanation in größeren Mengen gewinnen lassen, so würde sie zweifellos gleichfalls verhältnismäßig scharfe Verflüchtigungs- und Verdampfungstemperaturen aufweisen. Die Tatsache, daß die Thoriumemanation bei höherer Temperatur (-120^0 C) sich zu verflüssigen beginnt als die Radiumemanation (-150^0 C), zeigt, daß die Emanationen zwei verschiedene Arten von Materie sind.

Die Aktiniumemanation läßt sich wie die beiden anderen Emanationen verflüssigen, wenn man sie eine in flüssige Luft getauchte Spirale passieren läßt, die große Geschwindigkeit ihres Zerfalls (Periode 3,9 sec) erschwert jedoch eine genaue Bestimmung ihrer Kondensationstemperatur nach der elektrischen Methode, da die Emanation den größten Teil ihrer Aktivität verlieren würde, ehe der Gasstrom auf die Temperatur der Spirale abgekühlt ist. Die Leichtigkeit, mit der sich die Radiumemanation in flüssiger Luft kondensieren läßt, ist für viele neuere Untersuchungen der Emanation von großem Werte gewesen. Man hat diese Eigenschaft benutzt, um die Emanation von beigemischten Gasen zu befreien, sie rein darzustellen und ihr Spektrum zu bestimmen.

Die Diffusionsgeschwindigkeit der Emanation.

Führt man die Emanation in ein Ende einer auf konstanter Temperatur gehaltenen Röhre ein, so findet man sie nach einigen Stunden in der ganzen Röhre gleichmäßig verteilt. Hieraus geht hervor, daß die Emanation wie ein gewöhnliches Gas durch Luft diffundiert. Es war bisher noch nicht möglich, die Dichte der Emanation direkt zu bestimmen, da selbst die von 1 g Radiumbromid zu gewinnende Menge zu klein sein würde, als daß man ihr Gewicht genau feststellen könnte. Durch Vergleich der Diffusionsgeschwindigkeit der Emanation mit der eines anderen Gases läßt sich jedoch ihr Molekulargewicht annähernd schätzen. Es ist seit langem bekannt, daß die Geschwindigkeit, mit der verschiedene Gase ineinander diffundieren, mit steigendem Molekulargewicht abnimmt. Wenn man daher findet, daß die Diffusionsgeschwindigkeit der Emanation in Luft zwischen den entsprechenden bekannten Werten zweier Gase A und B liegt, so ist es wahrscheinlich, daß das Molekulargewicht der Emanation zwischen denen von A und B liegt.

Kurz nach der Entdeckung der Radiumemanation bestimmten Rutherford und Miss Brooks[1]) den Diffusionskoeffizienten K der Emanation in Luft und fanden Werte, die zwischen 0,07 und 0,09 lagen. Ein langer Zylinder wurde durch eine bewegliche Platte in zwei Teile geteilt. Die Emanation wurde zunächst in die eine Hälfte eingeführt und gut mit der Luft durchmischt. Nach Ausgleich der Temperaturdifferenzen wurde die Platte beiseite gezogen, und die Emanation diffundierte dann allmählich in die andere Hälfte. Die Menge der Emanation, die sich zu einer bestimmten Zeit in den beiden Hälften der Röhre findet, wurde mit Hilfe der elektrischen Methode bestimmt; hieraus läßt sich der Diffusionskoeffizient berechnen. Der Diffusionskoeffizient der Kohlensäure (Molekulargewicht 44) in Luft ist seit langem zu 0,142 bestimmt. Die Emanation diffundiert also in Luft langsamer als Kohlensäure. Für Alkohol (Molekulargewicht 77) ist der Wert von K 0,077. Zieht man für die Emanation den kleineren Wert von $K = 0,07$ als den wahrscheinlicheren in Betracht, so folgt, daß das Molekulargewicht der Emanation größer als 77 ist.

Eine Anzahl verschiedener Meßmethoden ist späterhin angewandt, um das Molekulargewicht der Emanation zu bestimmen.

Bumstead und Wheeler[2]) verglichen die Geschwindigkeiten, mit denen die Emanation und Kohlensäure durch ein poröses Gefäß diffundieren. Nach Grahams Gesetz, nach dem der Diffusionskoeffizient indirekt proportional der Quadratwurzel aus dem Molekulargewicht ist, berechneten sie das Molekulargewicht der Emanation zu ungefähr 172.

Makower[3]) verfuhr in ähnlicher Weise, indem er die Ge-

---

[1]) Rutherford und Miss Brooks, Trans. Roy. Soc. Canada (1901), Chemical News (1902).
[2]) Bumstead und Wheeler, Amer. Journ. Science, Febr. 1904.
[3]) Makower, Phil. Mag., Januar 1905.

schwindigkeit, mit der die Radiumemanation durch ein poröses Gefäß diffundiert, mit den entsprechenden Geschwindigkeiten für Sauerstoff, Kohlensäure und schweflige Säure verglich, und fand schließlich, daß das Molekulargewicht der Emanation etwa 100 beträgt.

Curie und Danne[1]) bestimmten die Diffusionsgeschwindigkeit der Emanation in Kapillarröhren und erhielten für K 0,09 einen Wert, der etwas größer ist, als der von Miss Brooks und dem Verfasser bestimmte.

Alle Diffusionsversuche führen also zu dem Schluß, daß die Emanation ein schweres Gas ist, dessen Molekulargewicht wahrscheinlich nicht unter 100 liegt. Es ist jedoch zweifelhaft, ob die auf diesem Wege abgeleiteten Werte für das Molekulargewicht sehr zuverlässig sind, weil die Emanation in verschwindend kleiner Menge in dem Gase vorhanden ist, in welches es diffundiert, und ihr Diffusionskoeffizient mit dem von Gasen verglichen wird, die in großen Mengen vorhanden waren. Es ist möglich, daß unter diesen Umständen die Diffusionskoeffizienten nicht direkt vergleichbar sind. Ferner ist bei diesen Versuchen die Diffusion der Emanation, die die Eigenschaft eines einatomigen Gases hat, mit der von Gasen verglichen, deren Moleküle aus zwei oder mehr Atomen zusammengesetzt sind.

Wenn angenommen wird, daß die Emanation ein direktes Produkt des Radiums ist, und aus diesem durch die Abgabe von einer oder zwei α-Partikeln entsteht, so sollte ihr Molekulargewicht nicht viel kleiner als das des Radiums selbst (225) sein. Es ist zweifelhaft, ob das Molekulargewicht der Emanation mit einiger Sicherheit bestimmt werden kann, ehe genug Emanation vorhanden ist, um die Messung ihrer Dichte zu erlauben.

Der Diffusionskoeffizient der Thoriumemanation ist von dem Verfasser zu ungefähr 0,09 bestimmt. Dieses würde andeuten, daß die Thoriumemanation ein etwas geringeres Molekulargewicht als die Radiumemanation besitzt.

Die Radiumemanation gehorcht den Gasgesetzen nicht nur hinsichtlich ihrer Diffusion, sondern auch in anderen Beziehungen. Zum Beispiel verteilt sie sich in zwei untereinander in Verbindung stehenden Gefäßen nach dem Verhältnis ihrer Volumina. P. Curie

---

[1]) Curie und Danne, Compt. rend. **136**, 1314 (1904).

und Danne zeigten, daß, wenn eines der Gefäße auf 10⁰ C, das andere auf 350⁰ C gehalten wird, die Emanation sich in demselben Verhältnis verteilt, wie ein anderes Gas unter gleichen Bedingungen.

Die Emanation besitzt so die charakteristischen Eigenschaften der Gase, nämlich sich zu kondensieren und zu diffundieren. Sie gehorcht auch bei tiefen Temperaturen dem Charlesschen Gesetz, und wie wir später sehen werden, auch dem Boyleschen.

Wir können also mit Sicherheit annehmen, daß die Emanation ein Gas von hohem Molekulargewicht ist.

Physikalische und chemische Eigenschaften der Emanation.

Eine Anzahl von Versuchen ist ausgeführt worden, um zu untersuchen, ob die Emanation bestimmte chemische Eigenschaften besitzt, die es uns erlauben könnten, sie zu irgend einem bekannten Gase in Beziehung zu setzen; bis jetzt ist jedoch noch kein Anzeichen dafür gefunden, daß die Emanation irgend eine chemische Verbindung eingehen kann. Die elektrische Methode bildet ein einfaches und zuverlässiges Mittel, um festzustellen, ob die Menge der Emanation unter verschiedenen Umständen abnimmt.

Rutherford und Soddy[1]) zeigten, daß die Menge der Emanation bei Kondensation durch flüssige Luft, oder wenn die Emanation ein auf Weißglut erhitztes Platinrohr passiert, nicht abnimmt. Bei einigen Versuchen wurde die Emanation über verschiedene Reagenzien geleitet, wobei sie stets mit einem Gase gemischt war, auf das die betreffenden Reagenzien nicht einwirkten.

Ramsay und Soddy[2]) fanden die Menge der Emanation unverändert, nachdem sie mehrere Stunden lang in einer Sauerstoffatmosphäre über Alkali einen Funken durch sie hatten hindurchschlagen lassen. Der Sauerstoff wurde darauf mit Hilfe von Phosphor entfernt, ohne daß sich ein sichtbarer Rückstand fand. Hierauf wurde ein anderes Gas eingeleitet, und die Emanation

---

[1]) Rutherford und Soddy, Phil. Mag., November 1902.
[2]) Ramsay und Soddy, Proc. Roy. Soc. **72**, 204 (1903).

nach geschehener Mischung entfernt. Die Aktivität war praktisch unverändert. Ein ähnliches Resultat ergab sich, wenn die Emanation in einem Magnesiarohr drei Stunden lang auf Rotglut erhitzt wurde. Wir können also die Emanation, da ihr jegliche Fähigkeit fehlt, Verbindungen einzugehen, den vor kurzer Zeit entdeckten Edelgasen zurechnen.

Nach der Zerfallstheorie wandelt sich die Emanation unter Aussendung einer α-Partikel um. Es ist von großer Bedeutung, festzustellen, ob ihre Umwandlungsgeschwindigkeit von der Temperatur unabhängig ist. Jeder Wechsel in der Umwandlungsgeschwindigkeit würde einen Wechsel in der Abfallsperiode herbeiführen. Diese Frage ist von P. Curie untersucht, welcher fand, daß der Abfall der Aktivität sich nicht änderte, wenn die Emanation Temperaturen zwischen -180^0 C und 450^0 C ausgesetzt war.

Hiernach kann man die Umwandlung der Emanation nicht als eine gewöhnliche chemische Dissoziation ansehen, denn keine chemische Reaktion ist über einen so weiten Bereich von der Temperatur unabhängig. Die Umwandlung der Emanation ist ferner von der Ausschleuderung eines Teiles ihrer Masse mit ungeheurer Geschwindigkeit begleitet, eine Erscheinung, die niemals bei chemischen Prozessen beobachtet ist. Dieses legt die Vermutung nahe, daß der Vorgang nicht molekularer, sondern atomistischer Natur ist, und dieser Gesichtspunkt wird durch die Beobachtung gestützt, daß eine ungeheure Energiemenge bei dem Zerfall der Emanation frei wird.

Das Volumen der Emanation.

Wir haben gesehen, daß die Emanationsmenge, die aus einer bestimmten Radiummenge gewonnen werden kann, am größten ist, wenn in der Sekunde ebensoviel Emanation neugebildet wird, wie zerfällt. Da dieser Maximalbetrag immer der vorhandenen Radiummenge proportional ist, so sollte das Volumen der Emanation, die von einem Gramm Radium im radioaktiven Gleichgewicht abgegeben wird, einen bestimmten konstanten Wert haben. Es wurde frühzeitig erkannt, daß das Volumen der aus einem Gramm Radium zu gewinnenden Emanation sehr klein, aber doch groß genug ist, um seine Bestimmung zu erlauben. Im

Jahre 1903 berechnete der Verfasser[1]) aus den damals zur Verfügung stehenden Daten, daß das Volumen der aus einem Gramm Radium zu gewinnenden Emanation bei 760 mm und 0° C zwischen 0,06 und 0,6 Kubikmillimetern liegen müsse.

Eine genauere Berechnung läßt sich mit Hilfe der neuerdings bestimmten Anzahl von α-Partikeln ausführen, die ein Gramm Radium in der Sekunde aussendet. Diese Zahl ist von dem Verfasser durch Messung der positiven Ladung bestimmt, die ein Körper gewinnt, auf den die α-Strahlen auftreffen. Unter der Annahme, daß jede α-Partikel eine Ladung von $3,4 \times 10^{-10}$ elektrostatischen Einheiten besitzt, wurde berechnet, daß ein Gramm Radium im Zustande der Minimalaktivität (d. h. wenn die Emanation und ihre Zerfallsprodukte entfernt sind) $6,2 \times 10^{10}$ α-Partikeln in der Sekunde abgibt. Wenn wir die wahrscheinlich zutreffende Voraussetzung machen, daß jedes Radiumatom bei seiner Umwandlung ein Atom der Emanation bildet, so muß die Zahl der in der Sekunde gebildeten Atome der Emanation gleich der Zahl der in der Sekunde ausgesandten α-Partikeln sein.

Nun ist N_0, die Maximalzahl der Emanationsatome, die in einer im Gleichgewicht befindlichen Radiummenge vorhanden sind, gegeben durch die Beziehung $N_0 = \frac{q}{\lambda}$, worin q die Bildungsgeschwindigkeit und λ die radioaktive Konstante ist.

Demnach ist für ein Gramm Radium

$$N_0 = 6,2 \times 10^{10} \times 474\,000 = 2,94 \times 10^{16}.$$

Aus experimentellen Daten ergibt sich, daß ein Kubikzentimeter eines Gases bei Atmosphärendruck und 0° $3,6 \times 10^{19}$ Moleküle enthält. Nimmt man an, daß das Molekül der Emanation nur ein Atom enthält, so ergibt sich das Volumen der aus einem Gramm Radium gewonnenen Emanationsmenge zu

$$\frac{2,92 \times 10^{16}}{3,6 \times 10^{19}} = 0,0008 \text{ ccm oder } 0,8 \text{ cmm}.$$

Wir wollen jetzt an der Hand der Disintegrationstheorie die Umwandlungen untersuchen, die in einem Volumen reiner Emanation vor sich gehen müssen. Die Emanation sendet α-Partikeln

---

[1]) Rutherford, Nature, 20. August 1903; Phil. Mag., August 1905.

aus und wandelt sich in den aktiven Niederschlag um. Dieser verhält sich wie ein fester Stoff und schlägt sich auf den Wänden des Gefäßes nieder. Die Menge der Emanation fällt nach einem Exponentialgesetz in 3,8 Tagen auf den halben Wert. Wir sollten also erwarten, daß das Volumen der Emanation abnimmt und nach einem Monat sehr klein geworden ist, da in dieser Zeit die Aktivität der Emanation auf einen kleinen Bruchteil ihres Anfangswertes sinkt *). Diese theoretischen Schlüsse sind in bemerkenswerter Weise bestätigt worden.

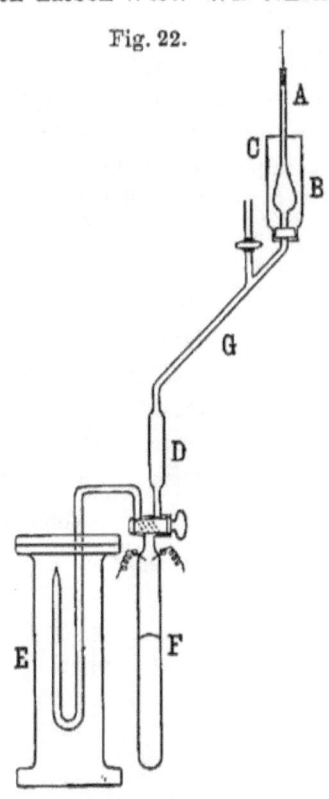

Fig. 22.

Apparat von Ramsay und Soddy zur Messung des Volumens der Radiumemanation.

Ramsay und Soddy [1]) griffen das schwierige Problem, die Emanation rein darzustellen und ihr Volumen zu messen, in folgender Weise an. Die Emanation von 60 mg in Lösung befindlichen Radiumbromids wurde acht Tage lang angesammelt und dann aus dem Gefäß E in die Explosionsbürette F geleitet (Fig. 22). Das in Lösung befindliche Radium bildet große Mengen von Wasserstoff und Sauerstoff, und mit diesen Gasen war die Emanation anfänglich gemischt. Ein kleiner Überschuß von Wasserstoff blieb nach der Explosion mit der Emanation gemischt zurück. Das Gasgemisch wurde dann zur Entfernung von Kohlensäure für einige Zeit in Berührung mit Ätznatron belassen, das sich in dem

---

*) Bei der Umwandlung der Emanation und des aktiven Niederschlages werden drei α-Partikeln pro Atom der Emanation ausgesandt. Wenn die α-Partikeln Heliumatome sind, so wäre eine Steigerung des Gasvolumens auf das Dreifache des Anfangswertes zu erwarten. Die α-Partikeln werden jedoch wahrscheinlich in den Gefäßwänden absorbiert und diffundieren nicht immer zurück.

[1]) Ramsay und Soddy, Proc. Roy. Soc. 73, 346 (1904).

oberen Teil der Bürette befand. Inzwischen war der oberere Teil des Apparates so weit als möglich evakuiert. Die Verbindung mit der Quecksilberpumpe wurde dann geschlossen, und der Wasserstoff mit der Emanation in den Apparat eingeführt, wobei das Gasgemisch zur Entfernung von Wasserdampf durch die mit Phosphorpentoxyd gefüllte Röhre D geleitet wurde. Die Emanation wurde in dem unteren Teile der mit flüssiger Luft umgebenen Röhre B kondensiert. Die Kondensierung konnte man an dem hellen Leuchten des unteren Teiles der Röhre erkennen. Das Quecksilber der Bürette wurde bis A gehoben, und die Röhre AB von neuem völlig leer gepumpt. Dann wurde die Verbindung mit der Pumpe wieder unterbrochen, die flüssige Luft entfernt und die verdampfte Emanation in die kalibrierte Röhre A gebracht. Hierauf wurden Beobachtungen über die Veränderung des Volumens der Emanation, während eines Zeitraumes von mehreren Wochen, gemacht. Die Resultate sind in der folgenden Tabelle enthalten:

Zeit	Volumen	Zeit	Volumen
Beginn	0,124 cmm	7. Tag	0,0050 cmm
1. Tag	0,027 „	9. „	0,0041 „
3. „	0,011 „	11. „	0,0020 „
4. „	0,0095 „	12. „	0,0011 „
6. „	0,0063 „		

Das Volumen nahm ab und nach vier Wochen blieb nur ein kleines Gasbläschen übrig, aber dieses behielt sein Leuchten bis zum letzten Augenblick bei. Während dieser Zeit färbte sich die Röhre unter dem Einfluß der Strahlen tief dunkelrot. Es wurde so schwierig, das Volumen abzulesen, und eine starke Lichtquelle war hierzu erforderlich. Ramsay und Soddy glauben, daß die schnelle Abnahme während des ersten Tages daher rühren mag, daß das Quecksilber an der Kapillarröhre klebte. Berücksichtigt man die Beobachtungen vom zweiten Tage an, so findet man, daß das Volumen der Emanation nach einem Exponentialgesetz mit einer Periode von ungefähr vier Tagen kleiner wird. Diese Abnahmegeschwindigkeit ist ungefähr die nach der Theorie zu erwartende. Ein neuer Versuch mit frischer Emanation wies einen sehr überraschenden Unterschied auf. Das Anfangsvolumen des Gases betrug 0,0254 cmm bei Atmosphärendruck, eine Reihe von besonderen Versuchen wurde ausgeführt, um die Abhängigkeit des Volumens vom Druck zu bestimmen. Es fand sich, daß die Emanation innerhalb der Versuchsfehler dem Boyleschen Gesetze gehorcht. Das Gasvolumen in der Kapillarröhre nahm jedoch im Gegensatz zu den Beobachtungen des ersten Versuches nicht ab, sondern wuchs an und betrug nach 23 Tagen ungefähr das Zehnfache des Anfangswertes. Zu gleicher Zeit begannen Bläschen an der Oberfläche der Quecksilbersäule zu erscheinen.

Weitere Versuche sind erforderlich, um die Widersprüche zwischen diesen beiden Experimenten aufzuklären. Wir werden später sehen, daß Helium ein Umwandlungsprodukt der Emanation ist. Bei dem ersten Versuch scheint das Helium in der Glaswand absorbiert zu sein. Dieses Verhalten kann nicht auffällig sein, denn es ist sehr wahrscheinlich, daß die α-Partikeln der radioaktiven Produkte aus Heliumatomen bestehen, die mit großer Geschwindigkeit fortgeschleudert werden. Die meisten dieser Atome würden in die Glaswände bis zu einer Tiefe von etwa 0,02 mm eindringen, und ihre Rückdiffusion in das Gas könnte von der Glassorte abhängen. Die einfachste Erklärung ist die, daß das Helium nach der Absorption durch die Glaswände bei dem zweiten Versuche zurückdiffundierte, bei dem ersten dagegen nicht.

Ramsay und Soddy folgerten aus ihren Versuchen, daß das Maximalvolumen der aus einem Gramm Radium zu gewinnenden Emanation ein wenig größer als ein Kubikmillimeter bei Atmosphärendruck und Zimmertemperatur ist.

Die berechneten und beobachteten Werte 0,8 und 1,0 cmm befinden sich so in sehr guter Übereinstimmung, was die Richtigkeit der Theorie bestätigt, auf die die Berechnungen sich gründen.

Das Spektrum der Emanation.

Nach der Isolierung der Emanation und der Bestimmung ihres Volumens versuchten Ramsay und Soddy auch ihr Spektrum zu bestimmen. Bei einigen Versuchen erschienen für einen Augenblick einige offenbar neue helle Linien, aber diese verschwanden schnell infolge der Bildung von Wasserstoff innerhalb der Röhre. Ramsay und Collie¹) setzten die Versuche fort und erhielten schließlich das Spektrum der Emanation lange genug, um schnell die Wellenlänge der deutlicheren Linien festzulegen. Das Spektrum verblaßte jedoch schnell und wurde bald völlig von dem des Wasserstoffs überdeckt. Das Spektrum war sehr hell und bestand aus einer Anzahl scharfer Linien mit völlig dunkeln Zwischenräumen. Das Spektrum zeigte in seinem allgemeinen Charakter eine auffallende Ähnlichkeit mit den Spektren der Gase der Argongruppe. Bei der Wiederholung des Versuches mit neuer Emanation wurden manche der hellen Linien wieder beobachtet und neben ihnen traten noch einige neue auf. Ramsay und Collie schließen aus ihren Versuchen, daß die Emanation zweifellos ein bestimmtes und wohlausgeprägtes Spektrum von hellen Linien hat.

Die Wärmeentwickelung der Emanation.

Ein Gramm Radium entwickelt im radioaktiven Gleichgewicht ununterbrochen eine Wärmemenge von ungefähr 100 Grammkalorien in der Stunde. Wenn das Radium durch Auflösen oder Erhitzen von der Emanation befreit wird, so sinkt seine Wärmeentwickelung auf ungefähr 25 Proz. des Gleichgewichtswertes und nimmt dann in dem Maße, wie die Emanation neugebildet wird, zu, um nach einem Monat ihren früheren Wert zu erreichen. Ein Gefäß, in welches die von dem Radium abgetrennte Emanation gebracht wird, sendet eine große Wärmemenge aus, die drei Stunden nach der Einleitung der Emanation 75 Proz. der ursprünglich von dem Radium entwickelten Wärmemenge beträgt. Die Wärmeentwickelung der Emanation nimmt in dem gleichen Maße wie die Aktivität ab, d. h. sie fällt in etwa vier Tagen auf den halben Wert. Die Kurven der Abnahme der Wärmeentwickelung der Emanation und der Zunahme der Wärmeentwickelung des Radiums sind komplementär. Die Summe der entwickelten Wärmemengen ist immer gleich der Wärmemenge, die das Radium im Gleichgewichtszustande ausstrahlt.

Die Wärme, die in dem Gefäße entsteht, welches die Emanation enthält, rührt nicht von der Emanation allein her, sondern

---

¹) Ramsay und Collie, Proc. Roy. Soc. 73, 470 (1904).

auch von dem aus der Emanation entstehenden aktiven Niederschlage. Wir werden die Gesetze, welche die Wärmeentwickelung des Radiums und seiner Produkte beherrschen, ausführlicher im Kapitel 10 behandeln.

Wir haben gesehen, daß drei Viertel der Wärmeentwickelung des Radiums der Emanation und ihren Umwandlungsprodukten zuzuschreiben ist. Es ist schwierig, die Wärmeentwickelung der Emanation gesondert von der ihrer schnell sich umwandelnden Produkte zu bestimmen; doch rührt ohne Zweifel ungefähr ein Viertel der von dem Radium entwickelten Wärme von der Emanation her.

Somit entwickelt ein Kubikmillimeter der Emanation — der Maximalbetrag, der aus einem Gramm Radium zu gewinnen ist — eine Wärmemenge von etwa $Q = 25$ Grammkalorien per Stunde. Da die Wärmewirkung der Emanation in derselben Weise abfällt wie ihre Aktivität, so ist die gesamte, von der Emanation während ihrer Existenz abgegebene Wärmemenge gleich $\frac{Q}{\lambda}$. Der Wert von λ ist, für die Stunde als Einheit, $\frac{1}{132}$; die gesamte von der Emanation entwickelte Wärme beträgt also 3300 Grammkalorien. Rechnet man die von den Zerfallsprodukten der Emanation herrührende Wärmemenge hinzu, so findet man, daß in der die Emanation enthaltenden Röhre 9900 Grammkalorien gebildet werden. Die gesamte, von einem Kubikzentimeter der Emanation und von ihren Umwandlungsprodukten entwickelte Wärmemenge beträgt also etwa 10 Millionen Grammkalorien.

Die Vereinigung von Wasserstoff und Sauerstoff zu Wasser geht unter größerer Wärmeentwickelung vor sich als irgend eine andere chemische Reaktion. Bei der Explosion eines Gemisches von 1 ccm Wasserstoff und $^1/_2$ ccm Sauerstoff werden drei Grammkalorien frei. Die Umwandlung der Emanation ist also von einer nahezu vier Millionen Mal größeren Wärmeentwickelung begleitet als die Vereinigung eines gleich großen Volumens Wasserstoff mit Sauerstoff.

Wenn man annimmt, daß das Atom der Emanation eine 200 mal größere Masse hat als das Wasserstoffatom, so läßt sich leicht berechnen, daß ein Kilo der Emanation Energie im Betrage von 20000 Pferdestärken in der Stunde abgeben würde. Diese

Energieentwickelung würde exponential abfallen; im Verlauf ihres ganzen Lebens würde diese Emanationsmenge eine Energiemenge von etwa 120000 Pferdestärkentagen entwickeln.

Diese Zahlen zeigen deutlich, welche enorme Wärmemenge bei den Umwandlungen der Emanation entwickelt wird. Diese Menge ist von einer ganz anderen Größenordnung als die, welche bei den heftigsten chemischen Reaktionen absorbiert oder entwickelt wird.

Wir werden später im Kapitel 10 sehen, daß wahrscheinlich jedes radioaktive Produkt, welches α-Strahlen aussendet, eine Wärmemenge von derselben Größenordnung wie die Emanation entwickelt. Diese Wärmeentwickelung ist in Wirklichkeit eine notwendige Begleiterscheinung der Radioaktivität, denn die Wärme ist ein Maß der kinetischen Energie der fortgeschleuderten α-Partikeln.

Diskussion der Resultate.

Wir wollen nun kurz die in diesem Kapitel behandelten Eigenschaften der Radiumemanation zusammenstellen. 1. Die Emanation ist ein schweres Gas, welches keinerlei chemische Verbindungen eingeht; sie scheint ihrem allgemeinen Verhalten nach den Edelgasen verwandt zu sein, von denen Helium und Argon am besten bekannt sind. 2. Sie diffundiert wie ein Gas von hohem Molekulargewicht und gehorcht dem Boyleschen Gesetz. 3. Sie hat ein Spektrum von hellen Linien, das denen der Edelgase ähnlich ist. 4. Sie kondensiert sich aus einem Gasgemisch bei einer Temperatur von -150^0 C. 5. Ungleich den gewöhnlichen Gasen ist die Emanation nicht beständig, sondern zerfällt nach einem Exponentialgesetz. Das Volumen der Emanation nimmt daher in dem Maße ihres Zerfalls ab, d. h. es fällt in 3,8 Tagen auf den halben Wert. Die Umwandlung der Emanation findet unter Aussendung von α-Partikeln statt und gibt Anlaß zur Bildung einer neuen Reihe von nichtgasförmigen Substanzen, die sich auf Gegenständen der Umgebung niederschlagen. Die Eigenschaften des aktiven Niederschlages und seine Umwandlungen werden im nächsten Kapitel behandelt werden.

Die Emanation ist Gewicht für Gewicht ungefähr 100000 mal so stark aktiv wie ihre Muttersubstanz, das Radium. Vermöge ihrer starken Aktivität leuchtet sie im Dunkeln und regt viele Substanzen zu heller Phosphoreszenz an. Ihre Strahlen färben Glas, Quarz und andere Stoffe sehr schnell und bewirken eine lebhafte Entwickelung von Wasserstoff und Sauerstoff in wässerigen Lösungen. Die Umwandlung der Emanation geht mit einer außerordentlichen Wärmeentwickelung vor sich, die ungefähr eine Million Mal größer ist, als die irgend einer chemischen Reaktion.

Von der Emanation und ihren Produkten rühren drei Viertel der α-Strahlenaktivität des Radiums her. Die Emanation selbst sendet keine β- und γ-Strahlen aus, sondern diese stammen von einem ihrer Umwandlungsprodukte. Entfernt man daher die Emanation und wartet einige Stunden, bis der aktive Niederschlag, der bei dem Radium verbleibt, zerfallen ist, so findet sich das Radium fast frei von β- und γ-Strahlenaktivität.

In der Emanation und ihren Umwandlungsprodukten ist also der Hauptteil der Aktivität des Radiums konzentriert. Ein mit Emanation gefülltes Gefäß besitzt alle Eigenschaften des im Gleichgewicht befindlichen Radiums. Es sendet α-, β- und γ-Strahlen aus, entwickelt Wärme und ruft in manchen Substanzen ein Phosphoreszieren hervor. Radium selbst sendet, wenn es von der Emanation und dem aktiven Niederschlag befreit ist, nur α-Strahlen aus. Seine Aktivität und seine Wärmeentwickelung betragen dann nur ein Viertel des Gleichgewichtswertes.

Die Emanation wird von dem Radium mit gleichförmiger Geschwindigkeit gebildet und scheint ein direktes Zerfallsprodukt des Radiums zu sein. Indem wir der früher angewandten Schlußweise folgen, wollen wir annehmen, daß von den vorhandenen Radiumatomen ein kleiner Bruchteil in jeder Sekunde unter Ausschleuderung einer α-Partikel zerfällt. Aus dem Radiumatom entsteht durch die Abgabe einer α-Partikel das Atom der Emanation. Die Atome der Emanation sind viel unbeständiger als die des Radiums, sie zerfallen unter Aussendung von α-Partikeln mit solcher Geschwindigkeit, daß die Hälfte der Atome in 3,8 Tagen umgewandelt wird. Nach der Aussendung der α-Partikeln wandelt sich die Emanation in den aktiven Niederschlag um.

Die bisher behandelten Umwandlungen und die sie begleitenden Strahlenarten sind untenstehend wiedergegeben.

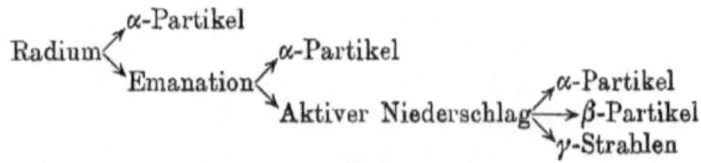

Die auffallenden Unterschiede in dem chemischen und physikalischen Verhalten eines Zerfallsproduktes und seiner Muttersubstanz treten deutlich bei einem Vergleich des Radiums mit der von ihm gebildeten Emanation zutage. Radium ist ein fester Körper mit dem Atomgewicht 225, und seinem chemischen Verhalten nach eng mit dem Baryum verwandt. Es besitzt ein wohlcharakterisiertes Spektrum, das in mancher Beziehung dem der Erdalkalien analog ist. Radium ist bei gewöhnlichen Temperaturen nicht flüchtig und besitzt, abgesehen von seiner Radioaktivität, alle Eigenschaften eines dem Baryum nahestehenden Elementes. Andererseits ist die Emanation ein chemisch träges Gas, welches sich nicht mit irgend einer anderen Substanz chemisch vereinigen läßt. Ihr Spektrum von hellen Linien gleicht seinem allgemeinen Charakter nach den Spektren der Gase der Argon-Helium-Familie. Sie wird bei — 150° C kondensiert. Abgesehen von der Radioaktivität sind also die Eigenschaften der Emanation völlig von denen der Muttersubstanz verschieden, und wenn wir nicht den Beweis hätten, daß die Emanation aus Radium entsteht, so würde nichts dafür sprechen, daß diese beiden Stoffe in irgend einer Beziehung zueinander ständen.

Viertes Kapitel.

Die Umwandlungen des aktiven Niederschlages des Radiums.

In dem vorhergehenden Kapitel ist erwähnt worden, daß alle Gegenstände, die mit der Radiumemanation in Berührung kommen, sich mit einem unsichtbaren aktiven Niederschlage bedecken, der sich in seinen physikalischen und chemischen Eigenschaften scharf von der Emanation unterscheidet. Diese Fähigkeit des Radiums, auf Gegenständen seiner Umgebung Aktivität zu erzeugen oder zu „induzieren", wurde zuerst von P. Curie[1]) beobachtet, und ist in den letzten Jahren der Gegenstand zahlreicher Untersuchungen gewesen.

In diesem Kapitel werden wir die Umwandlungen besprechen, die in dem aktiven Niederschlage vor sich gehen, wir werden sehen, daß der aktive Niederschlag aus drei verschiedenen Substanzen besteht, die Radium-A, -B und -C genannt worden sind. Radium-A entsteht direkt durch die Umwandlung der Emanation, Radium-B entsteht aus Radium-A, und Radium-C aus Radium-B.

Die drei Produkte werden also durch den stufenförmigen Zerfall der Emanation gebildet. Die Analyse dieser Vorgänge ist etwas schwieriger, als in dem beim Thorium bereits behandelten Falle von zwei Umwandlungen, sie läßt sich jedoch nach derselben allgemeinen Methode ausführen.

Der aktive Niederschlag des Radiums ist in vielen Beziehungen dem aktiven Niederschlage des Thoriums ähnlich. Er ist materieller Natur und schlägt sich in Abwesenheit eines elektrischen Feldes aus dem Gase auf der Oberfläche aller Körper nieder, die sich in Berührung mit der Emanation befinden. In einem starken elektrischen Felde wird er zum größten Teil auf der negativen Elektrode konzentriert. In dieser Hinsicht verhält er sich ähnlich wie der aktive Niederschlag des Thoriums. Die aktive Substanz läßt sich von einem Platindraht teilweise mit Salzsäure ablösen und bleibt nach Verjagung der Säure zurück. Bei Verwendung der Emanation von ungefähr 10 mg Radiumbromid erhält man außerordentlich aktive Drähte. Der aktive Niederschlag ruft auf Willemit- oder Zinksulfidschirmen helle Fluoreszenz hervor. Die aktive Substanz befindet sich nur auf der Oberfläche der Gegenstände, auf denen sie niedergeschlagen ist. Wenn ein stark aktiver Draht über einen Schirm aus Willemit oder einer anderen Substanz gezogen wird, die unter dem Einfluß der Strahlen aufleuchtet, so bleibt eine hell leuchtende Spur zurück. Diese Erscheinung rührt daher, daß ein Teil des aktiven Niederschlages durch den Schirm von dem Drahte abgestreift wird. Das Leuchten

---

[1]) M. u. Mme. Curie, Compt. rend. 129, 714 (1899).

nimmt allmählich ab und ist nach drei Stunden fast verschwunden. Daß man den aktiven Niederschlag durch Reiben entfernen kann, läßt sich auch leicht zeigen, wenn man einen aktiven Draht mit einem Stück Zeug abwischt und dieses dann in die Nähe eines Elektroskops bringt. Das Elektroskop entlädt sich fast augenblicklich, und das Tuch behält seine Aktivität im abnehmenden Maße für mehrere Stunden bei.

Im Falle einer kurzlebigen Emanation, wie der des Thoriums, ist in Abwesenheit eines elektrischen Feldes die induzierte Aktivität am größten auf Körpern, die sich nahe der emanierenden Thoriumverbindung befinden. Diese Beobachtung erklärt sich daraus, daß die Emanation zerfällt, bevor sie sich durch Diffusion weit von ihrer Quelle entfernen kann. Benutzt man andererseits in einem gleichen Gefäße Radium als Emanationsquelle, so bildet sich die induzierte Aktivität gleichmäßig auf allen Gegenständen innerhalb des Gefäßes. Das Leben der Radiumemanation ist lang, verglichen mit der Zeit, die sie gebraucht, um sich durch Diffusion in dem ganzen Gefäße zu verteilen.

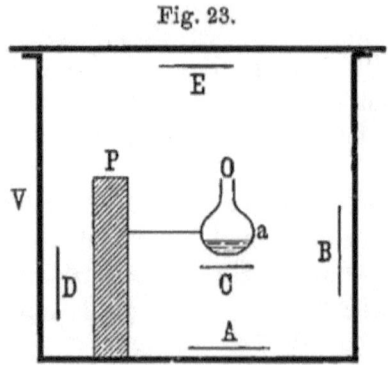

Fig. 23.
Verteilung der induzierten Aktivität in einer Atmosphäre von Radiumemanation.

Gegenstände, die gegen die direkte Bestrahlung durch das Radium völlig geschützt sind, werden aktiv. Dieses geht deutlich aus einem Versuch von P. Curie hervor, der in Fig. 23 veranschaulicht ist.

Ein kleines offenes Gefäß, welches eine Radiumlösung enthielt, wurde in einen geschlossenen Behälter gestellt, in dem die Platten A, B, C, D, E in verschiedenen Stellungen angebracht waren. Nach einer Expositionszeit von einem Tage waren alle Platten aktiv geworden, selbst die in der Position D, die gegen die direkten Strahlen des Radiums durch eine Bleiplatte P abgeschirmt war.

Die Aktivität der Flächeneinheit ist bei verschiedenartigen Platten, die sich in derselben Stellung befinden, unabhängig von ihrem Material; eine Glimmerplatte wird ebenso stark aktiv wie eine Metallplatte. Die Größe der induzierten Aktivität hängt in gewissem Grade von dem freien Raum in der Nachbarschaft ab. Die untere Fläche der Platte A würde zum Beispiel weniger aktiv sein, als die obere, da der aktive Niederschlag, der sich auf der Unterseite niederschlägt, wesentlich aus dem kleinen Gasvolumen stammt, das sich zwischen der Platte und der Wand befindet, während der Bereich, aus dem sich der aktive Niederschlag der oberen Platte absetzt, viel größer ist.

Die Emanation von mehreren Milligrammen Radiumbromid induziert auf einem Draht oder auf einer Metallplatte eine so starke Aktivität, daß der Ionisationsstrom, den sie hervorruft, leicht mit einem empfindlichen Galvanometer gemessen werden kann. Bei der Untersuchung so stark aktiver Platten ist eine hohe Spannung zur Erreichung des Sättigungsstromes erforderlich, wenn nicht die Platten des Versuchsgefäßes sehr nahe beieinander sind.

Wir wollen zunächst die Gründe anführen, welche dafür sprechen, daß der aktive Niederschlag ein Zerfallsprodukt der Emanation ist. Wenn Radiumemanation in ein zylindrisches Versuchsgefäß, wie das in Fig. 10, eingeleitet ist, so wächst die Aktivität mehrere Stunden lang an, indem sie im allgemeinen einen doppelt so großen Betrag erreicht, als sie im Moment der Einleitung der Emanation besaß. Die Zunahme ändert sich jedoch in gewissem Grade mit den Dimensionen des Versuchsgefäßes, weil das Durchdringungsvermögen der von den einzelnen Produkten ausgesandten α-Strahlen verschieden ist.

Wenn die Emanation ausgeblasen wird, so bleibt der aktive Niederschlag zurück und verliert den größten Teil seiner Aktivität in wenigen Stunden. Die Fähigkeit, einen aktiven Niederschlag zu erzeugen, fehlt dem Radium, wenn es von der Emanation befreit ist, und kommt der Emanation allein zu. Die induzierte Aktivität ist stets proportional zu der Menge der vorhandenen Emanation, einerlei wie alt die Emanation ist. Wenn man zum Beispiel Emanation für einen Monat in einem Gasometer aufspeichert und dann den noch nicht zersetzten Rest in ein Versuchsgefäß leitet, so erhält man noch immer induzierte Aktivität; und zwar ist das Verhältnis der noch vorhandenen Emanation zu der Menge des gebildeten aktiven Niederschlages das gleiche, wie bei frisch aus Radium gewonnener Emanation.

Die Konstanz dieses Verhältnisses zwischen der Menge der Emanation und der Menge des gebildeten aktiven Niederschlages ist ohne weiteres verständlich, wenn der aktive Niederschlag aus der Emanation entsteht. Wir wollen annehmen, daß ein Gegenstand eine konstante Zufuhr von Emanation erfährt; seine Aktivität erreicht nach ungefähr fünf Stunden einen konstanten Wert. Es herrscht dann ein Gleichgewichtszustand zwischen dem aktiven Niederschlag und der Emanation. Unter diesen Umständen müssen ebensoviele Atome von Radium-A in der Sekunde zerfallen, als durch die Umwandlung der Emanation neu gebildet werden. Und diese Zahl ist wiederum gleich der Anzahl der in der Sekunde zerfallenden Emanationsatome. Das gleiche gilt für Radium-B und Radium-C. Da für jedes einzelne Produkt die Anzahl der in der Sekunde zerfallenden Atome von Radium-A proportional zu der vorhandenen Gesamtzahl ist, so muß im Gleichgewichtszustande die Zahl der Atome von Radium-A proportional der Anzahl der Atome der Emanation sein. Wenn λ die radioaktive Konstante der Emanation und λ_A, λ_B, λ_C die Konstanten für Radium-A, -B und -C sind, so werden die im Gleichgewicht vorhandenen Mengen der drei Produkte N_A, N_B, N_C durch die Gleichungen gegeben:

$$\lambda_A N_A = \lambda_B N_B = \lambda_C N_C = \lambda N,$$

worin N die Gesamtzahl der vorhandenen Emanationsatome ist. Nach Erreichung des Gleichgewichtszustandes ist für die einzelnen Produkte die Anzahl der von jedem vorhandenen Atome verschieden. Für jedes Produkt ist sie proportional seiner Periode, so daß eine schnell sich umwandelnde Substanz in geringerer Menge vorhanden ist, als eine von langer Periode.

Befindet sich die Emanation in einem geschlossenen Gefäß, so nimmt ihre Menge, wie wir gesehen haben, exponential ab. Da die Perioden der Produkte des aktiven Niederschlages, verglichen mit der der Emanation, klein sind, so erreicht die Menge des aktiven Niederschlages nach wenigen Stunden praktisch den Gleichgewichtszustand und nimmt dann im gleichen Schritt mit der Emanation ab.

Die induzierte Aktivität wird also mit der gleichen Geschwindigkeit wie die Emanation abfallen. Diese Proportionalität ist, wie wir gesehen haben, von Curie und Danne benutzt worden, um die Zerfallskonstante der Emanation durch Messung der β- und γ-Strahlen zu bestimmen, die aus einem geschlossenen Gefäß austreten, welches die Emanation enthält.

Die Aktivitätskurven des aktiven Niederschlages.

Wir werden jetzt im einzelnen die Veränderung betrachten, die die Aktivität des Niederschlages unter verschiedenen Bedingungen erfährt. Die experimentellen Ergebnisse erscheinen zunächst sehr verwickelt, denn die Gestalt der Aktivitätskurven ändert sich nicht nur stark mit der Expositionszeit, sondern ist auch davon abhängig, ob α-, β- oder γ-Strahlen zur Messung verwandt sind. Es ist demnach notwendig, in jedem Falle nicht nur die Expositionszeit, sondern auch die zur Messung benutzte Strahlenart anzugeben.

Die Zerfallskurven des aktiven Niederschlages sind unabhängig von der Natur und der Größe des aktiv gemachten Gegenstandes und von der Menge der angewandten Emanation. Wenn ein Draht aktiv gemacht werden soll, so ist die in Fig. 24 angedeutete Anordnung sehr zweckmäßig.

Eine Radiumlösung wird in ein mit Gummistopfen verschlossenes Gefäß gebracht. Die Emanation sammelt sich in dem Luftraum über der Lösung an. Der dünne Draht W, der aktiv gemacht werden soll, wird in ein enges Loch gesteckt, das in das Ende des den Stopfen zentral durchsetzenden Stabes gebohrt ist. Dieser Stab kann frei durch den Ebonitstopfen gleiten, der in der Messingröhre B befestigt ist. Ein Platindraht P durchsetzt den Gummistopfen und taucht in die Lösung ein.

Der Platindraht ist in metallischer Verbindung mit der Messingröhre. Der mittlere Stab ist mit dem negativen, der Platindraht mit dem positiven Pol einer Batterie von 300 oder

Fig. 24.

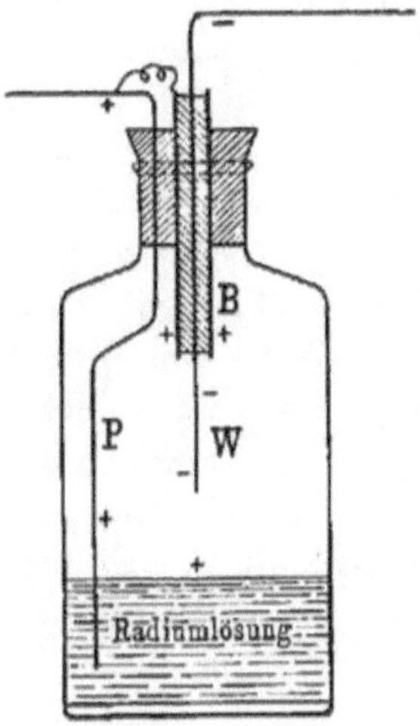

Anordnung zur Konzentrierung des aktiven Niederschlages auf einem kleinen negativ geladenen Drahte.

400 Volt verbunden. Bei dieser Anordnung sind die feuchten Wände des Gefäßes, die Lösung und die Röhre B positiv geladen, nur der Draht W ist negativ geladen. Der aktive Niederschlag konzentriert sich infolgedessen auf ihm, und der Draht wird in Gegenwart einer großen Menge Emanation sehr stark aktiv.

Nach Einführung des Drahtes verschließt man die Austrittsstelle des Stabes mit etwas Wachs, um das Entweichen der Emanation zu verhindern. Nachdem der Draht für die gewünschte Zeit exponiert war, wird der Stab herausgezogen und der aktive Draht abgenommen. Da der dünne Draht einen kleineren Durchmesser hat als der Stab, so berührt der Draht beim Herausnehmen die Wände nicht, so daß nichts von dem aktiven Niederschlag abgestreift wird.

Um die Änderung, die die α-Strahlenaktivität dieses Drahtes mit der Zeit erfährt, zu untersuchen, befestigt man ihn an dem Ende eines Messingstabes, der die Zentralelektrode in einem Versuchsgefäße, wie es in Fig. 10 abgebildet ist, bildet.

Wenn eine größere Oberfläche aktiv gemacht werden soll, so legt man einen Metallstreifen in eine verschließbare Glasröhre. Nach Evakuierung der Röhre leitet man die Emanation ein, der aktive Niederschlag setzt sich dann durch Diffusion auf dem Metall ab. Nach beendigter Exposition wird die Aktivität des Streifens in einem Apparate mit parallelen Platten, ähnlich dem in Fig. 9 angegebenen, gemessen.

Die Kurven der α-Strahlenaktivität.

Wir wollen zunächst den Abfall der α-Strahlenaktivität eines Drahtes besprechen, der für kurze Zeit der Emanation exponiert war. Wir setzen voraus, daß die Expositionszeit — nicht mehr wie eine Minute — kurz ist, verglichen mit der Umwandlungsperiode der aktiven Substanz. Die Resultate eines Versuches sind in der Kurve BB der Fig. 25 wiedergegeben, bei deren Zeichnung die Maximalaktivität, die der Draht gleich nach der Entfernung aus der Emanation besaß, als 100 angesetzt ist.

Die Aktivität nimmt zunächst sehr angenähert nach einem Exponentialgesetz mit einer Periode von drei Minuten ab. Nach 20 Minuten beträgt die Aktivität weniger als ein Zehntel des Anfangswertes, sie bleibt für ungefähr 20 Minuten nahezu konstant und fällt dann allmählich ab. Nach mehreren Stunden fällt die Aktivität wieder exponential mit einer Periode von etwa 28 Minuten ab.

In derselben Figur zeigt Kurve AA die Abfallskurve der α-Strahlenaktivität nach langer Exposition. In diesem Falle ist angenommen, daß die Expositionszeit zur Herstellung des Gleichgewichts zwischen dem aktiven Niederschlag und der Emanation ausreicht; hierzu sind ungefähr fünf Stunden erforderlich. Es findet anfänglich ein schneller Abfall mit einer Periode von drei Minuten statt. Hieran schließt sich eine allmähliche Abnahme, die

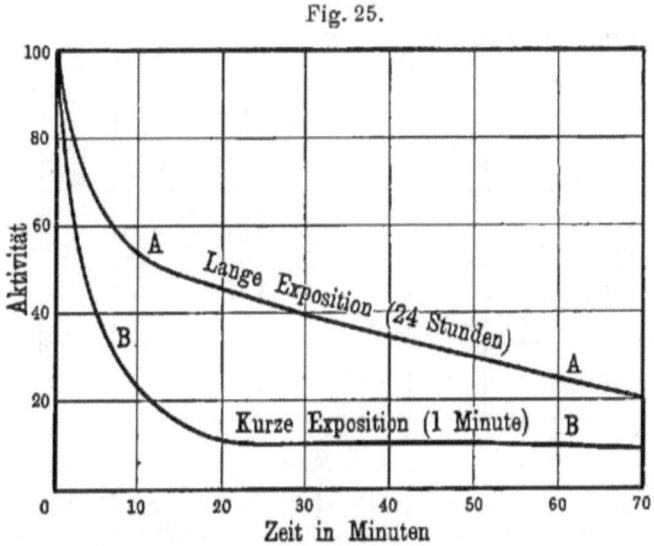

Fig. 25.

Abfall der induzierten Aktivität des Radiums nach Messungen der α-Strahlenaktivität.

langsamer vor sich geht, als einem Exponentialgesetz entsprechen würde. Nach fünf Stunden verläuft der Abfall nahezu exponential mit einer Periode von ungefähr 28 Minuten.

Der anfängliche schnelle Abfall mit der Periode von drei Minuten rührt von dem Produkt Radium-A her. Der exponentielle Abfall am Schlusse mit der Periode von 28 Minuten deutet an, daß noch ein anderes Produkt mit einer Periode von 28 Minuten vorhanden ist. Ehe wir den mittleren Teil der beiden Kurven besprechen, wollen wir zunächst die Kurven der β- und γ-Strahlenaktivität betrachten.

Die Kurven der β-Strahlenaktivität.

Zur Bestimmung der β-Strahlenkurven wurde ein Elektroskop benutzt. Die aktive Platte oder der aktive Draht wurde unter das Elektroskop gelegt, dessen Boden mit einer Aluminiumfolie verschlossen war, die dick genug war, um alle α-Strahlen zu absorbieren. Die Entladung des Elektroskops rührt dann allein von den β- und γ-Strahlen und wesentlich von den ersteren her. Die Kurve in Fig. 26 zeigt die Veränderung der Aktivität eines Drahtes, der eine Minute lang einer großen Menge von Emanation

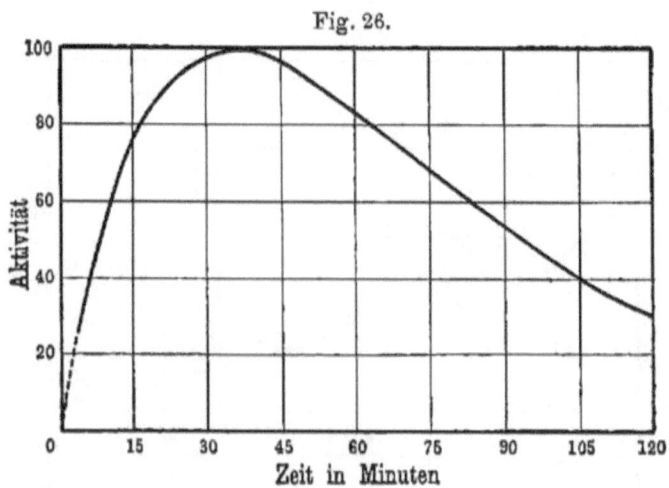

Fig. 26.

Änderung der β-Strahlenaktivität eines Drahtes, der für kurze Zeit der Radiumemanation exponiert worden ist.

exponiert worden war. Man sieht sofort, daß der Charakter der Kurve ein ganz anderer ist, wie der der entsprechenden α-Strahlenkurve der Fig. 25. Die β-Strahlenaktivität ist anfangs klein, wächst mit der Zeit an und erreicht nach ungefähr 35 Minuten ein Maximum. Einige Stunden später fällt sie nahezu exponential mit einer Periode von 28 Minuten ab.

Die β-Strahlenkurve für lange Exposition ist in Fig. 27 wiedergegeben. Ihre Gestalt weicht erheblich von der der Kurve ab, die nach kurzer Exposition erhalten wird. Die Aktivität wächst im Anfang nicht an, sondern nimmt zunächst langsam und dann schneller ab. Schließlich fällt die Aktivität, wie in den anderen Fällen, exponential mit einer Periode von 28 Minuten ab.

Die Kurven der γ-Strahlenaktivität.

Die Kurven, die man nach kurzer oder langer Exposition durch Messung der γ-Strahlenaktivität erhält, decken sich mit denen, die sich ergeben, wenn die β- und γ-Strahlenaktivität zusammen gemessen wird. Die Messungen wurden mit Hilfe eines Elektroskops ausgeführt, in das die Strahlen erst nach Passieren einer Bleischicht von ungefähr 1 cm Dicke eintreten konnten. Diese Schicht absorbiert α- wie β-Strahlen vollständig.

Fig. 27.

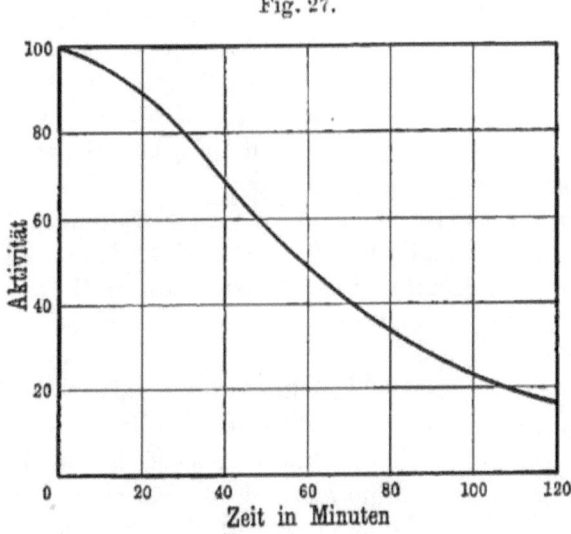

Änderung der β- oder γ-Strahlenaktivität eines Drahtes, der für eine lange Zeit der Radiumemanation exponiert worden ist.

Die Übereinstimmung der β- und γ-Strahlenkurven beweist, daß die beiden Strahlenarten immer in demselben Verhältnis vorkommen. Hierdurch wird die Vorstellung bestätigt, daß die γ-Strahlen eine Art von X-Strahlen sind, die in dem Augenblick entstehen, in dem die β-Partikel von der aktiven Substanz ausgeschleudert wird. Diese Beziehung zwischen den beiden Strahlenarten hat sich in allen bisher untersuchten Fällen gefunden und deutet darauf hin, daß die γ-Strahlen in derselben Beziehung zu den β-Strahlen stehen, wie die X-Strahlen zu den Kathodenstrahlen.

Die Theorie der Umwandlungen des Radiums.

Wir werden später sehen, daß die Zerfallskurve des aktiven Niederschlages des Radiums für jede Expositionszeit, einerlei, ob die Aktivität mit Hilfe der α-, β- oder γ-Strahlen gemessen wird, in befriedigender Weise erklärt werden kann, wenn man die folgenden Annahmen macht:

1. Die Emanation wandelt sich in ein Produkt Radium-A um, welches nur α-Strahlen aussendet und eine Periode von drei Minuten hat.

2. Radium-A bildet Radium-B, welches eine Periode von 28 Minuten hat und bei seiner Umwandlung weder α-, β-, noch γ-Strahlen aussendet, also mit anderen Worten strahlenlos ist.

3. Radium-B wandelt sich in Radium-C um, welches eine Periode von 21 Minuten besitzt und bei seiner Umwandlung α-, β- und γ-Strahlen aussendet.

Wir haben es also mit drei aufeinander folgenden Umwandlungen zu tun. Da jedoch das erste Produkt Radium-A mit der Periode von drei Minuten zerfällt, so beträgt z. B. die von ihm nach 21 Minuten noch vorhandene Menge nur noch $1/128$ des Anfangsbetrages.

Wir werden deshalb der Einfachheit halber bei der Diskussion der β-Strahlenkurven die erste schnelle Umwandlung zunächst unberücksichtigt lassen und annehmen, daß die Emanation sich direkt in Radium-B umwandelt. Es hat sich sogar herausgestellt, daß die Versuche besser mit der Theorie übereinstimmen, wenn die erste Umwandlung ganz außer acht gelassen wird. Eine Erklärung für diese Eigentümlichkeit der Kurven wird später gegeben werden.

Bei der Diskussion der Aktivitätskurven des aktiven Niederschlages des Thoriums haben wir gesehen, daß die bei kurzer Exposition experimentell erhaltene Kurve sich befriedigend erklären läßt, wenn man annimmt, daß die Emanation sich in das strahlenlose Produkt Thorium-A umwandelt, welches eine Periode von 11 Stunden hat. Dieses bildet seinerseits Thorium-B, welches α-, β- und γ-Strahlen aussendet und eine Periode von ungefähr einer Stunde hat. Diese aus der Analyse der Aktivitätskurven abgeleiteten Resultate werden vollständig durch die Versuche bestätigt, bei denen Thorium-A und Thorium-B nach verschiedenen physikalischen und chemischen Methoden voneinander getrennt worden sind.

Die Verhältnisse liegen beim Radium ganz analog, denn wenn man die erste Umwandlung mit der drei Minutenperiode außer acht läßt, so hat man zunächst ein strahlenloses Produkt Radium-B, welches Radium-C bildet, von dem α-, β- und γ-Strahlen ausgesandt werden.

Wir wollen nun die Theorie zweier aufeinander folgender Umwandlungen dieser Art behandeln.

Die Änderung der Aktivität nach kurzer Exposition.

Es seien λ_1 und λ_2 die radioaktiven Konstanten, P und Q die Anzahl der zu irgend einer Zeit vorhandenen Atome von Radium-B und Radium-C. Es wird vorausgesetzt, daß die anfänglich vorhandene aktive Substanz nur aus Radium-B besteht. Die Anzahl der Atome von B betrage n. Nach irgend einer Zeit t ist von diesen noch die Anzahl

$$P = n e^{-\lambda_1 t}$$

vorhanden. Auf Seite 53 ist gezeigt, daß die Zahl der zur Zeit t zerfallenden Atome von C gegeben ist durch die Gleichung:

$$\frac{dQ}{dt} = \lambda_1 P - \lambda_2 Q = \lambda_1 n e^{-\lambda_1 t} - \lambda_2 Q . \qquad (1)$$

Die Lösung dieser Gleichung (vgl. S. 53) ergibt:

$$Q = \frac{n \cdot \lambda_1}{\lambda_1 - \lambda_2} (e^{-\lambda_2 t} - e^{-\lambda_1 t}).$$

Die Zahl der von P und Q zu irgend einer Zeit vorhandenen Atome ist in Fig. 28 veranschaulicht, in der die Zahl der anfänglich vorhandenen Atome von B als 100 angenommen ist. Die Exponentialkurve BB gibt den Betrag von B, der zu irgend einer Zeit noch vorhanden ist. Die Kurve CC stellt die Zahl der zu irgend welchen Zeiten vorhandenen Atome von C dar. Da die Perioden von B und C ungefähr 28 und 21 Minuten sind, so ist

$$\lambda_1 = 4{,}13 \times 10^{-4} \,(\text{sec})^{-1},$$
$$\lambda_2 = 5{,}38 \times 10^{-4} \,(\text{sec})^{-1}.$$

Die Menge von C ist anfänglich 0, wächst in ungefähr 35 Minuten zu einem Maximum, nimmt dann ab und zerfällt schließlich exponential mit einer Periode von 28 Minuten, also nicht mit der Periode von C, sondern mit der von B. Man erkennt dieses auch leicht aus der Gleichung für Q, die sich in der Form schreiben läßt:

$$Q = \frac{n \cdot \lambda_1 \cdot e^{-\lambda_1 t}}{\lambda_2 - \lambda_1}(1 - e^{-(\lambda_2 - \lambda_1)t}).$$

Nach sieben Stunden ist

$$e^{-(\lambda_2 - \lambda_1)t} = 0,043$$

und kommt somit kaum noch in Betracht. Q ändert sich dann fast wie $e^{-\lambda_1 t}$, d. h. nach der Periode des strahlenlosen Produktes.

Fig. 28.

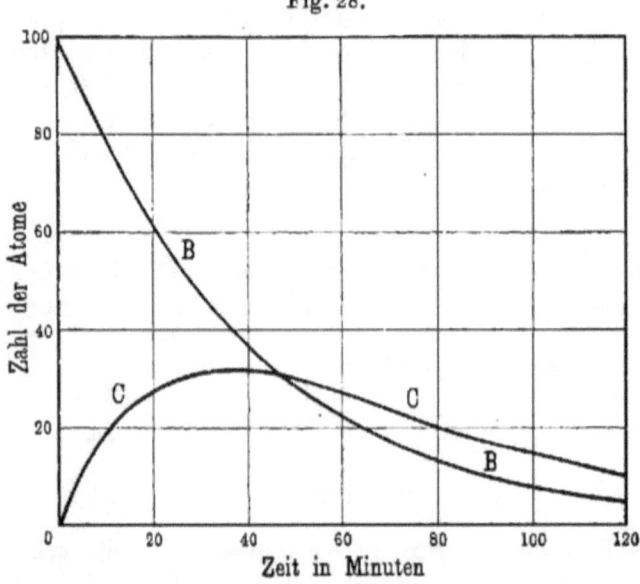

Änderung, die die Zahl der Atome von Radium-B und Radium-C theoretisch erfährt, wenn der Niederschlag anfangs nur aus Radium-B besteht.

Da nur C Strahlen aussendet, so ist der Wert von Q zu jeder Zeit proportional der Aktivität, die das Gemisch der beiden Produkte B und C besitzt.

Die Kurve CC sollte also in der Form den Kurven gleichen, die man bei kurzer Exposition mit Hilfe der β- oder γ-Strahlen erhält, und dieses ist auch innerhalb der Versuchsfehler der Fall.

Die Änderung der Aktivität bei langer Exposition.

Es sei angenommen, daß P_0 und Q_0 Atome von B und C sind, die sich nach langer Exposition miteinander im Gleichgewicht befinden. Dann ist:
$$\lambda_1 P_0 = \lambda_2 Q_0 = q,$$
wenn q die Anzahl der in der Sekunde zerfallenden Emanationsatome ist. Der Wert von P, die Anzahl der Atome von B, die zu einer Zeit t nach der Entfernung des aktiven Körpers aus der Emanation vorhanden sind, ist bestimmt durch:
$$P = P_0 e^{-\lambda_1 t} = \frac{q}{\lambda_1} e^{-\lambda_1 t}.$$

Q ist durch die Gleichung (1) gegeben. Die Lösung dieser Gleichung hat die Form:
$$Q = a e^{-\lambda_1 t} + b e^{-\lambda_2 t}.$$
Durch Einsetzung in Gleichung (1) ergibt sich:
$$a = \frac{q}{\lambda_2 - \lambda_1}.$$
Da anfangs für $t = 0$,
$$Q = Q_0 = \frac{q}{\lambda_2}, \quad a + b = \frac{q}{\lambda_2},$$
so ist
$$b = \frac{-q \lambda_1}{\lambda_2 (\lambda_2 - \lambda_1)}$$
und
$$Q = \frac{q}{\lambda_2 - \lambda_1} \left(e^{-\lambda_1 t} - \frac{\lambda_1}{\lambda_2} e^{-\lambda_2 t} \right). \tag{2}$$

Die Veränderung, die die Menge von B nach einer langen Exposition erfährt, ist in Fig. 29 wiedergegeben, in der die Zahl der anfangs vorhandenen Atome von B als 100 angesetzt ist. Die Anzahl der anfänglich vorhandenen Atome von C beträgt
$$\frac{\lambda_1}{\lambda_2} P_0.$$

Die Kurve CC, welche die Zahl der zu irgend einer Zeit vorhandenen Atome von C angibt, beginnt also bei der Ordinate 77 und nicht bei 100.

Da die β- oder γ-Strahlenaktivität von C zu jeder Zeit dem Werte von Q proportional ist, so sollte die Kurve, welche die Veränderung von Radium-C mit der Zeit wiedergibt, von derselben Form sein, wie die Aktivitätskurve nach langer Exposition in Fig. 27. Dieses ist der Fall, denn die theoretischen und beobachteten Kurven stimmen innerhalb der Versuchsfehler überein. Dieses geht aus der folgenden Tabelle hervor.

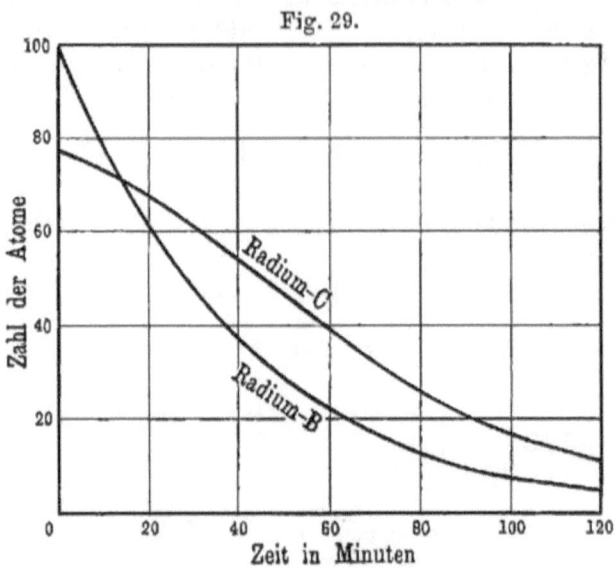

Fig. 29.

Änderung, die die Zahl der Atome von Radium-B und Radium-C theoretisch erfährt, wenn die aktive Substanz anfänglich aus Radium-B und Radium-C im Gleichgewicht besteht.

Abfall der β-Strahlenaktivität nach langer Exposition.

Zeit in Minuten nach beendeter Exposition	Beobachtete Aktivität	Berechnete Aktivität
0	100,0	100,0
10	97,0	96,8
20	88,5	89,4
30	77,5	78,6
40	67,5	69,2
50	57,0	59,9
60	48,2	49,2
80	33,5	34,2
100	22,5	22,7
120	14,5	14,9

Die Tatsache, daß die Kurve für lange Exposition (Fig. 27) durch die Umwandlung zweier aufeinander folgender Produkte zustande kommt, von denen das erste strahlenlos ist, läßt sich leicht durch graphische Analyse erweisen.

Unmittelbar nach Beendigung der Exposition sind B und C, die den aktiven Niederschlag bilden, miteinander im Gleichgewicht. Die beobachtete β-Aktivität rührt ausschließlich von C her und

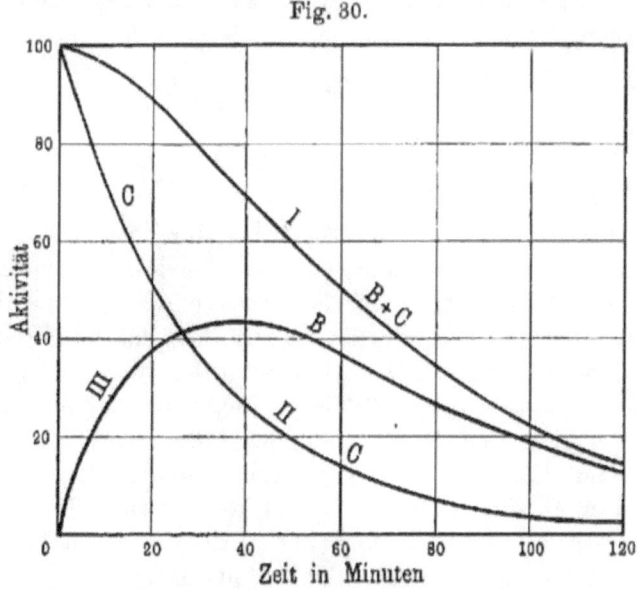

Fig. 30.

Analyse der β-Strahlenkurve, die nach langer Exposition erhalten wird.

müßte exponential mit der Periode von Radium-C (21 Minuten) abfallen, wenn nicht durch den Zerfall von Radium-B neues Radium-C nachgeliefert würde. Diese Abfallskurve CC ist in Fig. 30 wiedergegeben. Der Unterschied zwischen den Ordinaten der beobachteten Kurve B und C und der theoretischen Kurve CC muß von dem Teile des Radium-C herrühren, der durch den Zerfall von B nachgeliefert wird. Die Kurve dieser Differenzen, B in Fig. 30, sollte ihrer Form nach identisch mit der β-Strahlenkurve sein, die man bei kurzer Exposition erhält. Denn diese Kurve repräsentiert die Aktivität, die durch die Umwandlung von B allein zustande kommt, wenn die anfangs vorhandene Substanz allein aus Radium-B besteht.

Der Vergleich der Kurve B mit der Kurve für kurze Exposition (Fig. 27) zeigt, daß die Identität in der Tat besteht. Die Aktivität steigt von Null an, erreicht nach 35 Minuten ein Maximum und fällt dann ab.

Es ist von Interesse, daß für die Abfallskurve der β-Strahlenaktivität nach langer Exposition die Gleichung aufgestellt worden ist, bevor die theoretische Erklärung gefunden war. Curie und Danne[1]) fanden, daß die Aktivität J_t zu irgend einer Zeit durch eine Gleichung von der Form

$$\frac{J_t}{J_0} = a\,e^{-\lambda_1 t} - (a-1)\,e^{-\lambda_2 t}$$

dargestellt werden kann, worin

$$\lambda_1 = 4{,}13 \times 10^{-4}\,(\text{sec})^{-1} \quad \text{und} \quad \lambda_2 = 5{,}38 \times 10^{-4}\,(\text{sec})^{-1}$$

und $a = 4{,}2$ eine numerische Konstante ist. Die Konstante λ_1 wurde aus der Beobachtung bestimmt, daß die Aktivität nach mehreren Stunden exponential mit einer Periode von 28 Minuten abfällt. Die Werte von a und λ_2 wurden so gewählt, daß die Gleichung sich der Kurve anpaßte. Diese Gleichung hat dieselbe Form wie die theoretische, bei deren Ableitung angenommen war, daß die erste Umwandlung strahlenlos mit einer Periode von 28 Minuten erfolgt, und daß bei der zweiten Umwandlung, die mit einer Periode von 21 Minuten vor sich geht, α-, β- und γ-Strahlen ausgesandt werden. Nach Gleichung (2) wird die Menge von Radium-C, die zu irgend einer Zeit vorhanden ist, gegeben durch:

$$Q = \frac{q}{\lambda_2 - \lambda_1}\left(e^{-\lambda_1 t} - \frac{\lambda_1}{\lambda_2} e^{-\lambda_2 t}\right).$$

Im Anfang ist
$$Q = Q_0 = \lambda_2\, q.$$

Da die Aktivität stets der vorhandenen Menge von C, d. h. dem Werte von Q proportional ist, so ist

$$\frac{J_t}{J_0} = \frac{Q}{Q_0} = \frac{\lambda_2}{\lambda_2 - \lambda_1} e^{-\lambda_1 t} - \frac{\lambda_1}{\lambda_2 - \lambda_1} e^{-\lambda_2 t}.$$

Durch Einsetzen der Werte für λ_1 und λ_2, die den Perioden von 28 und 21 Minuten entsprechen, ergibt sich

$$\frac{\lambda_2}{\lambda_2 - \lambda_1} = 4{,}3 \quad \text{und} \quad \frac{\lambda_1}{\lambda_2 - \lambda_1} = 3{,}3.$$

---

[1]) Curie und Danne, Compt. rend. **136**, 364 (1903).

Die theoretische Gleichung hat also nicht nur dieselbe Form, wie die aus der Beobachtung abgeleitete, sondern die Werte der Konstanten stimmen auch gut miteinander überein.

Analyse der α-Strahlenkurven für lange Exposition.

Wir sind nun imstande, die Kurve der α-Strahlenaktivität für lange Exposition in ihre drei Komponenten zu zerlegen. Hierbei müssen wir wieder auf das erste Produkt, Radium-A, welches

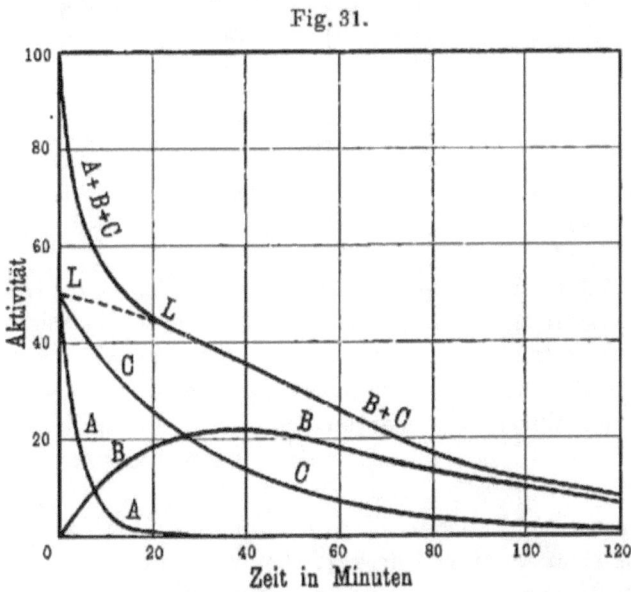

Fig. 31.

Analyse der α-Strahlenkurve, die nach langer Exposition erhalten wird.

α-Strahlen aussendet, Rücksicht nehmen. Die beobachtete α-Strahlenkurve ist in Fig. 31, Kurve ABC, wiedergegeben. Diese Kurve wurde mit Hilfe eines Galvanometers erhalten. Ein Stück Platinfolie wurde mehrere Tage lang in einem Glasgefäße belassen, welches eine große Menge von Emanation enthielt. Die Folie wurde dann schnell entfernt und auf die untere Platte eines Versuchsgefäßes gelegt. Nach Anlegung einer zur Herstellung der Sättigung ausreichenden Spannung wurde die Veränderung der α-Strahlenaktivität mit Hilfe eines Galvanometers von großem Widerstande gemessen. Die Größe, die der Strom in dem Augenblick besaß, wo die Exposition der Folie beendet war, wurde durch Rückverlängerung der Kurve bis zum Schnitt mit der vertikalen Achse erhalten.

Die Änderung der Aktivität mit der Zeit geht aus folgender Tabelle hervor:

Zeit in Minuten	Aktivität	Zeit in Minuten	Aktivität
0	100,0	30	40,4
2	80,0	40	35,6
4	69,5	50	30,4
6	62,4	60	25,4
8	57,6	80	17,4
10	52,0	100	11,6
15	48,4	120	7,6
20	45,4		

Die Aktivität, die von Radium-A herrührt, ist nach 20 Minuten fast verschwunden. Zieht man die Kurve von dem Punkte, der nach 20 Minuten erreicht ist, nach rückwärts aus, so wird die Achse im Punkte L, der ungefähr der Ordinate 50 entspricht, geschnitten. Subtrahiert man die Kurve LL von der Kurve ABC, so erhält man die Kurve AA, welche die Aktivität darstellt, die vom Radium-A herrührt. Die Kurve AA folgt einem Exponentialgesetz mit einer Periode von drei Minuten. Die Kurve LL, B und C, gleicht während ihres ganzen Verlaufes der Form nach der β-Strahlenkurve für lange Exposition (Fig. 27). Wir können hieraus schließen, daß Radium-B keine α-Strahlen aussendet; wir wissen bereits, daß es keine β-Strahlung besitzt; Radium-B muß also ein strahlenloses Produkt sein.

Die Kurve LL, B und C, kann in genau der gleichen Weise wie die entsprechende β-Strahlenkurve in ihre beiden Bestandteile zerlegt werden. Die Kurve CC stellt die Änderung dar, die die Aktivität des Radiums-C erfährt, das bei Beginn der Messungen vorhanden ist. Die Kurve BB repräsentiert die Aktivität des Teiles von Radium-C, der durch die Umwandlung von B nachgebildet wird; sie besitzt die gleiche Form, wie die β-Strahlenkurve für kurze Exposition (Fig. 26).

Wir können aus dieser Analyse schließen, daß der aktive

Niederschlag aus drei Produkten, Radium-A, -B und -C besteht, die die folgenden Eigenschaften besitzen:

Radium-A sendet nur α-Strahlen aus und wandelt sich in drei Minuten zur Hälfte um.

Radium-B ist strahlenlos und wandelt sich in 28 Minuten zur Hälfte um.

Radium-C sendet α-, β- und γ-Strahlen aus und wandelt sich in 21 Minuten zur Hälfte um.

Mehrere Stunden, nachdem der Draht aus der Emanation entfernt ist, fällt die Aktivität exponential mit einer Periode von 28 Minuten ab, einerlei, ob der Draht kurze oder lange Zeit exponiert gewesen ist und ob die Aktivität mit Hilfe der α-, β- oder γ-Strahlen gemessen wird. Die längere Periode des strahlenlosen Produktes Radium-B beherrscht den schließlichen Verlauf des Abfalls, obwohl die Aktivität selbst von dem Produkt C mit der Periode von 21 Minuten herrührt.

Entsteht Radium-B aus Radium-A?

Der Einfachheit halber ist in der obenstehenden Prüfung der Versuche an Hand der Theorie der Einfluß von Radium-A auf die folgenden Umwandlungen vernachlässigt worden. Wenn Radium-B aus Radium-A entsteht, so ist im Gleichgewicht zwischen A und B von Radium-A $3/_{28}$ oder 0,11 der Menge von Radium-B vorhanden. Wenn Radium-A sich in Radium-B mit einer Periode von drei Minuten umwandelt, so wird der größte Teil von A nach 15 Minuten verschwunden sein, und es läßt sich berechnen, daß die Menge, die von B nach dieser Zeit vorhanden ist, um ungefähr 8 Proz. größer sein müßte, als wenn A sich nicht in B umwandelte. Dieser Unterschied müßte sich unter geeigneten Bedingungen an dem Verlauf der Abfallskurven leicht feststellen lassen. Bei einer Untersuchung dieser Frage durch den Verfasser[1]) fand sich jedoch, daß Theorie und Experiment viel besser miteinander übereinstimmten, wenn angenommen wurde, daß A und B unabhängig voneinander aus der Umwandlung der Emanation entstehen. Die Untersuchung der α-Strahlenkurve nach kurzer Exposition erlaubt keine bestimmte Entscheidung zugunsten einer der beiden Möglichkeiten.

---

[1]) Rutherford, Bakerian Lecture, Phil. Trans. A 1904, p. 169.

Der Schluß, daß A und B voneinander unabhängig sind, bedingt jedoch so wichtige theoretische Folgerungen, daß er nicht angenommen werden kann, ehe nicht durch eine eingehende Untersuchung gezeigt ist, daß die Forderungen der Theorie in der Praxis völlig erfüllt sind.

Die Theorie nimmt an, daß Radium-A sehr kurze Zeit nach seiner Entstehung auf der Elektrode niedergeschlagen wird und daß weder A noch die aus ihm entstehenden Stoffe die Elektrode verlassen; oder mit anderen Worten, daß diese Produkte bei gewöhnlichen Temperaturen nicht merklich flüchtig sind.

Es kann jedoch kein Zweifel darüber bestehen, daß unter gewöhnlichen Versuchsbedingungen merkliche Mengen von Radium-A sowohl wie von Radium-B und zuweilen auch von Radium-C in dem Gasraume gemischt mit der Emanation vorhanden sind; diese Stoffe diffundieren also keineswegs schnell zu den Elektroden. Miss Brooks[1]) hat ferner gezeigt, daß Radium-B zweifellos bei gewöhnlichen Temperaturen flüchtig ist.

Gegenwärtig sind in dem Laboratorium des Verfassers Versuche im Gange, die entscheiden sollen, ob der Umstand, daß die Versuchsbedingungen nicht mit den von der Theorie vorausgesetzten übereinstimmen, es erlaubt, den Abfallskurven unter der Annahme, daß A aus B entsteht, Rechnung zu tragen. Es ist zu hoffen, daß sich bald eine Entscheidung treffen lassen wird[2]).

Wenn Radium-A und -B unabhängig voneinander entständen, so müßte angenommen werden, daß die Emanation in zwei verschiedene Stoffe zerfällt und außerdem eine oder mehrere

---

[1]) Miss Brooks, Nature, 21. Juli 1904.

[2]) Eine Erklärung dieses Widerspruchs zwischen Theorie und Experiment scheint sich aus einigen neueren Versuchen von H. W. Schmidt (Phys. Zeitschr. 6, 897, 1905) zu ergeben. Schmidt findet, daß Radium-B nicht strahlenlos ist, sondern β-Strahlen von viel geringerem Durchdringungsvermögen als dem der β-Strahlen von C aussendet. Wie wir gesehen haben (Fig. 26), erreicht die β-Strahlenkurve nach kurzer Exposition ein Maximum 35 Minuten nach Beendigung der Exposition. Dieses trifft jedoch nur dann zu, wenn die Strahlen einen Schirm passiert haben, in dem die β-Strahlen von B völlig absorbiert werden. Bei Verwendung dünner Schirme findet man, daß das Maximum früher erreicht wird. Wenn dieser neue Faktor in Rechnung gezogen wird, so werden wahrscheinlich die experimentell bestimmten Kurven befriedigend unter der Annahme sich erklären lassen, daß die Umwandlung in der Reihenfolge A, B und C erfolgt.

α-Partikeln aussendet. Die Beobachtung, daß nach einer langen Exposition die Aktivität, die von Radium-A herrührt, nahezu gleich der von Radium-C ist, stimmt mit beiden Annahmen überein, vorausgesetzt, daß in dem Falle, daß A und B unabhängig voneinander wären, angenommen wird, daß jedes Atom der Emanation unter Aussendung einer α-Partikel in zwei verschiedene Produkte zerfällt.

In diesem Falle würden aus der Emanation zwei Familien von verschiedenen Produkten entstehen. Die Unabhängigkeit von A und B wird jedoch erst dann einwandfrei nachgewiesen sein, wenn es gelungen sein wird, aus dem Radium oder seinem aktiven Niederschlage ein Produkt abzuscheiden, welches exponential mit einer Periode von drei Minuten zerfällt und sich nicht in Radium-B oder Radium-C umwandelt*).

Einfluß hoher Temperaturen auf den aktiven Niederschlag.

In der obigen Diskussion ist unbewiesen angenommen, daß Radium-B und nicht Radium-C die Periode von 28 Minuten besitzt. Die Prüfung der Versuche an der Hand der Theorie wirft kein Licht auf diese Frage, da die Aktivitätskurven sich durch Vertauschen der Perioden von B und C nicht ändern.

Wie im Falle des Thoriums müssen andere Beweismittel herangezogen werden, um zu entscheiden, ob die Periode von 28 Minuten Radium-B oder -C zukommt. Zu diesem Zweck ist es nötig, die beiden Produkte auf irgend eine Weise voneinander zu trennen und ihre Abfallskurven getrennt zu untersuchen.

Dieses ist unter Benutzung der größeren Flüchtigkeit von Radium-B ausgeführt worden. Miss Gates[1]) beobachtete, daß der aktive Niederschlag des Radiums sich bei Weißglut verflüchtigt und sich auf kalten Gegenständen der Umgebung wieder niederschlägt.

---

*) Es ist inzwischen von H. F. Bronson (Phil. Mag., Juli 1906) und durch eine ausführliche Arbeit von H. W. Schmidt [Ann. d. Phys. **21**, 610 (1906)] einwandfrei nachgewiesen worden, daß bei Berücksichtigung der Ionisation, die die β-Strahlen von Radium-B hervorrufen, der Widerspruch zwischen Theorie und Experiment verschwindet und somit die Umwandlung der Emanation über Radium-A in Radium-B und Radium-C erfolgt.

[1]) Miss Gates, Phys. Rev., S. 300 (1903).

Curie und Danne[1]) untersuchten diese Erscheinung eingehender und erhielten einige sehr interessante Resultate. Ein aktiver Draht, der von einem kalten Metallzylinder umgeben war, wurde für kurze Zeit mit Hilfe eines elektrischen Stromes erhitzt, hierauf wurde sowohl die Aktivität des Drahtes selbst, wie auch die der Innenseite des Metallzylinders getrennt gemessen. Bei ungefähr 400° war etwas Radium-B verdampft, wie aus der Änderung der Aktivität des destillierten Teiles nachgewiesen wurde. Diese Aktivität war anfänglich gering, passierte ein Maximum und fiel dann in genau der gleichen Weise ab, wie die β-Strahlenaktivität nach kurzer Exposition (Fig. 26). Dieses beweist, daß die anfänglich auf dem Zylinder niedergeschlagene Substanz nur aus dem strahlenlosen Radium-B bestand. Bei einer Temperatur von ungefähr 600° wurde der größte Teil von B verjagt und zugleich auch ein Teil von C. Eine Anzahl von Versuchen wurde dann in ähnlicher Weise zwischen 15° und 1350° ausgeführt. Nach einer Erhitzung des Drahtes auf 630° fiel die Aktivität exponential mit einer Periode von 28 Minuten ab. Bei Steigerung der Temperatur bis zu 1100° nahm die Periode stetig bis zu 20 Minuten ab. Bei dieser Temperatur passierte sie ein Minimum und wuchs dann bei 1300° zu 25 Minuten an.

Da die Abfallskurven exponential waren, nahmen Curie und Danne an, daß Radium-B bei 630° völlig verflüchtigt war. Wenn dieses der Fall wäre, so würden die Versuche andeuten, daß die Periode von 28 Minuten dem Radium-C und die von 21 Minuten dem Radium-B zukommt. Aus den Versuchen ginge dann auch hervor, daß eine Erhitzung zwischen 630° und 1100° eine deutliche Änderung in der Umwandlungsgeschwindigkeit von Radium-C hervorruft. Dieses wäre ein sehr wichtiges Resultat gewesen, denn es war bis dahin noch kein Anzeichen dafür gefunden, daß die Temperatur irgend einen Einfluß auf die Umwandlungsgeschwindigkeit einer radioaktiven Substanz besäße. Nach den Versuchen von Curie und Danne änderte sich die Umwandlungsgeschwindigkeit von Radium-C in unerwarteter Weise, denn sie wuchs bei einer Erhitzung bis zu 1100° an und fiel bei noch höheren Temperaturen wieder nahezu auf ihren normalen Wert.

---

[1]) Curie und Danne, Compt. rend. 138, 748 (1904).

Eine eingehende Untersuchung des Einflusses der Temperatur auf den aktiven Niederschlag wurde kürzlich von Dr. Bronson[1]) in dem Laboratorium des Verfassers ausgeführt. Die Ergebnisse dieser Versuche zeigten, daß die Erhitzung des aktiven Niederschlages keinen Einfluß auf die Umwandlungsgeschwindigkeit des aktiven Niederschlages besitzt und daß die Ergebnisse der Versuche von Curie und Danne sich erklären lassen, wenn man annimmt, daß bei den meisten ihrer Versuche der aktive Niederschlag auf dem Draht nach dem Erhitzen nicht nur aus Radium-C, sondern aus einem Gemisch von B und C bestand.

Um einwandfrei zu untersuchen, ob Erhitzung irgend welchen Einfluß auf den Zerfall des aktiven Niederschlages hat, wurde ein aktiver Kupferdraht in ein kurzes Stück eines Verbrennungsrohres gebracht, das unter vermindertem Drucke zugeschmolzen wurde. Das Rohr wurde dann in einem elektrischen Ofen auf verschiedene Temperaturen erhitzt; es hielt, wie sich fand, ungefähr 1100° aus. Die β-Strahlenaktivität wurde dann sorgfältig in einem großen Zeitraume untersucht. Zwischen 2,5 und 4 Stunden war die erhaltene Kurve angenähert exponential mit einer Periode von 28 Minuten. Nach 6 Stunden folgte die Kurve genau einem Exponentialgesetz mit einer Periode von ungefähr 26 Minuten. Innerhalb der Versuchsfehler stimmten die Kurven, die nach Erhitzung des aktiven Niederschlages bis zu 1100° erhalten wurden, mit denen bei Zimmertemperatur überein.

Bei diesem Versuche konnte nichts von den verflüchtigten Produkten entweichen, so daß wir mit Sicherheit schließen können, daß bis zu 1100° die Umwandlungsgeschwindigkeit der aktiven Produkte von der Temperatur unabhängig ist.

Bei der Wiederholung der Versuche von Curie und Danne fand Bronson den Abfall der Aktivität sehr wechselnd, nachdem der Draht auf eine konstante Temperatur erhitzt war; die erhaltenen Kurven folgten angenähert einem Exponentialgesetz mit Perioden, die zwischen 25 und 19 Minuten schwankten. Wenn zum Beispiel ein Luftstrom durch den elektrischen Ofen geblasen wurde, bevor der Draht herausgenommen war, so fiel die Aktivität exponential mit einer Periode von ungefähr 19 Minuten ab. Ebenso hatte die Periode diesen Wert, wenn ein kalter

---

[1]) Bronson, Amer. Journ. Science, Juli 1905.

Kupferdraht über dem aktiven Draht eingeführt war. Unter diesen Umständen wird es dem Radium-B erleichtert, sich von dem Drahte zu entfernen. Mehrere Kurven fügten sich genau einem Exponentialgesetz mit einer Periode von 19 Minuten. Hieraus geht hervor, daß das aktive Produkt, Radium-C, eine Periode von 19 Minuten hat und daß die Periode von 26 Minuten dem Radium-B zukommt.

In allen Fällen, in welchen die Aktivität zunächst mit einer Periode zwischen 19 und 26 Minuten abfiel, waren die Kurven anfangs nicht genau exponential. Die Periode strebte immer dem Werte von 26 Minuten zu, je mehr die Aktivität abnahm, und der Abfall erfolgte erst sehr spät nach einem Exponentialgesetz. Dieses Verhalten ist gerade dann zu erwarten, wenn die Aktivität des Drahtes nach dem Erhitzen von einem Gemisch von B und C herrührt, in dem die Menge von C anfangs überwiegt. Die Aktivität wird dann zunächst mit einer Periode abfallen, die zwischen denen von B und C liegt. Nach einiger Zeit beginnt die Menge von Radium-B zu überwiegen, weil es sich langsamer umwandelt als C, und Radium-B beherrscht die schließliche Zerfallsgeschwindigkeit, d. h. die Aktivität fällt schließlich nach einem Exponentialgesetz mit einer Periode von 26 Minuten ab.

Aus den Versuchen geht also hervor, daß, obwohl B flüchtiger ist als C, doch in manchen Fällen B nicht vollständig entfernt wird, selbst wenn der Draht weit über die Verflüchtigungstemperatur von B erhitzt wird.

Die Perioden der beiden Produkte betragen 26 und 19 Minuten, sie sind also etwas niedriger als die Perioden von 28 und 21 Minuten, die bei den vorausgehenden Berechnungen angenommen waren. Zwischen zwei und vier Stunden nach Beendigung der Exposition fällt die Aktivität unter gewöhnlichen Bedingungen angenähert exponential mit einer Periode von 28 Minuten ab, und dieses führte ursprünglich dazu, 28 Minuten als eine der Perioden anzusehen. Die Zerfallskurve ist jedoch erst sechs Stunden nach Beendigung der Exposition wirklich exponential und die Periode beträgt dann 26 Minuten.

Bei der Analyse der Umwandlungen ist Radium-C die kürzere Periode zugewiesen, aber die erste Bestimmung der Perioden von B und C beibehalten worden. In dem in Betracht gezogenen Bereich unterscheiden sich die berechneten Kurven nicht sehr, wenn man einmal 26 Minuten und 19 Minuten, das andere Mal 28 und 21 Minuten als Perioden einsetzt.

Die Beibehaltung der alten Werte läßt die ursprüngliche Beweisführung dafür, daß B strahlenlos und C α-, β- und γ-Strahlen aussendet, besser hervortreten. Eine genauere Bestimmung der verschiedenen Abfallskurven während der ersten beiden Stunden wird augenblicklich ausgeführt.

Die Umwandlungsreihe der bisher besprochenen Radiumprodukte ist in dem Diagramm der Fig. 32 wiedergegeben.

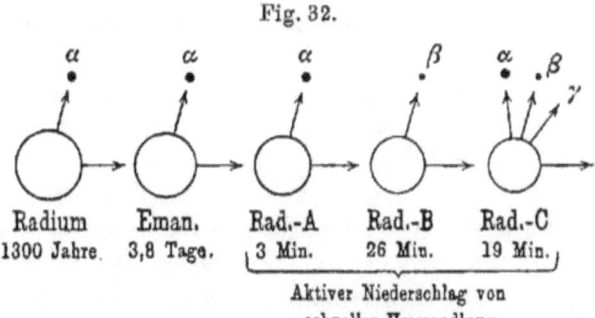

Fig. 32.

Radium und seine Familie von schnell sich umwandelnden Produkten.

Es ist bemerkenswert, daß von diesen fünf radioaktiven Substanzen nur Radium-C β- und γ-Strahlen aussendet. Die anderen besitzen, soweit sie strahlend sind, nur α-Strahlung. Die Aussendung der α-Strahlen ist jedoch von einer sekundären Strahlung begleitet, die durch das Auftreffen der α-Strahlen auf die Materie hervorgerufen wird. Die Sekundärstrahlung besteht aus Elektronen, deren Geschwindigkeit, verglichen mit denen der β-Partikeln selbst, klein ist, und die daher leicht im magnetischen Felde abgelenkt werden. Die Gegenwart solcher langsamer Elektronen ist zuerst von J. J. Thomson[1] am Radiotellurium und von Rutherford am Radium beobachtet[2].

Miss Slater[3] hat kürzlich nachgewiesen, daß die Aussendung der α-Partikeln der Thorium- und Radiumemanation

---

[1] J. J. Thomson, Proc. Camb. Phil. Soc., Nov. 14, 1904.
[2] Rutherford, Phil. Mag., Aug. 1905.
[3] Miss Slater, Phil. Mag., Okt. 1905.

gleichfalls unter Ausschleuderung negativ geladener Elektronen vor sich geht.

Die Aussendung dieser Elektronen ist wahrscheinlich keine eigentliche Strahlung der aktiven Substanz selbst, sondern ist zum größten Teil ein sekundärer Effekt des Auftreffens der α-Partikeln auf Materie. Aus diesem Grunde ist es nicht zweckmäßig, sie β-Strahlen zu nennen, denn dieser Name wird besser auf die primären β-Strahlen beschränkt, die von radioaktiven Substanzen beinahe mit der Geschwindigkeit des Lichtes ausgesandt werden. J. J. Thomson hat vorgeschlagen, die Elektronen von geringer Geschwindigkeit mit dem Namen δ-Strahlen zu bezeichnen.

In dem nächsten Kapitel werden wir sehen, daß die Umwandlungen des Radiums nicht mit Radium-C enden, sondern noch drei weitere Produkte umfassen. Die zur Analyse des aktiven Niederschlages verwandten Rechnungen werden jedoch nicht in merklicher Weise durch die Anwesenheit dieser späteren Produkte beeinflußt, denn ihre Aktivität beträgt in den meisten Fällen weniger als ein Millionstel der Aktivität, die unmittelbar nach Beendigung der Exposition vorhanden ist.

Fünftes Kapitel.
Der langsam sich umwandelnde aktive Niederschlag des Radiums.

Ein Gegenstand, der der Radiumemanation exponiert gewesen ist, verliert seine Aktivität nicht vollständig. Es läßt sich stets eine kleine Restaktivität beobachten, deren Größe nicht nur von der Menge der Emanation, sondern auch von der Dauer der Exposition abhängt. Diese kleine Restaktivität ist zuerst von Mme. Curie beobachtet und ist von dem Verfasser eingehend untersucht worden.

Nach Beendigung der Exposition fällt die Aktivität zunächst nach den im letzten Kapitel besprochenen Gesetzen ab. Der

Abfall erfolgt schließlich exponential mit einer Periode von 26 Minuten. 24 Stunden nach Beendigung der Exposition ist der schnell sich umwandelnde aktive Niederschlag fast völlig verschwunden und die noch vorhandene Aktivität beträgt gewöhnlich weniger als ein Millionstel der anfänglichen Aktivität.

In diesem Kapitel werden wir die Änderung untersuchen, die diese Aktivität mit der Zeit erfährt, und hieraus ableiten, welche Umwandlungen die aktive Materie erleidet. Wir werden sehen, daß der langsam sich umwandelnde Niederschlag aus drei Produkten besteht, die Radium-D, -E und -F genannt worden sind. Die Untersuchung dieser scheinbar unbedeutenden Restaktivität hat sehr bemerkenswerte Ergebnisse zutage gefördert. Sie hat es möglich gemacht, den Ursprung des Radiobleies von Hoffmann, des Radiotelluriums von Marckwald und des Poloniums von Mme. Curie festzustellen; wir werden sehen, daß diese Substanzen Umwandlungsprodukte des Radiums sind.

Man könnte zunächst denken, daß die kleine Restaktivität nicht von einem aktiven Niederschlage herrührte, sondern möglicherweise durch die intensive Strahlung der Emanation hervorgerufen würde, der die exponierten Körper ausgesetzt sind.

Diese Frage wurde von dem Verfasser[1]) in der folgenden Weise untersucht. Die Innenseite eines Glasrohres wurde mit gleich großen dünnen Platten von Platin, Aluminium, Eisen, Kupfer, Silber und Blei bedeckt. Eine große Menge von Emanation wurde in das Rohr eingeführt und sieben Tage lang in ihm belassen. Als die Aktivität der Platten zwei Tage nach Beendigung der Exposition gemessen wurde, fand sich die größte Aktivität auf Kupfer und Silber, die kleinste auf Aluminium.

Nachdem die Exposition während einer weiteren Woche fortgesetzt worden war, waren diese Unterschiede zum größten Teil verschwunden. Diese Differenzen rühren daher, daß kleine Unterschiede in der Geschwindigkeit bestehen, mit der die verschiedenen Metalle anfangs die Emanation absorbieren. Später erreichten die Aktivitäten der Platten gleiche Werte. Die Strahlen aller Platten bestanden aus α- und β-Strahlen und besaßen gleiches Durchdringungsvermögen. Hieraus geht hervor, daß die Restaktivität nicht einer direkten Wirkung der Strahlen der Emanation zu-

---

[1]) Rutherford, Phil. Mag., Nov. 1904.

zuschreiben ist, denn in diesem Falle müßte man erwarten, daß die Aktivität der verschiedenen Metalle nicht nur nach Quantität, sondern auch nach Qualität verschieden wäre. Wir können also annehmen, daß die Aktivität von einer aktiven Substanz herrührt, die sich auf den Metallen niederschlägt. Diese Ansicht ist durch spätere Versuche vollauf bestätigt worden; der aktive Niederschlag läßt sich von einer Platinplatte durch Säuren lösen und kann auch bei hohen Temperaturen verflüchtigt werden.

Die Änderung der α-Strahlenaktivität.

Die α-Strahlenaktivität des aktiven Niederschlages wächst, nachdem sie in den ersten Tagen ein Minimum passiert hat, mehrere Jahre lang stetig an. Die Aktivität nimmt während der

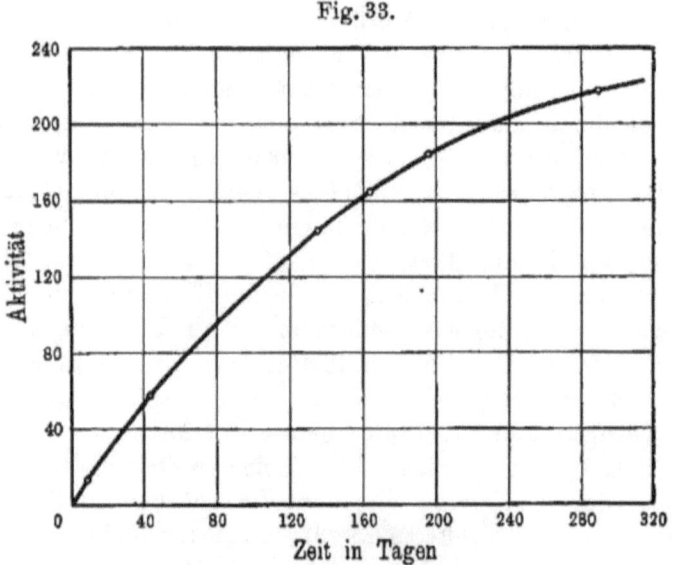

Fig. 33.

Anstieg, den die α-Strahlenaktivität eines Gegenstandes erfährt, der der Radiumemanation exponiert war. Die Aktivität ist ein Maß für die Menge des vorhandenen Radium-F.

ersten Monate angenähert proportional der Zeit zu. Die Kurve (Fig. 33) beginnt sich dann mehr der Abszissenachse zuzuneigen und wird nach 240 Tagen — nur über dieses Intervall ist sie bisher verfolgt — sehr viel flacher und strebt offenbar einem

Maximum zu. Die Erklärung dieses Anstieges wird später gegeben werden.

Die Änderung der β-Strahlenaktivität.

Die Restaktivität rührt anfangs sowohl von α- wie von β-Strahlen her; die letzteren sind in relativ viel größerer Menge vorhanden, als beim Radium oder Uranium. Die β-Strahlenaktivität ist anfangs klein, wächst dann an und erreicht nach ungefähr 50 Tagen ein Maximum (Fig. 34). Bei diesem Versuche

Fig. 34.

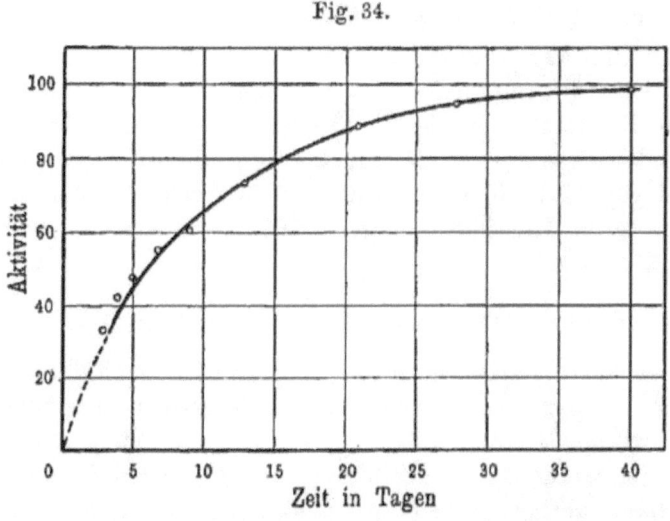

Anstieg, den die β-Strahlenaktivität eines Gegenstandes erfährt, der der Radiumemanation exponiert war. Die Aktivität ist ein Maß für die Menge des vorhandenen Radium-E.

wurde eine Platte 3,75 Tage lang der Emanation exponiert und die Messungen der β-Strahlenaktivität, die mit Hilfe eines Elektroskops ausgeführt wurden, wurden 24 Stunden nach Beendigung der Exposition begonnen. Die Zeit ist von der Mitte der Expositionszeit an gemessen. Die Kurve besitzt eine ähnliche Form, wie die Erholungskurve der Emanation oder des Thorium-X. Die β-Strahlenaktivität J_t ist zu einer Zeit t durch die Gleichung gegeben:

$$\frac{J_t}{J_0} = 1 - e^{-\lambda t}.$$

Die Aktivität erreicht in ungefähr sechs Tagen die Hälfte des Maximalwertes.

Die Beobachtungen der β-Strahlenaktivität wurden 18 Monate lang fortgesetzt, ergaben jedoch, daß die Aktivität nach 50 Tagen praktisch konstant blieb.

Eine Kurve dieser Art läßt darauf schließen, daß das β-Strahlenprodukt mit konstanter Geschwindigkeit von einem Stoff gebildet wird, dessen Umwandlungsgeschwindigkeit so gering ist, daß sie während des Beobachtungsintervalles nahezu konstant erscheint. Aus der Kurve geht ferner hervor, daß das β-Strahlenprodukt eine Periode von sechs Tagen besitzt.

Der Umstand, daß die α- und β-Strahlenaktivitäten anfangs fast gleich Null sind, läßt erkennen, daß ihre Muttersubstanz, Radium-D, strahlenlos ist. Wir werden später sehen, daß Radium-D sich mit einer Periode von ungefähr 40 Jahren in das β-Strahlenprodukt Radium-E umwandelt, welches seinerseits in ungefähr sechs Tagen zur Hälfte zerfällt.

Einfluß der Temperatur auf die Aktivität.

Eine Platinplatte wurde mehrere Monate nach ihrer Entfernung aus der Emanation in einen elektrischen Ofen gebracht und je wenige Minuten lang auf verschiedene Temperaturen erhitzt. Vier Minuten langes Erhitzen auf 430^0 und dann auf 800^0 hatte einen geringen, wenn überhaupt irgend welchen Einfluß auf die α- oder β-Strahlenaktivität. Durch eine Erhitzung auf 1050^0 wurde jedoch die α-Strahlenaktivität fast völlig entfernt, während die β-Strahlenaktivität keine Änderung erkennen ließ. Hieraus geht hervor, daß das Produkt, welches α-Strahlen aussendet, flüchtiger ist als das, welches β-Strahlen aussendet.

Dieser Versuch ist ein neues Beispiel für die Methode, die verschiedenartige Flüchtigkeit zweier Produkte zu ihrer Trennung zu benutzen.

Wir wenden uns nun zu einer anderen auffallenden Beobachtung. Die β-Strahlenaktivität der Platinplatte begann, obwohl sie unmittelbar nach dem Erhitzen unverändert schien, langsam abzunehmen und sank schließlich auf ein Viertel ihres früheren Wertes. Bei Subtraktion dieser Restaktivität ging die

Abfallskurve der β-Strahlenaktivität in eine Exponentialkurve mit einer Periode von 4,5 Tagen über.

Die Erhitzung des aktiven Niederschlages hatte also eine doppelte Wirkung; nicht nur wurde das α-Strahlenprodukt — welches, wie wir sehen werden, aus dem β-Strahlenprodukt Radium-E entsteht — verjagt, sondern es wurden auch ungefähr drei Viertel von Radium-D verflüchtigt.

Wir haben also das auffallende Resultat, daß in einem Gemisch von drei aufeinander folgenden Produkten das erste und dritte bei einer Temperatur von ungefähr 1000° größtenteils flüchtig ist, während das mittlere unbeeinflußt bleibt. Die Periode, mit der das β-Strahlenprodukt nach der Erhitzung zerfällt (4,5 Tage), stimmt nicht mit der Periode überein, die für dasselbe Produkt aus der Erholungskurve von Fig. 33 abgeleitet ist. Diese Abweichung erfordert eine weitere Untersuchung. Die Periode von sechs Tagen ist wahrscheinlich unter normalen Bedingungen der richtigere Wert.

Die Abscheidung des α-Strahlenproduktes durch Wismut.

Die Emanation von 30 mg Radiumbromid wurde in einer Glasröhre kondensiert und in ihr einen Monat lang belassen. Der auf der Innenseite des Glases zurückgebliebene aktive Niederschlag wurde dann in verdünnter Schwefelsäure aufgelöst und die Lösung ungefähr ein Jahr lang stehen gelassen. Während dieser Zeit nahm die α-Strahlenaktivität stetig zu. Durch Eintauchen einer polierten Wismutplatte in die Lösung kann das α-Strahlenprodukt elektrochemisch auf dem Wismut abgeschieden werden. Durch Einführung mehrerer Wismutplatten nacheinander, die je mehrere Stunden in der Lösung verblieben, wurde das α-Strahlenprodukt zum größten Teil entfernt. Nach Eindampfen zur Trockene fand sich, daß nur 10 Proz. der ursprünglichen α-Strahlenaktivität zurückgeblieben waren.

Die β-Strahlenaktivität der Lösung wurde durch diesen Prozeß nicht geändert. Die Wismutplatten sandten nur α-Strahlen aus und keine Spur von β-Strahlen. Es war also nur das α-Strahlenprodukt entfernt worden. Sowohl Radium-D wie Radium-E waren zurückgeblieben, denn wenn etwas Radium-D auf dem Wismut niedergeschlagen worden wäre, so würden infolge der Bildung von Radium-E von der Wismutplatte nach einigen Wochen β-Strahlen ausgesandt worden sein.

Dieses wurde jedoch nicht beobachtet. Die Aktivität der Wismutplatten wurde mit Hilfe eines α-Strahlenelektroskops mehr als 200 Tage lang beobachtet. Die Aktivität aller Platten fiel nahezu exponential mit einer Periode von ungefähr 143 Tagen ab. Die Substanz, welche α-Strahlen aussendet, ist also ein einfaches Produkt, welches in 143 Tagen zur Hälfte umgewandelt wird. Dieses α-Strahlenprodukt wird Radium-F genannt, denn es ist, wie wir sehen werden, ein Umwandlungsprodukt von Radium-E.

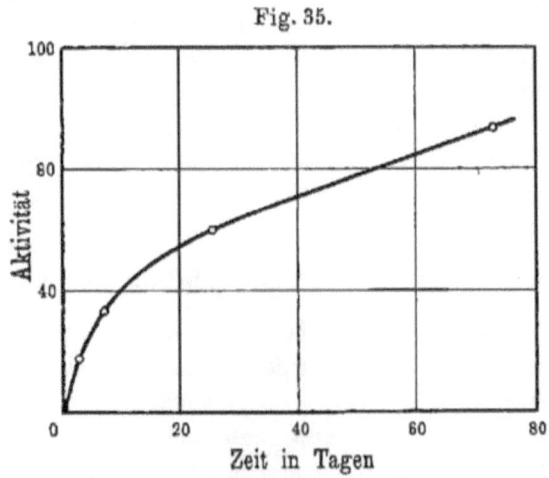

Fig. 35.

Anstieg der α-Strahlenaktivität einer Platinplatte, die so hoch erhitzt war, daß der größte Teil von Radium-D und -F verjagt ist. Radium-E bleibt zurück und wandelt sich in -F um.

Die Tatsache, daß Radium-E die Muttersubstanz von Radium-F ist, geht klar aus dem folgenden Versuche hervor. Eine Platinplatte, die mit dem langsam sich umwandelnden aktiven Niederschlage bedeckt war, wurde einige Minuten lang einer Temperatur über 1000^0 ausgesetzt. Der größte Teil von Radium-F verdampfte. Die α-Strahlenaktivität dieser Platinplatte wurde dann mehrere Wochen lang sorgfältig gemessen. Die kleine α-Strahlenaktivität, die unmittelbar nach Beendigung des Erhitzens vorhanden war, nahm während der ersten beiden Wochen schnell und dann langsamer zu. Das Anwachsen der Aktivität ist in Fig. 35 wiedergegeben.

Eine Kurve dieses Charakters ist zu erwarten, wenn Radium-F aus Radium-E entsteht. Bei der hohen Temperatur verflüchtigen sich Radium-D und -F zum größten Teil, während Radium-E zurückbleibt. Radium-E wandelt sich dann mit einer Periode von 4,5 Tagen um und bildet Radium-F. Die α-Strahlenaktivität wächst also anfangs wegen der Neubildung von Radium-F schnell an. Der langsamere Anstieg, der nach einigen Wochen eintritt, wenn der größte Teil von Radium-E zerfallen ist, rührt daher, daß aus dem unverdampften Rest von Radium-D neues Radium-E und -F gebildet wird.

Es ist früher gezeigt, daß Radium-E aus Radium-D entsteht, welches selbst keine β-Strahlen aussendet. Da im Anfange, wenn Radium-D in maximaler Menge vorhanden ist, nur eine sehr kleine α-Strahlenaktivität vorhanden ist, so besitzt Radium-D auch keine α-Strahlung; Radium-D ist also strahlenlos.

Übersicht über die Umwandlungsprodukte des Radiums.

Die Perioden der drei langsam sich umwandelnden Bestandteile des aktiven Niederschlages und einige ihrer physikalischen und chemischen Eigenschaften sind in der untenstehenden Tabelle zusammengestellt.

Produkt	Periode	Strahlen	Eigenschaften
Radium-D	etwa 40 Jahre	keine	löslich in starken Säuren; flüchtig bei etwa 1000^0
Radium-E*)	6 Tage	β und (γ?)	nicht flüchtig bei 1000^0
Radium-F	143 Tage	α	flüchtig bei etwa 1000^0; aus Lösungen durch Wismut abgeschieden.

Die Ableitung der Periode von Radium-D werden wir später besprechen. Radium-E ist bisher nicht in genügender Menge

---

*) Nach St. Meyer und E. v. Schweidler [vgl. Jahrb. d. Radioaktivität III, 381 (1907)] besteht Ra-E aus zwei Substanzen. Ra-E$_1$, Periode etwa 6 Tage, ist strahlenlos und bei Rotglut flüchtig. Ra-E$_2$, Periode 4,8 Tage, durch Elektrolyse von Ra-E$_1$ trennbar, sendet β-Strahlen aus und ist bei 1000^0 noch nicht flüchtig. Hierdurch finden die oben erwähnten Beobachtungen Rutherfords eine Erklärung.

erhalten worden, um zu untersuchen, ob es neben den β- auch γ-Strahlen aussendet. Da jedoch nach den bisherigen Untersuchungen die beiden Strahlenarten stets zusammen auftreten, so ist es sehr wahrscheinlich, daß Radium-E γ-Strahlen aussendet.

In dem vorhergehenden Kapitel wurde nachgewiesen, daß der schnell sich umwandelnde aktive Niederschlag des Radiums aus drei nacheinander entstehenden Produkten, Radium-A, -B und -C besteht. Es ist daher naturgemäß, anzunehmen, daß Radium-D direkt durch die Umwandlung von Radium-C gebildet wird; dieses einwandfrei zu beweisen, ist jedoch schwierig. Wir wissen, daß Radium-D entweder aus der Emanation oder einem ihrer Umwandlungsprodukte entsteht und da A, B und C sich in linearer

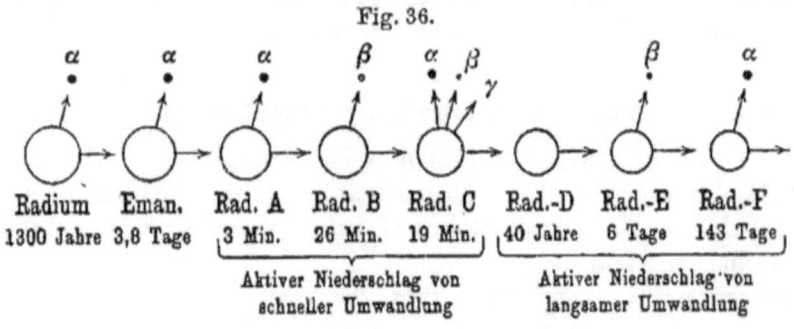

Fig. 36.

Radium und die Familie seiner Umwandlungsprodukte.

Abstammung von der Emanation ableiten, so ist die plausibelste Annahme die, daß auch D, E und F in gerader Linie von Radium-C abstammen.

Die Familie des Radiums, wie sie sich nach dieser Annahme ergeben würde, ist in dem Diagramm von Fig. 36 dargestellt.

Es ist instruktiv, die Umwandlungsreihe des Radiums noch einmal kurz zu überblicken. Das Radiumatom ist verhältnismäßig stabil. Die α-Partikeln, die während der Umwandlung des Radiums ausgeschleudert werden, haben eine geringere Geschwindigkeit als die der Radiumprodukte, sie können nur eine Luftschicht von 3,5 cm durchdringen, ehe sie völlig absorbiert werden. Das Radium erfährt durch den Verlust der α-Partikel eine radikale Veränderung, es wandelt sich in ein Gas, die Radiumemanation um, das sehr viel unbeständiger ist, als das Radium selbst, da es in 3,8 Tagen zur Hälfte zerfällt. Nach Abgabe einer α-Partikel entsteht aus dem Atom der Emanation das Produkt Radium-A. Dieses ist das unbeständigste aller Radiumprodukte, denn es zerfällt in drei Minuten zur Hälfte.

Das nächste Produkt ist Radium-B, das eine Periode von 26 Minuten besitzt. Es hat die Eigenschaft, sich ohne die Aussendung irgendwelcher Strahlen umzuwandeln. Diese Erscheinung deutet entweder auf eine Umwandlung hin, die nur in einer Neuordnung der Komponenten besteht und ohne Massenverlust vor sich geht, oder, was wahrscheinlicher ist, auf die Aussendung einer α-Partikel, deren Geschwindigkeit nicht zur Ionisation eines Gases ausreicht. Wir werden später sehen, daß die α-Partikel ihr Ionisierungsvermögen verliert, wenn ihre Geschwindigkeit auf etwa $1/_{40}$ der Lichtgeschwindigkeit gesunken ist; es kann also eine α-Partikel mit beträchtlicher Geschwindigkeit ausgesandt werden und doch keine Ionisationswirkung zeigen. Die nächste Substanz ist Radium-C, welche von allen Radiumprodukten am bemerkenswertesten ist, denn Radium-C sendet bei seinem Zerfall alle drei Strahlenarten aus. Es hat den Anschein, als ob die Umwandlung von C durch eine sehr heftige Explosion in dem Atom begleitet ist, denn nicht nur werden die α-Partikeln von Radium-C mit einer größeren Geschwindigkeit ausgeschleudert, als von irgend einem anderen Radiumprodukt, sondern zu gleicher Zeit besitzen die ausgesandten β-Partikeln nahezu die Geschwindigkeit des Lichtes. Neben diesen findet noch die Aussendung sehr durchdringender γ-Strahlen statt.

Die von Radium-C ausgesandten α-Partikeln können eine Luftschicht von 7 cm durchdringen, ehe sie völlig absorbiert werden, während der Ionisationsabstand der anderen Produkte nicht mehr als 4,8 cm beträgt. Das Atom von Radium-D, das nach dieser lebhaften Reaktion verbleibt, ist sehr viel beständiger und zerfällt ohne Aussendung von Strahlen.

Radium-E, welches nur β- und γ-Strahlen aussendet, hat ein verhältnismäßig kurzes Dasein. Aus ihm entsteht Radium-F, das eine langsame Umwandlung erfährt. Weitere Umwandlungsprodukte sind bisher nicht entdeckt. Die interessante Frage nach dem Endprodukt der Radiumumwandlung wird erst im Kapitel 8 besprochen werden.

Die Umwandlungsperiode von Radium-D.

Radium-D sendet keine Strahlen aus, weder seine Eigenschaften, noch seine Umwandlungsgeschwindigkeit lassen sich daher auf direktem Wege bestimmen. Das folgende Produkt, Radium-E, sendet jedoch β-Strahlen aus und wir sollten daher aus den Veränderungen, die seine Aktivität erfährt, nachdem das Gleichgewicht mit Radium-D hergestellt ist, jede Veränderung in der Muttersubstanz feststellen können.

Die Zahl der in der Sekunde zerfallenden Atome von E wird nämlich nach Erreichung des Gleichgewichtszustandes stets der Zahl der in der Sekunde zerfallenden Atome von D proportional sein. Die Umwandlungsgeschwindigkeit von Radium-D ist jedoch so gering, daß innerhalb eines Jahres eine Veränderung in der Aktivität von E sich nicht mit Sicherheit hat feststellen lassen und es wird wahrscheinlich ein langer Zeitraum erforderlich sein, um die Periode von D durch direkte Messung zu bestimmen.

Es ist zweckmäßig, die Periode angenähert abzuschätzen. Dieses läßt sich auf Grund gewisser Annahmen ausführen, die wahrscheinlich in der Wirklichkeit angenähert zutreffen. Wir wollen annehmen, daß eine gewisse Emanationsmenge in ein geschlossenes Gefäß eingeführt und dort sich selbst überlassen wird. Die Menge von Radium-C erreicht einige Stunden nach der Einführung der Emanation ein Maximum und nimmt in demselben Maße ab, wie die Emanation. Wenn q_1 die Zahl der β-Partikeln ist, die Radium-C zur Zeit seiner Maximalaktivität in der Sekunde aussendet, so beträgt die Gesamtzahl N_1 der β-Partikeln, die während des ganzen Lebens der Emanation ausgesandt werden, sehr angenähert $N_1 = \dfrac{q_1}{\lambda_1}$, worin λ_1 die radioaktive Konstante der Emanation ist. Wir wollen annehmen, daß der langsam sich umwandelnde aktive Niederschlag ungefähr noch 50 Tage, nachdem die Emanation praktisch verschwunden ist, ungestört bleibt. Dann werden Radium-D und -E miteinander im Gleichgewicht sein; die Anzahl der von D und E ausgesandten β-Partikeln betrage q_2. Die Zahl N_2 der während des ganzen Lebens von D ausgesandten β-Partikeln ist dann wieder durch $N_2 = \dfrac{q_2}{\lambda_2}$ gegeben, wenn die Umwandlung von D nach einem gewöhnlichen Exponentialgesetz mit der Konstante λ_2 erfolgt. Wenn nun jedes Atom von C bei seinem Zerfall eine β-Partikel aussendet, so muß die während der Lebensdauer der Emanation ausgesandte Zahl gleich der Zahl der anfangs vorhandenen Emanationsatome sein. Ebensogroß wird die Zahl der gebildeten Atome von D sein und wenn jedes Atom von D ein Atom von E bildet, welches unter Aussendung einer β-Partikel zerfällt, so muß die Zahl der von Radium-C während des ganzen Lebens der Emanation ausgesandten β-Partikeln gleich der Gesamtzahl der von Radium-E ausgesandten Partikeln sein. Es ist also $N_1 = N_2$, also ist

$$\frac{\lambda_2}{\lambda_1} = \frac{q_2}{q_1}.$$

Es ist nicht leicht, direkt die Zahl der von Radium-C oder -E ausgesandten Partikeln zu messen; nimmt man jedoch an, daß im Durchschnitt eine β-Partikel von Radium-C ein Gas ebenso stark ionisiert, wie eine β-Partikel von Radium-E, so wird

$$\frac{q_2}{q_1} = \frac{i_2}{i_1},$$

hierin sind i_1 und i_2 die entsprechenden Sättigungsströme, die unter gleichen Bedingungen in demselben Versuchsgefäße zu messen sind. Das Verhältnis $\frac{i_2}{i_1}$ und damit auch $\frac{\lambda_2}{\lambda_1}$ läßt sich leicht bestimmen. Durch Einsetzung des bekannten Wertes von λ_1 ergibt sich λ_2.

Nach dieser Methode berechnete der Verfasser[1]), daß Radium-D in ungefähr 40 Jahren zur Hälfte zerfallen sollte. Dieser Wert hat sicherlich die richtige Größenordnung, kann jedoch mit Rücksicht auf die gemachten Annahmen nicht mehr als ein erster Näherungswert sein. Die Hauptfehlerquelle liegt vermutlich in der Voraussetzung, daß Radium-C und -E das Gas gleich stark ionisieren.

Als ein Kriterium für den Genauigkeitsgrad, der sich bei der Voraussage von Perioden auf diesem Wege erzielen läßt, mag erwähnt werden, daß ich nach ähnlicher Methode die Periode von Radium-F zu ungefähr einem Jahre berechnet habe. Die

---

[1]) Rutherford, Phil. Mag., Nov. 1904.

Ausführung von Messungen hat inzwischen gelehrt, daß diese Periode 143 Tage beträgt. Ich denke, daß für die Periode von Radium-D sicher ein Wert zwischen 20 und 80 Jahren gefunden werden wird *).

Die Änderung der Aktivität des aktiven Niederschlages innerhalb langer Zeiten.

Wir sind jetzt in der Lage, zu berechnen, wie sich die α- und β-Strahlenaktivität des aktiven Niederschlages innerhalb großer Zeiträume verändern wird. Da die Umwandlungsgeschwindigkeit von E, verglichen mit der von F, sehr groß ist, so können wir in erster Annäherung annehmen, daß D sich direkt in F umwandelt. Das Problem vereinfacht sich also zu dem folgenden: die Perioden zweier Produkte, von denen das zweite sich aus dem ersten bildet, betragen 40 Jahre und 143 Tage, es ist zu berechnen, wieviel Atome von jedem Produkt zu irgend einer Zeit vorhanden sind. Dieser Fall deckt sich völlig mit dem des aktiven Niederschlages des Thoriums, wo die beiden Produkte Perioden von 11 Stunden und 55 Minuten haben.

Die β-Strahlenaktivität von D und E wird nach Erreichung des Maximums exponential mit einer Periode von 40 Jahren abfallen. Aus der auf S. 53 behandelten Gleichung kann sofort berechnet werden, daß die Zahl der Atome von F in ungefähr 2,6 Jahren ein Maximum erreicht und daß Radium-F schließlich im gleichen Tempo mit der Muttersubstanz D zerfallen wird, d. h. Radium-F wird ungefähr 40 Jahre später zur Hälfte umgewandelt sein. Die Kurven der Fig. 37 geben die relative Zahl der Atome von E und F, die zu irgend einer Zeit nach Bildung des aktiven Niederschlages per Sekunde zerfallen. Da die Aktivität von F der Zahl der in der Sekunde zerfallenden Atome von F proportional ist, so ergibt sich, daß die Aktivität von Null ansteigend nach 2,6 Jahren ein Maximum erreichen und dann mit einer Periode von 40 Jahren abfallen wird.

---

*) Aus einem Vergleich der α-Aktivitäten von Ra-C und Ra-F berechneten Meyer und Schweidler (l. c.) für die Periode von Ra-D 24 Jahre. Trägt man dem Umstande Rechnung, daß Ra-B β-Strahlen aussendet, so wird sich auch nach der Berechnungsweise Rutherfords ein kleinerer Wert als 40 Jahre ergeben.

Innerhalb des bis jetzt untersuchten Bereiches ist die Veränderung der α-Aktivität in guter Übereinstimmung mit der theoretischen Kurve (vgl. Fig. 33).

Es ist interessant, daß der Wert, den die α-Strahlenaktivität neun Tage nach Bildung des aktiven Niederschlages besitzt, erst nach einem Intervall von ungefähr 180 Jahren wieder erreicht wird.

Die Bildung des langsam sich umwandelnden aktiven Niederschlages aus dem Radium erklärt ohne weiteres die starke Aktivität, die in Räumen, in denen große Radiummengen gebraucht

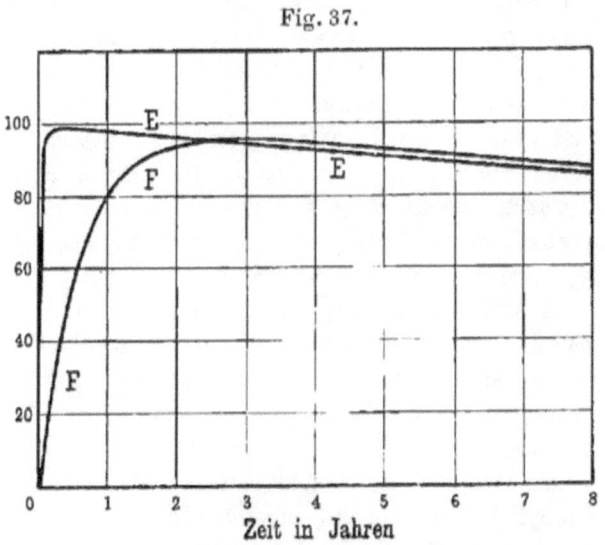

Fig. 37.

EE und FF stellen die Zahl der Atome von Radium-D bzw. Radium-F dar, die in der Sekunde zerfallen.

worden sind, vorhanden ist, selbst nachdem das Radium seit einiger Zeit aus ihnen entfernt war. Diese Beobachtung ist von verschiedenen Forschern gemacht und besonders von denen, die sich mit der Trennung und Konzentrierung großer Radiummengen beschäftigt haben.

Die von dem Radium in Freiheit gesetzte Emanation verteilt sich durch Diffusion und Konvektion in dem ganzen Laboratorium, so daß abgelegene Räume, in denen niemals Radiumpräparate aufbewahrt gewesen sind, dauernd radioaktiv werden. Die Emanation wandelt sich in Radium-A, -B und -C um und bildet schließlich den langsam sich umwandelnden aktiven Niederschlag. Diese Substanz schlägt sich auf den Wänden und auf jedem in dem Gebäude befindlichen Gegenstand nieder. Bei einer gegebenen Emanationsmenge wird die α-Strahlenaktivität anfangs klein sein, aber ungefähr drei Jahre lang stetig zunehmen.

Diese auf Gegenständen vorhandene Aktivität ist eine Quelle erheblicher Störungen bei radioaktiven Untersuchungen. Eve[1]) fand zum Beispiel, daß jeder Gegenstand aus dem Mac Donald Physics Building der McGill-Universität in Montreal, der untersucht wurde, eine anormal große natürliche Aktivität besaß. Zur Zeit, als die Versuche ausgeführt wurden, war diese Aktivität ungefähr sechzigmal größer als in demselben Laboratorium vor der Einführung großer Radiummengen. Alle in dem Gebäude hergestellten Elektroskope hatten einen großen natürlichen Abfall, der von dem aktiven Niederschlage herrührt. Dieser läßt sich teilweise durch Abreiben mit Sandpapier oder durch Auflösen in Säuren entfernen. Wenn nicht alle Elektroskope oder Versuchsgefäße außerhalb des Laboratoriums angefertigt werden, so ist die Messung schwacher Aktivitäten, wozu es erforderlich ist, daß der natürliche Abfall klein ist, fast unmöglich. Wenn einmal ein Gebäude infiziert ist, so hat es keinen unmittelbaren Zweck, das Radium zu entfernen, denn die α-Strahlenaktivität wird ungefähr drei Jahre lang beständig anwachsen und Hunderte von Jahren anhalten.

Aus diesen Gründen ist es sehr ratsam, das Entweichen der Emanation möglichst weitgehend zu verhindern und alle Radiumsalze in zugesiegelten Gefäßen aufzubewahren.

Die zeitliche Änderung der Aktivität des Radiums.

Wir werden später sehen, daß Radium selbst sich wahrscheinlich in 1300 Jahren zur Hälfte umwandelt, es nimmt also die Zahl der in der Sekunde sich umwandelnden Atome exponentiell mit dieser Periode ab. Die Zunahme der Aktivität, die von der Bildung des langsam sich umwandelnden aktiven Niederschlages herrührt, wird die Abnahme der Aktivität des Radiums selbst zunächst kompensieren. Die Aktivität eines Radium-

---

[1]) Eve, Nature, 16. März 1905.

präparates wird mehrere hundert Jahre lang anwachsen, aber schließlich exponential mit der Periode des Radiums abfallen.

Wenn sich angenähert das Gleichgewicht zwischen den verschiedenen Produkten eingestellt hat, so wird die Zahl der von altem Radium ausgesandten β-Partikeln doppelt so groß sein, wie die von Radium-C allein, denn Radium-E wird unter diesen Umständen ebensoviel β-Partikeln in der Sekunde aussenden, wie Radium-C*).

Es läßt sich leicht berechnen, daß die Zahl der von Radium und seinen Produkten ausgesandten β-Partikeln stetig zunehmen

Fig. 38.

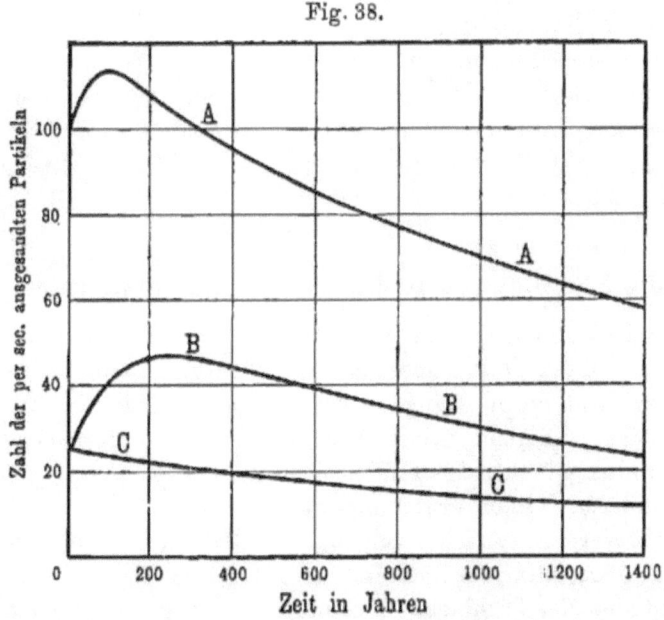

AA und BB stellen die Zahl von α- bzw. β-Partikeln dar, die in der Sekunde von Radium ausgesandt werden, CC die Zahl der in der Sekunde zerfallenden Atome.

wird, bis nach 226 Jahren ein Maximum erreicht ist. Später wird diese Zahl exponential mit einer Periode von 1300 Jahren abnehmen. Die Veränderung, die die Zahl der von Radium ausgesandten β-Partikeln mit der Zeit erfährt, ist in der Kurve BB der Fig. 38 wiedergegeben.

---

*) Vgl. S. 116.

Radium und seine schnell sich umwandelnden Produkte senden zusammen vier α-Partikeln aus. Es läßt sich leicht durch Rechnung zeigen, daß die Zahl der von Radium in der Sekunde ausgesandten α-Partikeln nach ungefähr 111 Jahren ein Maximum erreicht und dann ungefähr 1,19 mal so groß sein wird, wie die Zahl, die von einem einen Monat alten Radiumpräparat ausgesandt wird. Die Zahl wird dann wie in dem Falle der β-Partikeln mit einer Periode von 1300 Jahren abfallen.

Die Kurve AA stellt die Veränderung dar, die die Zahl der von Radium und seinen Produkten ausgesandten α-Partikeln mit der Zeit erfährt und Kurve CC die Zahl der in der Sekunde zerfallenden Radiumatome.

Die Berechnungen der Veränderung der Aktivität des Radiums hängen von der Genauigkeit ab, mit der die Perioden von Radium-D und Radium selbst bestimmt sind. Jede Abänderung dieser Werte wird auch in gewissem Grade die Kurven ändern.

Die Identität von Radium-F und Radiotellurium.

Da Radium-D, -E und -F fortwährend aus dem Radium entstehen, so sollten sie sich in allen Mineralien vorfinden, die Radium enthalten und ihrer Menge nach proportional der Menge des vorhandenen Radiums sein. Wir wollen nun untersuchen, ob diese Produkte früher aus radioaktiven Mineralien abgetrennt und unter anderen Namen bekannt geworden sind.

Wir werden zunächst zeigen, daß Radium-F mit dem sehr aktiven Radiotellurium identisch ist, das von Marckwald aus Rückständen der Pechblende gewonnen ist. Die wesentlichen Kriterien, die für die Identität zweier Produkte sprechen, sind die folgenden:

1. Die Identität der Strahlen oder der charakteristischen Emanationen.
2. Die Identität der Umwandlungsperioden.
3. Die Übereinstimmung des chemischen und physikalischen Verhaltens.

Das dritte Kriterium ist von geringerer Bedeutung als die beiden anderen, da die aktiven Produkte in den meisten Fällen in sehr unreinem Zustande erhalten werden, und das chemische

Verhalten durch das Vorhandensein der Verunreinigungen wesentlich beeinflußt werden kann.

Radium-F sendet nur α-Strahlen aus, hat eine Periode von ungefähr 143 Tagen und wird durch Wismut aus seinen Lösungen abgeschieden. Radiotellurium besitzt genau die gleichen Eigenschaften. Ferner sind von dem Verfasser[1]) die Abfallskurven von Radiotellurium und Radium-F direkt miteinander verglichen und innerhalb der Versuchsfehler identisch gefunden worden. Beide verlieren in ungefähr 143 Tagen ihre Aktivität zur Hälfte. Die Zerfallsperiode von Radiotellurium ist noch von Meyer, Schweidler und Marckwald experimentell untersucht. Meyer und Schweidler fanden für die Periode 135 Tage, Marckwald 139 Tage. Mit Rücksicht darauf, daß es sehr schwierig ist, genaue vergleichende Messungen über so große Zeiträume zu machen, befinden sich die von den verschiedenen Beobachtern erhaltenen Werte in ausgezeichneter Übereinstimmung. Der Verfasser fand auch, daß die Strahlen von Radium-F dasselbe Durchdringungsvermögen besitzen, wie die von einer mit Radiotellurium überzogenen Wismutplatte. Aus den Arbeiten von Bragg und anderen ist bekannt, daß die α-Strahlen der Radiumprodukte ein Durchdringungsvermögen besitzen, welches für jedes einzelne Produkt wohl definiert ist, sich aber beträchtlich von einem Produkt zum anderen ändert. Die Gleichheit des Durchdringungsvermögens spricht also sehr für die Identität der beiden Produkte. Wir können daher schließen, daß das Radiotellurium von Marckwald als aktiven Konstituenten Radium-F enthält; mit anderen Worten, Radiotellurium ist ein Umwandlungsprodukt des Radiums.

Die von Marckwald angewandte Methode der Trennung und Konzentration des Radiotelluriums ist von besonderem Interesse. Die von Mme. Curie ausgeführte Abscheidung des Radiums aus der Pechblende, in welcher es im Verhältnis von weniger als einem Teil in einer Million vorhanden ist, war eine bemerkenswerte Leistung, aber Marckwalds Absonderung des Radiotelluriums liefert eine noch viel auffallendere Illustration dafür, daß es möglich ist, eine radioaktive Substanz, die in fast verschwindendem Betrage vorhanden ist, chemisch zu konzentrieren.

---

[1]) Rutherford, Phil. Mag., Sept. 1905.

Marckwald beobachtete anfangs, daß ein Wismutstab, der in eine Lösung von Pechblenderückständen getaucht war, sich mit einem Niederschlag überzog, der nur α-Strahlen aussandte. Nach einigen Tagen war auf diese Weise die aktive Substanz fast völlig aus der Lösung entfernt. Der Niederschlag auf dem Wismut bestand zum größten Teil aus Tellurium und aus diesem Grunde nannte Marckwald den aktiven Stoff Radiotellurium. Später fand Marckwald sehr einfache und wirksame Mittel, um die aktive Substanz von dem Tellurium zu trennen, und erhielt schließlich ein Präparat, das Gewicht für Gewicht viel stärker aktiv war, als Radium.

Fünf Tonnen von Uraniumrückständen, die 15 Tonnen des Joachimstaler Minerals entsprechen, wurden auf Radiotellurium verarbeitet und aus ihnen erhielt Marckwald schließlich nur 3 mg der aktiven Substanz. Wenn Zinn-, Kupfer- oder Wismutplatten in eine salzsaure Lösung dieser Substanz getaucht wurden, so fanden sie sich mit einem fein verteilten Niederschlage bedeckt. Diese Platten waren außerordentlich aktiv und gaben deutliche Ionisations-, photographische und Phosphoreszenzeffekte. Als eine Illustration der enormen Aktivität dieser Substanz gibt Marckwald an, daß $1/100$ mg auf einer Kupferplatte von 4 qcm Fläche einen genäherten Zinksulfidschirm zu so hellem Leuchten brachte, daß es von einem Auditorium von mehreren hundert Personen gesehen werden konnte.

Infolge der geringen Materialmenge ist es Marckwald noch nicht gelungen, die Substanz hinreichend zu reinigen, um ihr Spektrum zu bestimmen.

Mit Hilfe einer einfachen Rechnung läßt sich die Aktivität von Radium-F, d. h. von Radiotellurium, im Zustande der Reinheit leicht bestimmen. Es sei N_1 die Zahl der von Radium-F in 1 g des radioaktiven Minerals enthaltenen Atome und N_2 die Zahl der Radiumatome. Radium und Radium-F sind im radioaktiven Gleichgewicht, und die Zahl der in der Sekunde zerfallenden Atome ist daher bei beiden die gleiche. Es ist also $\lambda_1 N_1 = \lambda_2 N_2$, worin λ_1, λ_2 die radioaktiven Konstanten von Radium-F und Radium sind. Da Radium-F in 0,38 und Radium in 1300 Jahren sich umwandelt, so ist

$$\frac{N_1}{N_2} = \frac{0{,}38}{1300} = 0{,}000\,29.$$

Es ist nun wahrscheinlich, daß die Atomgewichte von Radium und Radium-F nicht sehr verschieden sind. Folglich kommen in dem Mineral auf jedes Gramm Radium nur 0,29 mg Radium-F. Für gleiche Gewichtsmengen ist die Zahl der von Radium-F ausgesandten α-Partikeln 3400 mal größer, als die von Radium selbst, oder 850 mal größer als die Zahl derjenigen, die von Radium ausgesandt werden, wenn es mit seinen drei schnell sich umwandelnden α-Strahlenprodukten im Gleichgewicht ist.

Wenn man annimmt, daß die α-Partikel von Radium-F ungefähr dieselbe Ionisation hervorruft, wie im Durchschnitt die α-Partikel des Radiums, so sollte die Aktivität von Radium-F 850 mal größer sein als die des Radiums.

Es ist experimentell gefunden, daß in radioaktiven Mineralien der Betrag des Radiums stets dem Gehalt an Uranium proportional ist und zwar, daß auf jedes Gramm Uranium $3,8 \cdot 10^{-7}$ g Radium kommen.

Es kommen also auf je 1 g Uranium $1,1 \cdot 10^{-10}$ g Radium-F und auf die Tonne 0,1 mg. Aus 15 Tonnen der Joachimstaler Pechblende, die ungefähr 50 Proz. Uranium enthält, würden sich also 0,75 mg Radium-F gewinnen lassen. Aus dieser Menge von Pechblende hat Marckwald ungefähr 3 mg erhalten. Es ist unwahrscheinlich, daß die ganze Menge von Radium-F abgeschieden war, und die 3 mg enthielten wahrscheinlich einige Verunreinigungen. Man sieht jedoch, daß das Verhältnis, in dem nach der theoretischen Berechnung Radium-F in dem Mineral vorhanden sein muß, in guter Übereinstimmung mit dem experimentellen Ergebnis ist.

Obwohl der Gehalt der Mineralien an Radium-F außerordentlich klein erscheinen mag, so sind doch die schnell sich umwandelnden Produkte in noch geringeren Mengen vorhanden. Das Gewicht, das von jedem Produkt in einer Tonne Uran enthalten ist, ist direkt seiner Periode proportional, da das am schnellsten sich umwandelnde Produkt in der kleinsten Menge vorhanden ist. In der umstehenden Tabelle ist die Gewichtsmenge angegeben, die von jedem Radiumprodukt per Tonne Uran vorhanden ist.

Radium-A, -B, -C und -E sind hiernach in viel zu kleinen Mengen vorhanden, als daß sie sich auf chemischem Wege ansammeln ließen, selbst wenn dieses ihre kurze Lebensdauer erlaubte. Radium-D kommt jedoch verglichen mit Radium-F in beträchtlicher Menge vor und es sollte möglich sein, von ihm eine zur chemischen Untersuchung ausreichende Menge zu erhalten.

Produkt	Periode	Gewicht per Tonne Uranium mg
Radium	1300 Jahre	340
Emanation	3,8 Tage	$2,6 \times 10^{-3}$
Radium-A	3 Minuten	$1,4 \times 10^{-6}$
Radium-B	26 "	$1,2 \times 10^{-5}$
Radium-C	19 "	9×10^{-6}
Radium-D	40 Jahre	10
Radium-E	6 Tage	$4,2 \times 10^{-3}$
Radium-F	143 "	0,1

Polonium und Radiotellurium.

Die erste aktive Substanz, die aus der Pechblende gewonnen wurde, fand sich mit dem Wismut zusammen und wurde von Mme. Curie, die sie entdeckt hatte, Polonium genannt.

Nachdem verschiedene Methoden zur Konzentrierung dieser Substanz versucht waren, gelang es Mme. Curie schließlich, eine aktive Substanz zu erhalten, deren Aktivität von der Größenordnung der Aktivität des Radiums war. Das Polonium sandte nur α-Strahlen aus, seine Aktivität war jedoch nicht beständig, sondern fiel allmählich ab.

Sowohl hinsichtlich der Natur seiner Strahlen, wie auch seiner physikalischen und chemischen Eigenschaften ist Polonium dem Radium-F und dem Radiotellurium sehr ähnlich. Die Frage, ob der aktive Bestandteil des Radiotelluriums identisch mit dem des Poloniums ist, ist oft diskutiert worden. Zuerst wurde mitgeteilt, daß die Aktivität des Radiotelluriums nicht merkbar abfiele, daß es sich also in dieser Hinsicht ganz anders verhielte wie das Polonium; wir wissen jedoch jetzt, daß Radiotellurium seine Aktivität ziemlich schnell verliert.

Wenn die beiden Stoffe denselben aktiven Bestandteil enthielten, so sollten ihre Aktivitäten nach derselben Periode abfallen. Mme. Curie hat jedoch gefunden, daß einige ihrer Poloniumpräparate ihre Aktivität nicht nach einem Exponentialgesetz verloren.

Ein Präparat von Poloniumnitrat verlor zum Beispiel seine Aktivität zur Hälfte in 11 Monaten und zu 95 Proz. in 33 Monaten. Eine Probe metallischen Poloniums verlor 67 Proz. ihrer Aktivität in sechs Monaten. Diese Resultate befinden sich keineswegs in Übereinstimmung miteinander. Das Metallpräparat verlor seine Aktivität ein wenig schneller als Radium-F, während das Nitrat sie anfangs viel langsamer verlor. Die Abweichung der Abfallskurven von dem Exponentialgesetz zeigt, daß in dem Polonium, das Mme. Curie für ihre Versuche verwandte, mehr als eine aktive Substanz vorhanden war. Wahrscheinlich war dieser zweite Bestandteil Radium-D. Das Vorhandensein dieses Elements, welches Radium-F bildet, würde bewirken, daß die α-Strahlenaktivität anfangs langsamer abnimmt, als wenn nur Radium-F zugegen wäre.

Mit Rücksicht auf die Ähnlichkeit, die zwischen Polonium und Radiotellurium hinsichtlich ihrer physikalischen, chemischen und radioaktiven Eigenschaften besteht, und weil beide wahrscheinlich dieselbe Zerfallsperiode besitzen, kann meiner Ansicht nach kein Zweifel obwalten, daß der α-Strahlen aussendende Bestandteil im Polonium mit dem Radiotellurium von Marckwald identisch ist. Wir können schließen, daß sowohl Radiotellurium wie Polonium aus der Umwandlung des Radiumatoms entsteht [1]).

Der Zusammenhang zwischen Radioblei und dem aktiven Niederschlag.

Wir werden jetzt einige Versuche besprechen, aus denen klar hervorgeht, daß Radium-D der primäre Bestandteil des zuerst von Hofmann aus der Pechblende gewonnenen Radiobleies ist. Die ersten Versuche Hofmanns über die Abscheidung und die Eigenschaften von Radioblei wurden zunächst etwas kritisch beurteilt, jetzt kann jedoch kein Zweifel mehr darüber bestehen,

---

[1]) Die Identität der aktiven Bestandteile im Radiotellurium und Polonium ist jetzt einwandfrei bewiesen worden. Mme. Curie (Compt. rend., 29. Jan. 1906) hat die Aktivitätsabnahme des Poloniums genau gemessen und gefunden, daß sie nach einem Exponentialgesetz mit einer Periode von 140 Tagen erfolgt. Diese Periode ist praktisch mit der identisch, die für Radiotellurium und Radium-F gefunden ist.

daß ihm der Kredit für die Gewinnung einer neuen Substanz aus der Pechblende zugeschrieben werden muß, aus der, wie wir sehen werden, Radiotellurium und Polonium entsteht.

Meine Aufmerksamkeit wurde auf die Beziehung zwischen Radioblei und dem aktiven Niederschlag durch die Untersuchung einer Probe von Radioblei gelenkt, die Dr. Boltwood aus Newhaven liebenswürdigerweise für mich hergestellt hatte. Dieses Präparat besaß anfangs eine, verglichen mit der α-Strahlenaktivität, ungewöhnlich große β-Strahlenaktivität, die α-Strahlenaktivität nahm jedoch mit der Zeit stetig zu; das Radioblei verhielt sich also ganz so, als ob es Radium-D und -E enthielte und Radium-F allmählich bildete.

Der Zusammenhang zwischen Radioblei und Radium-D, -E und -F ist durch die chemische Untersuchung der Bestandteile des Radiobleies und die Bestimmung ihrer Zerfallsperioden völlig geklärt worden. Die Substanz hatte den Namen Radioblei erhalten, weil sie zuerst mit dem Blei zusammen abgeschieden war, wir wissen jedoch jetzt, daß die in ihr enthaltenen Produkte ebensowenig etwas mit Blei zu tun haben, wie das Radium mit dem Baryum.

Hofmann, Gonders und Wölfl[1]) erhielten im Verlaufe einer chemischen Untersuchung des Radiobleies die folgenden Resultate. Geringe Mengen der Platinmetalle in Gestalt von Chloriden wurden zu einer Lösung von Radioblei hinzugesetzt und nach mehreren Wochen mit Formalin oder Hydroxylamin gefällt. Alle diese Substanzen geben nach der Fällung α- und β-Strahlen ab.

Der größte Teil der β-Strahlenaktivität verschwand in ungefähr sechs Wochen und die α-Strahlenaktivität in ungefähr einem Jahre. Wir werden sehen, daß die β-Strahlenaktivität von Radium-E und die α-Strahlenaktivität von Radium-F herrührt. Dieser Schluß ist ferner durch Versuche über den Einfluß hoher Temperaturen auf diese Substanzen bestätigt worden. Bei heller Rotglut verlor sich die α-Strahlenaktivität in wenigen Sekunden. Dieses stimmt mit den früher erwähnten Versuchen überein, bei denen Radium-F bei ungefähr 1000° verflüchtigt wurde.

Gold-, Silber- und Quecksilbersalze, die zu der Radiobleilösung hinzugesetzt werden, besitzen nur α-Strahlenaktivität.

---

[1]) Hofmann, Gonders und Wölfl, Ann. d. Phys. 1904, S. 615.

Dieses ist so zu erklären, daß nur Radium-F mitgerissen wurde. Wismutsalze besitzen andererseits α- und β-Strahlenaktivität, aber die letztere nimmt schnell ab. Hieraus geht hervor, daß mit dem Wismut sowohl Radium-E wie -F ausgefällt wird.

Die α-Strahlenaktivität des Radiobleies wird durch die Wismutfällung sehr verringert, nimmt jedoch allmählich wieder zu. Dieses Resultat ist zu erwarten, wenn Radioblei Radium-D, -E und -F enthält. Radium-E und -F werden durch das Wismut entfernt, während -D zurückbleibt und von neuem -E und -F bildet.

Die radioaktiven Messungen von Hofmann, Gonders und Wölfl waren leider nicht sehr genau; diesem Mangel ist durch einige sorgfältige Messungen von Meyer und Schweidler abgeholfen worden[1]). Wenn Radioblei Radium-D, -E und -F enthält, so sollte die β-Strahlenaktivität, die von -E herrührt, in ungefähr sechs Tagen, und die von -F herrührende α-Strahlenaktivität in ungefähr 140 Tagen zur Hälfte zerfallen.

Diese Schlüsse sind durch die Versuche von Meyer und Schweidler völlig bestätigt worden. Eine Anzahl von Palladiumblechen, die in eine Radiobleilösung getaucht waren, besaßen sowohl α- wie β-Strahlenaktivität. Die β-Strahlenaktivität nahm exponential mit einer Periode von 6,2 Tagen ab; das β-Strahlenprodukt ist also identisch mit Radium-E. Die α-Strahlenaktivität fiel nach einigen Monaten exponential mit einer Periode von 135 Tagen ab. Das α-Strahlenprodukt ist also identisch mit Radium-F.

Es kann demnach nicht zweifelhaft sein, daß Radioblei einige Zeit nach seiner Herstellung Radium-D, -E und -F enthält. Bisher ist nicht festgestellt worden, ob Radium-D, -E und -F zusammen mit dem Blei ausgefällt werden, oder nur Radium-D, und so die Gegenwart von Radium-E und -F nach einiger Zeit von ihrer Neubildung aus Radium-D herrührt. Wenn bei dem Abscheidungsprozeß Wismut von dem Blei getrennt wird, so werden wahrscheinlich Radium-E und -F bei dem ersteren verbleiben, und nur Radium-D wird das Blei begleiten.

Der Zusammenhang zwischen den Radiumprodukten und dem Radioblei ist in der folgenden Tabelle zur Anschauung gebracht:

---

[1]) Meyer und Schweidler, Wien. Ber., Juli 1905.

Radium-D: enthalten in neuem Radioblei; strahlenlos; Periode 40 Jahre.

Radium-E: sendet β-Strahlen aus; wird durch Wismut-, Iridium- und Palladiumsalze gefällt; Periode 6 Tage.

Radium-F: enthalten im Polonium und Radiotellurium; sendet nur α-Strahlen aus; flüchtig bei 1000^0; wird auf Wismut und Palladium niedergeschlagen; Periode 143 Tage.

Wir haben gesehen, daß ungefähr 10 mg Radium-D sich aus einer Tonne Uranium gewinnen lassen sollten. Wenige Wochen nach der Abscheidung von Radium-D sollte seine β-Strahlenaktivität ungefähr 30 mal so groß sein wie die des Radiums. Eine kleine Menge dieser Substanz würde als eine wertvolle Quelle von β-Strahlen dienen und als ein geeignetes Mittel, um Radium-F zu gewinnen, da man jederzeit einen sehr starken Niederschlag von Radium-F, durch Eintauchen einer Wismut- oder Palladiumplatte in die Lösung, erhalten könnte. Es ist zu hoffen, daß Radium-D aus den Pechblenderückständen zugleich mit dem Radium gewonnen werden wird, es würde für viele Versuche ebenso wertvoll sein wie das Radium selbst.

Sechstes Kapitel.

Ursprung und Lebensdauer des Radiums.

Da Radium dauernd α-Partikeln aussendet und ein radioaktives Gas erzeugt, so muß seine Menge fortwährend abnehmen. Radium muß daher als eine radioaktive Substanz von der Art der Emanation angesehen werden, von der es sich vom Gesichtspunkte der Radioaktivität aus nur durch seine relativ geringe Umwandlungsgeschwindigkeit unterscheidet. Eine gegebene Menge von Radium muß schließlich verschwinden, es werden nach einer Reihe von Umwandlungen nur die inaktiven Substanzen zurückbleiben, die aus dem Zerfall des Radiums entstehen.

Die Zeit, die seit der Entdeckung des Radiums verflossen ist, ist viel zu kurz, als daß sich die Zerfallsperiode des Radiums durch direkte Versuche hätte bestimmen lassen können. Auch sehr sorgfältige Messungen der Aktivität des Radiums werden keinen Anhalt hierfür bieten, da die Bildung der langsam sich umwandelnden Produkte sogar eine stetige Zunahme der Aktivität während mehrerer Jahrhunderte bedingt.

Man kann jedoch die Periode des Radiums nach mehreren unabhängigen Methoden berechnen und zwar mit Hilfe 1. der Zahl der in der Sekunde ausgesandten α-Partikeln, 2. der Wärmeentwickelung des Radiums, 3. des Volumens der entwickelten Emanation.

Methode 1: Durch Messung der Ladung, welche die von einer dünnen Radiumschicht ausgesandten Strahlen transportieren, fand der Verfasser[1]), daß die Gesamtzahl der α-Partikeln, die 1 g Radium im Zustande seiner Minimalaktivität aussendet, $6{,}2 \times 10^{10}$ beträgt; hierbei ist angenommen, daß jede α-Partikel die gewöhnliche Ionenladung von $3{,}4 \times 10^{10}$ elektrostatischen Einheiten besitzt. Wenn sich das Radium im Gleichgewicht mit seinen schnellen Umwandlungsprodukten befindet, so ist die Zahl der ausgesandten α-Partikeln viermal so groß.

Die einfachste Voraussetzung ist die, daß jedes Atom bei seinem Zerfall eine α-Partikel aussendet. Hiernach zerfallen von 1 g Radium $6{,}2 \times 10^{10}$ Atome in der Sekunde. Aus experimentellen Daten ist nun abgeleitet, daß 1 ccm eines Gases (z. B. Wasserstoff) $3{,}6 \times 10^{19}$ Moleküle enthält. Da das Atomgewicht des Radiums 225 beträgt, so folgt hieraus, daß 1 g Radium ungefähr $3{,}6 \times 10^{21}$ Atome enthält. Der Bruchteil, der hiervon in der Sekunde zerfällt, beträgt:

$$\frac{6{,}2 \times 10^{10}}{3{,}6 \times 10^{21}} = 1{,}72 \times 10^{11},$$

oder $5{,}4 \times 10^{-4}$ im Jahr.

Wie jedes andere radioaktive Produkt wird das Radium exponential abnehmen und zwar mit einem Werte von $5{,}4 \times 10^{-4}$ (Jahre)$^{-1}$ für seine radioaktive Konstante.

Hieraus folgt, daß das Radium sich in 1300 Jahren zur Hälfte umwandelt. Die durchschnittliche Lebensdauer eines

---

[1]) Rutherford, Phil. Mag., August 1905.

Radiumatoms, die durch $1/\lambda$ gemessen wird, beträgt ungefähr 1800 Jahre.

Methode 2: Die Berechnung der Lebensdauer des Radiums kann auch auf die Wärmeentwickelung des Radiums basiert werden, welche, wie wir später (Kap. 10) sehen werden, ein direktes Maß für die kinetische Energie der α-Partikeln ist. Aus Messungen der Geschwindigkeit und der Masse der α-Partikel fand der Verfasser für die durchschnittliche kinetische Energie der α-Partikel $5,9 \times 10^{-6}$ Erg. Experimentell ist bestimmt, daß 1 g Radium eine Wärmemenge von ungefähr 100 g Kal. in der Stunde entwickelt. Wenn diese von der kinetischen Energie der α-Partikeln herrührt, so beträgt die Zahl, die in der Sekunde ausgesandt werden muß, $2,0 \times 10^{11}$. Die Zahl, die vom Radium selbst herrührt, ist ein Viertel dieses Wertes. Nach der oben angewandten Berechnungsweise ergibt sich, daß das Radium in 1600 Jahren zur Hälfte umgewandelt wird; diese Zahl weicht von der nach der ersten Methode berechneten nicht sehr ab.

Methode 3: Ramsay und Soddy fanden, daß das Volumen der von 1 g Radium entwickelten Emanation wenig mehr als 1 cmm bei Atmosphärendruck und 0^0 beträgt. Die Zahl der in der Sekunde gebildeten Atome der Emanation ist gleich dem Produkt aus der im Gleichgewichtszustande vorhandenen Zahl und λ, wenn λ die radioaktive Konstante der Emanation ist. Wenn man die wahrscheinlich zutreffende Annahme macht, daß die Emanation ein einatomiges Gas ist, und daß jedes Radiumatom bei seinem Zerfall ein Atom der Emanation bildet, so findet man für die Zahl der in der Sekunde zerfallenden Radiumatome $7,6 \times 10^{10}$, da 1 ccm eines Gases $3,6 \times 10^{19}$ Moleküle enthält. Hieraus erhält man für die Periode des Radiums nach der oben angewandten Berechnungsweise 1050 Jahre.

Die beiden ersten Methoden machen von der Zahl der in 1 ccm Gas enthaltenen Atome Gebrauch. Die Berechnung aus dem Volumen der Emanation läßt sich jedoch auf einem anderen Wege unabhängig von der Kenntnis jener Zahl ausführen. Wenn ein Radiumatom durch Verlust einer α-Partikel sich in ein Atom der Emanation verwandelt, so muß das Atomgewicht der Emanation mindestens 200 betragen. Der aus Diffusionsversuchen abgeleitete Wert beträgt nur etwa 100, es sind jedoch auf S. 85 einige Gründe angeführt worden, die dafür sprechen, daß dieser

Wert zu niedrig ist. Nach den obigen Voraussetzungen würde 1 cmm der Emanation soviel wie 100 cmm Wasserstoff, d. h. $8{,}96 \times 10^{-6}$ g wiegen. Das Gewicht der in der Sekunde gebildeten Emanationsmenge ist λ mal so groß wie diese Menge, d. h. $1{,}9 \times 10^{-11}$ g. Das Gewicht der in einem Jahre von 1 g Radium gebildeten Emanationsmenge beträgt also 6×10^{-4} g, und ungefähr ebenso groß muß das Gewicht der in einem Jahre zerfallenden Radiummenge sein. Hieraus ergibt sich die Periode des Radiums zu ungefähr 1300 Jahren.

Mit Rücksicht auf die Unsicherheit, mit der die für diese Rechnungen verwandten Zahlen behaftet sind, befinden sich die nach diesen drei Methoden abgeleiteten Werte der Periode in guter Übereinstimmung. Für Berechnungen werden wir 1300 Jahre als den wahrscheinlichsten Wert der Periode des Radiums benutzen.

Radium zerfällt also ziemlich schnell und in wenigen Jahrtausenden würde eine gegebene Menge Radium den größten Teil ihrer Aktivität verlieren. Es läßt sich leicht berechnen, daß nach 26 000 Jahren nur noch ein Millionstel der Masse des Radiums unverändert sein würde. Wenn wir z. B. annehmen, daß die Erde ursprünglich aus reinem Radium bestanden hätte, so würde ihre Aktivität jetzt ungefähr dieselbe sein, die heutzutage eine gute Sorte von Pechblende besitzt. Die Periode des Radiums ist sehr klein im Vergleich zu dem Alter der in der Erde enthaltenen Mineralien, und wenn man nicht die sehr unwahrscheinliche Annahme macht, daß Radium an einem sehr späten Datum der Geschichte plötzlich irgendwie gebildet ist, so ist man zu der Annahme gezwungen, daß Radium dauernd neu gebildet wird. Von Rutherford und Soddy wurde frühzeitig die Vermutung ausgesprochen, daß Radium ein Zerfallsprodukt eines der in der Pechblende vorhandenen radioaktiven Elemente sei. Sowohl Uranium wie Thorium könnten die Muttersubstanz des Radiums sein. Beide haben ein größeres Atomgewicht als Radium und beide wandeln sich, verglichen mit Radium, sehr langsam um. Schon eine flüchtige Überlegung macht es wahrscheinlich, daß das Radium aus Uranium entsteht, denn Radium findet sich in den Uraniummineralien stets in gewisser Menge, während einige Thoriummineralien sehr wenig Radium enthalten.

Wir werden jetzt aus der Annahme, daß Uranium die Muttersubstanz des Radiums ist, einige Konsequenzen ziehen.

Einige tausend Jahre nach der Bildung des Uraniums sollte die Menge des Radiums einen Maximalwert erreichen. Die Geschwindigkeit, mit der das Radium aus dem Uranium entsteht, ist dann ebenso groß, wie seine Zerfallsgeschwindigkeit; die Zahl der in der Sekunde zerfallenden Radiumatome ist gleich der Zahl der in der Sekunde zerfallenden Uraniumatome. Soviel wir bisher wissen, sendet Uranium nur eine α-Partikel während seiner Umwandlung in Uranium-X aus. Uranium-X sendet nur β- und γ-Strahlen aus. Andererseits sendet Radium und vier seiner Produkte, nämlich die Emanation, Radium-A, -C und -F α-Strahlen aus. Die Zahl der von Radium und seinen Produkten ausgesandten α-Partikeln sollte also fünfmal so groß sein, wie die des Uraniums. Unter der Annahme, daß die α-Partikel des Uraniums ungefähr dieselbe Ionisation hervorruft, wie die des Radiums, sollte die Aktivität eines aktiven Minerals, das größtenteils aus Uran besteht, ungefähr sechsmal so groß sein, wie die des Uraniums selbst. Die beste Pechblende ist nun ungefähr fünfmal stärker aktiv als Uranium, so daß die Forderung der Theorie angenähert in der Praxis erfüllt ist. Solange jedoch das Verhältnis nicht genau bekannt ist, in dem die α-Partikeln des Radiums und der Radiumprodukte ein Gas ionisieren, kann die Größe der zu erwartenden Aktivitäten nicht mit Sicherheit angegeben werden.

Eine andere Folgerung aus der Theorie ist die, daß die in irgend einem radioaktiven Mineral vorhandene Menge Radium stets dem Urangehalt proportional sein sollte. Dieses muß in jedem Falle zutreffen, vorausgesetzt, daß weder Uranium noch Radium durch chemische oder physikalische Mittel aus dem Mineral entfernt sind. Die experimentelle Untersuchung dieser interessanten Frage ist von Boltwood[1]), Strutt[2]) und McCoy[3]) ausgeführt und hat Resultate von der höchsten Bedeutung geliefert.

McCoy verglich die Aktivitäten verschiedener radioaktiver Mineralien und fand, daß die Aktivität stets ihrem Urangehalt sehr nahe proportional war. Da die aktiven Mineralien jedoch etwas Aktinium und gelegentlich etwas Thorium enthalten, so deutet dieses Resultat an, daß die Aktivität von allen diesen

---

[1]) Boltwood, Nature, 25. Mai 1904; Phil. Mag., April 1905.
[2]) Strutt, Trans. Roy. Soc. A., 1905.
[3]) McCoy, Ber. d. d. chem. Ges., Nr. 11, S. 2641 (1904).

Substanzen zusammengenommen dem Urangehalt proportional ist. Boltwood und Strutt schlugen einen direkten Weg ein, indem sie den Gehalt radioaktiver Mineralien an Uranium und Radium bestimmten. Die Menge des Uraniums wurde durch chemische Analyse festgestellt, während der Radiumgehalt durch Messung der Emanationsmenge bestimmt wurde, die bei der Auflösung des Minerals in Freiheit gesetzt wird. Der relative Betrag der Emanation läßt sich mit großer Genauigkeit mit Hilfe der elektrischen Methode bestimmen; dieses ist die einfachste Methode, quantitativ den Radiumgehalt verschiedener Mineralien zu bestimmen.

Aus den Versuchen von Boltwood und Strutt geht hervor, daß in jedem der untersuchten Mineralien zwischen dem Radiumgehalt und dem Uraniumgehalt ein nahezu konstantes Verhältnis besteht; eine Ausnahme besteht nur in einem Falle, den wir später noch eingehender besprechen werden. Die Mineralien stammten aus verschiedenen Fundorten Europas und Amerikas, und waren sowohl nach ihrer chemischen Zusammensetzung wie nach ihrem Uraniumgehalt sehr verschieden.

Die Versuche von Dr. Boltwood von der Yale-Universität, die mit großer Sorgfalt und Genauigkeit ausgeführt sind, zeigen eine überraschende Konstanz des Verhältnisses zwischen Uranium und Radium.

Das von Boltwood angewandte Messungsverfahren war kurz folgendes: Der Uraniumgehalt eines Minerals wurde zunächst durch chemische Analyse ermittelt. Dann wurde eine abgewogene Menge des Minerals in feingepulvertem Zustande in ein Glasgefäß A (Fig. 39) gebracht und eine zur Lösung hinreichende Menge Säure hinzugesetzt.

Die Säure wurde dann gekocht, bis das Mineral völlig aufgelöst war. Die hierbei entwickelte Emanation wurde über der Wassersäule in der Röhre D aufgefangen. Hierauf wurde die Emanation in ein evakuiertes Elektroskop von der in Fig. 6 (S. 31) dargestellten Art eingeführt und der Druck in dem Elektroskop durch Öffnen eines Hahnes auf Atmosphärendruck gebracht. Infolge der Bildung des aktiven Niederschlages erreichte die Entladungsgeschwindigkeit des Elektroskops erst ungefähr drei Stunden nach Einführung der Emanation ein Maximum. Die Geschwindigkeit des Goldblattes wurde als Maß für die vorhandene Emanationsmenge benutzt. Wenn mit der Radiumemanation zugleich Thorium- oder Aktiniumemanation aus dem Mineral in Freiheit gesetzt wurden, so waren sie wegen ihres schnellen Zerfalls völlig verschwunden, ehe die Radiumemanation in das Elektroskop eingeführt war.

Boltwood beobachtete, daß einige Mineralien ein beträchtliches Emanierungsvermögen besaßen, d. h. daß sie auch im festen Zustande einen Teil ihrer Emanation abgaben. In diesem Falle würde die nach dem oben beschriebenen Versuchsverfahren gewonnene Emanationsmenge geringer sein als der Gleichgewichtsbetrag. Hierfür wurde eine geeignete Korrektion dadurch an-

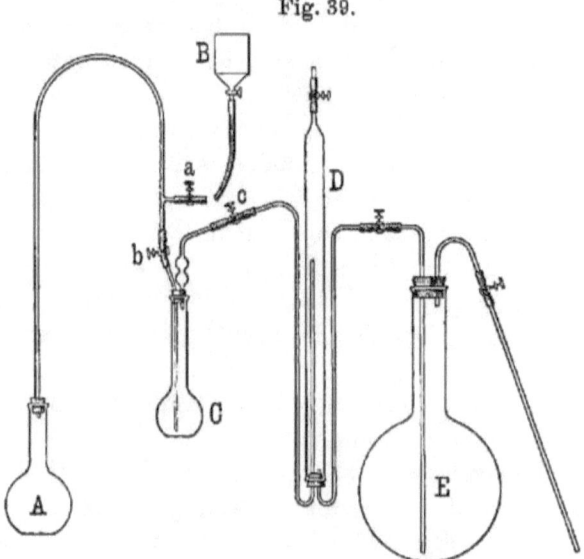

Fig. 39.

gebracht, daß eine bekannte Menge des Minerals in einer Röhre einen Monat lang verschlossen gehalten wurde und mit demselben Elektroskop die Emanationsmenge bestimmt wurde, die sich während dieser Zeit in der Luft über dem Mineral angesammelt hatte. Die Summe beider Mengen gibt den wahren Gleichgewichtsbetrag der Emanation, der der Menge des vorhandenen Radiums entspricht.

Die Resultate Boltwoods sind in der folgenden Tabelle wiedergegeben. Die Zahlen der ersten Kolumne geben in willkürlicher Einheit die Menge der durch Lösung des Minerals erhaltenen Emanationsmenge; Kolumne II gibt den Prozentsatz der

Substanz	Vorkommen	I	II	III	IV
Uraninit	Nord-Carolina	170,0	11,3	0,7465	228
„	Colorado	155,1	5,2	0,6961	223
Gummit	Nord-Carolina	147,0	13,7	0,6538	225
Uraninit	Joachinstal	139,6	5,6	0,6174	226
Uranophan	Nord-Carolina	117,7	8,2	0,5168	228
Uraninit	Sachsen	115,6	2,7	0,5064	228
Uranophan	Nord-Carolina	113,5	22,8	0,4984	228
Thorogummit	„	72,9	16,2	0,3317	220
Carnotit	Colorado	49,7	16,3	0,2261	220
Uranothorit	Norwegen	25,2	1,3	0,1138	221
Samarskit	Nord-Carolina	23,4	0,7	0,1044	224
Orangit	Norwegen	23,1	1,1	0,1034	223
Euxenit	„	19,9	0,5	0,0871	228
Thorit	„	16,6	6,2	0,0754	220
Fergusonit	„	12,0	0,5	0,0557	215
Aeschynit	„	10,0	0,2	0,0452	221
Xenotim	„	1,54	26,0	0,0070	220
Monazit (Sand)	Nord-Carolina	0,88	—	0,0043	205
„ (Kristall)	Norwegen	0,84	1,2	0,0041	207
„ (Sand)	Brasilien	0,76	—	0,0031	245
„ (Kristall)	Connecticut	0,63	—	0,0030	210

in die Luft entweichenden Emanation an; aus Kolumne III ist der Uraniumgehalt des Minerals zu ersehen und Kolumne IV enthält das Verhältnis aus der Gleichgewichtsmenge der Emanation und dem Urangehalt.

Wenn der Radiumgehalt in einem bestimmten Verhältnis zu dem Urangehalt steht, so sollten die Zahlen der Kolumne IV gleich groß sein. Abgesehen von einigen Monaziten ist die Übereinstimmung vorzüglich; die Resultate erbringen mit Rücksicht darauf, daß der Uraniumgehalt der Mineralien in so weiten Grenzen wechselt und die Mineralien aus so verschiedenen Fundorten stammen, einen direkten und zufriedenstellenden Beweis dafür, daß der Radiumgehalt von Mineralien dem Urangehalt direkt proportional ist.

Als Beweis dafür, daß dieses Verhältnis als eine physikalische Konstante aller radioaktiven Mineralien angesehen werden kann, mag folgendes angeführt werden. Boltwood beobachtete, daß einige Monazite eine beträchtliche Menge von Radium enthielten, obwohl nach voraufgehenden Analysen kein Uranium vorhanden war. Eine sorgfältige Untersuchung ergab jedoch, daß Uranium in der zu erwartenden Menge vorhanden war. Die Anwesenheit von Phosphaten hatte die Auffindung des Uraniums bei den ersten Analysen verhindert.

Die Konstanz des Verhältnisses aus dem Radium- und dem Urangehalt ist in einem interessanten Ausnahmefall nicht vorhanden. Danne fand kürzlich, daß in gewissen Ablagerungen in der Umgebung von Issy l'Evêque im Saône-et-Loire-Distrikt beträchtliche Radiummengen vorhanden waren, daß sich in ihnen jedoch keine Spur von Uranium nachweisen ließ. Das Radium findet sich in Pyromorphit (Bleiphosphat) und in bleihaltigem Ton, in dem ersteren jedoch gewöhnlich in größeren Mengen. Der Pyromorphit findet sich in Adern von Quarz und Feldspat. Die Adern waren stets feucht infolge des Vorhandenseins naher Quellen. Der Urangehalt des Pyromorphits wechselt bei den verschiedenen Proben erheblich, doch ist nach Danne im Durchschnitt ein Zentigramm Radium pro Tonne vorhanden.

Es ist wahrscheinlich, daß das Radium durch unterirdische Quellen aufgelöst ist und sich in dem Gestein abgesetzt hat. Das Vorkommen des Radiums in jener Gegend ist nicht auffallend, denn Autunitkristalle sind nur ungefähr 70 km von jener Stelle gefunden worden. Hierdurch wird die Vermutung nahegelegt, daß Ablagerungen von großem Radiumgehalt noch an solchen Stellen entdeckt werden können, in denen die Bedingungen für die Lösung und Wiederablagerung des Radiums günstig waren.

Der Radiumgehalt von Mineralien.

Die Radiummenge, die in einem Mineral auf 1 g Uranium kommt, ist eine wohldefinierte Konstante, die sowohl praktisch wie theoretisch eine gewisse Bedeutung besitzt. Diese Konstante ist kürzlich von Rutherford und Boltwood[1]) durch Vergleich der Emanationsmengen bestimmt, die ein bekanntes Gewicht von Pechblende einerseits, und eine Lösung reinen Radiumbromids von bekanntem Gehalt andererseits entwickelt. Zur Herstellung der Radiumlösung wurde eine abgewogene Menge von Radiumbromid verwandt, das aus der Braunschweiger Chininfabrik bezogen war und nach vorausgegangener kalorimetrischer Messung eine Wärmeentwickelung von mehr als 100 g Kal. in der Stunde per Gramm Radium besaß. P. Curie und Laborde fanden, daß ihre Präparate aus reinem Radiumbromid ungefähr 100 g Kal. per Stunde abgaben. Das angewandte Radiumpräparat war also nahezu rein. Durch wiederholte Verdünnung der ursprünglichen Lösung wurde eine Vergleichslösung hergestellt, die 10^{-6} g Radiumbromid im Kubikzentimeter enthielt. Wenn die Formel des Radiumbromids als $RaBr_2$ und für das Atomgewicht des Radiums 225 angenommen wurde, ergab sich, daß auf jedes Gramm Uranium in dem Mineral $3,8 \times 10^{-7}$ g Radium kamen.

Hieraus folgt, daß in einem Mineral jede Tonne Uranium 0,34 g Radium enthält. Da die radioaktiven Mineralien, aus denen Radium gewonnen wird, gewöhnlich ungefähr 50 Proz. Uranium enthalten, so sollten sich aus einer Tonne des Minerals ungefähr 0,17 g Radium gewinnen lassen.

Strutt erhielt einen ungefähr doppelt so großen Wert, ihm fehlten jedoch die Mittel, die Reinheit seines Radiumbromids zu untersuchen.

---

[1]) Die erste Ermittelung dieser Konstante durch Rutherford und Boltwood (Amer. Sci., Juli 1905) ergab den Wert $7,4 \times 10^{-7}$. Später fanden sie, daß dieser Wert infolge einer Ausfällung des Radiums in der Radiumlösung mit einem Fehler behaftet war.

Nimmt man an, daß die α-Partikeln des Radiums, seiner Umwandlungsprodukte und des Uraniums mit gleicher Geschwindigkeit fortgeschleudert werden, so sollte die Aktivität des Radiums und seiner schnell sich umwandelnden Produkte im Gleichgewichtszustande viermal so groß sein wie die des Urans. Setzt man die Aktivität des Radiums ungefähr drei Millionen Mal größer an, als die des Urans, so findet man für die Radiummenge, die diese Aktivität hervorbringen kann,

$$\frac{4}{3 \times 10^6} = 1{,}33 \times 10^{-6} \, g.$$

Die beobachtete Menge von $3{,}8 \times 10^{-7}$ ist erheblich geringer. Die Übereinstimmung zwischen Theorie und Experiment wird jedoch viel besser, wenn man der experimentell beobachteten Tatsache Rechnung trägt, daß die α-Partikeln des Radiums im Durchschnitt ein größeres Durchdringungsvermögen besitzen als die des Uraniums, und infolgedessen eine größere Ionisation hervorrufen.

Die Bildung des Radiums in Uranlösungen.

Die Konstanz des Verhältnisses zwischen Radium- und Urangehalt in allen radioaktiven Mineralien und die Übereinstimmung zwischen den berechneten und beobachteten Mengen bilden sehr beweiskräftige Stützen der Hypothese, daß Uranium die Muttersubstanz des Radiums ist. Diese Theorie kann jedoch nicht als völlig gesichert gelten, bis experimentell nachgewiesen ist, daß Radium in Uranlösungen, die ursprünglich frei von Radium waren, allmählich sich bildet.

Die Geschwindigkeit, mit der Radium sich nach der Zerfallstheorie bilden sollte, läßt sich leicht berechnen. Auf S. 147 ist berechnet, daß von einer gegebenen Radiummenge der Bruchteil $5{,}4 \times 10^{-4}$ in einem Jahre zerfallen sollte. Die Radiummenge, die in Mineralien auf 1 g Uran kommt, beträgt $3{,}8 \times 10^{-7}$ g. Damit der Radiumgehalt eines Minerals nicht abnimmt, muß im Jahre per Gramm Uranium $5{,}4 \times 10^{-4} \times 3{,}8 \times 10^{-7} = 2 \times 10^{-10}$ g Radium neugebildet werden. Aus 1 kg Uran sollte man also im Jahre 2×10^{-7} g Radium erhalten. Die von einer solchen Menge Radium gebildete Emanation würde ein Goldblattelektroskop in wenigen Sekunden entladen, während die im Laufe eines Tages gebildete Radiummenge sich noch leicht messen lassen müßte.

Versuche über die Bildung des Radiums durch Uran wurden zuerst von Soddy[1]) unternommen. Zu den Versuchen diente eine Lösung von 1 kg Urannitrat. Diese wurde zuerst chemischen Reaktionen unterworfen, um die anfangs vorhandene kleine Radiummenge zu entfernen, und wurde dann in einem geschlossenen Gefäße aufbewahrt. Der Gleichgewichtsbetrag der in der Lösung gebildeten Emanation wurde dann von Zeit zu Zeit bestimmt. Vorversuche zeigten, daß die Bildungsgeschwindigkeit des Radiums sicher geringer war, als nach der Theorie zu erwarten ist, und anfangs zeigten sich nur kleine, kaum merkbare Anzeichen der Radiumbildung. Bei späteren Versuchen fand Soddy jedoch, daß im Verlauf von $1\frac{1}{2}$ Jahren der Radiumgehalt der Lösung deutlich zugenommen hatte. Die Lösung enthielt nach diesem Zeitraum ungefähr $1,6 \times 10^{-9}$ g Radium. Hiernach zerfällt von dem Uranium ein Bruchteil von ungefähr 2×10^{-12} im Jahre, gegenüber dem hundertmal größeren theoretischen Werte von 2×10^{-10}.

Whetham erhielt ein ähnliches Resultat, fand aber eine größere Bildungsgeschwindigkeit als Soddy. Andererseits fand Boltwood kein sicheres Anzeichen für die Bildung des Radiums aus Uranium, obwohl eine außerordentlich geringe Menge Radium in seinem Apparate nachweisbar war. Bei Boltwoods Versuchen wurden 100 g Uraniumnitrat durch fraktionierte Kristallisation fast völlig von Radium befreit; in der Lösung konnte keine Spur von Radium mehr entdeckt werden, obwohl sich die Anwesenheit von $1,7 \times 10^{-11}$ g noch hätte bemerkbar machen müssen.

Nachdem die Lösung ein Jahr gestanden hatte, war noch nicht genug Emanation gebildet, um einen Effekt in dem Elektroskop hervorzurufen, welches dieselbe Empfindlichkeit wie in den ersten Versuchen besaß. Hieraus geht hervor, daß Uranium, welches in der von Boltwood angewandten Weise gereinigt ist, im Laufe eines Jahres sicherlich keine meßbare Menge Radium bildet, und daß diese Menge gewiß kleiner ist, als $1/1000$ des theoretisch berechneten Betrages.

Obwohl die experimentelle Untersuchung also etwas widerspruchsvolle Resultate ergeben hat, so kann es doch, meiner Ansicht nach, nicht zweifelhaft sein, daß das Uranium von Soddy

---

[1]) Soddy, Nature, 12. Mai 1904, 19. Jan. 1905; Phil. Mag., Juni 1905.

ein Anwachsen des Radiumgehaltes zeigte, obwohl nur ein Bruchteil der berechneten Menge gebildet war. Soweit wir bisher wissen, zerfällt Uranium unter Aussendung einer α-Partikel und bildet Uranium-X, das eine Periode von 22 Tagen besitzt und β- und γ-Strahlen abgibt. Weitere aktive Produkte sind nicht aufgefunden, so daß wir nicht sagen können, welche Umwandlungsstadien noch auftreten, ehe Radium gebildet wird. Wenn z. B. das Umwandlungsprodukt von Uranium-X strahlenlos ist und eine sehr große Periode besitzt, so läßt sich die geringe Geschwindigkeit, mit der Radium aus Uran gebildet wird, ohne weiteres erklären. Wenn, wie bei den Versuchen von Boltwood, das Uranium sorgfältig gereinigt ist, so kann möglicherweise das strahlenlose Produkt ganz aus dem Uran entfernt sein. Ehe sich dann das Radium in meßbarem Betrage bilden könnte, müßte das strahlenlose Zwischenprodukt in erheblicher Menge gebildet sein. Würde das Zwischenprodukt eine Periode von mehreren tausend Jahren haben, so müßte ein Zeitraum von mehreren Jahren vergehen, ehe das Vorhandensein von Radium nachgewiesen werden könnte [1]).

Diese Annahme des Vorhandenseins einer Übergangssubstanz würde auch den Widerspruch zwischen den Versuchen von Soddy und Boltwood erklären. Bei Soddys Versuchen wurden die anfangs vorhandenen Spuren von Radium teilweise durch Fällung von Bariumsulfat aus der Uraniumlösung entfernt. Diese Fällung kann jedoch das Zwischenprodukt unberührt gelassen haben, das sich in dem Uranium schon mehrere Jahre lang angesammelt hatte. Die unvollkommen gereinigte Lösung von Soddy war daher besser geeignet, das Anwachsen des Radiums zu zeigen, als die sorgfältig gereinigte Lösung von Boltwood.

Ich denke, daß kein begründeter Zweifel darüber bestehen kann, daß die reine Uraniumlösung schließlich eine Bildung von

---

[1]) Boltwood [Nature, 15. Nov. 1906; Phys. Zeitschr. 7, 915 (1906)] hat kürzlich gefunden, daß in Aktiniumpräparaten Radium mit annähernd der Geschwindigkeit gebildet wird, die theoretisch zu erwarten ist, wenn Radium ein Zerfallsprodukt des Aktiniums ist. Vielleicht ist Aktinium die Muttersubstanz des Radiums und entsteht selbst aus Uranium. Boltwoods Befund, daß der Aktiniumgehalt von Mineralien ihrem Urangehalt proportional ist, befindet sich mit dieser Hypothese im Einklang.

Radium zeigen wird, wenn auch mehrere Jahre verstreichen müssen, ehe die neugebildete Menge sich nachweisen läßt.

Die Umwandlungen im Uranium, die zur Bildung des Radiums führen, sind unten zusammengestellt.

Uranium
↓
Uranium-X
↓
Eine oder mehrere unbekannte Zwischensubstanzen von langen Umwandlungsperioden
↓
Radium und seine Umwandlungsprodukte.

Zweifellos werden die Zwischenprodukte zwischen Uranium-X und Radium schließlich einmal chemisch abgeschieden werden. Wenn wir annehmen, daß nur ein Zwischenprodukt besteht, so ist es nicht unwahrscheinlich, daß es strahlenlos sein wird. Die Anwesenheit eines solchen Produktes würde sich durch die Eigenschaft des Produktes, anfangs Radium mit konstanter Geschwindigkeit zu bilden, nachweisen lassen. Wenn beispielsweise das unbekannte Produkt völlig aus einer Menge eines radioaktiven Minerals abgeschieden wäre, die 1 kg Uran enthielt, so würde es anfangs ungefähr 2×10^{-7} g Radium im Jahre, oder $5,5 \times 10^{-10}$ g im Tage bilden. Die letztere Menge ist leicht meßbar und der Beweis für die Bildung von Radium aus dieser Substanz sollte daher nur wenige Wochen in Anspruch nehmen.

Die Beziehung, in der Radium zu Uran steht, ist einzigartig in der Chemie. Wahrscheinlich wird sich für alle radioaktiven Elemente und möglicherweise auch für einige nichtaktive Substanzen eine derartige Beziehung auffinden lassen; es ist nämlich auffallend, daß gewisse Elemente in Mineralien stets in ungefähr dem gleichen relativen Verhältnisse vorkommen, obwohl die Chemie keinen Grund für diese Gemeinschaft ersehen läßt.

Siebentes Kapitel.

Die Umwandlungsprodukte des Uraniums und Aktiniums und der Zusammenhang zwischen den Radioelementen.

In den vorhergehenden Kapiteln sind die Umwandlungsreihen des Thoriums und Radiums ausführlich behandelt worden. Da Uranium und Aktinium, die beiden anderen aktiven Substanzen, in dem Zusammenhange dieses Buches von Interesse sind, so wird in dem folgenden eine kurze Übersicht über die Umwandlungen gegeben werden, die in ihnen vor sich gehen.

Die Umwandlungen des Uraniums.

Uraniumpräparate senden α-, β- und γ-Strahlen aus, sichere Anzeichen dafür, daß Uranium eine Emanation abgibt, sind bisher noch nicht gefunden. In dieser Hinsicht scheint es sich vom Thorium, Radium und Aktinium zu unterscheiden. Es ist jedoch möglich, daß eine eingehende Untersuchung noch das Vorhandensein einer sehr kurzlebigen Emanation ergeben wird. Wenn das Uranium eine Emanation besäße, die nicht länger als $1/100$ Sekunde beständig wäre, so würde ihre Entdeckung mit Hilfe der elektrischen Methode außerordentlich schwierig sein.

Nur ein direktes Umwandlungsprodukt des Uraniums, Uranium-X, ist bisher nachgewiesen worden. Die Abtrennung dieser Substanz ist zuerst durch Sir William Crookes[1]) nach zwei verschiedenen Methoden ausgeführt worden. Ammoniumkarbonat wurde zu einer Uraniumlösung zugesetzt, und das gefällte Uraniumoxyd im Überschuß des Ammoniumkarbonats wieder gelöst. Eine geringe Menge eines Niederschlages, der das Uranium-X enthielt,

---

[1]) Crookes, Proc. Roy. Soc., 66, 409 (1900).

blieb zurück. Crookes gebrauchte die photographische Methode und fand, daß das Uranium nach dieser Behandlung fast inaktiv war, während der Niederschlag, verglichen mit einem gleich großen Gewicht von Uranium, eine außerordentlich starke photographische Wirkung ausübte. Die Erklärung hierfür wurde erst später gefunden. Uranium-X sendet nur β-Strahlen aus, die in dem Falle des Uraniums eine viel größere photographische Wirkung ausüben, als die stark absorbierten α-Strahlen. Die Entfernung des Uranium-X ändert die α-Strahlenaktivität des Uraniums in keiner Beziehung, wie die Messung mit Hilfe der elektrischen Methode ergibt, raubt dem Uranium aber seine ganze β-Strahlenaktivität.

Die zweite von Crookes verwandte Methode besteht darin, daß das Uraniumnitrat in Äther aufgelöst wurde. Hierbei verteilt sich das Uranium ungleich zwischen dem Äther und dem vorhandenen Wasser. Die wässerige Lösung enthält das Uranium-X, während die ätherische Fraktion photographisch inaktiv ist.

Noch eine andere Trennungsmethode wurde von Becquerel[1]) aufgefunden. Zu einer Uranlösung wurde eine kleine Menge eines Bariumsalzes hinzugesetzt, und dann das Barium mit Schwefelsäure ausgefällt. Der Bariumniederschlag reißt das Uranium-X mit, und nach einigen Wiederholungen der Fällung ist das Uranium fast völlig frei von Uranium-X. Becquerel beobachtete zuerst, daß Uranium-X nach einiger Zeit seine Aktivität verliert, während das Uranium seine verlorene Aktivität wiedergewinnt.

Die Geschwindigkeit, mit der Uranium-X seine Aktivität verliert, wurde von Rutherford und Soddy bestimmt. Die Abfallskurve ist die eines einfachen radioaktiven Produkts, sie gehorcht einem Exponentialgesetz mit einer Periode von ungefähr 22 Tagen. Die Erholungskurve der β-Aktivität des Uraniums und die Abfallskurve des Uranium-X sind komplementär.

Aus der Analogie mit den entsprechenden Erscheinungen beim Thorium und Radium können wir also schließen, daß Uranium das Uranium-X mit konstanter Geschwindigkeit bildet. Da die α-Strahlenaktivität durch die Entfernung des Uranium-X nicht geändert wird, so ist es wahrscheinlich, daß das Uraniumatom unter Ausschleuderung einer α-Partikel sich in das Atom des Uranium-X umwandelt. Dieses zerfällt seinerseits unter

---

[1]) Becquerel, Compt. rend. **131**, 137 (1900); **133**, 977 (1901).

Ausschleuderung einer β-Partikel. Das Produkt, das aus der Umwandlung von Uranium-X hervorgeht, ist entweder inaktiv oder so schwach aktiv, daß seine Umwandlung sich nicht mit Hilfe der elektrischen Methode verfolgen läßt.

Die Umwandlungen, die im Uranium vor sich gehen, sind in dem untenstehenden Diagramm veranschaulicht.

$$\text{Uranium-Atom} \begin{cases} \nearrow \alpha\text{-Partikel} \\ \text{Uranium-X-Atom} \to ? \end{cases} \begin{matrix} \beta\text{-Partikel} \\ \uparrow \nearrow \gamma\text{-Strahlen} \end{matrix}$$

Es ist in dem letzten Kapitel darauf hingewiesen worden, daß Uranium-X wahrscheinlich eine oder mehrere strahlenlose Umwandlungen von langer Periode erfährt und schließlich Radium bildet.

Die β-Strahlenaktivität des Uraniums hat zu einigen interessanten Beobachtungen Anlaß gegeben. Meyer u. Schweidler[1]) machten auf einige bemerkenswerte Veränderungen aufmerksam, die die β-Strahlenaktivität des Uraniums während der Kristallisation erfährt. Die Aktivität ändert sich in höchst auffallender Weise so, als wenn der Kristallisationsprozeß einen direkten Einfluß auf die Umwandlungsgeschwindigkeit des Uranium-X hätte. Einige von Godlewski[2]) in dem Laboratorium des Verfassers ausgeführte Versuche führten später zu einer einfachen Erklärung der auffälligen Resultate von Meyer und Schweidler.

Uraniumnitrat wurde in einer kleinen Schale erwärmt und in seinem Kristallwasser geschmolzen. Die Schale wurde dann unter ein β-Elektroskop gestellt. Die β-Strahlenaktivität blieb während der Abkühlung der Lösung merklich konstant; in dem Augenblick jedoch, in dem die Kristallisation auf dem Boden der Schale begann, nahm die β-Strahlenaktivität schnell zu und war auch nach Beendigung der Kristallisation mehrere Male so groß wie im Anfang. Nach Erreichung eines Maximums nahm die Aktivität allmählich wieder ab und hatte nach ungefähr einer Woche den Wert wieder erreicht, den sie vor dem Schmelzen des Uraniumnitrats gehabt hatte.

Hierauf wurde ein anderer einfacher Versuch ausgeführt. Ein auf die gleiche Weise gebildeter Kristallkuchen wurde un-

---

[1]) Meyer und Schweidler, Wien. Ber. 113, Juli 1904.
[2]) Godlewski, Phil. Mag., Juli 1905.

mittelbar nach Beendigung der Kristallisation aus der Schale herausgenommen und umgekehrt unter das Elektroskop gelegt. Die β-Strahlenaktivität war viel geringer als bei der ursprünglichen Lage des Kuchens, und nahm allmählich wieder den Normalwert an. Diese Beobachtungen lassen sich folgendermaßen erklären. Uranium-X ist in Wasser löslicher als Uraniumnitrat. Wenn die Kristallisation am Boden der Schale beginnt, so wird das Uranium-X an die Oberfläche der Lösung gedrängt. Die β-Strahlen, die in das Elektroskop gelangen, haben im Durchschnitt eine dünnere Uraniumschicht zu passieren als zuvor. Die β-Strahlenaktivität wird also zunehmen, bis die Kristallisation beendigt ist. Die untere Seite der Kristallplatte wird weniger als die normale Menge von Uranium-X enthalten und deshalb eine geringere β-Strahlenaktivität hervorrufen. Die allmähliche Abnahme der β-Strahlenaktivität der Oberseite und die Zunahme der der Unterseite scheint von einer Diffusion des Uranium-X herzurühren, die so lange andauert, bis das Uranium-X wieder gleichförmig in der ganzen Kristallmasse verteilt ist. Die Diffusion geht auch in einer vollkommen trockenen Kristallplatte verhältnismäßig schnell vor sich. Ein Effekt dieser Art, der sehr leicht in einer Mischung von Produkten verschiedener Löslichkeit vorkommen kann, zeigt, wie vorsichtig man sein muß, wenn man die Aktivität einer Substanz interpretiert, die gerade vorher chemischen Reaktionen ausgesetzt worden war.

Die größere Löslichkeit des Uranium-X kann leicht zu einer teilweisen Trennung des Uranium-X benutzt werden. Wenn Uraniumnitrat in einem kleinen Überschuß von Wasser aufgelöst wird, so enthält nach der Kristallisation die Mutterlauge den größten Teil des Uranium-X.

Die Umwandlungen des Aktiniums.

Kurze Zeit nach der Entdeckung des Radiums und Poloniums fand Debierne in den Pechblenderückständen eine neue Substanz, die er Aktinium nannte. Sie wurde mit dem Thorium zusammen abgeschieden, kann von ihm jedoch nach geeigneten Methoden getrennt werden. Mehrere Jahre lang war über die radioaktiven Eigenschaften dieser Substanz sehr wenig bekannt. Inzwischen hatte Giesel unabhängig beobachtet, daß eine neue radioaktive Substanz mit dem Lanthan und Cer ausgefällt wurde. Diese Substanz gab in großen Mengen eine sehr kurzlebige Emanation ab und Giesel nannte sie wegen dieser Eigenschaft zunächst „Emanationskörper", ein Name, der später in „Emanium" umgewandelt wurde. Debierne fand dann, daß Aktinium eine Emanation abgibt, die in 3,9 Sekunden ihre Aktivität zur Hälfte verliert. Spätere Arbeiten, die von verschiedenen Forschern ausgeführt wurden, haben gezeigt, daß die Emanationen und die Aktivitäten, die von Emanium und Aktinium hervorgerufen werden, die gleichen Abfallsgeschwindigkeiten besitzen.

Der aktive Bestandteil, der in dem Aktinium von Debierne vorhanden ist, ist also identisch mit dem in Giesels Emanium, und wir werden daher den zuerst gebrauchten Namen Aktinium beibehalten. Aktinium ist bisher nicht in so reinem Zustande hergestellt, daß sein Atomgewicht und sein Spektrum hätten untersucht werden können.

Sehr aktive Aktiniumpräparate sind bereits von Giesel und Debierne hergestellt worden und es ist wahrscheinlich, daß Aktinium im reinen Zustande eine Aktivität von derselben Größenordnung wie das Radium besitzen wird. Die Emanation wird von den Gieselschen Präparaten sehr reichlich abgegeben und ruft auf einem in die Nähe gebrachten Zinksulfidschirm ein Aufleuchten hervor. Die Szintillationserscheinungen lassen sich beim Aktinium noch besser beobachten als beim Radium. Die ununterbrochene schnelle Bildung einer kurzlebigen Emanation läßt sich am Aktinium leicht durch ein sehr anschauliches Experiment zeigen. Eine kleine Menge von Aktinium wird in Papier eingewickelt und auf einen Zinksulfidschirm gelegt. Die von dem Aktinium selbst ausgesandten α-Strahlen werden vollkommen in dem Papier absorbiert, aber die Emanation diffundiert leicht durch das Papier in die umgebende Luft und ihre α-Strahlen bringen den Zinksulfidschirm zum Leuchten. Bei der Beobachtung dieses Lichtes mit einer Linse sieht man, daß es aus einer Menge leuchtender schnell wechselnder Punkte besteht. Ein Lufthauch entfernt die Emanation und die Luminiszenz verschwindet dann für einen Augenblick, kehrt aber zurück, sowie die Emanation neu gebildet ist. Das Leuchten breitet sich von dem Aktinium infolge der Diffusion der Emanation über den

Schirm aus. Der leiseste Lufthauch ruft eine deutliche Bewegung des Leuchtens hervor und verschiebt es in der Richtung des Luftstromes.

Aktinium sendet α-, β- und γ-Strahlen aus. Diese Strahlungen sind von Godlewski[1]) untersucht worden. Die β-Strahlen sind offenbar sehr homogen und besitzen ein geringeres Durchdringungsvermögen als die β-Strahlen anderer radioaktiver Substanzen. Hieraus geht hervor, daß die β-Partikeln alle mit ungefähr der gleichen Geschwindigkeit ausgeschleudert werden, und daß diese Geschwindigkeit geringer ist als die durchschnittliche Geschwindigkeit der β-Strahlen von anderen Substanzen.

Auch die γ-Strahlen haben ein geringeres Durchdringungsvermögen als die des Radiums. Es ist nicht unwahrscheinlich, daß das Fehlen sehr durchdringender γ-Strahlen mit dem Fehlen sehr schneller β-Strahlen zusammenhängt, denn es ist zu erwarten, daß die β-Partikel, die vom Radium beinahe mit Lichtgeschwindigkeit ausgeschleudert wird, einen heftigeren Impuls hervorrufen wird, als eine β-Partikel von viel geringerer Geschwindigkeit.

Die Emanation des Aktiniums wandelt sich in einen aktiven Niederschlag um, der in einem elektrischen Felde auf der Kathode konzentriert werden kann. Die Aktivität eines Niederschlages, den man nach langer Exposition erhält, verschwindet allmählich und zwar fällt sie zehn Minuten nach Beendigung der Exposition exponential mit einer Periode von 36 Minuten ab. Miss Brooks[2]) beobachtete, daß die Abfallskurven der induzierten Aktivität nach kurzer Exposition denselben Charakter besitzen, wie die entsprechenden Kurven der induzierten Aktivität des Thoriums. Die Aktivität nimmt anfangs zu, erreicht nach ungefähr acht Minuten ein Maximum und fällt schließlich exponential mit einer Periode von 36 Minuten ab.

Dieses Verhalten kann in derselben Weise erklärt werden, wie beim Thorium. Die Emanation wandelt sich unter Aussendung von α-Strahlen in ein strahlenloses Produkt, Aktinium-A, um, welches in 36 Minuten zur Hälfte umgewandelt wird. Aktinium-A bildet Aktinium-B, welches in ungefähr zwei Minuten zur Hälfte zerfällt und α-, β- und γ-Strahlen aussendet.

---

[1]) Godlewski, Phil. Mag., Sept. 1905.
[2]) Miss Brooks, Phil. Mag., Sept. 1904.

Daß die Periode von zwei Minuten dem Aktinium-B und nicht dem Aktinium-A zugeschrieben werden muß, geht aus einem Versuch von Miss Brooks hervor. Der aktive Niederschlag wurde auf einem Platinblech gesammelt und dann in verdünnter Salzsäure aufgelöst. Durch Elektrolyse der Lösung wurde auf der Kathode eine Substanz erhalten, die α-Strahlen aussandte. Diese verlor ihre Aktivität nach einem Exponentialgesetz mit einer Periode von ungefähr 1,5 Minuten. Hieraus geht hervor, daß Aktinium-B, welches α-Strahlen aussendet, die kürzere Periode besitzen muß.

Die Analogie, welche somit zwischen Aktinium und Thorium besteht, trat noch deutlicher hervor, als Godlewski[1]) und Giesel[2]) unabhängig voneinander aus dem Aktinium eine sehr aktive Substanz abschieden, die Aktinium-X genannt wurde. Die Trennung wurde durch Fällung des Aktiniums mit Ammoniak in genau der gleichen Weise erreicht, wie die Trennung des Thorium-X vom Thorium. Das Aktinium-X verbleibt nach der Ausfällung des Aktiniums in dem Filtrat, zusammen mit Aktinium-A und Aktinium-B. Godlewski fand, daß Aktinium-X seine Aktivität exponential mit einer Periode von ungefähr zehn Tagen verliert. Das von Aktinium-X befreite Aktinium gewinnt mit derselben Periode seine Aktivität wieder. Die Erscheinungen, die bei der Trennung des Aktinium-X und Thorium-X von ihren Muttersubstanzen beobachtet werden, weisen einige interessante Unterschiede auf. Thorium-A und -B sind in Ammoniak nur wenig löslich und werden daher mit dem Thorium ausgefällt. Der aktive Niederschlag des Aktiniums ist jedoch leicht löslich in Ammoniak und bleibt daher in dem Filtrate mit dem Aktinium-X.

Wenn das Aktinium-X durch wiederholte Fällungen entfernt ist, so besitzt das Aktinium nur noch einen kleinen Teil seiner normalen Aktivität, während die Restaktivität beim Thorium ungefähr ein Viertel der ursprünglichen beträgt. Es ist wahrscheinlich, daß Aktinium, wenn es vollständig von Aktinium-X und seinen Produkten befreit wäre, weder α- noch β-Strahlenaktivität besitzen würde, und also ein strahlenloses Produkt wäre. Nach den Versuchen von Hahn ist es, wie auf S. 71 bemerkt

---

[1]) Godlewski, Phil. Mag., Juli 1905.
[2]) Giesel, Jahrbuch d. Radioaktivität 1, 358 (1904).

wurde, wahrscheinlich, daß auch Thorium, wenn es frei von Radiothorium ist, keine Strahlen aussendet[1]).

Godlewski hat nachgewiesen, daß die Emanation ein direktes Produkt des Aktinium-X und nicht des Aktiniums selbst ist. In dieser Hinsicht ist das Aktinium-X dem Thorium-X sehr ähnlich. Die Umwandlungen des Aktiniums sind in Fig. 40 zusammengestellt.

Fig. 40.

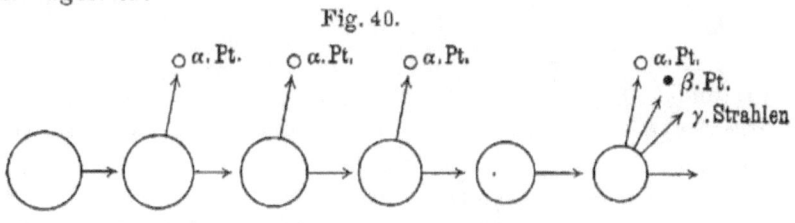

Aktinium und die Familie seiner Umwandlungsprodukte.

Beim Vergleich der Umwandlungen des Aktiniums und Thoriums (vgl. Fig. 41) tritt die Ähnlichkeit zwischen den beiden Substanzen sehr deutlich hervor.

Die Ähnlichkeit in dem radioaktiven Verhalten der beiden Substanzen deutet darauf hin, daß Aktinium und Thorium, während sie chemisch voneinander verschieden sind, eine sehr ähnliche Atomstruktur besitzen, und daß, wenn einmal der Zerfallsprozeß begonnen hat, die Atome beider Substanzen eine gleiche Veränderung erfahren.

Der Zusammenhang zwischen den Radioelementen.

Die drei radioaktiven Elemente, Thorium, Radium und Aktinium, bilden jedes eine Emanation, deren Leben verglichen mit

---

[1]) Hahn [Phys. Zeitschr. 7, 855 (1906)] hat in neuester Zeit ein weiteres Aktiniumprodukt abgeschieden, das er „Radioaktinium" genannt hat. Dieses Produkt nimmt seinen Platz zwischen Aktinium und Aktinium-X ein, sendet α-Strahlen aus und besitzt eine Umwandlungsperiode von 19,5 Tagen. Aktinium selbst ist strahlenlos. Godlewski hatte, ohne es zu bemerken, dieses Produkt von dem Aktinium getrennt, denn anderenfalls würde sein Aktinium infolge der Gegenwart von Radioaktinium α-Strahlen ausgesandt haben. Levin [Phys. Zeitschr. 7, 513 (1906)] hat nachgewiesen, daß Aktinium-X keine β-Strahlen aussendet. Die β-Strahlen des Aktiniums rühren lediglich von dem Aktinium-B her.

dem des Elementes selbst kurz ist. Nach den bisherigen Erfahrungen besitzen diese Emanationen nicht die Fähigkeit, Verbindungen einzugehen und sind daher der Helium-Argon-Gruppe zuzurechnen. Jede Emanation bildet eine nicht flüchtige Substanz, die sich auf Gegenständen in der Umgebung der Emanation niederschlägt und in einem elektrischen Felde auf der Kathode konzentriert werden kann. Die Umwandlungen, die die aktiven Niederschläge erfahren, sind einander gleichfalls sehr ähnlich, denn der aktive Niederschlag enthält in jedem Falle ein strahlenloses Produkt, aus dem ein neues Produkt entsteht, das alle drei Strahlenarten besitzt. Das strahlenlose Produkt hat auch stets die größere Periode, oder ist mit anderen Worten beständiger, als das von ihm gebildete Strahlenprodukt.

Der Zerfall der analogen Substanzen Thorium-C, Aktinium-B und Radium-C geht mit größerer Heftigkeit vor sich, als der irgend einer anderen radioaktiven Substanz, denn nicht nur besitzt die α-Partikel dieser Produkte eine sehr große Geschwindigkeit, sondern es wird zugleich mit der α-Partikel eine β-Partikel mit großer Geschwindigkeit fortgeschleudert.

Nachdem diese heftige Explosion innerhalb des Atoms stattgefunden hat, erreicht das Atomsystem einen dauernderen Gleichgewichtszustand, denn die neu entstehenden Produkte Thorium-D und Aktinium-C haben sich bisher nach radioaktiven Methoden nicht entdecken lassen und Radium-D besitzt eine sehr geringe Umwandlungsgeschwindigkeit.

Die Ähnlichkeit in dem Verhalten der verschiedenen radioaktiven Gruppen ist zu ausgesprochen, als daß sie nur als zufällig angesehen werden könnte; sie deutet vielmehr darauf hin, daß ein Gesetz den Zerfall aller Radioelemente beherrscht. Die Umwandlungsprodukte bezeichnen die verschiedenen Phasen in der Umwandlung der Atome und stellen die Haltepunkte dar, an denen die Atome für eine gewisse Zeit bestehen ·können, ehe sie von neuem in mehr oder weniger beständige Formen zerfallen.

Es erhebt sich die interessante Frage, ob ein Atom nach Verlust einer α-Partikel für kurze Zeit in mehr als einer stabilen Form bestehen kann. Nach der explosionsartigen Ausschleuderung einer α-Partikel muß eine Neugruppierung im Inneren des Atoms stattfinden, aus der ein dauernd oder vorübergehend beständiges System hervorgehen kann. Es ist denkbar, daß mehr als ein verhältnismäßig stabiles System sich bilden kann, und in diesem Falle müssen außer der α-Partikel zwei oder mehr Zerfallsprodukte entstehen. Diese würden, obwohl sie das gleiche Atomgewicht besäßen, Unterschiede in ihrem chemischen Verhalten zeigen und es müßte möglich sein, sie voneinander zu trennen. Es wäre nicht nötig, daß die Produkte in gleicher Menge gebildet würden, sondern eines könnte in relativ größerer Menge entstehen.

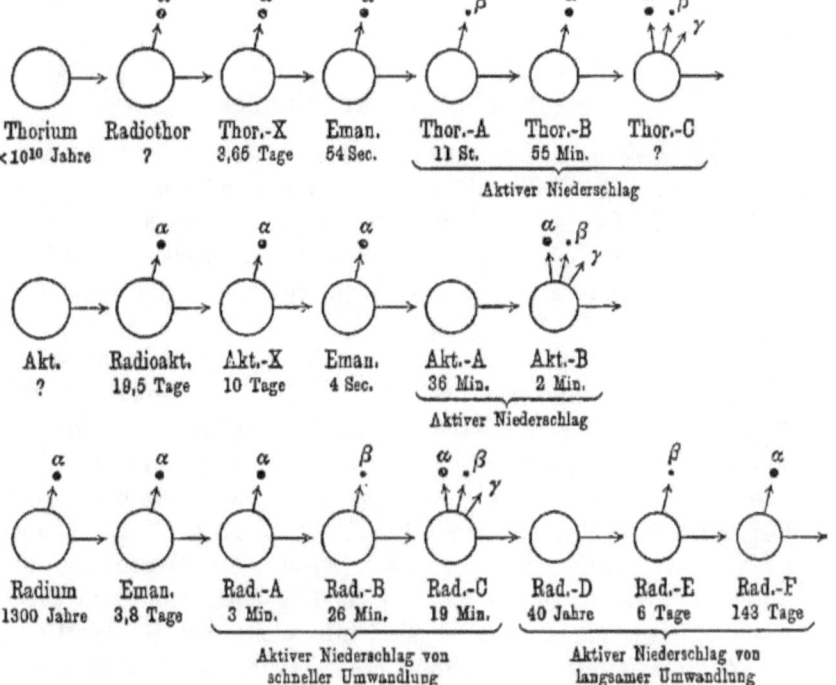

Die Radioelemente und ihre Umwandlungsprodukte.

Man kann auch noch an eine andere Möglichkeit denken. Die heftige Störung in dem Atom, die zu der Aussendung einer α-Partikel Anlaß gibt, kann einen Zerfall des Hauptatoms in zwei Teile verursachen, und so, abgesehen von der α-Partikel, die

Bildung zweier Atome von verschiedenem Atomgewicht hervorrufen. Dieses könnte z. B. bei dem heftigen Zerfall von Radium-C oder Thorium-C eintreten.

Bisher ist es nicht nötig gewesen, eine dieser Theorien zur Erklärung radioaktiver Phänomene heranzuziehen. Der Zerfall liefert in jedem Falle außer der ausgesandten α-Partikel nur ein Produkt. Es ist jedoch nicht unwahrscheinlich, daß eine noch eingehendere Untersuchung der Radioelemente das Vorhandensein von Produkten ergeben wird, die außerhalb der Hauptlinie des Atomabbaues liegen. Die Elektrolyse ist bereits für die Scheidung der radioaktiven Umwandlungsprodukte von Wert gewesen, die in verschwindend kleiner Menge in Lösung vorhanden sind, und die Möglichkeiten, die sie in dieser Richtung bietet, sind noch keineswegs erschöpft.

Strahlenlose Umwandlungen.

Die meisten radioaktiven Produkte zerfallen unter Ausschleuderung einer α-Partikel; einige senden außer der α-Partikel noch eine β-Partikel und in ihrer Begleitung γ-Strahlen aus, während nur wenige lediglich β-Strahlen aussenden. Die Produkte, welche gar keine Strahlen abgeben, bilden eine besondere Klasse.

Im Radium und Aktinium bestehen je zwei strahlenlose Produkte und wahrscheinlich auch zwei*) im Thorium. Die Methode, nach der der Nachweis solcher Produkte und die Bestimmung ihrer physikalischen und chemischen Eigenschaften ausgeführt werden kann, ist bereits in den voraufgehenden Kapiteln besprochen worden. Da ein strahlenloser Körper keine ionisierende Strahlenart aussendet, kann seine Gegenwart nur durch die Veränderung der Menge des folgenden Produktes nachgewiesen werden. Hierdurch sind wir nicht nur in der Lage, die Zerfallsperiode des strahlenlosen Produktes, sondern auch seine wichtigeren Eigenschaften zu bestimmen.

Die strahlenlosen Produkte sind offenbar in allen Beziehungen den strahlenden Produkten ähnlich, ausgenommen, daß sich bei ihnen kein Anzeichen für die Aussendung von α- oder β-Partikeln findet. Sie sind unbeständige Substanzen, die nach

---
*) Vgl. S. 58.

demselben Gesetz zerfallen, wie die anderen aktiven Produkte, und neue Substanzen von verschiedenen physikalischen und chemischen Eigenschaften bilden.

Die Umwandlung eines strahlenlosen Produktes kann von zwei allgemeinen Gesichtspunkten aus betrachtet werden. Man kann einmal annehmen, daß die Umwandlung nicht in einer wirklichen Fortschleuderung eines Teiles des Atomsystemes besteht, sondern in einer Umordnung der Komponenten des Atoms in ein neues zeitweilig beständiges System. Hiernach hat das strahlenlose Produkt dasselbe Atomgewicht, wie das aus ihm entstehende Produkt, unterscheidet sich von ihm jedoch so sehr in seiner chemischen Struktur, daß zwischen den Eigenschaften der beiden Substanzen ein großer Unterschied besteht. Es würde hierin eine gewisse Analogie zu dem Falle bestehen, in dem ein Element, z. B. Schwefel, in zwei verschiedenen Modifikationen vorkommt. Die Analogie ist jedoch nur oberflächlich, denn die Atome der Produkte besitzen völlig verschiedene Eigenschaften, einerlei ob in Lösung oder in festem Zustande.

Nach der anderen Hypothese wird der Umwandlung eines strahlenlosen Produktes derselbe Charakter wie der eines α-Strahlenproduktes zugeschrieben und nur angenommen, daß die α-Partikel nicht mit einer solchen Geschwindigkeit fortgeschleudert wird, daß sie eine merkliche Ionisation des Gases bewirken kann. Es findet ein wirklicher Masseverlust während der Umwandlung statt, aber dieser Verlust läßt sich nicht nach der elektrischen Methode feststellen. In dem Lichte einiger experimenteller Beobachtungen, die in Kapitel 10 besprochen werden, erscheint diese Erklärung nicht als unwahrscheinlich. Wenn nämlich die Geschwindigkeit der α-Partikel unter 40 Proz. der Maximalgeschwindigkeit sinkt, die die schnellste α-Partikel des Radiums, nämlich die von Radium-C, besitzt, so wird die photographische, Phosphoreszenz- und Ionisationswirkung der α-Partikel relativ sehr klein. Die α-Partikel des Radium-C wird mit einer Geschwindigkeit fortgeschleudert, die $1/_{15}$ der Lichtgeschwindigkeit beträgt. Es kann also eine α-Partikel eine große Geschwindigkeit besitzen und doch eine elektrische Wirkung ausüben, die im Vergleich zu der sehr klein ist, die eine α-Partikel von doppelt so großer Geschwindigkeit hervorruft. Die α-Partikel des Radium-C erzeugt in einem Gase ungefähr 100000 Ionen, ehe sie absorbiert wird, der elektrische Effekt, den die geladene α-Partikel selbst hervorruft, ist also sehr gering neben dem, der von der Ionisierung des Gases herrührt. Da auf ein strahlenloses Produkt im allgemeinen ein Produkt folgt, welches α-Partikeln von großer Geschwindigkeit aussendet, so würde der starke Ionisationseffekt, der von dem letzteren herrührt, die elektrische Wirkung des strahlenlosen Produktes selbst völlig überdecken, selbst wenn es geladene Teilchen von geringer Geschwindigkeit aussenden würde.

Es ist schwer, Versuche anzugeben, die eine Entscheidung zwischen diesen beiden Hypothesen bringen könnten; es sprechen jedoch viele Gründe für die Ansicht, daß bei einer „strahlenlosen" Umwandlung eine α-Partikel von so kleiner Geschwindigkeit ausgesandt wird, daß sie auf dem gewöhnlichen Wege nicht nachgewiesen werden kann.

Die Eigenschaften der radioaktiven Produkte.

Mit wenigen Ausnahmen sind die Umwandlungsprodukte der Radioelemente in so geringen Mengen vorhanden, daß sie niemals durch direkte Bestimmung ihres Gewichtes oder Volumens hätten entdeckt werden können. Ihre Fähigkeit, ionisierende Strahlen auszusenden, dient nicht nur dazu, ihre Umwandlungsgeschwindigkeit zu messen, sondern erlaubt auch, einige ihrer physikalischen und chemischen Eigenschaften zu bestimmen.

Die elektrische Methode ist zur qualitativen und quantitativen Analyse außerordentlich geringer Mengen von radioaktiven Substanzen verwandt worden. Das Vorhandensein von 10^{-11} g eines so langsam sich umwandelnden Elementes wie Radium läßt sich leicht beobachten, während in dem Falle einer schnell zerfallenden Substanz, wie der Thoriumemanation, noch ein Hundertmillionstel dieser kleinen Menge leicht nachweisbar ist. Wie früher gezeigt wurde, ist die elektrische Methode sogar leicht imstande, das Vorhandensein einer aktiven Materie anzuzeigen, in der nur ein Atom in der Sekunde zerfällt, vorausgesetzt, daß während der Umwandlung eine α-Partikel von hoher Geschwindigkeit ausgesandt wird.

Mit Hilfe des Elektroskops ist der Anwendungsbereich chemischer Trennungsmethoden außerordentlich erweitert worden.

Es hat sich gezeigt, daß die gewöhnlichen Methoden der Abscheidung von Stoffen, einerlei, ob sie auf Unterschieden der Löslichkeit oder Flüchtigkeit, oder auf der Elektrolyse beruhen, sich noch auf Substanzmengen von verschwindender Größe anwenden lassen. Für die Entdeckung kleiner Mengen von aktiver Materie übertrifft das Elektroskop hinsichtlich der Empfindlichkeit weitaus die Wage und sogar das Spektroskop.

Das Studium der Radioaktivität hat so indirekt der Chemie neue Methoden zur Untersuchung von aktiven Stoffen, die in verschwindend geringer Menge vorhanden sind, geliefert. Auf diesem neuen Arbeitsgebiete, dessen Bedeutung bisher noch nicht genügend anerkannt ist, harren noch viele Aufgaben der Erledigung.

Es ist bereits auf den radikalen Unterschied in den Eigenschaften eines Umwandlungsproduktes und seiner Muttersubstanz aufmerksam gemacht. Ein gutes Beispiel hierfür ist die Umwandlung des Radiums in die Emanation, und die der Emanation in den aktiven Niederschlag. Jede dieser Substanzen ist den anderen nach chemischem und physikalischem Charakter völlig unähnlich, und man würde ohne weiteres kaum annehmen, daß diese Substanzen direkt von dem Radiumatom abstammen.

Das Atom verliert während der meisten seiner Umwandlungsphasen eine α-Partikel, deren scheinbare Masse das doppelte des Wasserstoffatoms beträgt. Diese Abnahme von ungefähr 1 Proz., die die Masse des Atoms erfährt, veranlaßt die Bildung einer völlig neuen Anordnung der Komponenten des Atoms, die sich in dem radikalen Wechsel der physikalischen und chemischen Eigenschaften ausspricht. Diese Veränderung erscheint jedoch nicht sehr überraschend, wenn wir an chemische Analogien denken. Elemente, deren Atomgewichte nicht sehr verschieden sind, haben oft völlig verschiedene Eigenschaften, und man kann daher wohl erwarten, daß mit einer Abnahme der Atommasse ein Wechsel der Eigenschaften Hand in Hand geht.

Es kann jetzt kein Zweifel mehr darüber bestehen, daß die radioaktiven Produkte aus der Umwandlung der Atome und nicht aus der der Moleküle entstehen. Jedes Umwandlungsprodukt ist ein besonderes Element, welches sich von den anderen bekannten, inaktiven nur durch seine relative Unbeständigkeit unterscheidet. Es kann z. B. kein Zweifel darüber bestehen, daß die Radiumemanation eine neue Elementarsubstanz ist, die sich durch ihr Atomgewicht und ihr Spektrum von allen anderen Elementen unterscheidet. Wenn es möglich wäre, eines der einfachen Produkte innerhalb eines Zeitraumes chemisch zu untersuchen, der kurz ist im Vergleich mit der Umwandlungsperiode, so würde die Substanz alle Eigenschaften eines neuen Elementes aufweisen. Sie würde ein bestimmtes Atomgewicht und Spektrum besitzen und besondere physikalische und chemische Eigenschaften haben. Die Frage, ob die Umwandlungsprodukte als chemische Elemente anzusehen sind, wird dadurch beantwortet, daß es nicht möglich ist, eine Grenzlinie zwischen den verhältnismäßig stabilen Elementen wie Uranium, Thorium und Radium einerseits und ihren schnell sich umwandelnden Produkten andererseits zu ziehen. Vom Standpunkte der Radioaktivität aus unterscheiden sich die Atome dieser Substanzen lediglich durch ihre Beständigkeit. Die Atome jedes Radioelementes können eine außerordentlich verschiedene Beständigkeit besitzen, aber schließlich müssen alle diese Substanzen eine Reihe von Umwandlungen durchmachen und selbst verschwinden. Nur die inaktiven oder beständigen Produkte ihrer Umwandlung werden am Ende übrig bleiben.

Es liegt kein Anzeichen dafür vor, daß der Zerfallsprozeß, wenn er einmal begonnen hat, unter gewöhnlichen Bedingungen rückgängig gemacht werden kann. Wir können die Radiumemanation aus dem Radium erhalten, wir können jedoch nicht die Emanation wiederum in Radium verwandeln. Die Frage, ob dieser Prozeß unter Bedingungen, die möglicherweise in der Geschichte der Erde vorgelegen haben, reversibel gewesen ist, wird später im neunten Kapitel behandelt werden.

Die Lebensdauer der Radioelemente.

Jedes einfache strahlende Produkt erfährt durch seine Umwandlung in eine andere Substanz eine Verringerung seiner Menge. Die Umwandlungsgeschwindigkeit ist der Konstante λ direkt proportional und der Umwandlungsperiode indirekt. Die Periode eines einfachen Produktes kann als Maß für die Beständigkeit seines Atoms angesehen werden. Man sieht sofort, daß die Beständigkeit der Produkte, deren Umwandlungsgeschwindigkeit direkt gemessen ist, sich zwischen außerordentlich weiten Grenzen ändert. Zum Beispiel sind die Atome von Radium-F, die in 140 Tagen zur Hälfte zerfallen, mehr als drei millionenmal beständiger, als die Atome der Aktiniumemanation, die in 3,9 Sekunden zur Hälfte zerfällt. Der Stabilitätsbereich der Atome dehnt sich noch weiter aus, wenn wir die Atome der primären Elemente Uranium und Thorium einrechnen.

Die Umwandlungsperioden dieser Elemente lassen sich angenähert aus dem Vergleich ihrer α-Strahlenaktivitäten ableiten. Da Uranium die Muttersubstanz des Radiums ist, so sind die relativen Mengen, die von beiden in einem alten radioaktiven Mineral vorhanden sind, ihren Umwandlungsperioden direkt proportional. Es ist nachgewiesen, daß in jedem radioaktiven Mineral $3,8 \times 10^{-7}$ g Radium auf 1 g Uranium kommen. Da Radium sich in ungefähr 1300 Jahren zur Hälfte umwandelt, muß Uranium in $1300 \times \dfrac{10^7}{3,8}$ oder ungefähr $3,4 \times 10^9$ Jahren zur Hälfte zerfallen.

Die Umwandlungsperiode des Thoriums ist wahrscheinlich vier- oder fünfmal größer als die des Uraniums, denn seine Aktivität ist ungefähr ebenso groß wie die des Uraniums, obwohl das Thorium fünf α-Strahlenprodukte und das Uranium nur eines besitzt. Zur Umwandlung eines großen Bruchteiles einer gegebenen Uraniummenge sind mindestens zehntausend Millionen Jahre erforderlich.

Die Umwandlungsperiode des Aktiniums läßt sich nicht bestimmen, ehe nicht das Aktinium in reinem Zustande dargestellt ist. Wenn seine Aktivität jedoch von derselben Größenordnung wie die des Radiums ist, so wird auch seine Periode die gleiche Größenordnung besitzen.

Es scheint kein einfacher Zusammenhang zwischen den Perioden aufeinander folgender Produkte, oder zwischen den Perioden der verschiedenen Gruppen zu bestehen. Es ist jedoch zu bemerken, daß auf eine Substanz von großer Beständigkeit im allgemeinen eine Zahl von verhältnismäßig unbeständigen Produkten folgt. Gute Beispiele hierfür bieten Thorium, Radium und Aktinium, deren Produkte in der Mehrzahl eine schnelle Umwandlung erfahren.

Der Zusammenhang zwischen Uranium, Radium und Aktinium.

Auf den Zusammenhang, der zwischen Uranium und Radium und seinen Produkten Radioblei und Polonium besteht, ist früher hingewiesen worden; es ist von Interesse, zu untersuchen, ob eine ähnliche Beziehung zwischen Uranium und Thorium einerseits und Uranium und Aktinium andererseits besteht. Das letztere findet sich stets in Uraniummineralien und muß, da wahrscheinlich seine Lebensdauer ungefähr ebenso groß ist wie die des Radiums, in irgend einer Weise aus der Muttersubstanz Uranium entstehen. Diese Frage wurde von Dr. Boltwood und dem Verfasser untersucht.

Wenn Aktinium einen Platz in der Hauptumwandlungsreihe des Uraniums einnähme, so sollte die Aktivität eines Uraniumminerals, die von Aktinium herrührt, etwa ebenso groß sein wie diejenige, die von Radium herrührt. Da in dem Mineral zwischen Uranium und Aktinium Gleichgewicht herrschen würde, so sollte von beiden die gleiche Zahl von Atomen in der Sekunde zerfallen. Aktinium besitzt vier und Radium fünf α-Strahlenprodukte, es sollte daher die Aktivität des Aktiniums und seiner Produkte nahezu gleich der der Radiumfamilie sein. Die Versuche haben jedoch ergeben, daß z. B. die Aktivität des Uraninits von Colorado fast ausschließlich von dem Uranium und dem Radium herrührt. Die Aktivität, die durch die Aktiniumgruppe hervorgerufen wird, ist sicherlich nur ein kleiner Bruchteil derjenigen, die von dem Radium und seinen Umwandlungsprodukten herrührt. Es ist wahrscheinlich, daß Aktinium aus Uranium gebildet wird, daß es aber nicht in derselben Weise wie Radium ein linearer Abkömmling des Uraniums ist. Auf die Möglichkeit, daß aus einer Umwandlung zwei verschiedene Produkte entstehen können, ist bereits früher aufmerksam gemacht worden. Wahrscheinlich wird sich ergeben, daß Aktinium von dem Uranium oder einem seiner Produkte abstammt, aber in viel geringerer Menge gebildet wird, als ein gleichzeitig entstehendes anderes Produkt. Eine derartige Beziehung würde den Zusammenhang erklären, der offenbar zwischen Uranium und Aktinium besteht, und würde zugleich dem Umstande Rechnung tragen, daß Aktinium nur in so geringer Menge vorhanden ist.

Der Zusammenhang zwischen Uranium und Thorium läßt sich noch nicht gut übersehen. Manche Mineralien enthalten Uranium und sehr wenig Thorium, aber Strutt hat gezeigt, daß von allen untersuchten Thoriummineralien jedes etwas Uranium und Radium enthält. Strutt hat die Vermutung geäußert, daß Thorium die Muttersubstanz des Uraniums ist. Hierfür spricht die Zusammensetzung des Minerals Thorianit. Dieses Mineral, das aus sehr frühen geologischen Epochen stammt und in Ceylon gefunden wird, enthält ungefähr 70 Proz. Thorium und 12 Proz. Uranium. Das Uranium könnte durch den Zerfall des Thoriums entstanden sein. Gegen diese Annahme läßt sich jedoch ein sehr gewichtiger Einwand erheben; das Atomgewicht des Thoriums, 232,5, ist geringer als das gewöhnlich dem Uranium zugeschriebene Atomgewicht von 238,5. Wenn diese Atomgewichte richtig sind, so ist es unwahrscheinlich, daß Thorium die Muttersubstanz des Uraniums ist, wenn nicht die Bildung des Uraniums und Thoriums in ganz anderer Weise vor sich geht, als die anderen radioaktiven Umwandlungen.

Achtes Kapitel.

Die Entstehung von Helium aus Radium und die Umwandlung der Materie.

Die Geschichte der Entdeckung des Heliums weist einige sehr interessante Züge auf. Im Jahre 1868 beobachteten Janssen und Lockyer im Spektrum der Sonnenphotosphäre eine helle, gelbe Linie, welche in den Spektren der auf der Erde vorhandenen Stoffe nicht vorkommt. Lockyer nahm an, daß sie von einem neuen Element herrührte, dem er den Namen Helium gab. Weitere Untersuchungen ergaben, daß in dem Spektrum der Photosphäre gewisse andere Spektrallinien stets die gelbe Linie begleiten und für das Helium charakteristisch sind.

Das Helium wurde nicht nur in dem Spektrum der Sonne, sondern auch noch in dem vieler anderer Sterne aufgefunden; in dem Spektrum einiger Sterne, die jetzt als Heliumsterne bezeichnet werden, treten die Heliumlinien deutlicher als die Spektrallinien anderer Elemente hervor. Für das Vorkommen des Heliums auf der Erde fand sich kein Anzeichen bis zum Jahre 1895. Kurze Zeit, nachdem durch Lord Rayleigh und Sir William Ramsay das Argon in der Atmosphäre entdeckt worden war, wurde untersucht, ob Argon aus Mineralien gewonnen werden könnte. Im Jahre 1895 lenkte Miers in einem Briefe an die „Nature" die Aufmerksamkeit auf einige Ergebnisse, die Hillebrande 1891 erhalten hatte. Hillebrande[1]) hatte bei der Ausführung eingehender Untersuchungen von uraniumhaltigen Mineralien gefunden, daß bei der Auflösung der Mineralien stets eine beträchtliche Gasmenge abgegeben wurde. Er hielt dieses Gas für Stickstoff, obwohl er bemerkte, daß seine Eigenschaften in gewissen Beziehungen von denen des Stickstoffes abwichen. Das Mineral Clevëit gab eine besonders große Menge Gas ab, wenn es erhitzt oder aufgelöst wurde. Ramsay verschaffte sich eine Probe dieses Minerals, um zu sehen, ob das in dem Clevëit enthaltene Gas mit dem Argon identisch wäre. Nach Einführung des von dem Mineral abgegebenen Gases in eine Vakuumröhre wurde sein Spektrum untersucht. Dieses war völlig von dem des Argons verschieden[2]). Lockyer[3]) untersuchte das Spektrum sehr sorgfältig und fand, daß es identisch war mit dem von ihm in der Sonne aufgefundenen Heliumspektrum. Erst nachdem 30 Jahre verflossen waren, seitdem das Helium in dem Sonnenspektrum entdeckt war, wurde sein Vorkommen auf der Erde nachgewiesen. Eine Untersuchung der Eigenschaften des Heliums folgte alsbald. Helium hat ein charakteristisches aus hellen Linien zusammengesetztes Spektrum, in dem eine helle, gelbe Linie D_3, die nahe an den D-Linien des Natriums liegt, am meisten hervortritt. Helium ist ein leichtes Gas, seine Dichte ist ungefähr doppelt so groß wie die des Wasserstoffes; das Heliumatom ist daher, abgesehen vom Wasserstoff, leichter als das irgend eines anderen Elementes. Wie das Argon, geht es mit

---

[1]) Hillebrande, Bull. U. S. Geolog. Survey, Nr. 78, S. 43 (1891).
[2]) Ramsay, Proc. Roy. Soc. 58, 65 (1895).
[3]) Lockyer, Proc. Roy. Soc. 58, 67 (1895).

keiner anderen Substanz Verbinduugen ein und muß daher in die Gruppe der chemisch trägen Gase gerechnet werden, die Ramsay in der Atmosphäre entdeckt hat. Durch Messung der Schallgeschwindigkeit in einer mit Helium gefüllten Röhre wurde für das Verhältnis seiner spezifischen Wärmen der Wert 1,66 gefunden. Das gleiche Verhältnis beträgt bei zweiatomigen Gasen, wie Wasserstoff und Sauerstoff, 1,41. Hiernach ist Helium einatomig, d. h. das Heliummolekül besteht aus nur einem Atom. Da die Dichte des Heliums 1,98 mal größer ist, als die des Wasserstoffs bei gleicher Temperatur und gleichem Druck, und da das Wasserstoffmolekül zwei Atome enthält, so muß das Atomgewicht des Heliums gleich 3,96 sein. Es muß darauf aufmerksam gemacht werden, daß dieses Atomgewicht nur aus den Messungen der Dichte abgeleitet ist, da Helium chemische Verbindungen nicht eingeht; die Bestimmung seines Atomgewichtes kann daher nicht denselben Anspruch auf Zuverlässigkeit machen, wie die Atomgewichtsbestimmungen der anderen Elemente, die nach exakteren chemischen Methoden ausgeführt sind. Helium wurde in verschwindender Menge auch in der Atmosphäre nachgewiesen. In einer kürzlich erschienenen Abhandlung hat Ramsay angegeben, daß 1 Volumen Helium in 245 000 Volumina Luft enthalten ist.

Das Vorkommen von Helium in gewissen Mineralien war außerordentlich auffällig, denn es lag keine einleuchtende Erklärung dafür vor, warum ein chemisch träges Gas sich in der Begleitung von Mineralien finden sollte, die oft dem Wasser oder Gasen keinen Durchtritt gestatten.

Nach der Entdeckung der Radioaktivität trat diese Erscheinung in ein ganz neues Licht. Nach der Zerfallstheorie der Radioaktivität ist zu erwarten, daß die Endprodukte oder inaktiven Umwandlungsprodukte in radioaktiven Mineralien enthalten sind. Da viele radioaktiven Mineralien ein sehr hohes Alter besitzen, so ist anzunehmen, daß die inaktiven Umwandlungsprodukte radioaktiver Substanzen, wenn sie nicht entweichen können, sich in gewisser Menge als stete Begleiter der radioaktiven Stoffe vorfinden. Bei der Umschau nach möglichen Zerfallsprodukten fällt das Vorkommen des Heliums in allen radioaktiven Mineralien auf, denn Helium findet sich hauptsächlich in Mineralien, die Uranium oder Thorium enthalten.

Aus diesen und anderen Gründen sprachen Rutherford und Soddy[1]) die Vermutung aus, daß Helium ein Zerfallsprodukt der Radioelemente sein könnte. Diese Annahme erfuhr eine weitere Bestätigung durch die Entdeckung des Verfassers, daß die α-Partikel des Radiums eine scheinbare Masse von der doppelten Größe des Wasserstoffatomes besitzt und so sich als ein Heliumatom erweisen könnte.

Im Beginn des Jahres 1903 wurden kleine Mengen reinen Radiumbromids auf den Markt gebracht; der Dank hierfür gebührt Dr. Giesel aus Braunschweig. Ramsay und Soddy erhielten 30 mg des Bromids und versuchten die Anwesenheit von Helium in dem von dem Radium in Freiheit gesetzten Gase nachzuweisen. Bei dem ersten Versuche wurde das Radiumbromid in Wasser gelöst und die aufgesammelten Gase abgefangen. Es war bekannt, daß Radiumbromid Wasserstoff und Sauerstoff entwickelt, diese Gase wurden daher nach geeigneten Methoden entfernt. Eine kleine Gasblase blieb zurück, die nach Einführung in eine Vakuumröhre die charakteristische D_3-Linie des Heliums zeigte [2]). Bei Verwendung eines anderen, etwas älteren Radiumpräparates, das von dem Verfasser zur Verfügung gestellt war, gab das bei der Auflösung des Radiums gewonnene Gas das vollständige Spektrum des Heliums.

Aus diesem Versuche geht hervor, daß Helium aus Radium entsteht und in gewissem Grade in dem Radiumsalz zurückgehalten wird. Weitere Versuche führten zu einer noch interessanteren Beobachtung. Die Emanation von 60 mg Radiumbromid wurde in einer Glasröhre kondensiert und die anderen Gase abgepumpt. Die Emanation wurde dann wieder verflüchtigt und in eine kleine Vakuumröhre eingeführt. Das Spektrum zeigte zunächst keine Heliumlinien, nach drei Tagen trat jedoch die D_3-Linie des Heliums auf und nach fünf Tagen war das gesamte Heliumspektrum sichtbar. Durch diesen Versuch ist bewiesen, daß Helium aus dem Radium entsteht, denn unmittelbar nachdem die Emanation in die Spektralröhre eingeführt worden war, ließ sich kein Helium nachweisen.

---

[1]) Rutherford und Soddy, Phil. Mag., S. 582 (1902); S. 453 und 579 (1903).

[2]) Ramsay und Soddy, Nature, 16. Juli 1903, S. 246. Proc. Roy. Soc. 72, 204 (1903); 73, 346 (1904).

Die Entdeckung, daß Helium aus Radium entsteht, ist von großer Bedeutung, da sie den ungewöhnlichen Charakter der in dem Radium sich abspielenden Prozesse sehr anschaulich zutage treten läßt, und das erste sichere Anzeichen dafür ist, daß ein Element sich in ein anderes stabiles Element umwandeln kann. Die Versuche von Ramsay und Soddy waren nicht leicht auszuführen, da die Menge des vorhandenen Heliums verschwindend klein war; die Erfahrungen, die Ramsay bei seinen Versuchen mit den in der Atmosphäre enthaltenen Edelgasen gewonnen hatte, waren daher für die erfolgreiche Durchführung der Versuche von dem größten praktischen Werte.

Die Entstehung des Heliums aus Radium ist durch eine Anzahl von Forschern bestätigt worden. Curie und Dewar[1]) führten einen sehr interessanten Versuch aus, welcher einwandfrei zeigte, daß Helium von Radium gebildet wird, und daß sein Vorhandensein nicht dem Umstande zugeschrieben werden konnte, daß möglicherweise Helium in dem Radiumbromid eingeschlossen war. Eine große Menge Radiumchlorid wurde in ein Quarzrohr gebracht und bis zum Schmelzen erhitzt. Die Emanation und die anderen in dem Rohr enthaltenen Gase wurden ausgepumpt und das Rohr zugeschmolzen. Einen Monat später untersuchte Deslandres das Spektrum der in dem Rohr enthaltenen Gase, indem er die Enden des Rohres mit Metallfolie bedeckte. Es trat das vollständige Spektrum des Heliums auf, woraus hervorgeht, daß das Helium in der Zwischenzeit aus dem Radium gebildet war.

Kürzlich hat Debierne gefunden[2]), daß Helium auch aus Aktiniumpräparaten entsteht. Dieses Ergebnis zeigt, daß Helium ein Produkt dieser beiden Substanzen ist, die nach ihrem radioaktiven und chemischen Verhalten zweifellos als chemische Elemente angesehen werden müssen.

Die Stellung des Heliums in der Reihe der Umwandlungsprodukte des Radiums.

Wir haben bereits gesehen, daß Radium eine große Zahl von Umwandlungsprodukten besitzt, von denen jedes seine besonderen

---

[1]) Curie u. Dewar, C. R. **138**, 190 (1904).
[2]) Debierne, C. R. **141**, 383 (1905).

chemischen und physikalischen Eigenschaften und eine charakteristische Umwandlungsperiode besitzt. Diese Produkte unterscheiden sich von den gewöhnlichen chemischen Elementen nur dadurch, daß ihre Atome unbeständig sind. Sie müssen als Übergangselemente von beschränkter Lebensdauer aufgefaßt werden, die sich mit einer von uns nicht zu beeinflussenden Geschwindigkeit in neue Formen der Materie umwandeln.

Der Unterschied, der zwischen dem Helium, als einem Produkt des Radiums und der Familie der übrigen Umwandlungsprodukte besteht, ist wesentlich eine Verschiedenheit in der Stabilität der Atome. So weit wir wissen, ist Helium ein beständiges Element, welches nicht verschwindet; die Atome aller radioaktiven Substanzen, einschließlich der Muttersubstanzen Uranium und Thorium, sind jedoch zweifellos unbeständig.

Wir wollen jetzt die Stellung des Heliums in der Reihe der Umwandlungsprodukte des Radiums besprechen. Es ist die Vermutung geäußert worden, daß Helium das Endprodukt der Umwandlung des Radiumatoms ist; hierfür liegt jedoch kein experimenteller Beweis vor. Nach den ersten schnellen Umwandlungen, die der aktive Niederschlag der Radiumemanation erfährt, bildet sich Radium-D, ein Produkt von sehr langsamer Umwandlung. Wenn Helium das Endprodukt des Radiums wäre, so würde die von der Emanation im Verlauf einiger Tage gebildete Heliummenge unmeßbar klein sein. Es kann ferner nicht zweifelhaft sein, daß das letzte aktive Produkt des Radiums, nämlich Radium-F (Polonium), ein Element von hohem Atomgewicht ist.

Andererseits sprechen manche Gründe dafür, daß Helium aus den α-Partikeln gebildet wird, die ununterbrochen von dem Radium und seinen Produkten ausgesandt werden. Wir werden später sehen (Zehntes Kapitel), daß nach den experimentellen Untersuchungen die α-Partikeln, die von den verschiedenen α-Strahlenprodukten des Radiums ausgesandt werden, alle dieselbe Masse haben und sich bei den verschiedenen Produkten nur durch ihre Geschwindigkeiten unterscheiden.

Aus Messungen der Ablenkung, die die α-Strahlen in einem starken magnetischen und elektrischen Felde erfahren, ist die Geschwindigkeit der α-Partikeln und der Wert e/m — das Verhältnis der Ladung zur Masse — genau ermittelt worden. Der Wert von e/m beträgt sehr angenähert 5×10^3. Für den elektrolytisch abgeschiedenen Wasserstoff beträgt das Verhältnis e/m 10^4. Wenn wir annehmen, daß die α-Partikel dieselbe Ladung besitzt wie das Wasserstoffatom, so ist die Masse der α-Partikel doppelt so groß wie die des Wasserstoffatoms. Wir stehen so vor der Wahl verschiedener Möglichkeiten, zwischen denen zu entscheiden zur Zeit schwierig ist.

Der Wert von e/m, der für die α-Partikel gefunden ist, läßt sich gleich gut durch die Annahmen erklären, daß die α-Partikel 1. ein Wasserstoffmolekül ist; 2. ein Heliumatom, das die doppelte Ladung des Wasserstoffatomes trägt, oder 3. die Hälfte eines Heliumatomes, das die gewöhnliche Ionenladung besitzt.

Die Hypothese, daß die α-Partikel ein Wasserstoffatom sei, ist aus manchen Gründen unwahrscheinlich. Wenn Wasserstoff ein Baustein in den Atomen radioaktiver Substanzen wäre, so wäre zu erwarten, daß er im atomistischen und nicht im molekularen Zustande fortgeschleudert würde. In allen bisher untersuchten Fällen beträgt der Wert von e/m 10^4, wenn Wasserstoff eine elektrische Ladung besitzt. Dieser Wert ist für das Wasserstoffatom zu erwarten. Wien fand z. B., daß der Maximalwert von e/m für Kanalstrahlen oder positive Ionen, die in einer evakuierten Röhre erzeugt werden, 10^4 beträgt. Es ist ferner unwahrscheinlich, daß Wasserstoff, selbst wenn er anfangs im molekularen Zustande fortgeschleudert würde, beim Durchgang durch Materie der Zerlegung in seine Atome entgehen würde.

Da eine α-Partikel mit einer Geschwindigkeit von ungefähr 20000 km in der Sekunde fortgeschleudert wird und mit jedem Molekül zusammenstößt, das sich auf ihrem Wege befindet, so muß die Störung, die innerhalb des Moleküls durch die Zusammenstöße zustande kommt, sehr stark sein und einen Bruch der Verbindungen veranlassen, die die Atome des Moleküls zusammenhalten. Es ist in der Tat sehr unwahrscheinlich, daß das Wasserstoffmolekül unter solchen Umständen keinen Zerfall erfahren sollte. Wenn die α-Partikel ein Wasserstoffmolekül wäre, so sollte eine beträchtliche Menge freien Wasserstoffes in allen radioaktiven Mineralien vorhanden sein, die dicht genug sind, um ein Entweichen von Gasen zu verhindern. Dieses scheint nicht der Fall zu sein, obwohl einige Mineralien eine beträchtliche Menge Wasser enthalten. Andererseits bestätigt der relativ große Heliumgehalt die Annahme, daß zwischen Helium und der α-Partikel ein Zusammenhang besteht. Diese Hypothese wird durch die Beobachtung gestützt, daß Helium nicht nur vom Radium, sondern auch vom Aktinium gebildet wird. Die Aussendung von α-Partikeln ist die einzige Eigenschaft, worin sich diese beiden Stoffe ähnlich sind. Die Bildung des Heliums aus beiden ist daher sofort verständlich, wenn Helium aus den α-Partikeln entsteht; sie ist jedoch auf Grund einer anderen Hypothese schwer zu erklären. Wir müssen also annehmen, daß die α-Partikel entweder ein Heliumatom ist, welches die doppelte Ionenladung besitzt, oder daß sie aus einem halben Heliumatom besteht, das nur eine Ionenladung trägt.

Der letzten Annahme liegt die Vorstellung zugrunde, daß Helium, obwohl es sich unter gewöhnlichen Umständen wie ein chemisches Atom verhält, in noch elementarerem Zustande als ein Bestandteil der radioaktiven Stoffe bestehen kann, und daß die α-Partikeln nach dem Verlust ihrer Ladungen sich vereinigen, um Heliumatome zu bilden. Diese Annahme darf wegen ihrer geringen Wahrscheinlichkeit nicht gänzlich unberücksichtigt bleiben, es findet sich jedoch nichts, was direkt zu ihren Gunsten spräche. Die zweite Hypothese hat hingegen den Vorzug größerer Einfachheit und Wahrscheinlichkeit.

Danach ist die α-Partikel in Wirklichkeit ein Heliumatom, welches entweder mit zwei Ionenladungen fortgeschleudert wird, oder diese Ladungen bei dem Durchdringen von Materie aufnimmt. Selbst wenn die α-Partikel anfangs ohne Ladung fortgeschleudert würde, so würde sie sicherlich nach den ersten Zusammenstößen mit den Gasmolekülen eine Ladung aufnehmen. Wir wissen, daß die α-Partikel ein sehr wirksames Ionisierungsmittel ist, und alle Gründe sprechen dafür, daß sie durch den Zusammenstoß mit einem Molekül selbst ionisiert werden wird, d. h. daß sie ein Elektron verlieren und selbst eine positive Ladung behalten wird.

Wenn die α-Partikel auch nach dem Verlust von zwei Elektronen stabil ist, so werden diese Elektronen infolge der heftigen Störungen, die bei dem Zusammenstoß der α-Partikel mit den Molekülen auftreten, sicher fortgerissen werden. Die Ladung der α-Partikel wird dann doppelt so groß sein wie die gewöhnliche Ionenladung, und der experimentell ermittelte Wert von e/m würde dann mit der Annahme übereinstimmen, daß die α-Partikel ein Heliumatom ist.

Wenn dieses der Fall wäre, so würde die Anzahl der vom Radium ausgesandten α-Partikeln nur halb so groß sein wie die Zahl, die sich unter der Voraussetzung ergibt, daß die α-Partikel nur eine einzige Ladung besitzt. Hieraus würde sich für die Zerfallsgeschwindigkeit des Radiums nur die Hälfte des im sechsten Kapitel berechneten Wertes ergeben und die Lebensdauer des Radiums würde doppelt so groß sein.

In ähnlicher Weise würde sich der Wert, der für das Volumen der von 1 g Radium abgegebenen Emanation berechnet wurde, von 0,8 auf 0,4 cmm reduzieren. Dieser Wert ist kleiner als der von Ramsay und Soddy experimentell bestimmte, — ungefähr 1 cmm — aber von der richtigen Größenordnung.

Nach den obigen Annahmen läßt sich das Volumen der Heliummenge, die in einem Jahre von 1 g Radium gebildet wird, leicht berechnen. Wenn jede α-Partikel zwei Ionenladungen trägt, so berechnet sich aus den Versuchen, daß $1,25 \cdot 10^{11}$ α-Partikeln in der Sekunde von 1 g im Gleichgewicht befindlichen Radiums ausgesandt werden. In einem Jahre werden also $4,0 \cdot 10^{18}$ α-Partikeln ausgesandt. Da 1 ccm eines Gases bei 760 mm und 0^0 $3,6 \cdot 10^{19}$ Moleküle enthält, so wird in einem Jahre von 1 g Radium 0,11 ccm Helium gebildet.

Ramsay und Soddy führten eine Schätzung der Geschwindigkeit aus, mit der Helium aus Radium gebildet wird, und zwar in der folgenden Weise. Das Helium, das von 50 mg Radiumbromid in 60 Tagen gebildet war, wurde in eine Vakuumröhre eingeführt. Eine ähnliche Röhre wurde neben ihr aufgestellt und mit so viel Helium gefüllt, daß bei der Entladung der hintereinander geschalteten Röhren die Heliumlinien mit ungefähr der gleichen Intensität auftraten. Auf diese Weise erhielten Ramsay und Soddy für das Volumen des Heliums ungefähr 0,1 cmm. Dieses entspricht der Bildung von 20 cmm Helium per Jahr für 1 g Radium. Der oben besprochene Wert ist ungefähr fünfmal so groß. Ramsay und Soddy halten den nach ihrem Verfahren ermittelten Wert nicht für sehr genau, da sie annehmen, daß die Anwesenheit einer Spur von Argon die Genauigkeit des nach der spektroskopischen Methode geschätzten Wertes erheblich beeinflußt haben könnte. Eine genaue Messung der Geschwindigkeit, mit der Helium aus Radium entsteht, würde augenblicklich von dem größten Werte für die Bestimmung des Zusammenhanges zwischen der α-Partikel und dem Helium sein.

Wenn die α-Partikel ein Heliumatom ist, so wird der größere Teil der α-Partikeln, die eine in einer kleinen Röhre eingeschlossene Emanationsmenge abgibt, in die Glaswand hineingeschleudert werden. Die schnellsten Partikeln, nämlich die von Radium-C, würden wahrscheinlich in das Glas bis zu einer Tiefe von $1/20$ mm eindringen.

Es ist bereits darauf hingewiesen, daß es sich auf diese Weise vielleicht erklären läßt, warum das Volumen der Emanation bei dem ersten Versuche von Ramsay und Soddy fast auf Null sank. Das Helium wurde in diesem Falle von dem Glase zurückgehalten. Bei dem zweiten Versuche mag das Helium wieder aus dem Glase in das Gas zurückdiffundiert sein. Ramsay und Soddy versuchten, diese Frage zu entscheiden, indem sie untersuchten, ob Helium in Freiheit gesetzt wurde, wenn eine Glasröhre erhitzt wurde, in der die Emanation mehrere Tage eingeschlossen gewesen und dann entfernt worden war. Das Spektroskop zeigte für einen Augenblick einige der Heliumlinien, diese wurden jedoch bald durch die Linien von anderen Gasen verdeckt, die durch die Erhitzung der Röhre in Freiheit gesetzt waren.

Das Alter radioaktiver Mineralien.

Das Helium, das in radioaktiven Mineralien gefunden wird, rührt sicherlich von dem Radium und anderen in dem Mineral enthaltenen radioaktiven Substanzen her. Wenn erst die Geschwindigkeit experimentell bestimmt wäre, mit der Helium von den verschiedenen Radioelementen gebildet wird, dann sollte man auch die Zeit ermitteln können, die für die Bildung der aufgefundenen Heliummenge erforderlich war, oder mit anderen Worten das Alter des Minerals. Hierbei ist angenommen, daß einige der dichten und kompakten Mineralien imstande sind, eine große Menge des Heliums, das in ihnen eingeschlossen ist, unbegrenzt aufzuspeichern. In vielen Fällen sind die Mineralien nicht kompakt, sondern porös, aus diesen wird daher der größte Teil des Heliums entweichen. Selbst wenn wir annehmen, daß ein Teil des Heliums in den dichteren Mineralien verloren gegangen ist, so müßte sich doch mit einiger Sicherheit ein Minimalwert für das Alter des Minerals berechnen lassen. Aus diesen Gründen sind die Ableitungen notwendigerweise etwas unsicher;

sie lassen sich jedoch dazu verwenden, eine Größenordnung für das Alter der radioaktiven Mineralien anzugeben.

Daß alle von dem Radium ausgesandten α-Partikeln dieselbe Masse haben, ist schon bemerkt worden. Ferner besitzen auch, wie experimentell nachgewiesen ist, die α-Partikeln von Thorium-B und -C und Aktinium-B dieselbe Masse, wie die des Radiums. Hiernach ist zu vermuten, daß auch die α-Partikeln aller anderen radioaktiven Substanzen dieselbe Masse besitzen und so aus der gleichen Art der Materie bestehen. Wenn die α-Partikel ein Heliumatom ist, so läßt sich die Heliummenge leicht berechnen, die von einer gegebenen Gewichtsmenge eines radioaktiven Minerals im Jahre gebildet wird.

Die Zahlen der α-Strahlenprodukte des Radiums, Thoriums und Aktiniums sind jetzt gut bekannt. Einschließlich von Radium-F hat Radium fünf α-Strahlenprodukte, Thorium fünf und Aktinium vier. Bei dem Uranium kennt man die Zahl nicht so sicher, denn bisher ist nur Uranium-X von dem Uranium getrennt worden und dieses sendet nur β-Strahlen aus. Die α-Strahlen scheinen von dem Uranium selbst ausgesandt zu werden; zugleich sprechen einige Anzeichen indirekt dafür, daß Uranium drei α-Strahlenprodukte enthält. Für die Berechnung wollen wir jedoch annehmen, daß, wenn Uranium und Radium sich im Gleichgewicht befinden, das Uranium je eine α-Partikel für je fünf des Radiums aussendet.

In einem alten Uraniummineral, welches 1 g Uranium enthält und aus dem keines seiner Zerfallsprodukte hat entweichen können, befinden sich Uranium und Radium im Gleichgewicht, und sind $3{,}8 \times 10^{-7}$ g Radium enthalten. Es ist gezeigt worden, daß Radium mit seinen vier α-Strahlenprodukten im Jahre per Gramm wahrscheinlich 0,11 ccm Helium bildet. Von dem in dem Mineral enthaltenen Uranium und Radium wird also im Jahre $\frac{5}{4} \times 0{,}11 \times 3{,}8 \times 10^{-7} = 5{,}2 \times 10^{-8}$ ccm Helium per Gramm Uranium gebildet werden.

Als ein Beispiel für das Berechnungsverfahren wollen wir das Mineral Fergusonit behandeln. Der Fergusonit enthält ungefähr 7 Proz. Uranium und gibt, wie Ramsay und Travers gefunden haben, 1,81 ccm Helium per Gramm ab. In dem Mineral kommen also auf 1 g Uranium 26 ccm Helium.

Da in einem Jahre von 1 g Uranium und seinen Radiumprodukten $5{,}2 \times 10^{-8}$ ccm Helium gebildet werden, so muß das

Alter des Minerals mindestens $26/5{,}2 \times 10^{-8}$ oder 500 Millionen Jahre betragen. Dieser Betrag stellt einen Minimalwert dar, denn ein Teil des Heliums wird wahrscheinlich im Laufe der Zeit entwichen sein.

Wir haben bei dieser Berechnung angenommen, daß in dem Mineral die Menge von Uranium und Radium sich mit der Zeit nicht merklich ändert. Dieses ist angenähert der Fall, denn Uranium gebraucht wahrscheinlich ungefähr 1000 Mill. Jahre, um zur Hälfte zu zerfallen.

Als ein anderes Beispiel möge ein Uraniummineral aus Glastonbury, Connecticut, dienen, dessen Analyse von Hillebrande ausgeführt ist. Dieses Mineral ist sehr kompakt und besitzt das hohe spezifische Gewicht von 9,62. Es enthält 76 Proz. Uranium und nach Hillebrande 2,41 Proz. Stickstoff. Es kann mit Sicherheit angenommen werden, daß das entwickelte Gas aus Helium bestand; um auf Helium umzurechnen, hat man durch sieben zu dividieren und erhält so für den Prozentsatz des Heliums 0,344. Danach kommen 19 ccm Helium auf 1 g des Minerals oder 25 ccm auf 1 g Uranium. Das Alter des Minerals kann also nicht geringer sein, als 500 Mill. Jahre. Einige Uranium- und Thoriummineralien enthalten nicht viel Helium. Einige sind, wie bereits bemerkt wurde, porös, so daß das Helium leicht aus ihnen entweichen kann. In den kompakten, primären, radioaktiven Mineralien, die auch nach geologischen Daten zweifellos ein hohes Alter besitzen, findet sich jedoch fast stets eine beträchtliche Menge Helium.

Hillebrande hat sehr umfassende Analysen vieler Mineralien ausgeführt, die aus Norwegen, Nordkarolina und Connecticut stammten und größtenteils aus kompakten, primären Mineralien bestanden; er bemerkte, daß zwischen ihrem Gehalt an Uranium und Stickstoff (Helium) eine auffallende Beziehung herrscht, auf die er mit folgenden Worten aufmerksam macht:

„Die auffallendste Erscheinung, die bei der Analyse aller Mineralien, die Stickstoff (Helium) enthalten, zu bemerken ist, ist der Zusammenhang, der offenbar zwischen dem Stickstoff und dem UO_2 besteht. Dieser tritt besonders in der Tabelle der norwegischen Uraninite hervor, aus der beinahe die Regel abgeleitet werden kann, daß, wenn der Gehalt an Stickstoff bekannt ist, die Menge von UO_2 durch einfache Rechnung gefunden werden kann und umgekehrt. Bei den Proben aus Connecticut findet sich nicht das gleiche Verhältnis; doch wenn man die Bestimmung des Stickstoffes in dem Mineral aus Branchville in Betracht zieht, so gilt die Regel noch in der Form, daß, je höher der Gehalt an UO_2 ist, um so größer auch die Menge des vorhandenen Stickstoffes ist. Die Mineralien aus Colorado und Nordkarolina sind Ausnahmen; es ist aber daran zu erinnern, daß das erstere amorph ist wie die böhmische Pechblende und kein Thorium enthält, dessen Stelle jedoch Zirkon einnehmen könnte; das Mineral aus Nordkarolina hat sich mit der Zeit so verändert, daß wir über seine ursprüngliche Beschaffenheit nichts wissen."

In den sekundären, radioaktiven Mineralien, die aus einer Zersetzung der primären Mineralien entstanden sind, findet sich sehr wenig Helium. Diese Mineralien stammen, wie Boltwood ausgeführt hat, zweifellos aus einer viel späteren Formationsperiode als die primären Mineralien, es ist daher nicht zu erwarten, daß sie die gleiche Menge Helium enthalten wie die primären Mineralien. Eine der interessantesten Ablagerungen eines sekundären Uraninits findet sich in Joachimstal in Böhmen, aus dem der größte Teil unseres Radiums gewonnen ist. Dieses Mineral enthält viel Uranium, aber sehr wenig Helium.

Wenn die Daten, die diesen Rechnungen zugrunde zu legen sind, besser bekannt sein werden, so wird das Vorkommen des Heliums in radioaktiven Mineralien in besonderen Fällen ein sehr wertvolles Hilfsmittel zur Berechnung ihres Alters an die Hand geben, und indirekt das Alter der geologischen Schicht zu bestimmen erlauben, in der die Mineralien gefunden werden. Es ist in der Tat wahrscheinlich, daß dieses eine der zuverlässigsten Methoden für die Altersbestimmung geologischer Formationen sein wird.

Das Vorkommen des Bleies in radioaktiven Mineralien.

Wenn die α-Partikel ein Heliumatom ist, so muß sich das Atomgewicht eines α-Strahlenproduktes von dem des folgenden um vier Einheiten unterscheiden. Wenn das Uranium drei α-Strahlenprodukte enthält, so müßte das Endprodukt der Umwandlung des Uraniums $238,5 - 12 = 226,5$ betragen, da das

Atomgewicht des Uraniums 238,5 beträgt. Jener Wert kommt dem Atomgewicht 225 des Radiums sehr nahe, welches, wie wir gesehen haben, aus Uranium entsteht. Radium selbst besitzt im ganzen fünf α-Strahlenprodukte und das Atomgewicht des Endproduktes der Radiumumwandlung sollte daher 238,5 — 32 = 206,5 betragen. Dieser Wert ist nahezu gleich dem Atomgewicht des Bleies 206,9. Diese Rechnung weckt die Vermutung, daß Blei das Endprodukt der Umwandlung des Radiums ist, und diese Annahme stimmt mit der Tatsache überein, daß in allen radioaktiven Mineralien Blei gefunden wird, besonders in denjenigen primären Mineralien, die reich an Uranium sind.

Auf die Bedeutung, die das Vorkommen des Bleies in radioaktiven Mineralien möglicherweise haben könnte, wurde zuerst von Boltwood[1]) aufmerksam gemacht, der eine große Menge von Daten zur Klärung dieser Frage gesammelt hat.

Die folgende Tabelle enthält die Resultate, die Hillebrande bei der Analyse verschiedener primärer Mineralien erhalten hat.

Vorkommen	Gehalt an Uranium	Gehalt an Blei	Gehalt an Stickstoff
Glastonbury, Connecticut . .	70—72	3,07—3,26	2,41
Branchville, Connecticut . .	74—75	4,35	2,63
Nordkarolina . .	77	4,20—4,53	—
Norwegen	56—66	7,62—13,87	1,03—1,28
Kanada	65	10,49	0,86

Von den Mineralien aus Glastonbury wurden fünf Proben untersucht, aus Branchville drei, aus Nordkarolina zwei, aus Norwegen sieben und aus Kanada eine. Bei Mineralien, die aus dem gleichen Fundorte stammen, findet sich eine verhältnismäßig gute Übereinstimmung ihres Bleigehaltes. Wenn sowohl Helium wie Blei Zerfallsprodukte der Uranium-Radium-Mineralien sind, so sollte das Verhältnis zwischen dem Blei- und dem Heliumgehalt konstant sein. Der Prozentgehalt von Helium kann aus der

---

[1]) Boltwood, Phil. Mag., April 1905; Amer. Journ. Science, Okt. 1905; Febr. 1907.

obigen Tabelle erhalten werden, wenn man den Gehalt an Stickstoff durch sieben dividiert. Da wahrscheinlich bei dem Zerfall des Uraniums und Radiums acht α-Partikeln für die Bildung je eines Atomes Blei ausgesandt werden, so sollte das Gewicht der gebildeten Heliummenge $\frac{8 \times 4}{206{,}9} = 0{,}155$ von dem Gewichte des Bleies betragen. Hierbei ist angenommen, daß alles Helium in den Mineralien eingeschlossen bleibt. Das wirklich gefundene Verhältnis beträgt ungefähr 0,11 für die Glastonbury Mineralien, 0,09 für die Branchville Mineralien und ungefähr 0,016 für die Mineralien aus Norwegen. In allen Fällen ist also das Verhältnis von Helium zu Blei kleiner als der theoretische Wert; hieraus kann geschlossen werden, daß in einigen Fällen ein großer Teil des Heliums aus den Mineralien entwichen ist. Bei den Mineralien aus Glastonbury besteht zwischen Versuch und Theorie gute Übereinstimmung.

Wenn die Bildung des Bleies aus Radium sichergestellt ist, so sollte sich das Alter eines Minerals genauer aus seinem Bleigehalt bestimmen lassen als aus seinem Heliumgehalt, denn das Blei, das in einem kompakten Mineral gebildet wird, hat keine Möglichkeit, zu entweichen.

Während die eben angestellten Überlegungen notwendigerweise bei dem jetzigen Stande unseres Wissens auf etwas unsicherem Boden ruhen, so besitzen sie doch einen gewissen Wert, weil sie die Methoden angeben, nach denen die Frage nach den Endprodukten der Umwandlung radioaktiver Mineralien anzugreifen ist. Boltwood hat auf Grund der Analysen radioaktiver Mineralien die Vermutung ausgesprochen, daß Argon, Wasserstoff, Wismut und einige der seltenen Erden möglicherweise von radioaktiven Substanzen abstammen.

Wir werden wahrscheinlich erst in vielen Jahren imstande sein, zu beweisen, ob Blei das Endprodukt der Umwandlungen des Radiums ist oder nicht. In erster Linie ist es schwierig, genug Radium für Versuchszwecke zu erhalten, und zweitens muß wegen des langsam sich umwandelnden Zwischenproduktes, Radium-D, ein langer Zeitraum verstreichen, ehe Blei in merkbarer Menge im Radium auftreten kann. Zur Entscheidung der Frage würden Radium-F (Radiotellurium) oder Radium-D (Radioblei) bessere Dienste leisten als Radium.

Die Konstitution der Radioelemente.

Wenn man annimmt, daß die α-Partikel ein Heliumatom ist, so kommt man zu der Auffassung, daß die Atome von Uranium und Radium sich teilweise aus Heliumatomen aufbauen. Wäre Blei das Endprodukt des Radiums, so könnte das Radiumatom durch die Formel $Ra = Pb + He_5$ und das Uraniumatom durch $Ur = Pb + He_3$ ausgedrückt werden. Es darf jedoch nicht vergessen werden, daß diese Heliumverbindungen von gewöhnlichen Verbindungen völlig verschieden wären. Sowohl Radium wie Uranium sind Elementarsubstanzen, die durch unsere physikalischen und chemischen Hilfsmittel nicht zerlegt werden können. Sie zerfallen spontan mit einer Geschwindigkeit, die wir bisher nicht beeinflussen können, und bei dem Zerfall wird ein Heliumatom mit außerordentlicher Geschwindigkeit fortgeschleudert. Die Energie, die in der kinetischen Energie des Heliumatoms in Freiheit gesetzt wird, ist von einer viel höheren Größenordnung als die molekularer Reaktionen, da sie mindestens eine Million mal größer ist, als die Energie, welche bei den heftigsten chemischen Reaktionen frei wird. Wahrscheinlich befinden sich die Heliumatome innerhalb der Atome von Uranium und Radium in sehr schneller Bewegung und verlassen aus irgend einem Grunde das Atom mit der Geschwindigkeit, die sie in ihrer Bahn im Innern des Atoms besaßen. Die Kräfte, die das Heliumatom in dem Atom der Radioelemente festhalten, sind so groß, daß unsere Hilfsmittel nicht ausreichen, um eine Abtrennung des Heliumatoms zu bewirken.

Die α-Partikeln des Thoriums und Aktiniums sind wahrscheinlich gleichfalls Heliumatome, so daß auch diese Elemente als Verbindungen noch unbekannter Elemente mit Helium aufzufassen sind. Fünf α-Strahlenprodukte des Thoriums sind bekannt, das Atomgewicht des Endproduktes würde also $232,5 - 5.4 = 212,5$ betragen. Von den Atomgewichten der bekannten Elemente kommt das des Wismuts, 208, diesem Werte am nächsten, und wenn Thorium statt fünf sechs α-Partikeln verlieren sollte, so würde das Atomgewicht des Restatoms dem des Wismuts sehr nahe kommen. Wismut erfüllt auch die Bedingungen, die ein Umwandlungsprodukt des Thoriums erfüllen muß, denn es kommt in radioaktiven Mineralien vor, und der Wismutgehalt alter Uranmineralien, die wenig Thorium enthalten, ist klein gegenüber dem Bleigehalte.

Helium spielt, wie wir sehen, eine sehr wichtige Rolle in dem Bau der Radioelemente, vielleicht wird es sich zeigen, daß sowohl Helium wie Wasserstoff zu den elementaren Einheiten gehören, aus denen die schwereren Atome sich aufbauen. Es mag vielleicht auch mehr als ein Zufall sein, daß die Differenzen der Atomgewichte mancher Elemente vier Einheiten oder ein mehrfaches von vier Einheiten betragen.

Von den primären, radioaktiven Mineralien sind zweifellos manche vor 100 bis 1000 Mill. Jahren auf der Oberfläche der Erde abgelagert worden und haben seit jener Zeit eine langsame Umwandlung erfahren. Wir haben bisher kein Anzeichen dafür, daß dieser Zerfall der Materie unter gewöhnlichen Umständen an der Oberfläche der Erde reversibel ist. Es ist jedoch denkbar, daß unter gewissen Bedingungen, die vielleicht in frühen Perioden der Erdgeschichte geherrscht haben, der umgekehrte Prozeß stattgefunden hat, daß nämlich die schweren Atome aus den leichteren und elementareren Substanzen aufgebaut worden sind.

Es mag sein, daß die Bedingungen für die Bildung schwerer Atome bei den hohen Drucken und Temperaturen, die im Innern der Erde herrschen, vorhanden sind. Dr. Barrel von der Yale-Universität hat mir gegenüber die Vermutung ausgesprochen, daß möglicherweise der stufenförmige Aufbau der schwereren und komplexeren Atome langsam im Innern der Erde stattfindet, und daß man hierin vielleicht eine Erklärung für die zweifellos große Dichte des Erdinnern und für das allmähliche Zusammenschrumpfen des Erdkörpers finden könnte.

Solche Vermutungen sind augenblicklich zwar in hohem Maße spekulativ, es ist jedoch nicht undenkbar, daß die Bildung radioaktiver Materie noch tief in der Erde vor sich geht, und daß die radioaktiven Ablagerungen, die sich jetzt an der Oberfläche befinden, in vergangenen Zeiten aus dem tiefen Innern emporgedrängt sind.

Neuntes Kapitel.

Die Radioaktivität der Erde und der Atmosphäre.

In diesem Kapitel wird in kurzen Umrissen der gegenwärtige Stand unseres Wissens von dem radioaktiven Zustande der Erde und der Atmosphäre und der Zusammenhang besprochen werden, in dem möglicherweise die bisher beobachteten Tatsachen zu dem elektrischen Zustande der Atmosphäre und der Wärme des Erdinnern stehen.

Die Radioaktivität der Atmosphäre.

Unsere Kenntnisse von dem radioaktiven und elektrischen Zustande der Atmosphäre haben sich während der letzten Jahre sehr schnell vermehrt, und obwohl an der Erforschung dieses Gebietes erst wenige Jahre gearbeitet ist, so haben wir doch manche neue und wichtige Einsicht gewonnen.

Fast ein Jahrhundert ist verstrichen, seitdem Coulomb und andere Forscher darauf aufmerksam machten, daß ein geladener Leiter, der sich im Innern eines verschlossenen Gefäßes befindet, seine Ladung schneller verliert, als aus dem Elektrizitätsverlust längs der Isolation zu erklären ist. Coulomb dachte, daß der Ladungsverlust daher rühre, daß die Luftmoleküle beim Anstoß an den geladenen Körper eine Ladung erhielten und dann von ihm abgestoßen würden. Schon im Jahre 1850 beobachtete Matteucci, daß die Entladungsgeschwindigkeit von dem Potential des geladenen Körpers unabhängig ist. Bei Versuchen mit Isolatoren aus Quarzstäben von verschiedener Länge und verschiedenem Querschnitt kam Boys im Jahre 1889 zu dem Schluß, daß der Ladungsverlust nicht durch mangelhafte Isolation zu erklären sei.

Kurze Zeit, nachdem wir mit der Ionisation von Gasen durch X-Strahlen und Uraniumstrahlen bekannt geworden waren, wurde die Frage des Ladungsverlustes geladener Leiter von Geitel[1]) und C. T. R. Wilson[2]) unabhängig untersucht; beide verwandten Elektroskope besonderer Konstruktion, um die Entladungsgeschwindigkeit zu messen, die ein geladener Körper innerhalb eines geschlossenen Gefäßes erfährt. Übereinstimmend kamen sie zu dem Schluß, daß der allmähliche Ladungsverlust wesentlich von der Ionisation der Luft innerhalb des Gefäßes herrührt. Oberhalb einer gewissen Spannung war die Entladungsgeschwindigkeit unabhängig von dem elektrischen Felde; dieses Resultat war zu erwarten, wenn die Ionisation sehr gering war. Anfangs wurde angenommen, daß die Ionisation des Gases spontan und eine Eigenschaft des Gases selbst sei, spätere Untersuchungen haben jedoch diesen Schluß modifiziert. Es steht jetzt fest, daß ein großer Teil der Ionisation, die in einem reinen geschlossenen Metallgefäße zu beobachten ist, daher rührt, daß die Gefäßwände ionisierende Strahlen aussenden. Ein anderer Teil wird durch eine sehr durchdringende γ-Strahlenart hervorgerufen, die sich überall auf der Oberfläche der Erde findet. Die Größe der Ionisation innerhalb eines Gefäßes hängt von der Natur und dem Druck des Gases und von dem Material des Gefäßes ab. In den meisten Fällen nimmt die Ionisation nahezu proportional dem Druck ab und ist der Dichte des Gases angenähert proportional, wie zu erwarten ist, wenn die Ionisation von Strahlungen der Wände oder von einer durchdringenden Strahlenart herrührt, die von außen in das Gefäß eintritt.

Es ist zu bemerken, daß die natürliche Ionisation, die in geschlossenen Gefäßen beobachtet wird, außerordentlich klein ist, und daß für die Ausführung von Messungen besondere Vorsichtsmaßregeln erforderlich sind. Unter der Voraussetzung, daß die Ionisation in einem kleinen versilberten Glasgefäße gleichmäßig stark war, fand C. T. R. Wilson, daß nicht mehr als 30 Ionen per Kubikzentimeter in der Sekunde gebildet wurden. In einem Gefäße von einem Liter Inhalt würden also 30000 Ionen in der Sekunde gebildet werden, oder weniger als ein Drittel der Zahl, die eine einzelne α-Partikel des Radiums auf ihrem Wege erzeugt.

---

[1]) Geitel, Physik. Zeitschr. 2, 116 (1900).
[2]) Wilson, Proc. Camb. Phil. Soc. 11, 32 (1900); Proc. Roy. Soc. 68, 151 (1901).

Wenn also in der Sekunde eine einzige α-Partikel von den Wänden des Gefäßes ausgesandt würde, so würde sich hierdurch die gesamte Ionisation erklären lassen.

Nachdem die Zerstreuung der Elektrizität in geschlossenen Gefäßen untersucht war, wandten Elster und Geitel ihre Aufmerksamkeit der freien Luft zu. Sie fanden, daß ein geladener Körper seine Ladung schneller verlor, wenn er sich in freier Luft, als wenn er sich in einem geschlossenen Gefäße befand. Sowohl positive wie negative Ladungen werden zerstreut, aber in der Regel mit verschiedenen Geschwindigkeiten; ein positiv geladener Körper verliert seine Ladung etwas langsamer als ein negativ geladener. Die Ionisation der freien Luft wurde mit einem transportierbaren Elektroskop gemessen. Ein isoliertes Drahtnetz wurde mit dem geladenen Elektroskop verbunden, und die Entladungsgeschwindigkeit wurde als ein relatives Maß für die Zahl der in der Luft vorhandenen Ionen angesehen.

Bei der Untersuchung der Ionisation in geschlossenen Gefäßen bemerkten Elster und Geitel, daß die Entladungsgeschwindigkeit nach der Einführung frischer Luft mehrere Stunden lang zunahm. Es war bekannt, daß eine derartige Zunahme eintritt, wenn die Emanation des Radiums oder Thoriums mit der Luft gemischt ist. Dieses veranlaßte Elster und Geitel zu dem kühnen Versuche, eine radioaktive Substanz aus der Atmosphäre zu gewinnen. Der Verfasser hatte gezeigt, daß ein negativ geladener Draht, der der Thoriumemanation exponiert war, stark aktiv wurde. Hierdurch wurden sie auf die Methode geführt, nach der sie die Frage angriffen[1]). Ein langer Draht wurde an isolierten Stützen außerhalb des Laboratoriums aufgehängt und mit Hilfe einer Elektrisiermaschine auf ein hohes Potential geladen. Nach einigen Stunden wurde der Draht abgenommen und um die Spitze eines Elektroskops gewunden. Es war eine deutliche Zunahme der Entladungsgeschwindigkeit zu beobachten, woraus hervorging, daß der Draht die Eigenschaft gewonnen hatte, die Luft zu ionisieren. Der Effekt verschwand nach einiger Zeit und war schon nach einigen Stunden sehr klein.

Weitere Versuche brachten die Bestätigung, daß der Draht durch die Exposition zeitweise aktiv geworden war. Die Größe

---

[1]) Elster und Geitel, Physik. Zeitschr. 3, 76 (1901).

der Aktivität hing nicht von dem Material des Drahtes ab; die Aktivität verhielt sich in dieser Beziehung ganz ähnlich wie die induzierte Aktivität, welche Gegenstände in der Nachbarschaft von Thorium- oder Radiumpräparaten annehmen.

Die aktive Substanz konnte von dem Draht entfernt werden, wenn er mit einem in Ammoniak getauchten Leder abgerieben wurde. Auf diese Weise wurde eine aktive Substanz erhalten, die imstande war, auf eine photographische Platte durch eine Aluminiumschicht von 0,1 mm Dicke hindurch einzuwirken und auf einem Schirm von Platincyanür eine schwache Phosphoreszenz hervorzurufen.

Rutherford und Allan[1]) wiesen nach, daß eine ähnliche Aktivität in Montreal erhalten werden konnte. Die Strahlung bestand aus α- und β-Strahlen, von denen die ersteren den größten Teil der Ionisation hervorriefen, die zu beobachten war, wenn der Draht unbedeckt war. Die Aktivität, die ein Draht durch Exposition in freier Luft gewonnen hatte, fiel ungefähr mit derselben Geschwindigkeit ab, wie die eines Drahtes, der dadurch aktiv gemacht wurde, daß er der Radiumemanation exponiert worden war.

Bumstead und Wheeler[2]) untersuchten das radioaktive Verhalten der Luft in New-Haven; sie verglichen die Abfallsgeschwindigkeit des in der Luft aktiv gemachten Drahtes mit der eines Drahtes, der durch Radiumemanation aktiviert worden war, und wiesen einwandfrei nach, daß die Aktivität, die in der Luft in New-Haven enthalten ist, hauptsächlich von Radiumemanation herrührt. Ein Draht, der im Freien aktiv gemacht war, zeigte den anfänglichen schnellen Abfall, der von Radium-A herrührt, und die Abfallskurve war in ihrem weiteren Verlaufe identisch mit der Zerfallskurve des aktiven Niederschlages des Radiums. Aus dem Grundwasser und dem Tageswasser von New-Haven wurde eine Emanation erhalten, die mit derselben Geschwindigkeit zerfiel wie die Radiumemanation.

An Drähten, die mehrere Tage lang im Freien exponiert worden waren, beobachtete Bumstead[3]) ferner, daß, nachdem

---

[1]) Rutherford und Allan, Phil. Mag., Dez. 1902.
[2]) Bumstead und Wheeler, Amer. Journ. Sci; Feb. 1904.
[3]) Bumstead, Amer. Journ. Sci., Juli 1904.

die Aktivität verschwunden war, die von der Radiumemanation stammte, ein Teil zurückblieb, der viel langsamer abfiel. Diese Restaktivität fiel mit der gleichen Geschwindigkeit wie die induzierte Aktivität des Thoriums ab, woraus hervorgeht, daß sowohl Thorium- wie Radiumemanation in der Luft vorhanden war. Dadourian[1]) fand, daß in dem Boden von New-Haven Thoriumemanation enthalten ist. In den Erdboden wurde ein Loch gegraben und dieses nach Einführung eines negativ geladenen Drahtes oben geschlossen. Nach der Herausnahme besaß der Draht eine Aktivität, die mit der für die induzierte Aktivität des Thoriums charakteristischen Geschwindigkeit abfiel.

Nach diesen Versuchen enthält der Erdboden in New-Haven beträchtliche Mengen von Thorium und Radium. Da die Thoriumemanation eine sehr kurze Lebensdauer besitzt, so kann sie nur aus einer geringen Bodentiefe in die Atmosphäre diffundieren, während die langlebigere Radiumemanation aus einer viel größeren Tiefe aufsteigen kann.

Inzwischen hatte C. T. R. Wilson[2]) gefunden, daß der Regen radioaktiv ist. Bei einem Regenschauer wurde Regenwasser gesammelt und schnell in einer Platinschale eingedampft. Die Schale war aktiv geworden und verlor ihre Aktivität in ungefähr 30 Minuten zur Hälfte.

Wilson beobachtete in England, S. J. Allan und McLennan in Kanada, daß frisch gefallener Schnee die gleiche Eigenschaft besitzt. Die Aktivität des Schnees fällt wie die des Regens in 30 Minuten auf den halben Wert. Diese Abfallsgeschwindigkeit ist angenähert gleich der, welche die induzierte Aktivität des Radiums einige Stunden nach Beendigung der Exposition besitzt. Es ist also anzunehmen, daß die Träger von Radium-B und Radium-C wahrscheinlich durch Diffusion zu den Schneeflocken oder Wassertropfen gelangen und sich an sie anheften. Beim Eindampfen bleibt die aktive Substanz zurück. Ein heftiger Regen oder Schneefall muß also zeitweise einen Teil von dem in der Luft vorhandenen Radium-B und Radium-C entfernen.

Elster und Geitel fanden die Luft in abgeschlossenen Räumen, wie Kellern und Höhlen, abnorm stark radioaktiv. Um

---

[1]) Dadourian, Amer. Journ. Sci., Jan. 1905.
[2]) Wilson, Proc. Camb. Phil. Soc. **11**, 428 (1902); **12**, 17 (1903).

nachzuweisen, daß diese Wirkung nicht nur von dem Stagnieren der Luft herrührte, schlossen Elster und Geitel einen mit Luft gefüllten alten Dampfkessel ab, konnten aber keine Zunahme der Aktivität beobachten. Aus anderen Versuchen ging hervor, daß die größere Aktivität, welche die Luft in geschlossenen Räumen besitzt, die mit dem Erdboden in Berührung stehen, von Radiumemanation herrührt, die durch den Erdboden diffundiert. Um diese Frage zu klären, gruben Elster und Geitel[1]) ein Rohr mehrere Fuß tief in den Boden ein, und sogen mit Hilfe einer Pumpe die in den Kapillaren des Bodens enthaltene Luft an. Die Luft war stark aktiv, ihre Aktivität nahm ungefähr in derselben Weise ab wie die von Luft, die mit Radiumemanation gemischt ist.

Ähnliche Beobachtungen machten Ebert und Ewers[2]) in München. Es geht aus diesen Versuchen hervor, daß kleine Radiummengen überall in der Erdoberfläche verteilt sind. J. J. Thomson, Adams und andere Forscher untersuchten das Wasser tieferer Brunnen und Quellen in England und fanden, daß in einigen Fällen das Wasser beträchtliche Mengen von Radiumemanation und zuweilen auch eine Spur von Radium selbst enthielt. In den letzten Jahren sind viele Untersuchungen des Wassers und der Ablagerungen von Mineralquellen ausgeführt. H. S. Allan und Lord Blythswood beobachteten, daß die heißen Quellen von Bath und Buxton erhebliche Mengen einer radioaktiven Emanation enthielten, und Strutt fand, daß die Radiumemanation nicht nur in dem Wasser vorhanden war, sondern daß auch der Schlamm der Quellen Spuren von Radium enthielt. Es ist von Interesse, daß in den Gasen, die von diesen Quellen abgegeben werden, Helium aufgefunden ist; es könnte möglich sein, daß das Quellwasser beim Durchsickern durch die Erde eine Lage von radioaktiven Mineralien passiert hat.

Himstedt fand Radiumemanation in den Thermalquellen von Baden-Baden, während Elster und Geitel geringe Spuren von Radium auch in dem Schlamm der Badener Quellen nachwiesen. Viele Quellen sind in England, Deutschland, Frankreich, Italien und den Vereinigten Staaten untersucht worden.

---

[1]) Elster und Geitel, Physik. Zeitschr. 3, 574 (1902).
[2]) Ebert und Ewers, Physik. Zeitschr. 4, 162 (1902).

fast überall hat sich in dem Wasser Radiumemanation und oft in leicht meßbarem Betrage gefunden. Elster und Geitel fanden den Schlamm oder „Fango", der sich aus den heißen Quellen in Battaglia in Italien ablagert, außerordentlich stark aktiv, und eine eingehende Untersuchung zeigte, daß die Aktivität von Radium herrührt. Es wurde berechnet, daß der Radiumgehalt des Fangos ungefähr $1/1000$ von dem der Joachimstaler Pechblende beträgt.

Während die Aktivität heißer Quellen meistens von der Gegenwart von Radium oder seiner Emanation herrührt, hat Blanc[1]) eine bemerkenswerte Ausnahme beobachtet. Blanc fand Ablagerungen der Quellen von Salins-Moutiers ungewöhnlich stark aktiv und beobachtete, daß sie beträchtliche Mengen von Thoriumemanation abgaben. Das Vorhandensein von Thorium ließ sich jedoch nicht analytisch nachweisen, obwohl nach der Menge der abgegebenen Thoriumemanation zu urteilen eine große Menge von Thorium hätte zugegen sein müssen. Es ist nicht unwahrscheinlich, daß die beobachtete Aktivität nicht von Thorium selbst herrührt, sondern von dem Radiothorium, das von Hahn entdeckt worden ist (vgl. S. 70). Dieses bildet Thorium-X und die Thoriumemanation, würde aber nur in so kleiner Menge vorhanden sein, daß es nicht chemisch nachgewiesen werden könnte.

Elster und Geitel beobachteten, daß natürliche Kohlensäure, die aus großen Tiefen alten vulkanischen Bodens erhalten worden war, Radiumemanation enthielt, während McLennan und Burton erhebliche Mengen von Radiumemanation in dem Petroleum einer tiefen Ölquelle der Provinz Ontario in Kanada fanden.

In den meisten Fällen kommt Quellwasser aus großen Tiefen, und radioaktive Substanzen finden sich besonders in heißem Quellwasser in viel größerer Menge vor, als in dem Erdboden selbst. Wasser, und besonders heißes Wasser, wird in den Schichten, die es passiert, radioaktive Substanzen auflösen und auch die Emanation aufnehmen. In besonderen Fällen mag es vorkommen, daß das Wasser eine Schicht radioaktiven Minerals passiert hat und dann eine sehr große Aktivität besitzt.

---

[1]) Blanc, Phil. Mag., Jan. 1905.

Elster und Geitel haben viele Bodenproben auf ihre Radioaktivität untersucht und haben fast in allen Fällen Spuren radioaktiver Substanzen gefunden. Die Aktivität ist am größten in Tonböden und rührt offenbar in vielen Fällen von der Gegenwart von Radium her. Die Untersuchungen zeigen im allgemeinen, daß radioaktive Materie in außerordentlich weitgehender Verteilung vorkommt; es ist schwer, eine Substanz zu finden, die nicht eine Spur von Radium enthält. Es ist nicht wahrscheinlich, daß Uranium und Radium sich in dieser Beziehung von den inaktiven Elementen unterscheiden.

Das Vorhandensein von Radium kann durch die elektrische Untersuchung noch nachgewiesen werden, wenn durch chemische Analyse das Vorhandensein seltener inaktiver Elemente nicht mehr entdeckt werden könnte, selbst wenn diese in noch beträchtlich größerer Menge vorhanden wären als das Radium. Aus allgemeinen Gründen ist es nicht überraschend, daß radioaktive Substanzen so weitgehend in der Erde verteilt sind, denn der Erdboden sollte überall eine Beimischung von fast allen Elementen enthalten, die auf der Erde vorkommen, und die selteneren Elemente sollten nur in geringerer Menge vorhanden sein.

Zweifellos bestehen die aktiven Stoffe, die in der Atmosphäre enthalten sind, wesentlich aus der Radiumemanation und ihren Produkten und an einigen Orten wahrscheinlich aus Spuren der Thorium- und Aktiniumemanation. Die Nachlieferung der radioaktiven Substanzen an die Atmosphäre geschieht hauptsächlich dadurch, daß die Emanationen aus dem Erdboden in die Luft diffundieren, während ein anderer Teil aus Quellen und Gasen stammt, die im Boden eingeschlossen gewesen waren.

Wegen der verhältnismäßig geringen Umwandlungsgeschwindigkeit der Radiumemanation wird diese in der Atmosphäre in größerer Menge vorhanden sein als die anderen Emanationen, denn die Emanationen des Thoriums und Aktiniums können wegen ihrer kurzen Lebensdauer nur aus einer geringen Bodentiefe an die Oberfläche gelangen. Wahrscheinlich ändert sich die Emanationsmenge, die von dem Boden an die Atmosphäre abgegeben wird, von Ort zu Ort; durch den Einfluß des Windes und durch Luftströmungen wird jedoch im allgemeinen eine gleichmäßige Verteilung der Emanation zustande kommen.

Die Menge der induzierten Aktivität, die unter bestimmten Bedingungen aus der Atmosphäre erhalten werden kann, ist, wie oft beobachtet wurde, sehr wechselnd und ändert sich oft im Verlauf eines einzigen Tages erheblich. Elster und Geitel haben den Einfluß wechselnder meteorologischer Verhältnisse auf die Menge der in der Atmosphäre enthaltenen aktiven Stoffe eingehend untersucht. Die Versuche wurden in Wolfenbüttel ausgeführt und umfaßten einen Zeitraum von 12 Monaten. Im Durchschnitt nahm die Menge der aktiven Stoffe bei einer Abnahme der Temperatur zu. Unterhalb 0^0 war der Durchschnitt 1,44 mal größer als über 0^0. Eine Abnahme des Luftdruckes erhöht die Größe der induzierten Aktivität. Die Abhängigkeit von dem Luftdruck ist leicht verständlich, da eine Erniedrigung des Druckes ein beschleunigtes Aufsteigen der Emanation aus den Poren der Erdoberfläche bewirken muß.

Wenn der Emanationsgehalt der Atmosphäre ausschließlich aus der Erde stammt, so sollte er auf hoher See viel kleiner sein wie am Lande, denn das Wasser wird verhindern, daß die Emanation von dem Meeresboden in die Atmosphäre gelangt. Die bisher gemachten Beobachtungen deuten auch an, daß der Emanationsgehalt der Luft in der Nähe der Küste geringer ist. Zum Beispiel haben Elster und Geitel gefunden, daß der Emanationsgehalt der Luft an der Ostseeküste nur ein Drittel so groß war wie im Binnenlande; eine systematische Untersuchung und Bestimmung der Emanationsmengen, die in der Atmosphäre in großen Entfernungen vom Lande enthalten sind, ist jedoch bisher noch nicht ausgeführt[*]).

Der Emanationsgehalt der Atmosphäre.

Die meisten Bestimmungen des Emanationsgehaltes der Atmosphäre tragen einen qualitativen Charakter, es ist aber offenbar wichtig, eine Vorstellung von der Menge der in der Luft enthaltenen Radiumemanation zu gewinnen. Da der Emanations-

---

*) Nach einigen Versuchen von Eve (Phil. Mag., Febr. 1907) ist die Luft über dem Atlantischen Ozean ungefähr ebenso stark ionisiert wie über dem Festlande, während der Radiumgehalt des Seewassers nur etwa $^1/_{1000}$ des Wertes beträgt, den Strutt für eine Anzahl von Felsproben gefunden hat.

gehalt in der Atmosphäre durch eine gleichmäßige Nachlieferung der Emanation aus dem Erdboden konstant erhalten wird, so ist es zweckmäßig, seinen Betrag auf die Menge von Radiumbromid zu beziehen, die eine gleiche Menge von Emanation abgibt.

Einige interessante Versuche sind in dieser Richtung kürzlich von A. S. Eve[1]) in Montreal ausgeführt. Das radioaktive Verhalten der Atmosphäre scheint in Montreal normal zu sein, die Zahl der Ionen, die in 1 ccm Luft enthalten sind, ist ungefähr ebenso groß wie die, welche an verschiedenen Orten in Europa gefunden ist.

Zunächst wurden einige Versuche in einem großen Eisenkessel in dem Engineering-Building der Mc Gill-Universität ausgeführt. Dieser Kessel war 8,08 m hoch und besaß eine quadratische Grundfläche von 1,52 m Seitenlänge, so daß sein Inhalt 18,7 cbm betrug. Um die Größe der induzierten Aktivität zu bestimmen, die in diesem Kessel erhalten werden konnte, wurde ein langer Draht isoliert längs der Achse des Kessels aufgehängt und drei Stunden lang auf einem Potential von -10000 Volt erhalten. Der Draht wurde dann schnell herausgenommen und auf einen Rahmen gewunden, der mit einem Elektroskop verbunden war. Die Abfallsgeschwindigkeit des Goldblattes diente als ein Maß für die Menge des aktiven Stoffes, der sich auf dem Draht angesammelt hatte.

Ein ähnlicher Versuch wurde dann in einem kleinen Zinkzylinder von 76 Liter Inhalt ausgeführt. Die Emanation von 2×10^{-4} mg Radiumbromid wurde, mit Luft gemischt, in den Zylinder eingeführt. Die induzierte Aktivität wurde in derselben Weise wie bei dem früheren Versuche gesammelt und gemessen. Aus der Entladungsgeschwindigkeit, die der aktive Niederschlag einer bekannten Radiummenge hervorruft, läßt sich direkt die Emanationsmenge berechnen, die in dem Eisenkessel vorhanden war. Es ergab sich, daß in einem Kubikkilometer Luft, die denselben Emanationsgehalt besitzt, wie die Luft in dem Eisenkessel, so viel Emanation vorhanden sein würde, als von 0,49 g reinen Radiumbromids geliefert wird.

Der Kessel war bei diesen Versuchen nicht von der Luft der Umgebung abgeschlossen, und es fand sich, daß die Größe der

---

[1]) A. S. Eve, Phil. Mag., Juli 1905.

induzierten Aktivität sich nicht änderte, wenn die Luft aus dem umgebenden Raum durch den Kessel geblasen wurde. Man kann also annehmen, daß der Emanationsgehalt der Luft innerhalb und außerhalb des Kessels der gleiche war. Radioaktive Substanzen waren niemals in dem Gebäude benutzt worden, in dem der Kessel stand, und wie wir später sehen werden, war die Zahl der in dem Kessel per Sekunde im Kubikzentimeter gebildeten Ionen kleiner, als jemals vorher beobachtet war.

Um jedoch hierüber Klarheit zu gewinnen, wurden Versuche mit einem anderen großen Zinkzylinder, der beiderseits offen war, auf dem College-Campus gemacht. Der aktive Niederschlag wurde wie bei den früheren Versuchen gesammelt und gemessen. Der durchschnittliche Betrag war jedoch nur ein Drittel bis ein Viertel des in einem gleichen Volumen des großen Kessels beobachteten. Für diese Unstimmigkeit der Resultate läßt sich eine zufriedenstellende Erklärung nur in der Annahme finden, daß der geladene Draht aus irgend einem Grunde nicht imstande war, den aktiven Niederschlag vollständig zu sammeln, wenn die Luft frei durch den Zylinder zirkulierte.

Unter gewissen Annahmen kann man die Menge der in der Atmosphäre enthaltenen Radiumemanation angenähert schätzen. Es werde vorausgesetzt, daß die Emanation in einer die Erde umschließenden Kugelschale von 10 km Höhe gleichmäßig verteilt, und daß der Emanationsgehalt der Luft gleich dem in Montreal beobachteten sei. Die Oberfläche der Erde beträgt ungefähr 5×10^8 qkm und das Volumen der Kugelschale beträgt 5×10^9 cbkm. Setzt man für die im Kubikkilometer enthaltene Emanationsmenge den aus dem Versuch mit dem Eisenkessel erhaltenen Wert ein, so findet man, daß die in der Atmosphäre enthaltene Emanationsmenge $2,5 \times 10^9$ g oder 2460 Tonnen Radiumbromid entspricht.

Dieser Wert reduziert sich auf ein Viertel, oder 610 Tonnen, wenn die Emanation nur vom Lande aufsteigt, da drei Viertel der Erdoberfläche mit Wasser bedeckt sind. Rechnet man mit dem Werte, der aus dem Versuche mit dem im Freien aufgestellten Zylinder erhalten ist, so findet man ungefähr 170 Tonnen.

Verschiedene Forscher haben gefunden, daß die Menge des in der Luft enthaltenen aktiven Niederschlages auf hohen Bergen ebensogroß, wenn nicht größer ist, als in der Ebene. Die Annahme, daß die Emanation im Durchschnitt bis zu einer Höhe von 10 km in der Luft vorhanden ist, kommt daher wohl der Wirklichkeit ziemlich nahe. Ehe nicht eine vollständige Durchforschung der Radioaktivität der Atmosphäre stattgefunden hat, sind derartige Berechnungen notwendigerweise etwas unsicher, sie erlauben aber jedenfalls, die Größenordnung der in Betracht kommenden Werte zu schätzen.

Da die Radiumemanation in ungefähr vier Tagen zur Hälfte zerfällt, so kann sie nicht aus großen Tiefen an die Erdoberfläche diffundieren, die Hauptmenge der Emanation muß daher aus einer Oberflächenschicht stammen, die nur wenige Meter dick ist. Ein Teil stammt wahrscheinlich aus Quellen, welche die Emanation aus großen Tiefen ans Tageslicht bringen, aber dieser Teil ist vermutlich klein neben dem, der direkt durch die Poren des Erdbodens entweicht.

Wir kommen also zu dem wichtigen Schluß, daß eine sehr beträchtliche Radiummenge, die nach Hunderten von Tonnen zählt, in einer Oberflächenschicht von wenigen Metern Dicke in der Erde enthalten ist. Zum größten Teil ist diese Menge jedoch so sehr verstreut, daß ihr Vorhandensein sich nur mit Hilfe der elektrischen Methode nachweisen läßt.

Eve (loc. cit.) fand, daß ein Draht von 1 mm Durchmesser, der auf — 10 000 Volt geladen und ungefähr 7 m über dem Erdboden aufgehängt war, nicht imstande war, den aktiven Niederschlag aus einer größeren Entfernung als 40 bis 80 cm an sich heranzuziehen. Dieser Abstand ist viel kleiner, als mit Rücksicht auf die hohe Spannung zu erwarten wäre, denn der Verfasser hat nachgewiesen, daß die positiv geladenen Träger des aktiven Niederschlages des Radiums und des Thoriums im elektrischen Felde ungefähr mit derselben Geschwindigkeit wandern, wie ein Ion, d. h. sie bewegen sich mit einer Geschwindigkeit von ungefähr 1,4 cm per Sekunde bei einem Potentialgefälle von einem Volt per Zentimeter. Wahrscheinlich heften sich die Träger des aktiven Niederschlages, die eine geraume Zeit in der Atmosphäre schweben, an die verhältnismäßig großen Staubteilchen an und bewegen sich deshalb im elektrischen Felde sehr langsam, so daß sie nur aus der unmittelbaren Nachbarschaft des geladenen Drahtes herangezogen werden.

Die durchdringende Strahlung der Erdoberfläche.

Da die Radiumemanation überall in der Erdoberfläche und in der Atmosphäre vorhanden ist, so müssen die γ-Strahlen, die vom Radium-C ausgesandt werden, überall auf der Erde und in der Atmosphäre vorhanden sein. Das Vorhandensein einer solchen durchdringenden Strahlung bemerkten Mc Lennan[1]) und H. L. Cooke[2]) unabhängig voneinander. Mc Lennan arbeitete mit einem großen Gefäß und fand, daß die Ionisation der Luft innerhalb des Gefäßes um ungefähr 37 Proz. abnahm, wenn das Gefäß mit einer Wasserschicht von 25 cm Dicke umgeben wurde. Cooke arbeitete mit einem kleinen Messingelektroskop von ungefähr 1 Liter Inhalt. Die Entladungsgeschwindigkeit sank um ungefähr 30 Proz., wenn das Elektroskop völlig mit einem Bleischirm von 5 cm Dicke umgeben wurde. Eine weitere Verringerung trat nicht ein, selbst wenn eine Tonne Blei um das Instrument verteilt wurde. Diese Strahlen besitzen ungefähr dasselbe Durchdringungsvermögen, wie die γ-Strahlen des Radiums und lassen sich sowohl in Gebäuden wie im Freien nachweisen. Indem das Elektroskop von verschiedenen Seiten durch Bleiblöcke geschützt wurde, ließ sich zeigen, daß die Strahlung ungefähr gleich stark aus allen Richtungen kam und bei Nacht ebenso intensiv war, wie am Tage. Dies ist zu erwarten, wenn die Strahlen von radioaktiven Stoffen stammen, die gleichförmig in der Erde und in der Atmosphäre verteilt sind. Die Ionisierung, die von den durchdringenden Strahlen hervorgerufen wird, ist jedoch viel größer, als daß sie allein durch die γ-Strahlen verursacht sein könnte, die von der in der Atmosphäre enthaltenen Emanation herrühren. Vielleicht werden diese durchdringenden Strahlen sowohl von radioaktiven Substanzen wie von der gewöhnlichen Materie ausgesandt.

Der elektrische Zustand der Atmosphäre.

Aus Messungen des Potentialgefälles in der Atmosphäre ist schon lange bekannt, daß die oberen Schichten der Atmosphäre

---

[1]) Mc Lennan, Phys. Rev. Nr. 4, 1903.
[2]) Cooke, Phil. Mag., Okt. 1903.

im Verhältnis zu der Erde positiv geladen sind. Es besteht also dauernd ein elektrisches Feld zwischen der Erdoberfläche und den höheren Luftschichten. Da in den unteren Schichten der Atmosphäre eine Ionisierung besteht, so muß eine dauernde Verschiebung von negativen Ionen nach oben und von positiven nach unten stattfinden. Die Träger des aktiven Niederschlages des Radiums besitzen eine positive Ladung, sie müssen also nach der Erdoberfläche hin wandern. Jeder Grashalm und jedes Blatt muß daher mit einem unsichtbaren Überzuge von radioaktiver Substanz bekleidet sein.

Auf der Spitze eines Hügels oder eines Berges ist die Intensität des elektrischen Feldes der Erde besonders groß, es sollte daher auf Bergspitzen die Menge der abgelagerten radioaktiven Substanzen größer sein, als in der Ebene. Dieses steht in Übereinstimmung mit der oben erwähnten Beobachtung von Elster und Geitel, daß die Ionisation der Luft auf Bergspitzen größer ist, als in der Ebene.

Eine große Zahl von Untersuchungen sind darüber angestellt worden, wie sich die relative Ionenzahl der Luft an verschiedenen Orten mit den meteorologischen Verhältnissen ändert. Hierzu ist der „Zerstreuungsapparat" von Elster und Geitel viel benutzt worden. Dieser besteht aus einem ungeschützten Drahtnetz, das mit einem Elektroskop verbunden ist. Die Entladungsgeschwindigkeit des Elektroskops wird für positive und negative Ladung getrennt bestimmt. Während dieses Instrument für die ersten Untersuchungen der Ionisation in der Atmosphäre von Wert gewesen ist, sind die Resultate, die es liefert, nur zu Vergleichszwecken zu gebrauchen und erlauben keine quantitativen Berechnungen. Der Einfluß des Windes auf die Angaben des Apparates ist sehr stark; die Entladungsgeschwindigkeit ist bei windigem Wetter stets größer, als bei Windstille.

Ein sehr zweckmäßiges transportables Instrument zur Bestimmung der in 1 ccm Luft enthaltenen Zahl von positiven und negativen Ionen ist von Ebert[1]) angegeben. Mit Hilfe eines durch ein Uhrwerk getriebenen Ventilators wird ein stetiger Luftstrom zwischen zwei konzentrischen Zylindern hindurchgesogen.

---

[1]) Ebert, Phys. Zeit. 2, 662 (1901); Zeitschr. f. Luftschiffahrt 4. Okt. (1902).

Der innere Zylinder ist isoliert und mit einem Elektroskop verbunden. Die Länge des Zylinders ist so gewählt, daß alle in der Luft vorhandenen Ionen bei ihrer Wanderung durch den Zylinder an die Elektroden gelangen. Aus der Kapazität des Instrumentes, der Geschwindigkeit des Luftstromes und den Konstanten des Elektroskops läßt sich die Zahl der in 1 ccm Luft enthaltenen Ionen leicht berechnen. Wenn der innere Zylinder positiv geladen ist, so ist die Entladungsgeschwindigkeit des Elektroskops ein Maß für die Zahl der in der Luft enthaltenen negativen Ionen und umgekehrt.

Messungen, die von Ebert und anderen Forschern ausgeführt sind, zeigen, daß die Zahl der in 1 ccm Luft enthaltenen Ionen beträchtlichen Veränderungen unterliegt. Die Zahl schwankt gewöhnlich zwischen fünfhundert und mehreren tausenden und die Zahl der positiven Ionen ist fast immer größer, als die der negativen.

Schuster[1]) fand, daß in Manchester die Ionenzahl zwischen 2300 und 3700 schwankte. Diese Werte geben die Zahl der im Gleichgewichtszustande vorhandenen Ionen an, d. h. wenn die Geschwindigkeit, mit der neue Ionen entstehen, gleich der ist, mit der sie sich wieder vereinigen. Wenn n_1 und n_2 die Zahl der in 1 ccm Luft enthaltenen positiven und negativen Ionen und q die Zahl der in der Sekunde per Kubikzentimeter neu gebildeten Ionen ist, so ist $q = a\, n_1\, n_2$, wenn a der Koeffizient der Wiedervereinigung der Ionen ist. Durch eine kleine Abänderung an dem Ebertschen Apparat konnte Schuster den Wert von a für Luft unter gewöhnlichen Versuchsbedingungen bestimmen und fand, daß der Wert von q in Manchester zwischen 12 und 39 schwankte.

Der Apparat von Ebert dient dazu, die Zahl der Luftionen zu bestimmen, die dieselbe Beweglichkeit haben, wie die von X-Strahlen oder von Strahlen aktiver Stoffe gebildeten Ionen. Die Geschwindigkeit der in der Luft vorhandenen Ionen ist durch Mache und von Schweidler direkt gemessen. In einem elektrischen Felde von einem Volt per Zentimeter legt das positive Ion 1,02 cm in der Sekunde zurück, das negative 1,25 cm per Sekunde. Diese Werte sind ein wenig kleiner, als diejenigen, die

---

[1]) Schuster, Proc. Manchester Phil. Soc., p. 488, Nr. 12, 1904.

für die Geschwindigkeit von Ionen bestimmt sind, die von
X-Strahlen oder den Strahlen der radioaktiven Stoffe in staubfreier Luft hervorgebracht werden.

Außer diesen schnell wandernden Ionen sind jedoch, wie
Langevin[1]) gezeigt hat, noch Ionen von geringer Beweglichkeit
in der Luft vorhanden, die in einem elektrischen Felde zu langsam wandern, als daß sie durch den Apparat von Ebert aufgefangen werden könnten. Diese Ionen bewegen sich ungefähr
so schnell, wie die Ionen, die in der Nähe von Flammen zu
beobachten sind. Durch Verwendung sehr starker elektrischer
Felder hat Langevin die Zahl dieser in der Luft vorhandenen
schweren Ionen bestimmt und gefunden, daß von ihnen ungefähr vierzigmal so viele vorhanden sind, als von den leichtbeweglichen Ionen. Möglicherweise entstehen diese Ionen von
geringer Geschwindigkeit dadurch, daß sich Wasserdampf auf
dem Ion kondensiert, oder indem sich das Ion an Staubteilchen
anheftet.

Da zweifellos eine ununterbrochene Bildung von Ionen in
der Nähe der Erdoberfläche stattfindet, so ist es von großer
Wichtigkeit, die Gründe dieser Ionisierung kennen zu lernen.
Eine naheliegende Ursache wäre die Anwesenheit der radioaktiven
Stoffe in der Atmosphäre. Reicht aber die vorhandene Menge
aus, um die beobachtete Ionisation zu bewirken? Um hierüber
Klarheit zu gewinnen, führte Eve (l. c.) den folgenden Versuch
aus. In dem auf Seite 203 beschriebenen großen Eisenkessel
wurde eine lange zylindrische Elektrode axial aufgehängt und
mit einem Elektroskop verbunden. Die Elektrode wurde auf ein
Potential geladen, das zur Herstellung des Sättigungsstromes ausreichte und der Sättigungsstrom, der ein Maß für die Gesamtzahl
der vorhandenen Ionen ist, bestimmt. Dann wurde ein auf
— 10000 Volt geladener Draht an ihre Stelle gebracht und eine
bestimmte Zeit lang der aktive Niederschlag auf ihm gesammelt.
Die Aktivität, die der Draht gewonnen hatte, wurde unmittelbar
nach Beendigung der Exposition mit einem Elektroskop gemessen.

Diese Versuche wurden darauf in genau der gleichen Weise
in einem viel kleineren Zinkzylinder ausgeführt, in den eine bekannte Menge von Radiumemanation eingeblasen war. Wenn die

---

[1]) Langevin, Compt. rend. **111**, 232 (1905).

Ionisation in dem großen Kessel ausschließlich von der in ihm enthaltenen Radiumemanation herrührte, so sollte das Verhältnis der Sättigungsströme in den beiden Gefäßen gleich dem Verhältnis der Aktivitäten sein, die die Sammeldrähte unter den gleichen Bedingungen angenommen haben; denn der Sättigungsstrom bildet ein Maß sowohl für die Menge der vorhandenen Emanation, wie für die der induzierten Aktivität.

Das Verhältnis der induzierten Aktivität in dem Eisenkessel, zu der in dem Emanationsgefäße, war ungefähr 14 Proz. kleiner, als das entsprechende Verhältnis der Sättigungsströme. Mit Rücksicht auf die Schwierigkeit solcher Versuche ist die Übereinstimmung so gut, wie erwartet werden kann, und es geht aus diesen Versuchen hervor, daß der größere Teil, wenn nicht die ganze Ionisation, die in dem Eisenkessel vorhanden war, von der Gegenwart der Radiumemanation herrührte.

Da alles dafür sprach, daß die Luft in dem Eisenkessel ebensoviel Emanation enthielt, als die Luft im Freien, so kann geschlossen werden, daß die Bildung der Ionen in der Atmosphäre von der in ihr enthaltenen Emanation herrührt. Ehe dieser Schluß jedoch als sichergestellt angesehen werden kann, müssen ähnliche Versuche an verschiedenen Orten angestellt werden. Wir sind jedenfalls zu der Annahme berechtigt, daß die in der Luft vorhandenen aktiven Stoffe eine hervorragende Rolle bei der Bildung von Ionen in den unteren Schichten der Atmosphäre spielen.

Eve fand für die Zahl der in dem Eisenkessel in der Sekunde pro Kubikzentimeter gebildeten Ionen 9,8. Dieses ist der kleinste Wert, der bisher in einem geschlossenen Gefäß für die Bildungsgeschwindigkeit von Ionen gefunden wurde. Cooke erhielt in einem gut gereinigten Messingelektroskop von ungefähr 1 Liter Inhalt einen Wert von mindestens 20.

Wenn die in der Luft enthaltenen radioaktiven Stoffe die Ursache der Luftionisierung sind, so sollte ein konstantes Verhältnis zwischen der Geschwindigkeit der Ionenbildung in der Luft und der Größe der induzierten Aktivität bestehen. Die bisher von verschiedenen Seiten gemachten Beobachtungen scheinen gegen das Bestehen eines solchen Zusammenhanges zu sprechen. Es ist jedoch zweifelhaft, ob die ausgeführten Messungen wirklich die gewünschten Angaben geliefert haben.

Die Konstante der Wiedervereinigung der Ionen hängt zweifellos in hohem Maße von meteorologischen Bedingungen und von der Anwesenheit von Kondensationskernen ab. Die Änderung dieser Konstante hat Einfluß auf die Bestimmung der Ionenzahl mit Hilfe des Ebertschen Apparates. In ähnlicher Weise wird wahrscheinlich die induzierte Aktivität, die ein geladener Draht in freier Luft annimmt, von atmosphärischen Verhältnissen abhängen, wenn sich auch die Menge der vorhandenen Emanation nicht geändert hat. Um einen sicheren Schluß zu ziehen, müssen alle diese Faktoren berücksichtigt werden. Mit Hilfe des Apparates von Elster und Geitel sind in Deutschland viele Messungen über den Einfluß meteorologischer Bedingungen auf die Zerstreuungsgeschwindigkeit ausgeführt worden.

Wir haben bereits den Einfluß steigenden und fallenden Luftdruckes auf die Menge der in der Luft vorhandenen aktiven Stoffe erwähnt. Die Beziehung zwischen Potentialgefälle und Zerstreuung ist von Gockel und Zölss untersucht worden. Der letztere fand, daß das Potentialgefälle sich deutlich mit der Zerstreuung ändert. Bei hohem Potentialgefälle ist die Zerstreuung gering, und umgekehrt. Eine ähnliche Beziehung zwischen dem Potentialgefälle und der mit Hilfe des Ebertschen Apparates ermittelten Ionisation ist von Simpson[1]) in Norwegen beobachtet worden. Elster und Geitel und Zölss haben gezeigt, daß die Zerstreuung mit der Temperatur zunimmt. Simpson fand, daß in Karasjoh in Norwegen der Durchschnitt bei Temperaturen von 10^0 C und 15^0 C ungefähr sechsmal so groß war, als bei Temperaturen zwischen -40^0 C und -20^0 C.

Die Resultate, die Simpson in Karasjoh erhalten hat, sind von besonderem Interesse; Karasjoh liegt auf dem 69. Breitengrade, zwischen dem 26. November und dem 18. Januar erschien die Sonne nicht über dem Horizont, und ging zwischen dem 20. Mai und dem 22. Juli nicht unter. Im Durchschnitt nahm das Potentialgefälle von Oktober bis Februar stetig zu und die Ionisation nahm während derselben Zeit stetig ab. Es geht hieraus hervor, daß der Einfluß der Sonnenstrahlen auf die Ionisierung der Luft nur gering ist.

---

[1]) Simpson, Trans. Roy. Soc. Lond. A. 1905, p. 61.

Die zahlreichen Spekulationen, die angestellt sind, um das Vorhandensein der großen positiven Ladung in den oberen Schichten der Atmosphäre zu erklären, können hier nicht besprochen werden. Die positive Ladung muß ununterbrochen aus irgend einer Quelle nachgeliefert werden, denn sonst würde sie infolge der Ionenströme zwischen den oberen und unteren Schichten der Atmosphäre schnell verschwinden. Unsere Kenntnis von dem elektrischen Zustande der oberen Atmosphäre ist augenblicklich noch zu gering, als daß wir bestimmen könnten, wodurch diese Ladungsverteilung zustande kommt.

Die Wärme des Erdinnern.

Die Wärme des Erdinnern ist länger als ein Jahrhundert ein Gegenstand der Erörterung gewesen. Die einleuchtendste und allgemein angenommene Ansicht ist die, daß die Erde ursprünglich ein sehr heißer Körper war, und sich im Verlauf von Millionen von Jahren auf ihre gegenwärtige Temperatur abgekühlt hat. Man nimmt an, daß dieser Abkühlungsprozeß noch jetzt vor sich geht, und daß die Erde schließlich durch Strahlung in den leeren Raum ihre innere Wärme verlieren wird.

Auf diese Theorie baut Lord Kelvin seine bekannte Berechnung des Alters der Erde auf. Aus Temperaturmessungen in Bohrlöchern und Minen ist gefunden, daß die Temperatur der Erde nach dem Innern hin stetig zunimmt. Im Durchschnitt beträgt dieses Temperaturgefälle ungefähr $0,00037°$ per Zentimeter. Um eine Schätzung des Maximalalters der Erde zu gewinnen, nahm Lord Kelvin an, daß die Erde ursprünglich flüssig war. Aus der Fourierschen Gleichung läßt sich das Temperaturgefälle an der Oberfläche der Erde zu irgend einer Zeit, nachdem die Abkühlung begann, berechnen, wenn die Anfangstemperatur und die durchschnittliche Wärmeleitfähigkeit der Erde bekannt ist. Bei Verwendung der wahrscheinlichsten Werte dieser Größen fand Lord Kelvin in seinen ersten Berechnungen, daß die Zeit, die die Erde gebraucht hat, um sich aus dem feurigflüssigen Zustande auf ihre jetzige Temperatur abzukühlen, ungefähr 100 Millionen Jahre betragen habe. Spätere Berechnungen, bei denen bessere Daten verwandt wurden, haben diese Schätzung auf ungefähr 40 Millionen Jahre erniedrigt.

Nach dieser Theorie kann die Erde nicht seit länger als 40 Millionen Jahren bewohnbar gewesen sein. Viele Geologen und Biologen halten diese Periode für viel zu klein, als daß sich in ihr die Prozesse der anorganischen und organischen Entwickelung und die geologischen Umwandlungen hätten abspielen können, die in dem Leben der Erde stattgefunden haben müssen. Es kann kaum ein Zweifel darüber bestehen, daß die Schätzung Lord Kelvins wahrscheinlich dem Werte entspricht, den das Alter der Erde nach der von ihm entwickelten Theorie besitzen würde. In der Theorie von Lord Kelvin wird jedoch angenommen, daß die Erde ein einfach sich abkühlender Körper ist, und daß keine Wärmebildung im Innern stattgefunden hat, denn Lord Kelvin wies nach, daß die Wärmemenge, die möglicherweise bei der Zusammenziehung der Erde oder durch gewöhnliche chemische Prozesse entstehen könnte, zu klein ist, um den Schluß im allgemeinen beeinflussen zu können.

Die Entdeckung der radioaktiven Substanzen, die während ihrer Umwandlung eine Wärmemenge entwickeln, die wenigstens eine Million mal größer ist, als die gewöhnlicher chemischer Reaktionen, setzt diese Frage in ein ganz anderes Licht. Wir haben gesehen, daß radioaktive Substanzen sich überall in der Oberfläche der Erde und in der Atmosphäre vorfinden, und daß die Radiummenge, die sich nahe an der Oberfläche befindet, mehrere hundert Tonnen beträgt.

Es ist interessant, auszurechnen, wie viel Radium gleichförmig in der Erde verteilt sein muß, um die Wärmemenge zu kompensieren, die die Erde in ihrem jetzigen Zustande durch Leitung an die Oberfläche verliert. Der Wärmeverlust, ausgedrückt in Grammkalorien per Sekunde, den die Erde durch Leitung an die Oberfläche erfährt, ist gegeben durch

$$Q = 4\pi R^2 K T,$$

wenn R der Radius der Erde, K die Wärmeleitfähigkeit der Erde in C-G-S-Einheiten, und T das Temperaturgefälle ist. Es sei X die Wärmemenge, die durchschnittlich in einem Kubikzentimeter Erde per Sekunde durch radioaktive Substanzen entwickelt wird. Wenn die in der Sekunde entwickelte Wärmemenge gleich der durch Leitung verschwindenden ist, so ist

$$X \tfrac{4}{3} \pi R^3 = 4 \pi R^2 K T, \text{ oder } X = 3 \frac{KT}{R}.$$

Setzt man $K = 0{,}004$, dem von Lord Kelvin benutzten Wert und $T = 0{,}000\,37$, so ist

$X = 7 \times 10^{-15}$ Grammkalorien in der Sekunde,
$= 2{,}2 \times 10^{-7}$ Grammkalorien im Jahre.

Ein Gramm Radium entwickelt im radioaktiven Gleichgewicht 876 000 Grammkalorien im Jahre. Es würde also die Anwesenheit von $2{,}6 \times 10^{-13}$ Gramm Radium per Kubikzentimeter oder $4{,}6 \times 10^{-14}$ g per Masseneinheit genügen, um die durch Leitung verloren gehende Wärmemenge zu ersetzen.

Bei dieser Berechnung ist die Menge der vorhandenen radioaktiven Stoffe auf Radium bezogen, die Wärmeentwickelung, die von Thorium, Uranium und Aktinium stammt, ist in der Berechnung für das Radium enthalten. Es ist hiernach die gesamte Wärmeentwickelung der in der Erde enthaltenen radioaktiven Substanzen der von 270 Millionen Tonnen Radium äquivalent[1]).

Diese Schätzung scheint nicht übertrieben, da zweifellos mehrere hundert Tonnen Radium in einer dünnen Schicht der Erdoberfläche vorhanden sind. Verwendet man die Schätzung von Eve, nach der ungefähr 600 Tonnen Radium erforderlich sind, um den Emanationsgehalt der Atmosphäre aufrecht zu erhalten, so läßt sich berechnen, daß diese Menge in einer Schicht von 18 m Dicke enthalten ist, wenn angenommen wird, daß Radium in der vorher berechneten Menge gleichmäßig in der Erde verteilt ist. Auch nach allgemeinen Überlegungen ist zu erwarten, daß die Schicht eine derartige Dicke besitzt.

Nach den Versuchen von Elster und Geitel enthalten Gesteine und Bodenproben ungefähr so viel radioaktive Stoffe, wie

---

[1]) Strutt [Proc. Roy. Soc. A. 77 (1906)] hat eine systematische Untersuchung des Radiumgehaltes von Gesteinen ausgeführt. Die Gesteine stammten aus verschiedenen Fundorten, und waren sowohl vulkanischen wie sedimentären Charakters. Obwohl der Radiumgehalt dieser Gesteine großen Schwankungen unterliegt, so findet Strutt doch, daß im Durchschnitt der Radiumgehalt der Erdoberfläche ungefähr 100 mal größer ist, als die obige Theorie ergibt. Zur Erklärung dieser Abweichung nimmt Strutt an, daß das Radium nur in einer dünnen Oberflächenschale der Erdrinde enthalten ist.

Eve (Phil. Mag., Sept. 1906) ist auf Grund einer Berechnung aus der durchdringenden Strahlung der Erdoberfläche zu einem ähnlichen Schluß hinsichtlich des Radiumgehaltes der Erdoberfläche gekommen.

nach dem obigen zu erwarten wäre. Die Wärmeentwickelung der radioaktiven Substanzen muß zweifellos bei Berechnungen, in denen das Temperaturgefälle an der Oberfläche der Erde benutzt wird, in Betracht gezogen werden. Wenn die berechnete Radiummenge gleichförmig in der Erde verteilt wäre, würde das Temperaturgefälle so lange konstant bleiben, wie der Vorrat von radioaktiven Substanzen sich nicht ändert. Wenn in der Nähe der Erdoberfläche radioaktive Substanzen in größerer Menge vorhanden wären, als dem berechneten Mittelwerte entspricht, so würde das Temperaturgefälle entsprechend größer sein, als der beobachtete Wert.

Obwohl die Daten, die diesen Berechnungen zugrunde liegen, notwendigerweise etwas unsicher sind, so ist doch aus den bisher erhaltenen Resultaten ersichtlich, daß die Berechnungen des Alters der Erde, die auf der Annahme beruhen, daß die Erde lediglich ein sich abkühlender Körper ist, mit großer Vorsicht aufzunehmen sind. Das Temperaturgefälle, das wir heute beobachten, kann sich Millionen von Jahren infolge einer stetigen Wärmeentwickelung im Innern der Erde konstant erhalten haben.

Das Alter der Erde läßt sich auf Grund der Theorie, daß die Temperatur der Erde sich nicht ändert, kaum mit Sicherheit angeben. Das in der Erde vorhandene Radium stammt von der Muttersubstanz Uranium ab, und Uranium müßte daher in der Erde in dem Verhältnis 1:10 Millionen vorhanden sein. Dieser Betrag scheint nach den bisherigen Erfahrungen nicht übertrieben. Die Periode des Uraniums beträgt ungefähr 1000 Millionen Jahre, so daß, wenn die innere Wärme der Erde ausschließlich vom Uranium und Radium herrührte, das Temperaturgefälle vor ungefähr 1000 Millionen Jahren nur doppelt so groß als heutzutage gewesen sein müßte.

Einige Uranmineralien sind, wie früher gezeigt wurde, zweifellos mehrere hundert Millionen Jahre alt, und es ist anzunehmen, daß einige von ihnen ein noch höheres Alter besitzen. Lediglich aus radioaktiven Daten geht schon hervor, daß nach der niedrigsten Schätzung die Erde mehrere hundert Millionen Jahre alt ist.

Die radioaktiven Daten allein erlauben uns nicht, zu entscheiden, ob die Erde ursprünglich sehr heiß war oder nicht. Die Theorie, daß die Erde ursprünglich feurigflüssig gewesen sei, scheint zum Teil deshalb aufgestellt zu sein, um die innere Wärme der Erde zu erklären. Einige Geologen, vor allem Professor Chamberlin in Chicago, haben seit langem die Ansicht vertreten, daß die geologischen Forschungen keineswegs zu diesem Schlusse zwingen. Diese interessante Möglichkeit kann jedoch hier nur erwähnt werden.

Die Radioaktivität der gewöhnlichen Materie.

Es ist eine Erfahrungstatsache, daß jede physikalische Eigenschaft, die ein Element besitzt, von anderen in gewissem Grade geteilt wird. Zum Beispiel tritt zwar die Magnetisierbarkeit am deutlichsten beim Eisen, Nickel und Kobalt hervor, aber jede bisher untersuchte Substanz hat sich als entweder paramagnetisch oder diamagnetisch erwiesen. Es wäre daher aus allgemeinen Gründen zu erwarten, daß die Eigenschaft der Radioaktivität, die bei einem Element, wie dem Radium, so deutlich hervortritt, auch bei anderen Substanzen auftritt.

Eine vorläufige Untersuchung bewies sofort, daß die gewöhnliche Materie nur in ganz geringem Grade, wenn überhaupt, radioaktiv ist; spätere Untersuchungen von McLennan, Strutt, Campbell, Wood und anderen haben gezeigt, daß die gewöhnliche Materie in geringem Maße die Eigenschaft besitzt, ein Gas zu ionisieren. Campbell[1]) hat diese Frage besonders eingehend untersucht, nach den von ihm erhaltenen Resultaten ist es sehr wahrscheinlich, daß die gewöhnliche Materie die Fähigkeit besitzt, ionisierende Strahlen auszusenden, und daß die Natur und die Intensität der Strahlen sich von Element zu Element ändern.

Versuche auf diesem Gebiete sind mit sehr großen experimentellen Schwierigkeiten verknüpft, da die Ionisationsströme, die man erhält, außerordentlich klein sind. Die Erscheinungen sind sehr kompliziert, da jede Substanz α-Strahlen und durchdringende Strahlen aussendet, und die letzteren in einigen Fällen eine deutlich merkbare sekundäre Strahlung veranlassen.

Campbell schließt aus seinen Versuchen, daß die α-Strahlen, die von Blei ausgesandt werden, in Luft einen Ionisierungsbereich von ungefähr 12,5 cm haben, während der der α-Strahlen

---

[1]) Campbell, Phil. Mag., April 1905, Februar 1906.

des Aluminiums nur 6,5 cm beträgt. Im Durchschnitt haben die von gewöhnlicher Materie ausgesandten α-Strahlen einen beträchtlich größeren Ionisierungsbereich, als die des Radiums. Campbell löste einen Teil des zu seinen Versuchen benutzten Bleies in Salpetersäure auf, und prüfte die Lösung mit Hilfe der Emanationsmethode auf Radium; es ließ sich jedoch nicht die kleinste Spur Radium nachweisen.

Es ist nicht notwendig, daß die α-Partikeln der gewöhnlichen Materie dieselbe Masse besitzen, wie die des Radiums. Sie könnten Wasserstoffatome sein; wenn die α-Partikeln gewöhnlicher Substanzen Heliumatome wären, so sollten wir erwarten, Helium im Blei aufzufinden.

Wenn die Aussendung von α-Partikeln als ein Beweis für einen Atomzerfall angenommen wird, so läßt sich leicht berechnen, daß die Lebensdauer gewöhnlicher Materie wenigstens eine Million mal größer ist, als die des Uraniums, d. h. nicht geringer als 10^{-15} Jahre.

Zehntes Kapitel.

Die Eigenschaften der α-Strahlen.

Die α-Strahlen spielen, wie in dem vorausgehenden Kapitel gezeigt wurde, bei radioaktiven Prozessen eine viel hervorragendere Rolle als die β- und γ-Strahlen. Sie verursachen nicht nur den größten Teil der Ionisation, die in der Umgebung radioaktiver Substanzen herrscht, sondern auch die gewaltige Wärmeentwickelung radioaktiver Stoffe; ferner begleiten sie im allgemeinen die radioaktiven Umwandlungen, während β- und γ-Strahlen nur in wenigen Fällen ausgesandt werden. Schließlich sprechen, wie wir gesehen haben, viele Gründe dafür, daß die α-Partikel mit dem Heliumatom identisch ist.

In diesem Kapitel werden wir eingehender die wichtigeren Eigenschaften der α-Strahlen besprechen, und besonders die der α-Strahlen des Radiums und seiner Umwandlungsprodukte. Wegen ihrer großen Intensität haben die α-Strahlen des Radiums leichter untersucht werden können, als die der schwach aktiven Substanzen, wie Uranium und Thorium. Die bisher erhaltenen Resultate deuten jedoch an, daß die α-Partikeln aller radioaktiven Substanzen die gleiche Masse besitzen, und sich bei den verschiedenen Produkten nur durch ihre Anfangsgeschwindigkeit unterscheiden.

Die α-Strahlen unterscheiden sich von den β- und γ-Strahlen durch die Leichtigkeit, mit der sie absorbierbar sind, und durch die starke Ionisierung, die sie in der Luft in der Nähe einer radioaktiven Substanz hervorrufen. Aus einer Untersuchung des Effektes, den man erhält, wenn man radioaktive Substanzen mit dünnen Metallfolien bedeckt, ergab sich, daß die α-Strahlen verschiedener radioaktiver Substanzen verschiedenes Durchdringungsvermögen besitzen.

Wie wir später sehen werden, werden die α-Strahlen des Radiums durch eine Aluminiumschicht von 0,04 mm oder eine Luftschicht von 7 cm vollständig absorbiert. Die ionisierende Wirkung der α-Strahlen ist daher auf einen kleinen Bereich beschränkt, während sich die der β-Strahlen über mehrere Meter, und die der γ-Strahlen über mehrere hundert Meter erstreckt.

Man dachte anfangs, daß die α-Strahlen durch ein magnetisches Feld nicht abgelenkt würden, denn in einem magnetischen Felde, das stark genug war, um die β-Strahlen vollständig zur Seite zu beugen, fand sich die Richtung der α-Strahlen kaum merkbar beeinflußt.

Im Jahre 1901 versuchte der Verfasser, mit Hilfe der elektrischen Methode eine Ablenkung der α-Strahlen im magnetischen Felde nachzuweisen, aber die schwachen Radiumpräparate, die damals zur Verfügung standen (Aktivität 1000), gaben zu geringe Effekte, als daß die Versuche zu einer Entscheidung hätten führen können. Im Jahre 1902 gelang es, bei Verwendung eines Radiumpräparates von der Stärke 19000, nachzuweisen, daß die α-Strahlen sowohl im elektrischen wie im magnetischen Felde abgelenkt werden[1]).

Der Sinn der Ablenkung ist entgegengesetzt dem der Ablenkung der β-Strahlen; die α-Strahlen bestehen also aus einer

---

[1]) Rutherford, Phys. Zeitschr. 4, 235 (1902); Phil. Mag., Febr. 1903.

Schar positiv geladener Teilchen. Durch Messung der Ablenkung, welche die Strahlen im magnetischen und elektrischen Felde von bekannter Stärke erfahren, wurde die Geschwindigkeit und die Masse der α-Partikeln bestimmt. Für e/m, das Verhältnis der Ladung eines Teilchens zu seiner Masse, wurde der Wert 6×10^3 gefunden, während sich für die Maximalgeschwindigkeit $2{,}5 \times 10^9$ cm/sec ergab.

Da das Verhältnis von e/m für Wasserstoff ungefähr 10^4 beträgt, so geht aus diesem Resultat hervor, daß die α-Partikel die Größe eines Atomes und eine Masse von der doppelten Größe eines Wasserstoffatomes besitzt, vorausgesetzt, daß ihre Ladung gleich der eines Wasserstoffatomes ist. Die Ablenkung, die die α-Strahlen in einem gegebenen magnetischen Felde erfahren, ist verschwindend klein neben der der β-Strahlen. Wenn sich z. B. die schnellste α-Partikel des Radiums in einem rechten Winkel zu einem magnetischen Felde von 10 000 CGS-Einheiten bewegt, so beschreibt sie einen Kreisbogen von 40 cm Radius. Die schnellste β-Partikel des Radiums, die mit einer Geschwindigkeit von 96 Proz. der Lichtgeschwindigkeit ausgesandt wird, beschreibt unter gleichen Bedingungen einen Kreis von ungefähr 5 mm Radius.

Becquerel[1]) bestätigte die magnetische Ablenkung der α-Strahlen des Radiums mit Hilfe der photographischen Methode und zeigte, daß die α-Strahlen des Poloniums dieselbe Eigenschaft besitzen. Mit einem Präparate von reinem Radiumbromid als Strahlenquelle maß Des Coudres[2]) die Ablenkung, die ein Strahlenbündel im magnetischen und elektrischen Felde im Vakuum erfährt. Er fand für e/m den Wert $6{,}3 \times 10^3$ und für die Geschwindigkeit $1{,}64 \times 10^9$ cm/sec. Die Werte, die für e/m von Rutherford und Des Coudres gefunden waren, befanden sich in guter Übereinstimmung, aber zwischen den ermittelten Geschwindigkeiten bestand ein großer Unterschied. Bei den Versuchen von Des Coudres passierten die α-Strahlen einen Aluminiumschirm. Wir werden später sehen, daß hierdurch die Geschwindigkeit der α-Partikeln verringert wird, und daß der richtige Wert für die Geschwindigkeit der schnellsten α-Partikeln

---

[1]) Becquerel, Compt. rend. **136**, 199, 431 (1903).
[2]) Des Coudres, Phys. Zeitschr. **4**, 483 (1903).

des Radiums ungefähr 2×10^9 cm/sec oder ungefähr $1/15$ der Lichtgeschwindigkeit beträgt.

Im Jahre 1905 wurde die Frage aufs neue von Mackenzie[1]) angegriffen, der reines Radiumbromid als Strahlenquelle benutzte. Mackenzie verwandte eine photographische Methode, bei der die α-Strahlen auf eine Glasplatte fielen, die auf ihrer Unterseite mit einer Schicht von Zinksulfid überzogen war. Eine photographische Platte, die auf die Oberseite der Glasplatte gelegt wurde, empfing ihr Licht von den Szintillationen, welche die α-Strahlen auf dem unmittelbar darunter befindlichen Zinksulfidschirm hervorriefen. Wie früher wurde die Ablenkung gemessen, die ein Strahlenbündel erfuhr, nachdem es ein elektrisches und magnetisches Feld passiert hatte. Die α-Strahlen wurden im magnetischen Felde ungleichmäßig abgelenkt, so daß die α-Partikeln entweder verschiedene Masse oder verschiedene Geschwindigkeit besitzen müssen. Die Dispersion der Strahlen im magnetischen und elektrischen Felde erschwerte eine genaue Berechnung der Konstanten der Strahlen. Aus dem Mittelwerte der Dispersion der abgelenkten Bündel fand Mackenzie für e/m den Wert $4,6 \times 10^3$ und für die Geschwindigkeit Werte zwischen $1,3 \times 10^9$ und $1,96 \times 10^9$ cm/sec, unter der Annahme, daß alle α-Partikeln gleiche Ladung und Masse besitzen.

Daß eine genaue Bestimmung des Verhältnisses von e/m für die α-Partikel von großer Wichtigkeit wäre, war seit langem erkannt, weil diese Bestimmung zur Entscheidung der Frage, ob die α-Partikel ein Heliumatom ist, dienen kann. Bei allen bisher beschriebenen Methoden wurde eine dicke Schicht eines im Gleichgewicht befindlichen Radiumpräparates als Strahlenquelle benutzt. Aus der später zu besprechenden Theorie der Absorption der α-Strahlen, die von Bragg und Kleeman entwickelt ist, ging hervor, daß die α-Strahlen, die von einer mehr oder weniger dicken Radiumschicht ausgesandt werden, aus α-Partikeln bestehen müssen, die sich mit verschiedenen Geschwindigkeiten bewegen. Die Verwendung eines komplexen Strahlenbündels war sehr ernsten Einwendungen ausgesetzt, denn es konnte nicht entschieden werden, ob diejenigen Strahlen, die im magnetischen Felde am meisten abgelenkt werden, denjenigen

---

[1]) Mackenzie, Phil. Mag., Nov. 1905.

entsprechen, die im elektrischen Felde am leichtesten ablenkbar sind oder nicht.

Die einfachste Methode, den Wert von e/m genau zu bestimmen, besteht darin, eine homogene Strahlenquelle zu verwenden, d. h. eine radioaktive Substanz zu gebrauchen, deren α-Partikeln alle die gleiche Geschwindigkeit besitzen. Der Verfasser fand, daß ein Draht, der durch Exposition in der Radiumemanation aktiv gemacht wurde, dieser Bedingung völlig entspricht. Die aktive Substanz, die aus Radium-A, -B, und -C besteht, wird auf dem Drahte in außerordentlich dünner Schicht niedergeschlagen. Nach dreistündiger Exposition erreicht die Aktivität des Drahtes ein Maximum. Nach Beendigung der Exposition verschwindet Radium-A, welches eine Umwandlungsperiode von drei Minuten besitzt, sehr schnell und ist nach 15 Minuten praktisch nicht mehr vorhanden; die Aktivität rührt dann ausschließlich von Radium-C her. Die α-Partikeln von Radium-C besitzen alle genau die gleiche Anfangsgeschwindigkeit, denn im magnetischen Felde findet keine merkliche Dispersion statt. Die Partikeln, die in der Richtung auf den Draht hin fortgeschleudert werden, werden völlig absorbiert, und diejenigen, welche nach außen entsandt werden, erfahren beim Passieren der dünnen Schicht keine merkliche Verringerung ihrer Geschwindigkeit.

Wenn eine Lösung von 10 bis 20 mg Radium benutzt wird, so kann ein 1 cm langer Draht in einer Anordnung, wie der in Fig. 24 (S. 101) skizzierten, außerordentlich stark aktiv gemacht werden. Der Draht ruft auf einer photographischen Platte, die sich in seiner Nähe befindet, eine intensive Schwärzung hervor. Der Hauptnachteil dieser Methode besteht darin, daß die Intensität der Strahlen rapide abfällt und zwei Stunden nach Beendigung der Exposition nur noch 14 Proz. des Anfangswertes beträgt.

Der in Fig. 42 wiedergegebene Apparat zur Bestimmung der magnetischen Ablenkung hat sich als sehr geeignet erwiesen. Ein aktiver Draht wird in eine Vertiefung A gelegt, die Strahlen passieren einen engen Spalt B und fallen bei C auf eine kleine photographische Platte. Der Apparat ist von einem Metallzylinder umgeben, der schnell evakuiert werden kann. Der Apparat wird zwischen den Polen eines starken Elektromagneten aufgestellt, und zwar so, daß die Richtung des magnetischen Feldes der Richtung des Drahtes und des Spaltes parallel ist. Der Magnet wird durch einen konstanten elektrischen Strom erregt, der alle zehn Minuten umgekehrt wird. Beim Entwickeln der Platte erhält man zwei scharfe Banden, die den Strahlenbündeln entsprechen, die um den gleichen Betrag in entgegengesetzten Richtungen abgelenkt sind.

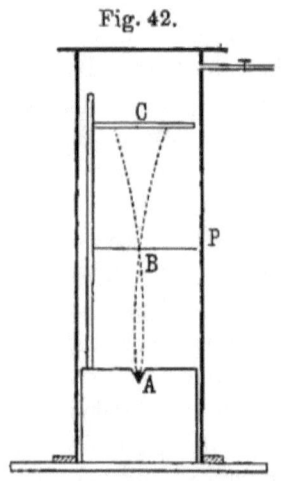

Fig. 42.

Versuchsanordnung zur Messung der Ablenkung eines Bündels von α-Strahlen im magnetischen Felde.

Wenn ϱ der Radius des Kreises ist, den die Strahlen in einem gleichförmigen Felde von der Feldstärke H beschreiben, so ist $H\varrho = \dfrac{mv}{e}$, wenn v die Geschwindigkeit der Strahlen, e die Ladung einer Partikel und m ihre Masse ist.

Es sei d die auf der photographischen Platte gemessene Ablenkung der Strahlen von der Normalen, a die Entfernung der Platte von dem Spalt, b die Entfernung des Spaltes von der Strahlenquelle. Dann ist, wenn die Ablenkung d klein im Verhältnis zu a ist,

$$2\varrho d = a(a+b).$$

Folglich ist:

$$\frac{mv}{e} = H\varrho = \frac{Ha(a+b)}{2d}.$$

Auf den Photographien, die mit Hilfe aktiver Drähte erhalten werden, kommen die Spuren der Strahlenbündel als klare Streifen mit scharfen Rändern zum Vorschein, so daß sich die Größe $2d$, der Abstand der Innenseite des einen Streifens von der Außenseite des anderen Streifens, leicht messen läßt.

Für $H\varrho$ wurde auf diese Weise für die α-Strahlen von Radium-C $4{,}06 \times 10^5$ gefunden. In einem Felde von 10000 CGS-Einheiten beschreibt also die α-Partikel einen Kreis von 40,6 cm Radius.

Die Geschwindigkeitsabnahme der α-Partikel beim Passieren von Materie.

Die Geschwindigkeit der α-Partikel nimmt, wie der Verfasser[1]) fand, ab, wenn die α-Partikel Materie durchdringt. Dieses läßt sich am einfachsten zeigen, wenn man an der oben beschriebenen Versuchsanordnung eine kleine Abänderung vornimmt, die zuerst von Becquerel angegeben wurde. Durch Glimmerplatten, die rechtwinkelig zu dem Spalt angebracht werden, wird der Apparat in zwei gleiche Teile geteilt. Auf die eine Hälfte der photographischen Platte wirken die Strahlen des Drahtes direkt ein, auf die andere Hälfte erst, nachdem sie einen absorbierenden Schirm passiert haben, mit dem die eine Hälfte des Drahtes bedeckt wird.

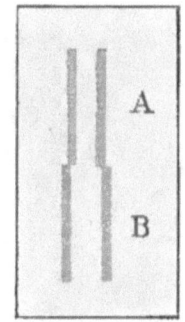

Fig. 43.

Verlangsamung der α-Partikeln auf ihrem Wege durch Materie.

In Fig. 43 ist eine nach dieser Methode erhaltene Photographie wiedergegeben. Die beiden oberen Streifen A sind durch die Strahlen hervorgebracht worden, die direkt von der einen Hälfte des Drahtes auf die Platte fielen; die unteren Streifen stammen von der anderen Drahthälfte, die mit acht Aluminiumfolien von je etwa 0,00031 cm Dicke bedeckt war. Der Apparat war während des Versuches evakuiert, so daß die Absorption, welche die Strahlen in der Luft erfahren, zu vernachlässigen ist.

Daß die Strahlen, die den Aluminiumschirm passiert haben, eine größere Ablenkung erfahren, ist aus der Figur deutlich zu ersehen. Wir werden sehen, daß der Wert e/m sich nicht ändert, wenn die Strahlen Materie durchdringen; die größere Ablenkung der Strahlen rührt also daher, daß sie beim Passieren des Aluminiums einen Teil ihrer Geschwindigkeit einbüßen. Die Geschwindigkeit ist der Entfernung der Mittellinien der Streifen indirekt proportional.

Die α-Strahlen von Radium-C besitzen, wie wir gesehen haben, alle die gleiche Anfangsgeschwindigkeit. Die Tatsache,

---

[1]) Rutherford, Phil. Mag., Juli 1905; Jan. u. April 1906.

daß das Strahlenbündel nach dem Passieren des Aluminiumschirmes keine Dispersion zeigt, beweist, daß die Geschwindigkeit aller α-Partikeln bei dem Durchsetzen des Schirmes in gleichem Maße verringert wird.

In der folgenden Tabelle sind die Geschwindigkeiten zusammengestellt, die die α-Partikeln von Radium-C besitzen, nachdem sie verschiedene Schichten von Aluminiumfolie von je ungefähr 0,0003 cm Dicke passiert haben. Die Geschwindigkeiten sind in Bruchteilen von V_0 angegeben, der Geschwindigkeit, die die α-Partikeln von Radium-C besitzen, wenn sie keine Absorption erfahren.

Zahl der Aluminiumschichten	Geschwindigkeit der α-Partikel
0	1,00 V_0
2	0,94 „
4	0,87 „
6	0,80 „
8	0,72 „
10	0,63 „
12	0,53 „
14	0,43 „
14,5	nicht meßbar.

Wenn die Strahlen 10 Folien passiert haben, so tritt eine merkliche Schwächung ihrer photographischen Wirksamkeit ein. Der photographische Effekt ist bei Verwendung von 13 Folien schwach, aber noch deutlich, und läßt sich bei Benutzung sehr aktiver Drähte auch noch bei 14 Folien nachweisen. Mit Rücksicht auf diese Abnahme der photographischen Wirksamkeit der Strahlen müssen sehr aktive Drähte gebraucht werden, wenn man bei der Verwendung von 12 Aluminiumschichten noch eine merkliche Schwärzung der photographischen Platte erhalten will. Die geringste Geschwindigkeit, die bei einer α-Partikel bisher beobachtet werden konnte, beträgt ungefähr 0,4 V_0; diese war erreicht, nachdem die Strahlen 14 Folien passiert hatten. Die photographische Wirkung der Strahlen wird stetig kleiner, wenn die Dicke der absorbierenden Schicht wächst; sie fällt jedoch, wenn die Dicke 10 Aluminiumfolien überschreitet, außerordentlich schnell ab. Die Geschwindigkeit der α-Partikel besitzt noch eine beträchtliche Größe, wenn ihre photographische Wirksamkeit beinahe erloschen ist. Es geht hieraus hervor, daß ein kritischer Wert für die Geschwindigkeit der α-Partikeln besteht, unterhalb dessen sie nicht mehr imstande sind, merklich auf die photographische Platte einzuwirken.

Einen ähnlichen plötzlichen Abfall zeigt auch das Ionisierungsvermögen und der Phosphoreszenzeffekt der Strahlen. Bei der Untersuchung dünner Radiumschichten fand Bragg, daß das Ionisierungsvermögen der von Radium-C ausgesandten Strahlen verhältnismäßig schnell verschwindet, wenn die Strahlen einen Weg von 7,06 cm in Luft zurückgelegt haben. Mc Clung erhielt später ein ähnliches Resultat mit einem aktiven Draht, der mit Radium-C bedeckt war.

Die Szintillationen, die die α-Strahlen auf einem Zinksulfidschirm hervorrufen, verschwinden, wie der Verfasser fand, plötzlich, wenn die Strahlen eine Luftschicht von 6,8 cm passiert haben. Wenn der aktive Draht mit Aluminiumfolien bedeckt wird, so wird der Ionisierungs- und Phosphoreszenzbereich durch jede Folie um eine bestimmte Größe verringert. Jede Folie der bei den photographischen Versuchen benutzten Art war in ihrem Absorptionsvermögen ungefähr 0,5 cm Luft äquivalent. Eine photographische Wirkung der α-Strahlen war bei Verwendung von 14 Aluminiumfolien gerade noch nachweisbar. Eine Aluminiumschicht von dieser Dicke entspricht 7 cm Luft, also nahezu dem Bereich, bei dem das Ionisierungs- und Phosphoreszenzvermögen verschwindet. Die drei charakteristischen Effekte der α-Strahlen verschwinden also gleichzeitig, wenn die Strahlen einen bestimmten Weg in Luft oder in einer absorbierenden Schicht von bestimmter Dicke zurückgelegt haben. Falls nicht die α-Partikel am Ende ihrer Bahn eine sehr schnelle Abnahme ihrer Geschwindigkeit erfährt, so scheint es, als ob eine kritische Geschwindigkeit existierte, unterhalb derer die α-Partikel nicht mehr imstande wäre, merkliche Ionisation, Szintillation oder photographische Wirkung hervorzurufen. Diese Eigenschaft der α-Partikeln wird weiter unten eingehender besprochen werden. In jedem Falle beweist der schnelle Abfall der drei durch die α-Strahlen hervorgebrachten Effekte, daß diese untereinander in einem engen Zusammenhange stehen müssen. Die photographische Wirkung der α-Strahlen fällt in derselben schnellen Weise ab, wie das Ionisierungsvermögen; es scheint daher die Annahme berechtigt zu sein, daß die Einwirkung der Strahlen auf eine photographische Platte das Resultat einer Ionisation der Silbersalze ist. Möglicherweise rühren auch die Szintillationen, die beim Zinksulfid auftreten, primär von einer Ionisation des Zinksulfids her und sind vielleicht das Resultat der Wiedervereinigung der Ionen. Die Helligkeit der Szintillationen hängt zweifellos von der Geschwindigkeit der α-Partikeln ab. Wenn die Einwirkung der α-Strahlen auf Zinksulfid lediglich mechanischer Natur wäre, wie von verschiedenen Seiten angenommen wird, und die Szintillationen von einem Zersprengen der Kristalle herrührten, so wäre nicht leicht zu verstehen, warum dieser Effekt plötzlich aufhören sollte, wenn die Energie, die die Partikeln besitzen, noch eine beträchtliche Größe besitzt.

Die elektrostatische Ablenkung der α-Strahlen.

Um die Ablenkung zu messen, die die α-Strahlen von Radium-C in einem elektrischen Felde erfahren, wurde der in Fig. 44 wiedergegebene Apparat benutzt.

Die Strahlen, die von dem aktiven Drahte W ausgehen, durchsetzen eine dünne Glimmerplatte, die in den Boden des Messinggefäßes M eingelassen ist, und passieren dann den Raum zwischen zwei isolierten Platten A und B, die ungefähr 4 cm hoch und 0,21 mm voneinander entfernt sind. Zwischen den Platten befinden sich schmale Glimmerstreifen, die zur Aufrechterhaltung des Abstandes dienen. Die Pole einer Akkumulatorenbatterie werden mit A und B verbunden, zwischen denen so ein starkes elektrisches Feld erzeugt werden kann. Das Strahlenbündel fällt, nachdem es das elektrische Feld passiert hat, auf eine photographische Platte P, die sich in bestimmter Entfernung über den Elektroden befindet. Mit Hilfe einer Quecksilberpumpe kann das Gefäß weitgehend evakuiert werden. In dem elektrischen Felde beschreiben die Strahlen parabolische Bahnen und bewegen sich nach dem Verlassen des Feldes geradlinig nach der photographischen Platte hin. Durch Umkehrung des elektrischen Feldes wird der Ablenkungssinn der Strahlen umgekehrt.

In Fig. 45 gibt A die natürliche Breite des auf der photographischen Platte hervorgerufenen Streifens wieder, wenn kein elektrisches Feld vorhanden war; B und C sind die Bilder, die erhalten wurden, wenn zwischen den Platten eine Potentialdifferenz von 340 bzw. 497 Volt bestand. Bei schwachen elektrischen Feldern tritt nur eine Verbreiterung der Streifen ein; bei höheren Spannungen zerfällt die einzelne Linie in zwei, und die Breite dieser Linien nimmt stetig ab. Dieses Verhalten ist theoretisch vorauszusehen. Wenn die Entfernung zwischen den Außenrändern des bei einer Potentialdifferenz E abgelenkten Streifens D genannt wird, so ist, wie sich leicht berechnen läßt,

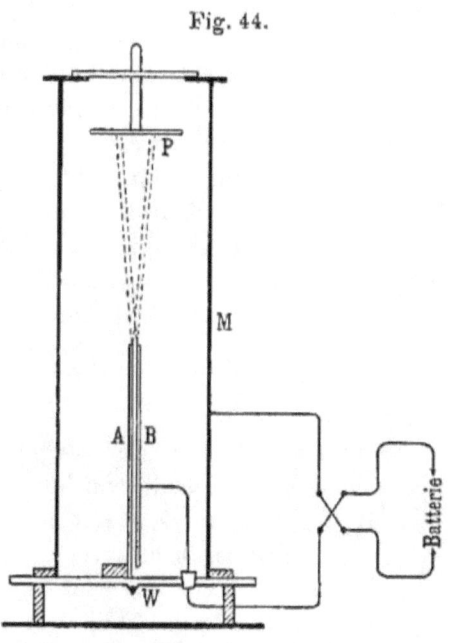

Fig. 44.

Apparat zur Messung der Ablenkung von α-Strahlen im elektrischen Felde.

$$\frac{m v^2}{e} = \frac{8 E l_2}{(D - d)^2}.$$

In dieser Gleichung bedeutet e die Ladung der α-Partikel, m ihre

Fig. 45.

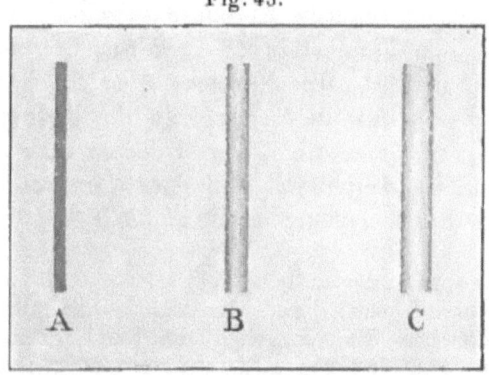

Elektrostatische Ablenkung der α-Strahlen. Dreifache Vergrößerung.

Masse, v ihre Geschwindigkeit, l den Abstand der photographischen Platte von dem Ende der parallelen Platten und d den Abstand zwischen diesen. Diese einfache Gleichung gilt nur dann, wenn das Feld ausreicht, um die α-Partikel auf ihrem Wege durch das elektrische Feld um eine größere Strecke als d abzulenken. Für kleinere Feldstärken ist eine modifizierte Form dieser Gleichung zu verwenden.

Die Geschwindigkeitsabnahme, die die Strahlen beim Passieren der Glimmerplatte erfahren, wurde gesondert bestimmt. Bei den meisten Versuchen verringerte die Glimmerplatte die Geschwindigkeit der α-Strahlen von Radium-C um 24 Proz.

Aus der magnetischen Ablenkung der Strahlen ergibt sich die Größe $\frac{mv}{e}$, während die elektrische Ablenkung den Wert $\frac{mv^2}{e}$ liefert.

Aus diesen beiden Gleichungen lassen sich die Größen e/m und v sofort berechnen. Es wurde auf diese Weise gefunden [1]), daß:

1. der Wert von e/m sich nicht ändert, wenn die α-Strahlen Materie durchsetzen;
2. der Wert von e/m sehr angenähert 5×10^3 beträgt;
3. die Anfangsgeschwindigkeit der α-Partikeln von Radium-C 2×10^9 cm/sec beträgt.

In ähnlicher Weise wurden e/m und v auch für die α-Partikeln von Radium-A und Radium-F (Radiotellurium) bestimmt. In beiden Fällen betrug der Wert von e/m innerhalb der Versuchsfehler 5×10^3. Die Anfangsgeschwindigkeit der α-Partikeln von Radium-A beträgt ungefähr 86 Proz. derjenigen der α-Partikeln von Radium-C, während die Anfangsgeschwindigkeit der α-Partikeln von Radium-F ungefähr 80 Proz. von der der α-Partikeln des Radium-C beträgt. Die Versuche über die Geschwindigkeit und den Wert e/m für die α-Partikeln des Radiums selbst und der Emanation sind noch nicht abgeschlossen, aber die bisher erhaltenen Resultate deuten an, daß der Wert von e/m derselbe sein wird wie in den genauer untersuchten Fällen [2]).

---

[1]) Rutherford, Phys. Rev., Febr. 1906; Phil. Mag., Okt. 1906.
[2]) Über diese Versuche und über andere, die mit ihnen im Zusammenhange stehen, ist inzwischen von Rutherford (Phil. Mag., Sept. und Okt. 1906) und von Rutherford und Hahn (Phil. Mag., Okt. 1906) berichtet worden.

— 229 —

Es geht aus diesen Versuchen hervor, daß die α-Partikeln des Radiums und seiner Umwandlungsprodukte die gleichen Massen besitzen, sich aber durch ihre Anfangsgeschwindigkeiten unterscheiden. Die Gründe, die für die Annahme sprechen, daß die α-Partikel ein Heliumatom ist, welches zwei Ionenladungen trägt, sind bereits auf S. 183 eingehend besprochen.

Dr. Hahn hat bei Untersuchungen, die im Laboratorium des Verfassers ausgeführt wurden, gefunden, daß die α-Strahlen von Thorium-B und -C sowohl im magnetischen wie elektrischen Felde abgelenkt werden. Die Strahlen von Thorium-C haben eine um etwa 10 Proz. größere Geschwindigkeit als die von Radium-C, besitzen aber denselben Wert von e/m. Bei diesen Versuchen wurden Thorium-B und -C auf einem dünnen Drahte niedergeschlagen, der aktiv gemacht wurde, indem er der Emanation eines von Hahn dargestellten, sehr stark aktiven Radiothoriumpräparates ausgesetzt wurde (vgl. S. 70). Für den Ionisierungsbereich der α-Partikeln von Thorium-C in Luft wurde sowohl nach der elektrischen, wie nach der Szintillationsmethode ungefähr 8,6 cm gefunden, oder etwa 1,6 cm mehr als für den Ionisierungsbereich der α-Partikeln von Radium-C.

Da die α-Partikeln von Thorium-B und -C dieselbe Masse haben wie die Radiumprodukte, so ist es wahrscheinlich, daß auch die α-Partikeln der anderen Thoriumprodukte diese Masse besitzen. Die Masse der α-Partikeln des Aktiniums ist noch nicht gemessen worden, es kann jedoch mit Sicherheit angenommen werden, daß sie dieselbe Masse besitzen wie die α-Partikeln des Radiums[*]. Das einzige gemeinsame Produkt der verschiedenen radioaktiven Substanzen ist also die α-Partikel, die, wie wir gesehen haben, wahrscheinlich ein Heliumatom ist.

Die Zerstreuung der α-Strahlen.

Es ist bekannt, daß ein dünnes Bündel von β- oder Kathodenstrahlen beim Durchgang durch Materie zerstreut wird. Diese Zerstreuung der β-Strahlen wächst, wenn die Geschwindigkeit der β-Strahlen abnimmt. In einer theoretischen Abhandlung führte Bragg[1] aus, daß die Zerstreuung der β-Strahlen in der

---

[*] Vgl. Rutherford, Phil. Mag., Okt. 1906.
[1] Bragg, Phil. Mag., Dez. 1904.

folgenden Weise erklärt werden könnte. Die β-Partikel tritt auf ihrem Wege durch die Moleküle der Materie in das elektrische Feld der Atome und erfährt infolgedessen eine Änderung ihrer Richtung. Je kleiner die kinetische Energie der β-Partikeln ist, um so größer wird die Ablenkung sein, die einige der Strahlen erfahren. Wenn ein enges Bündel von β-Strahlen auf eine absorbierende Schicht fällt, so wird ein Teil der Strahlen eine große Ablenkung erfahren, so daß das Bündel beim Verlassen der Schicht einen viel weiteren Strahlenkegel erfüllt.

Die α-Partikeln werden wegen ihrer viel größeren kinetischen Energie eine viel geringere Ablenkung beim Durchgang durch Materie erfahren als die β-Partikeln. Die α-Partikeln müssen sich nahezu geradlinig bewegen und direkt die Atome der Moleküle, die auf ihrem Wege liegen, durchdringen, ohne eine große Änderung ihrer Bewegungsrichtung zu erfahren. Dieser theoretische Schluß von Bragg wurde experimentell bestätigt. Die Zerstreuung der α-Strahlen ist, verglichen mit der der β-Strahlen von gleicher Geschwindigkeit, sehr gering, so daß ein enges Bündel von α-Strahlen nach dem Durchgange durch einen absorbierenden Schirm noch ziemlich scharf begrenzt ist. Es findet jedoch zweifellos eine geringe Zerstreuung der α-Strahlen statt, auf die Rücksicht genommen werden muß.

Wenn die Strahlen eine Luftschicht passieren, so ist die Spur eines Strahlenbündels auf einer photographischen Platte stets breiter, als wenn die Strahlen eine gleiche Strecke im Vakuum zurücklegen. Die Ränder der Streifen sind außerdem nicht annähernd so scharf wie im Vakuum. Es geht hieraus hervor, daß einige α-Partikeln auf ihrem Wege durch die Luftmoleküle eine Änderung ihrer Richtung erfahren haben.

Bei der Versuchsanordnung (Fig. 42), die zur Bestimmung der Geschwindigkeitsabnahme benutzt wurde, welche die α-Partikeln beim Durchgang durch Materie erfahren, übt die Zerstreuung der α-Strahlen keinen nachteiligen Einfluß aus, weil die absorbierende Schicht sich zwischen der Strahlenquelle und dem Spalt befindet. Wenn der absorbierende Schirm jedoch oberhalb des Spaltes angebracht wird, so läßt sich die Zerstreuung der α-Partikeln sofort an der Verbreiterung des Streifens auf der photographischen Platte erkennen. Statt des schmalen Streifens mit scharfen Rändern erscheint dann ein breites unklares Band.

Die Größe der Zerstreuung nimmt mit der Dicke des Schirmes zu. Wenn elf Aluminiumfolien auf den Spalt gelegt werden — eine Menge, die nahezu ausreicht, um die Ionisations- und photographische Wirkung verschwinden zu lassen — so werden einige Strahlen ungefähr um 3° von der Normalen abgelenkt. Ein Teil der Strahlen kann auch noch um einen beträchtlich größeren Winkel abgelenkt gewesen sein, aber ihre Einwirkung auf die photographische Platte war zu klein, als daß sie hätte nachgewiesen werden können.

Wir sehen also, daß die α-Partikeln, besonders wenn sie nur eine kleine Geschwindigkeit besitzen, bei ihrem Durchgang durch Materie eine gewisse Änderung ihrer Bewegungsrichtung erleiden. Der Umstand, daß dieser Effekt eintritt, zeigt, daß innerhalb des Atoms oder in seiner unmittelbaren Nachbarschaft ein sehr starkes elektrisches Feld bestehen muß. Um die Bewegungsrichtung einer α-Partikel auf ihrem Wege durch eine materielle Schicht von 0,003 cm Dicke um 3° zu ändern, würde im Durchschnitt ein transversales elektrisches Feld von ungefähr 20 Mill. Volt per cm vorhanden sein müssen. Das Atom muß also der Sitz sehr bedeutender elektrischer Kräfte sein, eine Folgerung, die mit Folgerungen aus der Elektronentheorie der Materie übereinstimmt.

Die α-Partikeln des Radiums-C verlieren, wie wir gesehen haben, ihre photographische Wirkung, wenn ihre Geschwindigkeit auf 40 Proz. des Anfangswertes gefallen ist. Wegen der Komplikationen, die durch die Zerstreuung der α-Strahlen auf ihrem Wege durch Materie eintreten, ist es kaum mit Sicherheit zu entscheiden, ob diese „kritische Geschwindigkeit" der α-Partikeln, unterhalb deren sie ihre charakteristischen Effekte nicht mehr hervorbringen, wirklich oder nur scheinbar existiert. Ohne auf eine ausführliche Diskussion einzugehen, kann man, glaube ich, sagen, daß eine kritische Geschwindigkeit der α-Partikel zweifellos vorhanden ist.

Die photographische Wirkung einer dicken Radiumschicht.

Da die α-Partikeln des Radiums und seiner Umwandlungsprodukte auf ihrem Wege durch absorbierende Materie eine Abnahme der Geschwindigkeit erfahren, so müssen die Strahlen, die von einer dicken Schicht ausgesandt werden, aus α-Partikeln von außerordentlich verschiedenen Geschwindigkeiten bestehen, denn die α-Partikeln, die aus einer gewissen Tiefe unterhalb der Oberfläche des Präparates kommen, werden auf ihrem Wege durch das Radium selbst verlangsamt.

Ein Strahlenbündel, das von einer dicken Radiumschicht ausgesandt wird, ist infolgedessen komplex, und wenn ein magnetisches Feld senkrecht zu der Richtung der Strahlen wirkt, so wird jede Partikel einen Kreisbogen beschreiben, dessen Radius der Geschwindigkeit der α-Partikel direkt proportional ist.

Diese ungleichmäßige Ablenkung der Strahlen im magnetischen Felde veranlaßt die Ausbildung eines magnetischen Spektrums, bei dem die natürliche Breite des Streifens stark vergrößert wird. Die Dispersion eines komplexen Strahlenbündels ist von Mackenzie[1]) und Rutherford[2]) beobachtet worden.

Die α-Partikel besitzt eine verhältnismäßig geringe photographische Wirksamkeit, wenn ihre Geschwindigkeit kleiner als ungefähr $0{,}6\ V_0$ ist, wenn V_0 die Maximalgeschwindigkeit der α-Partikeln von Radium-C ist. Da V_0 größer ist als die Geschwindigkeit der α-Partikeln der anderen Radiumprodukte, so ist zu erwarten, daß das magnetische Spektrum von α-Partikeln hervorgebracht wird, deren Geschwindigkeiten zwischen $0{,}6\ V_0$ und V_0 liegen. Mit Hilfe der Photographie eines abgelenkten Strahlenbündels wies der Verfasser das Vorhandensein von Strahlen nach, deren Geschwindigkeiten zwischen $0{,}67\ V_0$ und $0{,}95\ V_0$ lagen, während Mackenzie nach der Szintillationsmethode fand, daß in einem magnetischen Spektrum die Geschwindigkeiten der Strahlen zwischen $0{,}65$ und $0{,}98\ V_0$ lagen. Da die Gegenwart der β- und γ-Strahlen des Radiums die Entdeckung schwacher photographischer Eindrücke verhindert, so befinden sich die Beobachtungen in guter Übereinstimmung mit der Theorie.

Becquerel[3]) bemerkte schon im Jahre 1903 an einem Strahlenbündel, das von einer dicken Radiumschicht ausgesandt und in einem magnetischen Felde abgelenkt wurde, eine interessante Eigentümlichkeit. Bei Becquerels Versuchen fiel ein dünnes Strahlenbündel auf eine photographische Platte, die um

---

[1]) Mackenzie, Phil. Mag., Nov. 1905.
[2]) Rutherford, Phil. Mag., Jan. 1906.
[3]) Becquerel, Compt. rend. 136, 199, 431, 977, 1517 (1903).

einen kleinen Winkel gegen die Vertikale geneigt war, und deren untere Kante den Spalt im rechten Winkel kreuzte. Bei Umkehrung des magnetischen Feldes wurden auf der Platte zwei feine auseinander laufende Linien SP und SP' erhalten (Fig. 46). Der Abstand dieser beiden Linien stellt an jedem Punkte die doppelte Ablenkung der Strahlen von der Normalen dar. Durch sorgfältige Messungen fand Becquerel, daß diese beiden Linien nicht genaue Kreisbögen waren, sondern daß der Radius des Krümmungskreises mit der Entfernung von der Strahlenquelle größer wurde. Becquerel nahm an, daß die α-Strahlen des Radiums homogen wären, und folgerte aus diesen Versuchen, daß der Wert von e/m auf dem Wege der Partikeln durch die Luft dauernd dadurch abnähme, daß die α-Partikeln durch Aufnahme von Luftteilchen eine Vermehrung ihrer Masse erführen.

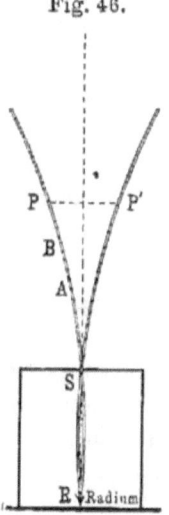

Fig. 46.

Bragg[1]) wies jedoch nach, daß sich diese Eigentümlichkeit ohne die Annahme, daß e/m sich ändert, in einfacher Weise aus dem komplexen Zustande des Strahlenbündels erklären läßt. Wie bereits erwähnt wurde, stellen in Fig. 46 SP und SP' die Spuren der Strahlen auf der photographischen Platte dar. Wir wollen die Außenseite einer Linie in einem Punkte A betrachten. Die photographische Wirkung rührt an diesem Punkte von den langsamsten Partikeln her, die gerade noch imstande sind, auf die photographische Platte bei A einzuwirken. An einem Punkte B, der weiter von der Strahlenquelle entfernt ist, haben die α-Partikeln, die den Außenrand der Linie hervorgebracht haben, dieselbe Geschwindigkeit wie im ersten Falle; da sie jedoch eine Luftschicht von der Dicke BR statt von der Dicke AR passiert haben, so müssen sie eine größere Anfangsgeschwindigkeit besessen haben, da die α-Partikeln auf ihrem Wege durch Luft verlangsamt werden. Die Geschwindigkeit dieser α-Partikeln ist daher im Durchschnitt größer als im ersten Falle, und der Außenrand der Linie wird um eine kleinere Entfernung verschoben sein,

---

[1]) Bragg, Phil. Mag., Dez. 1904; April 1905.

als zu erwarten wäre, wenn die Partikeln in beiden Fällen anfangs die gleiche Durchschnittsgeschwindigkeit besessen hätten. Die Radien der Krümmungskreise werden demnach immer größer werden, je mehr wir uns von der Quelle entfernen — ein Resultat, das mit den Beobachtungen Becquerels übereinstimmt.

Gerade der entgegengesetzte Effekt müßte an der Innenseite der Linien auftreten, denn diese wird durch die schnellsten α-Partikeln des Radiums, nämlich durch die von Radium-C, hervorgebracht. Da die Geschwindigkeit der Strahlen beim Passieren der Luftschicht abnimmt, so werden für die Innenseiten die Radien der Krümmungskreise kleiner werden. Die Breite der Linien sollte also mit der Entfernung von der Strahlenquelle abnehmen. Dieser Effekt ist jedoch gering und wird durch die Zerstreuung der Strahlen in der Luft verdeckt.

Ein komplexes Bündel von Radiumstrahlen zeigt noch einen anderen paradoxen Effekt. Becquerel[1]) wies nach, daß die Außenseite der Linien sich nicht verschiebt, wenn das Radium mit absorbierenden Schirmen bedeckt wird. Ein homogenes Strahlenbündel erfährt, wie wir gesehen haben, nach dem Durchgange durch eine absorbierende Schicht eine größere Ablenkung, die Geschwindigkeit der Strahlen wird also verringert. Die Tatsache, daß dieser Effekt bei einem komplexen Strahlenbündel nicht auftrat, führte Becquerel zu der Ansicht, daß die α-Partikeln auf ihrem Wege durch Materie keine Einbuße ihrer Geschwindigkeit erlitten.

Die Erklärung dieses Paradoxons ist einfach. Der Außenrand der photographischen Linien eines komplexen Strahlenbündels wird von den langsamsten α-Partikeln hervorgebracht, die gerade noch einen photographischen Effekt hervorrufen. Die Geschwindigkeit dieser Partikeln liegt, wie bereits gezeigt worden ist, in der Nähe von 60 Proz. der Maximalgeschwindigkeit, welche die α-Partikeln von Radium-C besitzen. Wenn das Radium mit einem absorbierenden Schirm bedeckt wird, so erfahren alle α-Partikeln eine Abnahme ihrer Geschwindigkeit. Die Außenkante wird dann durch α-Partikeln von derselben Geschwindigkeit wie bei unbedecktem Radium hervorgebracht, jedoch nicht durch dieselben α-Partikeln, sondern durch die einer anderen

---

[1]) Becquerel, Compt. rend. 141, 485 (1905); 142, 365 (1906).

Gruppe, deren Geschwindigkeit durch den absorbierenden Schirm auf den Minimumwert reduziert worden ist. Eine größere Ablenkung des Strahlenbündels ist daher nicht zu erwarten.

Diese Anomalien, die ein komplexes Strahlenbündel aufweist, zeigen, wie notwendig es ist, für die Untersuchung der Eigenschaften der α-Strahlen eine Quelle homogener Strahlen zu verwenden. Die Eigenschaften eines komplexen Strahlenbündels sind so eingehend besprochen worden, weil sie einerseits an und für sich von großem Interesse sind, andererseits weil die Erklärung dieser Phänomene Gegenstand einiger Diskussionen gewesen ist.

Die Absorption der α-Strahlen.

Schon frühzeitig wurde beobachtet, daß die α-Partikeln in einer Luftschicht von wenigen Zentimetern Dicke oder in einer dünnen Metallplatte völlig absorbiert werden. Wegen der schwachen Ionisation, die Uranium und Thorium hervorbringen, war es anfangs nicht möglich, mit engen Strahlenkegeln zu arbeiten, die Versuche wurden vielmehr mit radioaktiven Präparaten ausgeführt, die in großer Fläche über eine Platte verteilt waren. Der Sättigungsstrom wurde zwischen dieser Platte und einer anderen gemessen, die sich parallel zu ihr in einem Abstande von wenigen Zentimetern befand. Wenn das aktive Präparat mit einer Anzahl von Metallfolien bedeckt wurde, so nahm der Sättigungsstrom angenähert nach einem Exponentialgesetz ab. In der Regel wurde die radioaktive Substanz in dicker Schicht verwandt, und im Falle des Radiums traf das Exponentialgesetz scheinbar für einen beträchtlichen Bereich zu.

Einige Versuche über die Absorption der α-Strahlen des Poloniums wurden von Mme. Curie in etwas anderer Weise ausgeführt. Die Strahlen des Poloniums passierten ein Loch in einer Metallplatte, das mit einem Drahtnetz bedeckt war, und der Ionisationsstrom wurde zwischen dieser Platte und einer parallelen isolierten Platte gemessen, die sich 3 cm über ihr befand. Ein meßbarer Strom war nicht zu beobachten, wenn das Polonium sich mehr als 4 cm unterhalb der Metallplatte befand; wenn aber dieser Abstand verkleinert wurde, so nahm die Ionisation außerordentlich schnell zu, so daß bei einer geringen Änderung des Abstandes eine große Veränderung des Stromes stattfand.

Aus diesem schnellen Anwachsen des Stromes war zu ersehen, daß das Ionisierungsvermögen der α-Strahlen plötzlich verschwindet, wenn die Strahlen einen bestimmten Weg in Luft zurückgelegt haben. Wenn das Polonium mit einer Lage von Aluminiumfolie bedeckt wurde, so sank der Wert des kritischen Abstandes.

Die Beobachtung, daß der Ionisationsstrom zwischen zwei parallelen Platten angenähert nach einem Exponentialgesetz mit der Dicke der absorbierenden Schicht abnimmt, wenn die radioaktive Substanz eine dicke Schicht bildet, hat für einige Zeit das eigentliche Gesetz, nach dem die Absorption der α-Strahlen vor sich geht, verschleiert. Lenard hatte gefunden, daß die Absorption der Kathodenstrahlen und in einigen Fällen auch die der X-Strahlen nach einem Exponentialgesetze geschieht, und man nahm an, daß auch die Absorption der α-Strahlen einem Exponentialgesetze gehorche. Im Jahre 1904 wurde die Frage sowohl theoretisch wie experimentell von Bragg und Kleeman[1]) untersucht, und die von ihnen ausgeführten interessanten Versuche haben auf unsere Kenntnisse der α-Strahlen wie auf das Gesetz ihrer Absorption durch die Materie neues Licht geworfen.

Zur Erklärung ihrer experimentellen Resultate stellten Bragg und Kleeman eine sehr einfache Theorie der Absorption der α-Strahlen auf. In dieser Theorie wird angenommen, daß alle α-Partikeln einer dünnen Schicht einer homogenen radioaktiven Substanz mit gleicher Geschwindigkeit fortgeschleudert werden und eine bestimmte Strecke in Luft zurücklegen, ehe sie absorbiert werden. Die Geschwindigkeit der α-Partikel nimmt auf dem Wege durch das Gas deshalb ab, weil kinetische Energie zur Ionisierung des Gases verbraucht wird. In erster Annäherung wird angenommen, daß die Ionisation, die von einer einzelnen α-Partikel auf einem Zentimeter ihres Weges hervorgerufen wird, konstant ist, und daß die α-Partikel, nachdem sie eine bestimmte Entfernung in der Luft zurückgelegt hat, plötzlich ihr Ionisierungsvermögen verliert. Dieser „Ionisierungsbereich" der α-Partikel wechselt von einem radioaktiven Produkt zum anderen, weil die Anfangsgeschwindigkeiten der von den einzelnen Produkten ausgesandten α-Partikeln verschieden sind. Wenn ein absorbierender Schirm in den Weg der α-Strahlen gestellt wird, so er-

---

[1]) Bragg und Kleeman, Phil. Mag., Dez. 1904; Sept. 1905.

fahren alle α-Partikeln eines einfachen Produktes die gleiche Verringerung der Geschwindigkeit, und der Ionisierungsbereich wird um einen Betrag verringert, der der Dicke des Schirmes und seiner Dichte proportional ist.

In einer dicken radioaktiven Schicht, die nur ein α-Strahlenprodukt enthält, haben die Strahlen, die von der Oberfläche ausgehen, den Maximalbereich a. Diejenigen, die aus der Tiefe d kommen, werden in Luft einen Bereich von $a - Cd$ besitzen, wenn das Absorbierungsvermögen von 1 cm der Schicht dem von C cm Luft entspricht. Die α-Strahlen, die von einer dicken radioaktiven Schicht ausgesandt werden, werden also sehr ver-

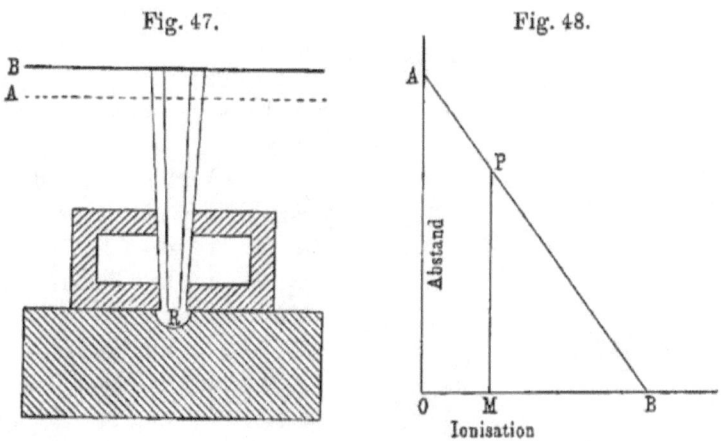

Fig. 47. Fig. 48.

schiedenartige Geschwindigkeiten besitzen und ihr Bereich in Luft wird zwischen 0 und dem Maximalbereich a schwanken.

Es sei angenommen, daß ein dünnes Strahlenbündel von einem einfachen radioaktiven Stoff R (Fig. 47) ausgehend in den Ionisationsraum AB durch ein Drahtnetz A eintritt. Wenn die radioaktive Schicht so dünn ist, daß die α-Strahlen nicht merklich aufgehalten werden, wenn sie die Schicht in normaler Richtung verlassen, so wird die Ionisation per Zentimeter, die in verschiedenen Entfernungen von der Strahlenquelle hervorgebracht wird, graphisch durch die Kurve APM in Fig. 48 wiedergegeben. Die Ordinaten stellen die Entfernung von der Strahlenquelle dar, die Abszissen die Ionisation, die in dem Ionisationsgefäße erzeugt wird. Die Ionisation beginnt plötzlich bei A und erreicht ein Maximum bei P, wenn die Strahlen die obere Platte des Gefäßes erreichen, und bleibt dann konstant, bis die Strahlenquelle erreicht ist.

Die α-Strahlen, die aus einer dicken Schicht austreten, haben jedoch alle Ionisierungsbereiche zwischen 0 und dem Maximalbereich, und in das Ionisationsgefäß treten um so mehr Strahlen ein, je mehr es sich der Strahlenquelle nähert. Die Ionisationskurve wird also durch die gerade Linie APB dargestellt.

Um diese Resultate zu erhalten, ist es erforderlich, ein dünnes Strahlenbündel und ein enges Ionisationsgefäß zu benutzen. Wenn das Ionisationsgefäß bei allen Entfernungen das ganze Strahlenbündel einschließt, so braucht keine Rücksicht darauf genommen zu werden, daß die Intensität der Strahlung indirekt proportional dem Quadrate der Entfernung abnimmt.

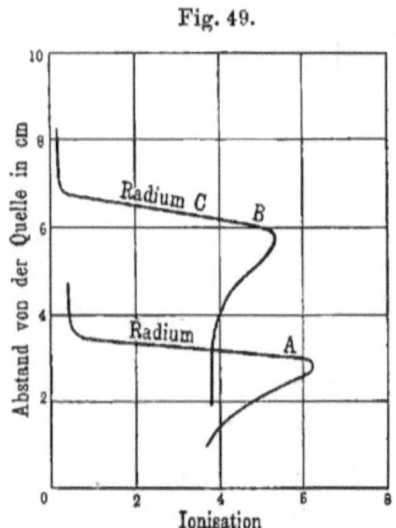

Fig. 49.

Die Versuche von Bragg und Kleeman lehren, daß die theoretischen Schlußfolgerungen in der Praxis angenähert erfüllt sind.

Wir wollen zunächst die Erscheinungen besprechen, die an einer dünnen Schicht eines einfachen radioaktiven Stoffes zu beobachten sind. Ein solches Präparat wurde erhalten, indem in einer flachen Schale ein wenig Radiumbromid zur Trockene eingedampft wurde. Die Emanation entweicht beim Kochen und der zurückbleibende aktive Niederschlag zerfällt schnell. Nach ungefähr drei Stunden rührt die Aktivität nur noch von den α-Strahlen des Radiums selbst her. Die von Bragg und Kleeman erhaltene Ionisationskurve ist durch Kurve A in Fig. 49 dargestellt. Wenn sich das Ionisationsgefäß weiter als 3,5 cm über der Strahlenquelle befindet, so ist nur eine kleine Ionisation zu beobachten; bei 3,5 cm wächst der Strom sehr schnell an und erreicht ein Maximum bei 2,85 cm. Die Ionisation fällt dann langsam ab, wenn die Entfernung von der Strahlenquelle abnimmt. Der

Maximalbereich der α-Strahlen des Radiums selbst beträgt also 3,5 cm.

Die entsprechende Kurve für Radium-C gibt Kurve B derselben Figur wieder. Diese Kurve erhielt Mc Clung[1]) nach der Methode von Bragg und Kleeman. Das Radium-C war in einer sehr dünnen Schicht auf einem Drahte niedergeschlagen, der der Radiumemanation exponiert worden war. Die Strahlen von Radium-C haben nach den Versuchen von Mc Clung einen Ionisierungsbereich von ungefähr 6,8 cm, und die Ionisation fällt in ähnlicher Weise ab, wie die des Radiums selbst.

Bei den Braggschen Versuchen hatte das Ionisationsgefäß eine Tiefe von 2 mm, während es bei den Versuchen von Mc Clung 5 mm tief war. Im Falle des Radium-C ist die Ionisation, wie man sieht, für eine Entfernung von ungefähr 4 cm nahezu konstant, dann wächst sie schnell an und erreicht in einer Entfernung von ungefähr 5,7 cm ein Maximum. Wenn man dem Umstande Rechnung trägt, daß das Ionisationsgefäß eine merkliche Tiefe besaß, und daß ein ziemlich weiter Strahlenkegel benutzt wurde, so läßt sich zeigen, daß die Ionisation bei einer Entfernung von 6,8 cm schnell zunehmen muß, aber nicht so plötzlich, wie die einfache Theorie erwarten läßt.

Wenn man die Abnahme mißt, die die α-Partikel von Radium-C beim Durchgange durch Aluminium erfährt, so läßt sich leicht berechnen, daß die Geschwindigkeit der α-Partikeln an dem Punkte maximaler Ionisation ungefähr 0,56 der Anfangsgeschwindigkeit beträgt. Bei dieser Geschwindigkeit scheint die α-Partikel das größte Ionisierungsvermögen zu besitzen.

Bragg und Kleeman haben auf diese Weise den Bereich der verschiedenen α-Strahlenprodukte bestimmt, die im Radium vorhanden sind, wenn es sich im Gleichgewichtszustande befindet. Die Ionisationskurve, die mit einer dünnen Radiumschicht erhalten wurde, ist in Fig. 50 wiedergegeben.

Die ersten Strahlen erreichten das Ionisationsgefäß in einer Entfernung von 7,06 cm von der Strahlenquelle. Diese Strahlen werden von Radium-C ausgesandt und besitzen unter den Strahlen aller Radiumprodukte den größten Ionisierungsbereich. Beim Punkte b macht die Kurve eine plötzliche Biegung, welche zeigt,

---

[1]) Mc Clung, Phil. Mag., Jan. 1906.

daß hier die α-Strahlen eines anderen Produktes mit einem Ionisierungsbereiche von 4,83 cm das Gefäß erreicht haben. Ein ähnlicher, wenn auch nicht so wohl definierter Knick tritt in der Kurve bei d für eine Entfernung von 4,23 cm auf und deutet an, daß eine weitere Strahlengruppe in das Gefäß eingetreten ist. Der Knick bei f wird durch das Auftreten der Strahlen verursacht, die von Radium selbst ausgesandt werden. Aus diesen Versuchen folgt, daß die α-Partikeln des Radiums in Luft einen

Fig. 50.

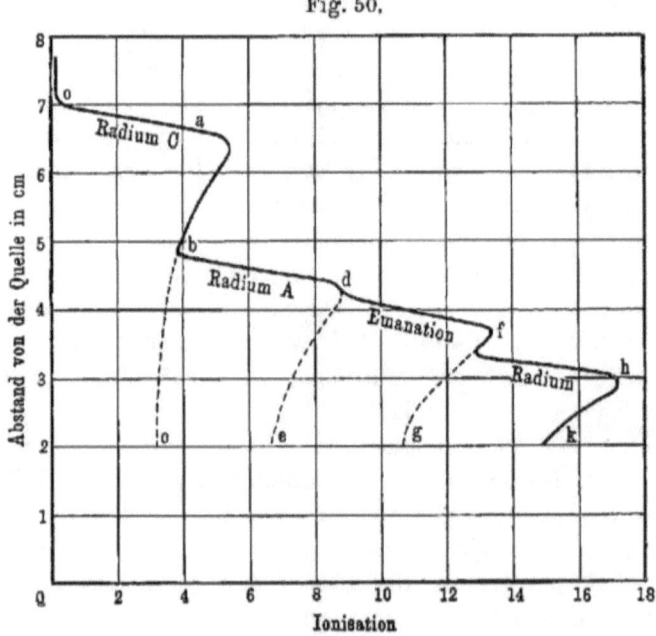

Bereich von 3,5 cm und die des Radium-C einen Bereich von 7,06 cm besitzen. Die Werte 4,23 und 4,83 cm kommen der Emanation und dem Radium-A zu; wegen des schnellen Zerfalls des Radium-A hat sich bisher noch nicht entscheiden lassen, welche dieser Zahlen der Emanation und welche dem Radium-A zuzuschreiben sind[*]).

Wenn die Kurve $o\,a\,b$ nach unten bis c verlängert wird, so stellt die Kurve $o\,a\,b\,c$ die Ionisation dar, die von Radium-C

---

[*]) Diese Frage ist durch die auf S. 229 zitierten Versuche von Rutherford entschieden; dem Radium-A kommt der Ionisierungsbereich 4,83 cm und der Emanation der von 4,23 cm zu.

herrührt. Wenn diese Kurve um 2,23 cm, entsprechend der Differenz zwischen den Werten 7,06 und 4,83 cm, nach unten und dann so weit nach rechts verschoben wird, daß o auf b fällt, so fällt die neue Kurve $b\,d\,e$ genau auf die experimentell bestimmte Kurve $b\,d$. Bei einer weiteren Senkung der Kurve um 0,6 cm und einer entsprechenden Verschiebung nach rechts erhält man eine Kurve, die wiederum mit der experimentell bestimmten sich deckt. Schließlich läßt sich in ähnlicher Weise eine Deckung mit der experimentell bestimmten Kurve $f\,h\,k$ erzielen.

Wenn man die Ionisationskurve eines Produktes kennt, so läßt sich also die gemeinsame Kurve der Produkte in sehr einfacher Weise konstruieren. Es geht hieraus klar hervor, daß, abgesehen von den Unterschieden in den Anfangsgeschwindigkeiten der α-Partikeln, die Ionisationskurven des Radiums und aller seiner Produkte identisch sind.

Es ist ferner ersichtlich, daß alle α-Strahlenprodukte in der Sekunde die gleiche Anzahl von α-Partikeln aussenden; dieses Ergebnis folgt aus der Disintegrationstheorie, wenn die verschiedenen Produkte Glieder derselben Umwandlungsreihe sind.

Die Versuche von Bragg und Kleeman haben also auf einem neuen und einwandfreien Wege die Theorie der radioaktiven Umwandlungen bestätigt, die ursprünglich von ganz anderen Überlegungen aus entwickelt wurde. Ihre Versuche beweisen, daß die Produkte in genetischem Zusammenhange stehen, denn sonst würde sich die experimentell erhaltene Kurve nicht aus der eines einzigen Produktes aufbauen lassen.

Aus diesen Versuchen können wir mit Sicherheit schließen, daß Radium-C aus Radium-A entsteht, während der direkte experimentelle Nachweis schwer durchzuführen ist. Die Versuche lehren ferner, daß die α-Partikeln aller Produkte, in jeder Beziehung mit Ausnahme ihrer Geschwindigkeiten, identisch sind — ein Ergebnis, das, wie wir gesehen haben, durch direkte Versuche anderer Art bestätigt worden ist.

Die Methode von Bragg und Kleeman bringt also nicht nur über die Absorption der α-Strahlen Aufklärung, sondern sie liefert auch indirekt ein sehr wertvolles Mittel, die Zahl der in einer radioaktiven Substanz vorhandenen α-Strahlenprodukte zu bestimmen, selbst wenn die chemische Isolierung dieser Produkte nicht gelingen sollte. Diese Bestimmung läßt sich dann ausführen, wenn die Ionisierungsbereiche der α-Partikeln bei den einzelnen Produkten verschieden sind. Eine Reihe von Knicken in der Ionisationskurve ist ein indirekter Beweis für das Vorhandensein einer Anzahl von α-Strahlenprodukten.

Nach dieser Methode hat Dr. Hahn nachgewiesen, daß Thorium-B nicht, wie man angenommen hatte, ein einfaches Produkt ist, sondern aus zwei a-Strahlenprodukten besteht. Aus den bisherigen Versuchen, diese beiden Produkte nach chemischen

Fig. 51.

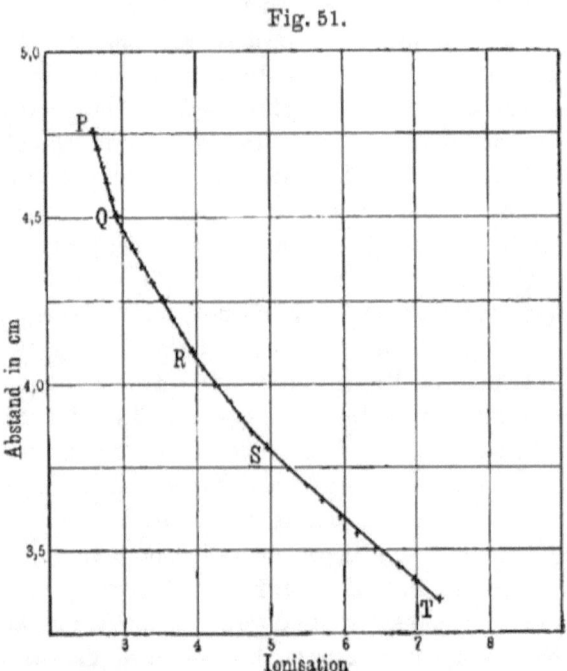

oder physikalischen Methoden zu trennen, scheint hervorzugehen, daß das eine Produkt eine außerordentlich kleine Umwandlungsperiode besitzt[1]).

Wir haben bisher nur die Ionisationskurven dünner Schichten besprochen, da diese die wesentlichen Punkte der Absorption der α-Strahlen mit großer Klarheit erkennen lassen. Bragg und Kleeman haben auch die Ionisationskurve einer dicken Radium-

---

[1]) Hahn hat kürzlich [Phys. Zeitschr. 7, 412, 456, 557 (1906)] den Ionisierungsbereich der α-Partikeln der Thorium- und Aktiniumprodukte bestimmt.

schicht untersucht. Die von ihnen erhaltene Kurve ist in Fig. 51 wiedergegeben. Sie besteht aus einer Zahl gerader Linien, die unter ziemlich spitzen Winkeln aneinander stoßen. Die Ionisation oberhalb Q rührt von Radium-C her. Bei Q erreichen die Strahlen des Produktes, das den Ionisationsbereich 4,83 cm besitzt, das Ionisationsgefäß und die Kurve setzt sich unter einem spitzen Winkel fort. Ein ähnlicher Knick tritt bei R und S auf, wo die α-Strahlen der beiden anderen Produkte in das Ionisationsgefäß eintreten. Die Neigungen der Kurventeile PQ, QR, RS, ST gegen die Abszissenachse stehen sehr angenähert in dem Verhältnis 1, 2, 3 und 4, ein Resultat, das nach der Theorie zu erwarten ist.

Bragg und Kleeman haben auch Versuche über die Absorption der α-Strahlen in dünnen Metallblättern und in verschiedenen Gasen angestellt. Die Bedeckung der radioaktiven Schicht mit einem gleichmäßig absorbierenden Schirm verringert alle Ordinaten der Ionisationskurve um den gleichen Betrag. Zum Beispiel entsprach die Verringerung, die der Ionisierungsbereich durch eine Silberfolie erfuhr, deren Gewicht pro Quadratzentimeter 0,00967 g betrug, der Erniedrigung, die durch eine Luftschicht von 3,35 cm Dicke hervorgebracht wird, deren Gewicht per Flächeneinheit 0,00402 g beträgt. Das Verhältnis dieser beiden Gewichte beträgt 2,41, die Absorptionsfähigkeit des Silbers ist also 2,41 mal größer, als zu erwarten wäre, wenn die Absorption proportional der Dichte erfolgte. Eine Untersuchung verschiedener Metalle zeigte, daß die Absorptionsfähigkeit angenähert der Quadratwurzel aus den Atomgewichten proportional ist. Ein ähnliches Gesetz gilt für Gase über einen beträchtlichen Dichtebereich. Diese Beziehung ist sehr bemerkenswert, sie deutet an, daß die Absorption der Energie im Innern des Atomes der Quadratwurzel aus seinem Atomgewicht proportional ist. Es ist bekannt, daß für einfache Gase, wie Wasserstoff, Sauerstoff und Kohlensäure, die Gesamtzahl der Ionen, die bei völliger Absorption von α-Strahlen von gegebener Intensität gebildet werden, nahezu die gleiche ist; hieraus ist zu schließen, daß zur Bildung eines Ions in allen Fällen die gleiche Energie verbraucht wird. Wenn die Absorptionsfähigkeit eines Gases wesentlich durch die Energie bestimmt wird, die zur Bildung von Ionen verbraucht wird, so weisen die Resultate von Bragg und Kleeman darauf hin, daß im Durchschnitt viermal mehr Ionen gebildet werden, wenn eine α-Partikel von gegebener Geschwindigkeit ein Sauerstoffatom, als wenn sie ein Wasserstoffatom passiert. Dieses setzt nicht mit Notwendigkeit voraus, daß jedes Atom auf dem Wege der α-Partikel ionisiert wird, sondern bezieht sich auf den Durchschnitt einer großen Anzahl von Atomen. Es ist ferner sehr wahrscheinlich, daß die Zahl der Ionen, die eine α-Partikel in Luft erzeugt, wenigstens ebenso groß, wenn nicht größer ist, als die Zahl der Moleküle, denen sie begegnet. Wir sind also zu der Annahme gezwungen, daß die α-Partikel entweder aus dem Molekül eines schweren Gases mehr als zwei Ionen in Freiheit zu setzen vermag, oder daß die Wirkungssphäre der α-Partikel in einem schweren Gase größer ist als in einem leichten.

Welche Schlüsse auch immer aus diesen Versuchen gezogen werden mögen, sicher geht aus den Resultaten hervor, daß zwischen der Ionisation und dem Atomgewicht verschiedener Elemente ein fundamentaler Zusammenhang besteht.

Die Ladung der α-Strahlen.

Die α-Partikel wird in einem magnetischen oder elektrischen Felde so abgelenkt, als wenn sie eine positive Elektrizitätsladung trüge. Es wurde schon frühzeitig beobachtet, daß die β-Partikeln des Radiums eine negative Ladung besitzen, und daß das Radium, von dem sie ausgesandt werden, eine positive Ladung zurückbehält. Diese Eigenschaft des Radiums wird sehr einleuchtend durch einen von Strutt angegebenen Apparat illustriert, der als „Radiumuhr" bekannt ist. Zwei Goldblätter stehen mit einer isolierten Röhre, die Radium enthält, in metallischer Verbindung, und der ganze Apparat befindet sich in einem luftleeren Glasgefäße. Die β-Partikeln werden durch die isolierte Röhre hindurchgeschleudert und lassen eine ihrer negativen Ladung entsprechende positive Ladung zurück. Die Blättchen divergieren in dem Maße, in dem sie sich positiv aufladen, und werden, nachdem sie einen bestimmten Ausschlag erreicht haben, automatisch entladen. Dieser Prozeß der Ladung und Entladung wiederholt sich unbegrenzt, oder wenigstens solange, wie das Radium selbst existieren wird. Bei der Verwendung von 30 mg Radiumbromid vollziehen die Blättchen den Kreislauf von Ladung und Entladung mehrere Male in der Minute.

Wenn ein Stab oder eine Platte, die mit einer dünnen Radiumschicht überzogen und zur Entfernung der β- und γ-Strahlen erhitzt worden ist, in einer ähnlichen Anordnung verwandt wird, so tritt der Prozeß der Aufladung nicht ein, wie gut auch das Vakuum sein mag. Wenn die isolierte Platte entweder positiv oder negativ geladen wird, so verliert sich diese Ladung außerordentlich schnell.

Versuche dieser Art werden am einfachsten mit einer Platte ausgeführt, die mit einer dünnen Schicht von Radiotellurium (Radium-F) überzogen ist, da diese Substanz nur α-Strahlen, aber keine β-Strahlen aussendet. Die Erklärung dafür, warum die von den α-Strahlen des Radiotelluriums transportierte Ladung bei den früheren Versuchen nicht nachgewiesen werden konnte, wurde durch eine Untersuchung von J. J. Thomson erbracht. Thomson zeigte, daß eine solche Platte außer den α-Partikeln eine große Zahl von β-Partikeln aussendet, die ein sehr geringes Durchdringungsvermögen besitzen und eine sehr kleine Geschwindigkeit haben, so daß sie durch ein magnetisches oder elektrisches Feld sehr leicht abgelenkt werden. Die Anwesenheit einer großen Zahl dieser negativ geladenen Teilchen verdeckt unter gewöhnlichen Umständen den durch die Aussendung der α-Partikeln hervorgerufenen Effekt. Ihr Einfluß läßt sich jedoch fast völlig vernichten, wenn parallel zu der Fläche der aktiven Platte ein starkes Magnetfeld erzeugt wird. Die von der Platte ausgesandten Elektronen beschreiben dann unter dem Einfluß des Magnetfeldes Kreisbögen und kehren zu der Platte zurück. Unter diesen Bedingungen läßt sich in einem gut evakuierten Gefäße zeigen, daß die Platte sich negativ auflädt, während ein Körper, auf den die Strahlen auftreffen, eine positive Ladung erhält.

Diese Versuche beweisen einwandfrei, daß die α-Partikeln mit einer positiven Ladung fortgeschleudert werden, aber von einer großen Schar langsamer Elektronen begleitet werden. Diese Elektronen scheinen eine Art sekundärer Strahlen zu bilden, die die α-Partikel beim Verlassen der aktiven Substanz und beim Auftreffen auf Materie erzeugt. Ihr Vorhandensein ist nicht nur beim Radiotellurium, sondern auch beim Radium selbst und bei der Radium- und Thoriumemanation nachgewiesen. Diese Elektronen scheinen sich stets als Begleiter der α-Partikeln zu finden, sie dürfen jedoch nicht mit den eigentlichen β-Strahlen verwechselt werden, die eine viel größere Geschwindigkeit und ein entsprechend größeres Durchdringungsvermögen besitzen. Durch Verwendung eines magnetischen Feldes zur Beseitigung der Störungen, die durch die langsamen Elektronen verursacht werden, bestimmte der Verfasser die Ladung, die die α-Strahlen einer dünnen Radiumschicht transportieren. Da die Radiummenge bekannt war, ließ sich berechnen, daß $6{,}2 \times 10^{10}$ α-Partikeln von 1 g Radium im Zustande seiner Minimalaktivität in der Sekunde ausgeschleudert werden. Befindet sich das Radium im Gleichgewicht mit seinen drei α-Strahlenprodukten, so beträgt die Zahl der ausgesandten α-Partikeln $2{,}5 \times 10^{11}$. Diese Berechnungen beruhen auf der Annahme, daß jede α-Partikel eine einzige Ionenladung von $3{,}4 \times 10^{10}$ elektrostatischen Einheiten trägt. Wenn die α-Partikel eine doppelt so große Ladung besitzt, so ist die Zahl der ausgesandten α-Partikeln nur halb so groß.

Die Ladung, die die β-Strahlen von Radium-C transportieren, wurde mit Hilfe eines Bleistabes gemessen, der in der Radiumemanation aktiv gemacht war; aus diesen Versuchen wurde berechnet, daß $7{,}3 \times 10^{10}$ β-Partikeln von 1 g Radium in der Sekunde fortgeschleudert werden. Schmidt hat kürzlich gefunden, daß Radium-B, welches für strahlenlos gehalten worden war, gleichfalls β-Strahlen aussendet, daß diese jedoch ein viel geringeres Durchdringungsvermögen besitzen als die β-Strahlen von Radium-C. Wenn Radium-B und -C in der Sekunde die gleiche Zahl von β-Partikeln aussenden, so beträgt die Zahl der β-Partikeln, die jedes der beiden β-Strahlenprodukte per Gramm Radium aussendet, $3{,}6 \times 10^{10}$.

McClelland hat beobachtet, daß durch das Auftreffen der β-Partikeln auf Blei eine starke Sekundärstrahlung entsteht. Daher ist wahrscheinlich die Zahl $3{,}6 \times 10^{10}$ zu hoch, denn die β-Partikeln, die auf den Bleistab auftreffen, machen sekundäre β-Partikeln frei, deren Ladung zusammen mit der der primären gemessen wird. Wenn jede α-Partikel eine doppelt so große Ladung transportiert wie die β-Partikel, so sollte die Zahl der β-Partikeln, die von jedem β-Strahlenprodukt in 1 g Radium ausgesandt wird, $3{,}1 \times 10^{10}$ betragen. Obwohl es schwierig ist, aus solchen Messungen bestimmte Schlüsse zu ziehen, so stimmen doch die experimentellen Resultate mit der Annahme überein, daß für das Produkt Radium-C, welches α- und β-Strahlen aussendet, die Zahl der in der Sekunde ausgesandten α- und β-Partikeln die gleiche ist, während die von den α-Partikeln transportierte Ladung doppelt so groß ist, als die der β-Partikeln.

Die Wärmeentwickelung der α-Strahlen.

Im Jahre 1903 machten Curie und Laborde[1]) die auffallende Entdeckung, daß Radium stets wärmer ist als seine Umgebung, und daß 1 g Radium ungefähr 100 Grammkalorien in der Stunde entwickelt. Es entstand sofort die Frage, ob diese Erscheinung nach noch unbekannten Prinzipien erfolgt, oder lediglich ein sekundärer Effekt ist.

Da die α-Partikeln eine große kinetische Energie besitzen, aber durch Materie sehr leicht aufgehalten werden, so kommt der größte Teil der innerhalb des Radiums gebildeten α-Partikeln nicht an die Oberfläche, sondern wird durch das Radium selbst aufgehalten, und ihre kinetische Energie wird in Wärme verwandelt. Bei Messungen der vom Radium entwickelten Wärme wird gewöhnlich das Radium in ein Gefäß eingeschlossen, dessen Wände dick genug sind, um alle α-Strahlen zu absorbieren. Es ist dann nicht notwendig, eine Korrektion für die α-Partikeln anzubringen, die nicht durch das Radium selbst absorbiert werden.

Um zu untersuchen, ob die Wärmeentwickelung des Radiums von dem Bombardement der α-Partikeln herrührt, unternahmen Rutherford und Barnes[2]) eine Reihe von Versuchen. Zunächst wurde die Wärmeentwickelung von 30 mg Radiumbromid in einem einfachen Luftkalorimeter gemessen und zu ungefähr 100 Grammkalorien per Stunde und Gramm bestimmt. Das Radium wurde dann so stark erhitzt, daß die Emanation entwich. Die Emanation wurde in einer kleinen Glasröhre, die in flüssige Luft tauchte, kondensiert, und die Glasröhre hierauf verschlossen. Die Wärmeentwickelung des Radiums und der Emanation wurde getrennt bestimmt. Die Wärmeentwickelung des Radiums fiel nach der Entfernung der Emanation im Verlauf von ungefähr drei Stunden

---

[1]) Curie und Laborde, Compt. rend. **136**, 673 (1904).
[2]) Rutherford und Barnes, Phil. Mag., Febr. 1904.

auf 27 Proz. des Maximums, sie nahm dann langsam wieder zu und erreichte nach einem Monat wieder ihren alten Wert.

Die Wärmeentwickelung des Emanationsrohres verhielt sich gerade umgekehrt, sie nahm etwa drei Stunden lang bis zu einem Maximum zu, das ungefähr 73 Proz. der Wärmeentwickelung des ursprünglichen Präparates betrug, und fiel dann nach einem Exponentialgesetz mit einer Periode von ungefähr vier Tagen ab. Die Kurve, nach der die Wärmeentwickelung des Radiums zunahm, und die, nach der das Emanationsrohr seine Wärmeentwickelung verlor, sind in Fig. 52 wiedergegeben. Inner-

Fig. 52.

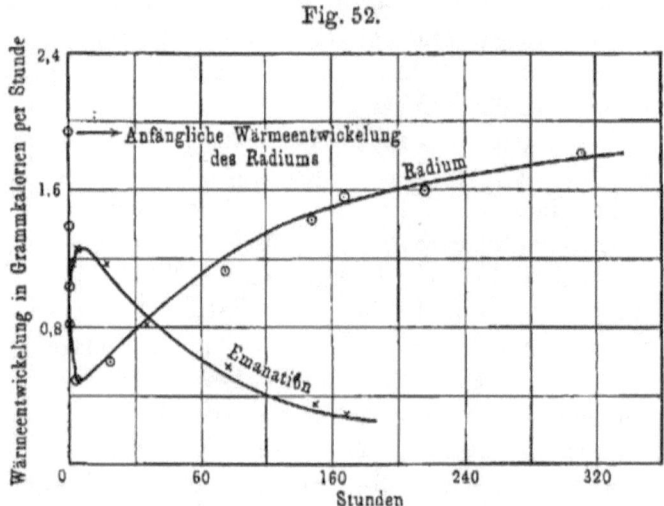

Änderung der Wärmeentwickelung des Radiums, bzw. der Emanation und ihrer Produkte, nach der Trennung der Emanation vom Radium.

halb der Versuchsfehler war die Summe der von dem Radium und der Emanation entwickelten Wärme gleich der, die das Radium im Gleichgewichtszustande abgab. Von der Emanation waren 6 Proz. durch die Erhitzung nicht entfernt worden, so daß nur 23 Proz. von der Gesamtmenge der entwickelten Wärme auf das Radium selbst entfallen, während die Emanation und ihre Produkte 77 Proz. beitragen.

Die Abfalls- und Erholungskurven des Wärmeeffektes stimmen innerhalb der Versuchsfehler mit den entsprechenden Abfalls- und Erholungskurven der α-Strahlenaktivität überein. Die entwickelte Wärme ist demnach ein Maß für die kinetische Energie der α-Partikeln, denn die α-Strahlenaktivität des Radiums beträgt, wenn die Emanation und ihre Produkte entfernt sind, ungefähr 25 Proz. der Maximalaktivität, während die β- und γ-Strahlenaktivitäten praktisch gleich Null sind. Um die obige Anschauung noch weiter zu stützen, wurde untersucht, wie sich die von dem Emanationsrohr abgegebene Wärme zwischen der Emanation und ihren Produkten verteilt. Nachdem die Wärmeentwickelung der Emanationsröhre gemessen war, wurde das Ende der Röhre abgebrochen und die Emanation ausgeblasen. Nach zehn Minuten war die von dem Rohre abgegebene Wärmemenge auf 48 Proz.

Fig. 53.

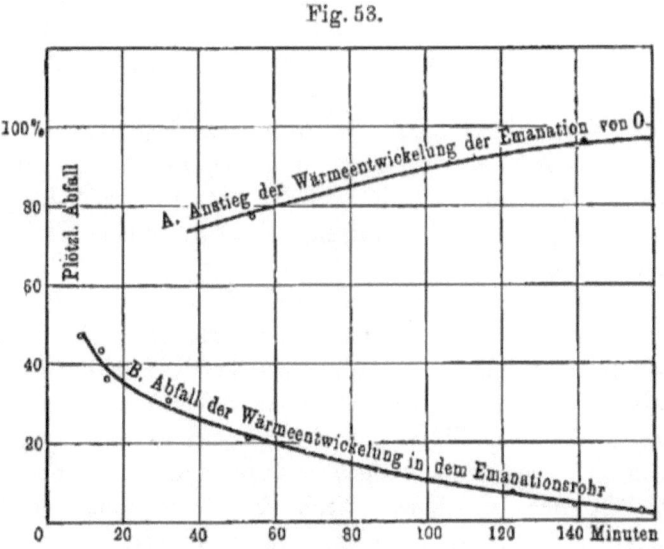

gefallen und nahm dann stetig bis Null ab. Die Abfallskurve der Wärmeentwickelung ist in Fig. 53 wiedergegeben. Nach zehn Minuten folgt sie der Abfallskurve der Aktivität sehr nahe. Wenn die Emanation entfernt ist, so rührt die in dem Rohre entwickelte Wärme von den Produkten des aktiven Niederschlages, Radium-A, -B und -C, her. Da Radium-A seine Aktivität mit einer Periode von drei Minuten verliert, so läßt sich die entsprechende Änderung der Wärmeentwickelung nicht verfolgen. Nach 15 Minuten muß der Wärmeeffekt ausschließlich durch Radium-B und -C hervorgebracht werden. Es läßt sich nicht leicht experimentell entscheiden, ob Radium-B, welches nur β-Strahlen aussendet, einen merklichen Beitrag zu der Wärmeentwickelung liefert, da es keine α-Strahlen besitzt; wahrscheinlich ist aber seine Wärmeentwickelung verglichen mit der von Radium-C klein.

Die Kurve, nach der die Wärmeabgabe einer frisch mit Emanation gefüllten Röhre ansteigt (Fig. 53), ist zu der Abfallskurve, wie zu erwarten war, komplementär. Die Tatsache, daß die Wärmeentwickelung mit der Periode der α-Strahlenprodukte abfällt, beweist, daß die Wärmeentwickelung des Radiums und seiner Produkte wesentlich durch die ausgesandten α-Partikeln hervorgebracht wird.

Aus den Versuchen ergibt sich, daß von der entwickelten Wärme 23 Proz. vom Radium selbst herrühren, 32 Proz. von Radium-C und 45 Proz. von der Emanation und Radium-A; wegen des schnellen Zerfalls von Radium-A läßt sich der von ihm hervorgebrachte Wärmeeffekt nicht von dem der Emanation trennen. Direkte Versuche haben bewiesen, daß die β- oder γ-Strahlen nicht mehr als 1 oder 2 Proz. zu der Wärmeentwickelung des Radiums beitragen, selbst wenn sie völlig von einem Bleimantel absorbiert werden.

Wir wollen uns jetzt der wichtigen Frage zuwenden, ob die kinetische Energie der α-Partikeln zur Erklärung des Wärmeeffektes ausreicht. Die kinetische Energie einer α-Partikel von der Masse m und der Geschwindigkeit v beträgt $mv^2/2$. Das Verhältnis, in dem die kinetischen Energien der von den verschiedenen Produkten ausgesandten α-Partikeln zueinander stehen, läßt sich berechnen, wenn die Geschwindigkeiten der α-Partikeln bekannt sind. Diese Geschwindigkeiten sind noch nicht für die Strahlen aller Produkte direkt gemessen worden, sie lassen sich jedoch leicht aus den Ionisierungsbereichen der Strahlen in Luft ableiten. Zum Beispiel ist die Anfangsgeschwindigkeit der α-Partikeln des Radiums selbst gleich der Geschwindigkeit, die die α-Partikeln von Radium-C besitzen, wenn sie in Luft eine Strecke, die der Differenz zwischen den beiden Ionisierungsbereichen gleich ist, zurückgelegt haben. Diese Differenz beträgt 3,5 cm und entspricht 6,7 Aluminiumfolien von der in der Tabelle auf S. 224 angegebenen Art. Setzt man die kinetische Energie der α-Partikel von Radium-C gleich 100, so läßt sich nach dieser Methode leicht berechnen, daß die kinetische Energie der α-Strahlen von Radium-A und der Emanation, welche die Ionisierungsbereiche 4,8 bzw. 4,3 besitzen, 74 bzw. 69 beträgt. Die Energie der α-Partikeln des Radiums selbst beträgt 58. Da die Produkte des Radiums Glieder derselben Umwandlungsreihe sind, so senden alle Produkte die gleiche Anzahl von α Partikeln aus. Sieht man die kinetische Energie der α-Partikel als ein Maß des Wärmeeffektes an, so ergibt sich, daß 19 Proz. der gesamten Wärmeentwickelung von Radium selbst herrühren sollten, 48 Proz. von der Emanation und dem Radium-A und 33 Proz. von Radium-C. Die entsprechenden experimentell erhaltenen Werte betragen 23, 45 und 32 Proz. Zwischen Theorie und Experiment besteht also eine ziemlich gute Übereinstimmung.

Es ist experimentell gefunden worden, daß, wenn jede α-Partikel eine Ladung von $1{,}13 \times 10^{-20}$ elektromagnetischen Einheiten besitzt, in 1 g Radium jedes α-Strahlenprodukt $6{,}2 \times 10^{10}$ α-Partikeln in der Sekunde aussendet. Setzt man die bekannten Werte $e/m = 5 \times 10^{3}$, $v = 2{,}0 \times 10^{9}$ und $e = 1{,}13 \times 10^{-20}$ ein, so erhält man für die kinetische Energie der α-Partikel von Radium-C $4{,}5 \times 10^{-6}$ erg. Der Wert, den man auf diese Weise für die kinetische Energie erhält, ergibt sich unabhängig davon, ob die α-Partikel eine Ionenladung besitzt oder zwei. Die kinetische Energie der α-Partikeln, die in 1 g Radium von Radium-C in der Sekunde ausgesandt werden, beträgt also $2{,}79 \times 10^{5}$ erg. Die Wärme, die die α-Partikeln von Radium-C in 1 g Radium per Stunde entwickeln, beträgt also 24 Grammkalorien, während der experimentell erhaltene Wert 32 Grammkalorien beträgt.

Da die experimentellen Schwierigkeiten bei der Bestimmung der Zahl der α-Partikeln, die vom Radium in der Sekunde ausgesandt werden, sehr groß sind, so ist die Übereinstimmung zwischen Berechnung und Versuch außerordentlich gut. Möglicherweise wird ein Bruchteil der vom Radium entwickelten Wärme daher rühren, daß bei der Neuordnung des Atoms nach der Ausschleuderung der α-Partikel Energie frei wird; wahrscheinlich ist diese Energiemenge jedoch gering im Vergleich zu der kinetischen Energie der α-Partikel.

Der Schluß, daß die Wärmeentwickelung des Radiums und seiner Produkte ein Maß für die Energie der α-Partikeln ist, muß auch auf die anderen Radioelemente, welche α-Strahlen aussenden, übertragen werden. Es ist also zu erwarten, daß Uranium, Thorium und Aktinium mit einer Geschwindigkeit Wärme entwickeln, die ihrer α-Strahlenaktivität proportional ist. Pegram hat diese Frage beim Thorium untersucht und Anzeichen dafür gefunden, daß die Wärmeentwickelung des Thoriums ungefähr der nach seiner Aktivität zu erwartenden entspricht. Jedes α-Strahlenprodukt muß also eine Wärmemenge entwickeln, die dem Produkt aus der Zahl der in der Sekunde ausgesandten α-Partikeln und der durchschnittlichen kinetischen Energie einer α-Partikel proportional ist.

Auf die außerordentliche Wärmeentwickelung, die die Radiumemanation im Verhältnis zu ihrer Masse besitzt, ist bereits auf S. 93 aufmerksam gemacht. Die schnell sich umwandelnden Substanzen, wie die Emanationen des Aktiniums und Thoriums und Radium-A, müssen im Beginn ihres Zerfalls im Vergleich zu ihrer Masse eine gewaltige Wärmemenge entwickeln, z. B. muß die Aktiniumemanation Gewicht für Gewicht ungefähr 800 000 mal mehr Wärme in der Sekunde entwickeln als die Radiumemanation. Der Zeitraum, während dessen die Wärmeentwickelung stattfindet, ist entsprechend kleiner.

Die Gasentwickelung in Radiumlösungen.

Helium wird, wie wir gesehen haben, in geringen Mengen vom Radium gebildet. Giesel, Runge und Bodländer bemerkten, daß Radiumlösungen beträchtliche Mengen von Wasserstoff und Sauerstoff entwickeln. Ramsay und Soddy fanden, daß eine Lösung von 50 mg Radiumbromid in einem Tage ungefähr 0,5 ccm eines Gasgemisches produzierte, das ungefähr 28,9 Proz. Sauerstoff enthielt, während der Rest aus Wasserstoff bestand. Der Prozentsatz des entwickelten Wasserstoffs ist also etwas größer als der, den man bei der Elektrolyse des Wassers erhält. Für diesen Überschuß ist bisher keine befriedigende Erklärung gefunden, vielleicht rührt er daher, daß ein Teil des Sauerstoffs zur Überführung des Radiumbromids in Bromat verbraucht wird. Ramsay wies nach, daß die Radiumemanation, wenn sie mit Wasser gemischt wird, Wasserstoff und Sauerstoff entwickelt, und daß nach der Explosion des Gasgemisches kein sichtbares Gasbläschen zurückbleibt. Die Gasentwickelung verläuft mit gleichmäßiger Geschwindigkeit und muß das Resultat einer Einwirkung der α-Strahlen auf die Wassermoleküle sein.

1 g Radiumbromid würde im Gleichgewichtszustande ungefähr 10 ccm Wasserstoff und Sauerstoff in einem Tage entwickeln. Die Energie, die erforderlich ist, um die entsprechende Wassermenge zu zersetzen, beträgt ungefähr 20 Grammkalorien oder weniger als 2 Proz. der kinetischen Energie der α-Partikeln.

Um 10 ccm Wasserstoff und Sauerstoff per Tag elektrolytisch zu entwickeln, ist ein Strom von 0,00067 Ampere erforderlich. Es ist nun experimentell gefunden, daß der maximale Ionisationsstrom, der in Luft von 1 g Radiumbromid gewonnen werden kann, welches sich in radioaktivem Gleichgewicht befindet und eine dünne Schicht bildet, 0,0013 Ampere beträgt, oder doppelt so groß ist wie der Strom, der zur Bildung der beobachteten Wasserstoff- und Sauerstoffmenge erforderlich ist.

Bei den Versuchen von Ramsay und Soddy befand sich ein Teil der Emanation in dem Gasraume über der Lösung und die Gasentwickelung ging daher wahrscheinlich langsamer vor sich, als wenn die Emanation quantitativ in der Lösung verblieben wäre. Die α-Strahlen bewirken ferner nicht nur eine Zersetzung des Wassers, sondern veranlassen auch Wasserstoff und Sauerstoff, sich zu Wasser zu vereinigen. Wenn man diese Faktoren in Betracht zieht, so scheint es nicht ein bloßer Zufall zu sein, daß der Ionisationsstrom, den die α-Partikeln des Radiums in Luft hervorrufen, dieselbe Größenordnung besitzt wie der Strom, der die beobachtete Entwickelung von Wasserstoff und Sauerstoff hervorbringen würde.

Die Energiemenge, welche die α-Partikeln auf ihrem Wege durch ein Gas allmählich verlieren, scheint hauptsächlich zur Bildung von Ionen verbraucht zu werden. Der Umstand, daß allgemein das Absorptionsvermögen der Materie, einerlei, ob sie sich im festen, flüssigen oder gasförmigen Zustande befindet, der Quadratwurzel aus dem Atomgewicht proportional ist, legt die Vermutung nahe, daß Stoffe jeder Art ionisiert werden, wenn sie von α-Strahlen durchdrungen werden. Man kann also erwarten, daß bei der vollständigen Absorption der α-Strahlen in Wasser ebensoviele Ionen entstehen wie bei der Absorption in Luft. Das Auftreten von Wasserstoff und Sauerstoff in Radiumlösungen ist zweifellos wesentlich ein Resultat der Ionisation der Wassermoleküle und zeigt, daß diese Ionisation zum großen Teil in einer wirklichen chemischen Trennung der Wassermoleküle besteht. Es wird allgemein angenommen, daß die Ionisation in einfachen Gasen, wie Helium, Wasserstoff und Sauerstoff, daher rührt, daß ein Elektron von dem Molekül abgetrennt wird. Dies mag der Fall sein, aber bei einem komplexen Molekül, wie dem des Wassers, besteht oder resultiert die Ionisation in einer wirklichen chemischen Zerlegung des Wassers in Wasserstoff und Sauerstoff. Ob das Dissoziationsvermögen lediglich der α-Partikel zukommt, oder aber allen starken Ionisatoren, kann hier nicht diskutiert werden, unsere bisherigen Erfahrungen legen jedenfalls die Vermutung nahe, daß die Ionisierung zusammengesetzter Stoffe durch α-Strahlen der Ionisation in Lösungen sehr ähnlich ist und zum Teil in einer chemischen Zerlegung der Stoffe besteht.

Es gibt viele Anzeichen dafür, daß die α-Partikeln verschiedenartige chemische Wirkungen ausüben. Zum Beispiel wandeln die α-Strahlen Sauerstoff in Ozon um, veranlassen Globulin zur Koagulation und rufen chemische Veränderungen im Baryumplatincyanür hervor.

Übersicht über die Eigenschaften der α-Strahlen.

1. Die α-Partikeln des Radiums und wahrscheinlich die aller radioaktiven Substanzen bestehen aus positiv geladenen Teilchen, die mit großer Geschwindigkeit fortgeschleudert werden.

2. Alle α-Partikeln des Radiums und seiner Umwandlungsprodukte haben die gleiche Masse und sind wahrscheinlich Heliumatome.

3. Jedes α-Strahlenprodukt sendet seine α-Partikeln mit einer bestimmten Geschwindigkeit aus, die für das betreffende Produkt charakteristisch ist.

4. Die Ionisations-, Phosphoreszenz- und die photographische Wirkung der α-Strahlen eines einfachen Produktes scheint unvermittelt abzubrechen, wenn die Geschwindigkeit der α-Partikeln unter eine gewisse Grenze sinkt.

5. Die Anfangsgeschwindigkeit der α-Partikeln nimmt bei aufeinander folgenden Umwandlungsprodukten zu und ist beim Radium-C am größten. Die Maximalgeschwindigkeit beträgt ungefähr 2×10^9 cm per Sekunde.

6. Die α-Strahlen einer dünnen Schicht irgend eines einfachen Produktes sind homogen, d. h. sie bestehen aus α-Partikeln, die

alle die gleiche Geschwindigkeit besitzen. Wegen der Verlangsamung, die die α-Partikeln auf ihrem Wege durch Materie erfahren, sind die α-Strahlen, die von einer dicken Schicht eines einfachen Produktes ausgesandt werden, komplex, d. h. sie bestehen aus α-Partikeln, die sehr verschiedene Geschwindigkeiten besitzen.

7. Die Anfangsgeschwindigkeiten der α-Partikeln des Radiums und seiner Umwandlungsprodukte liegen zwischen 10^9 und 2×10^9 cm per Sekunde.

8. Die Wärmeentwickelung des Radiums ist ein Resultat des Bombardements des Radiums durch seine eigenen α-Partikeln.

Elftes Kapitel.

Radioaktive Prozesse im Lichte physikalischer Anschauungen.

In dem Vorhergehenden sind die wichtigeren Eigenschaften radioaktiver Substanzen besprochen worden, und ist dargelegt worden, daß die beobachteten Erscheinungen sich in zufriedenstellender Weise durch die Annahme erklären lassen, daß alle radioaktiven Stoffe einem spontanen Zerfall unterliegen.

Wir wollen nun in gedrängter Form die Prozesse besprechen, die sich, wie man annimmt, in den Atomen radioaktiver Körper und in dem Medium ihrer Umgebung abspielen. Solche Vorstellungen von der Natur des Atoms und den in ihm stattfindenden Vorgängen sind zwar bei dem augenblicklichen Stande unseres Wissens einigermaßen spekulativ und unvollkommen, sie leisten jedoch dem Forscher die wertvollsten Dienste, weil sie ihn mit einer Arbeitshypothese über die Struktur des Atoms ausstatten. Die Eigenschaften solcher Atommodelle lassen sich mit denen der wirklichen Atome vergleichen, und auf diese Weise entsteht allmählich ein klareres und bestimmteres Bild von der Konstitution des Atoms.

Moderne physikalische und chemische Theorien beruhen alle auf der Vorstellung, daß die Materie sich aus einer Anzahl diskreter Atome aufbaut. Es wird angenommen, daß alle Atome eines Elementes die gleiche Masse und denselben Bau besitzen. Es ist von einigen Seiten unrichtigerweise angenommen worden, daß das Studium radioaktiver Phänomene Zweifel an der Richtigkeit atomistischer Theorien geschaffen hat. Dieses ist keineswegs der Fall; die radioaktive Forschung hat vielmehr die Theorie der atomistischen Struktur der Materie erheblich gestützt, wenn sie nicht sogar einen wirklichen Beweis für dieselbe erbracht hat.

Jeder, der die Schar der Szintillationen beobachtet hat, welche die α-Strahlen des Radiums auf einem Zinksulfidschirm hervorbringen, muß den Eindruck gewonnen haben, daß das Radium einen Schauer kleiner Teilchen aussendet. Diese Ansicht wird durch den Versuch bestätigt; wie wir wissen, werden die Szintillationen durch die α-Partikeln hervorgebracht; diese bestehen aus kleinen materiellen Körpern, welche alle die gleiche Masse besitzen und vom Radium mit ungeheurer Geschwindigkeit fortgeschleudert werden. Die kinetische Energie jeder α-Partikel ist so groß, daß in einigen Fällen das Aufprallen der α-Partikeln auf den Schirm von einem Lichtblitz begleitet wird. Die α-Partikeln sind, wie wir gesehen haben, nicht Bruchstücke des Radiums im mechanischen Sinne, sondern Heliumatome.

Während die radioaktive Forschung die Vorstellungen von der atomistischen Struktur der Materie gestützt hat, hat sie andererseits Anzeichen dafür erbracht, daß das Atom nicht eine unteilbare Einheit, sondern ein komplexes System kleinster Teilchen ist. Im Falle der radioaktiven Elemente werden die Atome teilweise unbeständig und zerfallen mit explosionsartiger Gewalt, indem sie zugleich einen Teil ihrer Masse fortschleudern. Die gewöhnliche chemische Theorie, welche annimmt, daß das chemische Atom der kleinste Teil der Materie ist, der eine chemische Verbindung eingehen kann, wird durch diese Anschauungen eher erweitert als widerlegt. Das Atom kann die kleinste chemische Einheit sein und doch aus einem komplexen System bestehen, welches durch die physikalischen und chemischen Hilfsmittel, die uns zur Verfügung stehen, nicht beeinflußt werden kann.

Die große Energieentwickelung, die bei radioaktiven Umwandlungen auftritt, zeigt in der Tat unzweideutig, warum es der

Chemie nicht gelungen ist, das Atom zu zerlegen. Die Kräfte, welche die einzelnen Teile des Atoms zusammenhalten, sind so groß, daß ein außerordentlicher Energieaufwand erforderlich wäre, um das Atom durch äußere Hilfsmittel zu zerlegen.

Daß das Atom eine komplexe Struktur besitzt, geht aus spektralanalytischen Untersuchungen hervor. Unter dem Einfluß der Wärme oder der elektrischen Entladung gerät das Atom in Vibrationen von bestimmter Periode, die für jedes einzelne Element charakteristisch sind. Selbst bei einem so leichten Atom, wie dem des Wasserstoffes, ist die Zahl der verschiedenen Vibrationsperioden, die sich weit in das Ultraviolette hinein erstrecken, so groß, daß das Atom eine komplexe Struktur besitzen und imstande sein muß, in mannigfacher Weise zu schwingen. Die Schwingungen des Wasserstoffatoms sind unter allen Umständen genau dieselben und sind z. B. die gleichen für den freien Wasserstoff der Sonne und den Wasserstoff, der auf der Erde auf chemischem Wege hergestellt wird.

Der unveränderliche Charakter der Spektren der Elemente ist von einigen Seiten als ein Einwand gegen die Anschauung angeführt, daß die Atome zerfallen. Dieser Einwand scheint jedoch nicht sehr gewichtig zu sein, denn die bisherige Theorie des Atomzerfalls nimmt an, daß nicht eine allmähliche Umwandlung aller Eigenschaften des ganzen Atoms stattfindet, sondern daß ein kleiner Bruchteil der gesamten vorhandenen Zahl der Atome einen plötzlichen Zerfall erfährt, daß aber der Rest ganz unverändert bleibt. Zum Beispiel ändert sich das Spektrum des Radiums nicht, so lange noch unverändertes Radium vorhanden ist. Wenn wir jedoch das Spektrum der mit dem Radium vermischten Umwandlungsprodukte entdecken könnten, so sollte sich ergeben, daß das Spektrum des im Gleichgewicht befindlichen Radiums außer dem normalen Spektrum des Radiums noch die Spektren der Umwandlungsprodukte enthielte. Jedes Produkt würde sein definiertes und charakteristisches Spektrum besitzen, das zu dem des Mutterelementes keinerlei Beziehung zu haben brauchte.

Die Elektronentheorie der Materie.

Aus den von Faraday entdeckten Gesetzen der Elektrolyse geht hervor, daß jedes Wasserstoffatom eine unveränderliche Ladung c transportiert, deren Wert aus Berechnungen der Masse des Atoms angenähert ermittelt werden kann. Das Sauerstoffatom transportiert stets eine Ladung von $2e$, ein Goldatom die Ladung $3e$, und allgemein beträgt die Ladung der Ionen verschiedener Elemente in Lösungen ein ganzes Vielfaches der Ladung des Wasserstoffatoms. Ein Atom, das eine kleinere Ladung als c besäße, ist bisher nicht gefunden worden. Es entstand also die Anschauung, daß die Ladung des Wasserstoffatoms die kleinste Elektrizitätsmenge darstellte und keine weitere Teilung zuließe. Diese Auffassung ist praktisch einer atomistischen Theorie der Elektrizitätslehre äquivalent.

Es wurden Theorien der Atomstruktur aufgestellt, in denen angenommen wurde, daß das Atom sich aus einer Zahl in Bewegung befindlicher Ionen aufbaut. Diese Theorien, die wesentlich von Larmor und Lorentz aufgestellt sind, sollten ursprünglich zur Erklärung der Strahlung der Atome dienen. Sie erhielten eine bessere physikalische Begründung durch J. J. Thomsons Entdeckung, daß die Kathodenstrahlen aus einer Schar von Partikeln bestehen, deren scheinbare Masse nur etwa ein Tausendstel von der des Wasserstoffatoms beträgt. Diese Korpuskeln oder Elektronen werden unter den verschiedenartigsten Bedingungen von der Materie ausgesandt. Sie entstehen nicht nur beim Durchgange einer elektrischen Entladung durch eine Vakuumröhre, sondern sie werden z. B. auch von einem weißglühenden Kohlenfaden und von Metallplatten abgegeben, die der Wirkung ultravioletten Lichtes ausgesetzt sind. Sie werden spontan von radioaktiven Substanzen mit Geschwindigkeiten entsandt, die in manchen Fällen viel größer sind als diejenigen, die sich in einer Vakuumröhre erreichen lassen.

Aus der Zeemanschen Entdeckung des Einflusses, den ein magnetisches Feld auf die Periode der Lichtschwingungen ausübt, ergibt sich, daß das schwingende System aus negativ geladenen Teilchen besteht, deren Masse ungefähr ebenso groß ist wie die der in der Vakuumröhre in Freiheit gesetzten Elektronen. Diese Resultate führten zu der Vorstellung, daß das Elektron ein Bestandteil aller Materie ist und unter den verschiedensten Bedingungen aus ihr entweicht.

Die einfachste Hypothese, die zunächst zur Erklärung dieser Erscheinungen aufgestellt wurde, ist die, daß das Elektron ein materielles Teilchen ist, dessen Masse ungefähr $1/1800$ der des Wasserstoffatoms beträgt und dessen Ladung die gleiche ist wie die des elektrolytischen Wasserstoffs. Lange ehe diese Hypothese aufgestellt wurde, war aus der Theorie gefolgert, daß eine bewegte Ladung vermöge ihrer Bewegung elektrische Masse besitzen müsse. Es läßt sich theoretisch nachweisen, daß die elektrische Masse für kleine Geschwindigkeiten konstant sein, aber schnell zunehmen muß, wenn die Geschwindigkeit sich der des Lichtes nähert. Um diese Ergebnisse der Theorie zu prüfen, war es erforderlich, den Wert e/m für Elektronen zu bestimmen, deren Geschwindigkeit der des Lichtes sehr nahe kommt.

Radium hat sich für diese Versuche als eine ideale Strahlenquelle erwiesen, da es β-Partikeln von sehr verschiedenen und zum Teil sehr großen Geschwindigkeiten aussendet. Kaufmann hat, wie wir gesehen haben, die Geschwindigkeit und den Wert e/m der Elektronen des Radiums gemessen und bewiesen, daß die scheinbare Masse der Elektronen mit ihrer Geschwindigkeit zunimmt. Aus dem Vergleich zwischen Theorie und Experiment folgt, daß die Masse des Elektrons lediglich elektrischer Natur ist, und daß nicht notwendig angenommen werden muß, daß sich die Ladung über einen materiellen Kern verteilt. Wir kommen also zu dem bemerkenswerten Schluß, daß die Korpuskeln des Kathodenstromes und die β-Partikeln des Radiums nicht Materie in gewöhnlichem Sinne sind, sondern körperlose elektrische Ladungen, denen ihre Bewegung die Eigenschaften gewöhnlicher Masse verleiht. Es ist bereits darauf hingewiesen (S. 11), daß gewöhnliche Materie sich vielleicht als ein Resultat bewegter Elektrizität erklären läßt. Um die Größe der Masse zu erklären, die das Elektron scheinbar bei verschiedenen Geschwindigkeiten besitzt, muß angenommen werden, daß seine Ladung sich über eine verschwindend kleine Fläche oder einen verschwindend kleinen Raum verteilt.

Wenn wir die einfache Annahme machen, daß diese Fläche eine Kugeloberfläche ist, so muß der Radius der Kugel, auf der sich die Ladung verteilt, ungefähr 10^{-13} cm betragen. Nach verschiedenen Methoden läßt sich berechnen, daß der Radius eines Atoms ungefähr 10^{-8} cm beträgt, oder richtiger, daß die Wirkungssphäre der Atomkräfte eine Kugel von ungefähr diesem Radius bildet. Wenn also ein Atom so vergrößert würde, daß es eine

Kugel von 100 m Radius bildete, so würde der Radius eines seiner Elektronen nur 1 mm groß sein. Wenn wir annehmen, daß ein Wasserstoffatom aus 1000 Elektronen besteht, die sich frei innerhalb des Atoms bewegen, so würden also die Elektronen einen so kleinen Raum innerhalb des Atoms einnehmen, daß nur gelegentlich eines die Bewegungen des anderen störte.

Der größte Teil des magnetischen und elektrischen Feldes, das ein bewegtes Elektron umgibt, liegt nahe an seiner Oberfläche, da die magnetischen wie die elektrischen Kräfte dem Quadrat der Entfernung indirekt proportional sind und schon in der Entfernung von einigen Elektronradien verhältnismäßig klein sein müssen. Die Kräfte, die von einem in Bewegung befindlichen Elektron ausgeübt werden, liegen daher größtenteils innerhalb einer Kugel von ungefähr 10^{-12} cm Radius. Ein Elektron würde in seiner Bewegung durch ein anderes nicht merklich beeinflußt werden, wenn es sich ihm nicht auf diese geringe Entfernung näherte.

Experimentell ist nachgewiesen worden, daß ein durch X-Strahlen oder durch die Strahlen aktiver Substanzen erzeugtes Ion eine positive oder negative Ladung von $3{,}4 \times 10^{-10}$ elektrostatischen Einheiten besitzt. Die Ladung, die ein Gasion transportiert, ist scheinbar unabhängig von der Natur des Gases und ändert sich nicht, wie bei den Ionen der Elektrolyse, mit der Valenz des Atoms. Obwohl die Ladung eines Elektrons nicht direkt gemessen worden ist, so ist doch als sicher anzunehmen, daß sie mit der Ladung negativer Gasionen identisch ist. Die Ladung eines Elektrons wird als die kleinste Elektrizitätsmenge angesehen, die an einem Elektrizitätstransport in festen, flüssigen oder gasförmigen Körpern teilnehmen kann. Zwischen einem positiven Ion und einem Elektron besteht ein wesentlicher Unterschied. Das bewegte Elektron besitzt eine scheinbare Masse von ungefähr $1/1800$ der Masse des Wasserstoffatoms, während die entsprechende positive Ladung niemals in Verbindung mit einer Masse gefunden ist, die kleiner war als die des Wasserstoffatoms. Dieses hat zu der Anschauung geführt, daß nur eine Art der Elektrizität besteht, nämlich die negative, die mit dem Elektron verknüpft ist, und daß ein positiv geladener Körper oder ein positives Ion Materie ist, die ein Elektron oder mehrere verloren hat.

Die Strahlungen eines Elektrons.

Ein bewegtes Elektron erzeugt ein magnetisches Feld, dessen Intensität an irgend einem Punkte der Geschwindigkeit des Elektrons proportional ist, wenn diese klein neben der des Lichtes ist. Das magnetische Feld bewegt sich mit dem Elektron fort, und magnetische Energie wird in dem umgebenden Medium aufgespeichert. Die Größe dieser magnetischen Energie ist dem Quadrate der Geschwindigkeit des Elektrons proportional und kann daher in der Form $\frac{1}{2} m u^2$ ausgedrückt werden. In dieser Gleichung stellt m die scheinbare oder elektrische Masse des Elektrons dar und ist gleich $\frac{2\,e^2}{3\,a}$, wenn e die Ladung und a der Radius des Elektrons ist.

Ein Elektron, das sich gleichförmig in einer geraden Linie bewegt, strahlt keine Energie aus, aber bei jeder Änderung seiner Bewegung wird Energie in der Form elektromagnetischer Wellen ausgesandt, die von dem Elektron mit Lichtgeschwindigkeit ausgehen. Die ausgestrahlte Energie ist dem Quadrate der Beschleunigung proportional und wird daher sehr groß, wenn ein Elektron plötzlich in Bewegung versetzt oder zur Ruhe gebracht wird. Man nimmt an, daß die X-Strahlen aus den intensiven elektromagnetischen Impulsen bestehen, die bei dem Auftreffen der Kathodenstrahlen auf die Antikathode erzeugt werden.

Ein Elektron, das gezwungen wird, sich auf einem Kreise zu bewegen, strahlt intensiv Energie aus, da es dauernd eine Zentripetalbeschleunigung erfährt. Dieser Umstand, daß ein beschleunigtes Elektron notwendigerweise Energie verliert, bot eine der größten Schwierigkeiten, die man bei dem Versuche, die Struktur eines stabilen Atoms zu erklären, gefunden hat. Für den Fall, daß ein Atom aus einer Schar bewegter positiv und negativ geladener Teilchen besteht, hat Larmor[1]) gezeigt, daß die Bedingung dafür, daß kein Energieverlust durch Strahlung eintritt, die ist, daß die Vektorsumme der Beschleunigungen für alle geladenen Teilchen dauernd gleich Null ist. Wenn diese Bedingung nicht erfüllt ist, so findet eine dauernde Abnahme der

---

[1]) Larmor, Aether and Matter, p. 233.

inneren Energie des Atoms in der Form elektromagnetischer Strahlung statt, und wenn dieser nicht durch Energiezufuhr von außen das Gleichgewicht gehalten wird, so muß das Atom schließlich unbeständig werden und zerfallen.

Damit ein Atom beständig ist, müssen also zwei wesentliche Bedingungen erfüllt sein. Die positiv und negativ geladenen Teilchen, aus denen sich das Atom aufbaut, müssen so angeordnet sein, daß sie unter dem Einfluß wechselseitiger Anziehung und Abstoßung ein stabiles System bilden, und zu gleicher Zeit muß ihre Anordnung und Bewegung so beschaffen sein, daß von dem Atom keine Energie ausgestrahlt wird.

Da anzunehmen ist, daß die Atome vieler Elemente entweder permanent stabil sind, oder für Zeiträume stabil bleiben, die nach Millionen von Jahren zählen, so scheint es, als ob diese Bedingungen durch die Konstitution vieler Atome sehr angenähert erfüllt sind.. Jedes Atom, das diesen Anforderungen nicht genügen würde, hätte schon vor langer Zeit verschwinden und in stabilere Atomsysteme übergehen müssen.

Daß einige Atome spontan zerfallen, ist also nicht so sehr überraschend wie die Tatsache, daß die Atome so stabile Systeme sind, wie sie zu sein scheinen. Die Möglichkeit des Atomzerfalls ist demnach eine notwendige Folgerung moderner Theorien der Atomstruktur.

Atommodelle.

Die neuere Entwickelung der Physik hat das Studium der Atomstruktur wesentlich gefördert und zu Versuchen geführt, mechanische, oder besser elektrische Darstellungen des Atoms zu schaffen, die so genau wie möglich das Verhalten des wirklichen Atoms wiedergeben.

In der Elektronentheorie der Materie wird angenommen, daß das Wasserstoffatom aus ungefähr 1000 Elektronen besteht, die durch die inneren Kräfte des Atoms im Gleichgewicht erhalten werden. Da ein Atom sich nach außen hin elektrisch neutral verhält, so muß angenommen werden, daß die negative Ladung der Elektronen durch das Vorhandensein einer gleich großen positiven Ladung ausgeglichen wird. Es wird vorausgesetzt, daß die Elektronen die beweglichen Teile des Atoms sind, während die positive Elektrizität sich mehr oder weniger im Zustande der Ruhe befindet.

Die erste Hypothese über die Struktur des Atoms stammt von Lord Kelvin[1]). Lord Kelvin nahm an, daß eine Anzahl von Elektronen oder negativ geladenen Teilchen sich innerhalb einer gleichförmig positiv geladenen Kugel bewegen. Die Größe der positiven Ladung wurde gleich der Summe der negativen Ladungen der Elektronen gesetzt. Diese geistreiche Anordnung erfüllt nicht nur die Bedingung, daß das Atom elektrisch neutral ist, sondern liefert auch die Kräfte, die erforderlich sind, um die Elektronen im Gleichgewicht zu halten.

Ohne derartige Kräfte würden die Elektronen sich offenbar gegenseitig abstoßen und das Atom verlassen. Lord Kelvin wies nach, daß bei gewissen Anordnungen der Elektronen in der Kugel stabiles Gleichgewicht besteht, daß bei anderen jedoch das System labil ist und eine kleine Störung entweder dazu führen muß, daß die Elektronen das Atom verlassen, oder ein stabileres System zu bilden suchen. Lord Kelvin hat kürzlich bestimmte instabile Anordnungen der positiven und negativen Teilchen angegeben, die zur Ausschleuderung eines positiv oder negativ geladenen Teilchens mit großer Geschwindigkeit führen und so die Aussendung von α- und β-Strahlen durch ein Radiumatom wiedergeben.

Die von Lord Kelvin entwickelte Hypothese des Atoms wurde von J. J. Thomson[2]) weiter ausgebaut. Thomson nimmt an, daß eine Anzahl von Elektronen auf einem Kreise in bestimmten Winkelabständen angeordnet sind und sich innerhalb einer positiv geladenen Kugel mit gleichförmiger Geschwindigkeit bewegen. Diese Konfiguration besitzt eine bemerkenswerte Eigenschaft. Ein einzelnes Elektron, das sich auf einer Kreisbahn bewegt, strahlt, wie wir gesehen haben, Energie aus, und diese Strahlung wird sehr groß, wenn das Atom einen Kreis von atomistischen Dimensionen beschreibt. Wenn jedoch eine Anzahl von Elektronen einander auf einem Kreise folgen, so nimmt der Bruchteil der kinetischen Energie, der von den Elektronen bei

---

[1]) Lord Kelvin, Phil. Mag., März 1903, Okt. 1904, Dez. 1905.
[2]) J. J. Thomson, Phil. Mag., Dez. 1903, März 1904.

einem Kreislaufe ausgestrahlt wird, sehr schnell ab, wenn die Zahl der Elektronen zunimmt.

Die Strahlung, die z. B. von einer Gruppe von sechs Elektronen ausgesandt wird, die sich mit $1/10$ der Lichtgeschwindigkeit bewegen, ist kleiner als ein Millionstel der eines einzelnen Elektrons. Beträgt die Geschwindigkeit ein Hundertstel von der des Lichtes, so sinkt die ausgestrahlte Energiemenge auf 10^{-16} derjenigen eines einzelnen Elektrons, das sich mit derselben Geschwindigkeit auf dem gleichen Kreise bewegt.

Ein Atom, das eine Zahl rotierender Elektronen enthält, kann also außerordentlich geringe Energiemengen ausstrahlen, schließlich führt aber der dauernde Energieabfluß zu einer Verminderung der Geschwindigkeit der Elektronen. Wenn die Geschwindigkeit der Elektronen unter einen gewissen kritischen Wert sinkt, so wird das Atom instabil und zerfällt entweder unter Fortschleuderung eines Teiles des Atoms oder bildet eine neue Anordnung der Elektronen.

J. J. Thomson nimmt an, daß die Ursache für den Zerfall der Atome radioaktiver Substanzen in dem Energieverluste durch Strahlung zu suchen ist. J. J. Thomson hat mathematisch untersucht, welche Anordnungen einer gegebenen Anzahl von Elektronen innerhalb einer gleichmäßig positiv geladenen Kugel vorübergehend stabil sind. Die Eigenschaften eines solchen Atoms sind sehr auffallend und weisen indirekt auf eine Erklärung des periodischen Systems der Elemente hin. Wenn die Elektronen in einer Ebene rotieren, so suchen sie sich in konzentrischen Ringen anzuordnen, wenn sie sich frei im Raume bewegen können, in einer Anzahl konzentrischer Kugelschalen, wie die Häute einer Zwiebel.

Auf die von J. J. Thomson besprochenen Anordnungen braucht hier nicht im einzelnen eingegangen zu werden, denn sie sind von ihm schon vor zwei Jahren in der Silliman-Vorlesung behandelt worden. Es genügt zu bemerken, daß ein solches Atommodell in bemerkenswerter Weise das Verhalten der Atome der Elemente wiedergibt und auch auf eine Erklärung der Valenz hindeutet.

Einige Anordnungen der Elektronen können z. B. ein Elektron verlieren, andere zwei oder mehrere, ohne instabil zu werden; andere können wiederum ein oder zwei Elektronen aufnehmen, ohne daß eine wesentliche Veränderung in der Anordnung der Elektronen auftritt. Diejenigen Atome, die leicht ihre Elektronen verlieren, würden elektropositiven Elementen entsprechen und umgekehrt.

Die Versuche, die Struktur des Atoms durch ein elektrisches Modell zu veranschaulichen, sind von großer Bedeutung, weil sie den Weg weisen, auf dem das größte Problem, dem der Physiker augenblicklich gegenübersteht, angegriffen werden kann. Da unsere Kenntnis der Eigenschaften des Atoms stetig zunimmt, so kann vielleicht für das Atom noch eine Struktur gefunden werden, die alle von den Ergebnissen der Experimente geforderten Bedingungen erfüllt. Ein verheißungsvoller Anfang ist bereits gemacht, und es besteht gute Aussicht, daß wir bald noch weiter in das Geheimnis der Atome eindringen werden.

In modernen Theorien spielt die positive Elektrizität eine etwas andere Rolle als die negative. Um die Elektronen zusammenzuhalten und das Atom elektrisch neutral zu machen, muß eine bestimmte Verteilung positiver Elektrizität zu Hilfe gezogen werden. Die beweglichen Elektronen stellen sozusagen die Bausteine des Atombaues dar, welche die positive Elektrizität wie ein Mörtel zusammenbindet. Dieses ist eine etwas willkürliche Vorstellung; im Augenblick scheint es jedoch nicht möglich, dieser Schwierigkeit, der Annahme eines fundamentalen Unterschiedes zwischen positiver und negativer Elektrizität, zu entgehen.

Die Ursachen des Atomzerfalls.

Wir sind nun in der Lage, zu untersuchen, welche Ursachen möglicherweise zu dem Zerfall der Atome der Radioelemente führen. Das Gesetz, welches den Zerfall jedes einzelnen radioaktiven Stoffes beherrscht, ist sehr einfach. Die Zahl der Atome, die in der Sekunde zerfallen, steht stets in einem konstanten Verhältnis zu der Gesamtzahl der vorhandenen Atome. Der Wert dieses Verhältnisses ist bei den einzelnen Produkten jedoch außerordentlich verschieden. Es ist bisher nicht möglich gewesen, die Zerfallsgeschwindigkeit irgend eines Produktes durch äußere Einwirkung zu beeinflussen. Veränderung der Temperatur, die auf die Geschwindigkeiten chemischer Reaktionen einen so großen

Einfluß hat, übt auf die Umwandlungsgeschwindigkeit radioaktiver Stoffe nicht die geringste Wirkung aus. Die Wärmeentwickelung des Radiums, die ein Maß für die kinetische Energie der α-Partikeln ist, bleibt vollständig unverändert, wenn das Radium in flüssige Luft getaucht wird. Ebensowenig üben chemische Agenzien irgend welchen Einfluß auf die Zerfallsgeschwindigkeit aus.

Es scheint also, daß der Zerfall der Atome der Radioelemente spontan erfolgt, oder durch Kräfte bewirkt wird, die außerhalb unseres Machtbereiches liegen. Es ist angenommen worden, daß die Atome radioaktiver Substanzen als Umformer einer Energie wirken, die sie auf irgend eine Weise aus den umgebenden Medien aufnehmen. Theorien dieser Art wurden aufgestellt, um speziell die Wärmeentwickelung des Radiums zu erklären, ohne auf die anderen radioaktiven Prozesse Rücksicht zu nehmen. Es ist einwandfrei bewiesen, daß die Wärmeentwickelung des Radiums eine notwendige Folge der Umwandlung der Radiumatome und zwar ein sekundärer Effekt ist, der durch die ausgesandten α-Partikeln hervorgebracht wird.

Die erwähnten Theorien vernachlässigen die Tatsache, daß Radioaktivität stets von dem Auftreten neuer Stoffarten begleitet wird. Es muß also eine chemische Umwandlung in der Materie stattfinden, und aus anderen Beobachtungen folgt, daß diese Umwandlung nicht in dem Molekül, sondern in dem Atom erfolgt. Die Vorgänge, welche den Zerfall des Atoms veranlassen, sind zur Zeit nur ein Gegenstand der Vermutung. Wir können noch nicht mit Sicherheit entscheiden, ob der Zerfall von einer äußeren Ursache herrührt, oder eine dem Atom eigentümliche Eigenschaft ist. Es ist z. B. denkbar, daß irgend eine unbekannte äußere Kraft die Störung hervorruft, die erforderlich ist, um den Zerfall herbeizuführen. In diesem Falle würde die äußere Kraft die Rolle eines Zündmittels spielen, das die Explosion des Atoms einleitet. Die Energie, die bei der Explosion frei wird, stammt wesentlich von dem Atom selbst her und nicht von dem Zündmittel. Das Gesetz, nach dem die Umwandlung radioaktiver Stoffe vor sich geht, wirft auf diese Frage kein Licht, denn dieses Gesetz würde aus jeder Hypothese folgen. Es ist jedoch sehr wahrscheinlich, daß der primäre Grund des Atomzerfalls in dem Atome selbst zu suchen ist, und zwar daß er in dem Energieverlust durch elektromagnetische Strahlung besteht. Wenn nicht spezielle Bedingungen erfüllt sind, so wird ein aus negativ und positiv geladenen Teilchen bestehendes Atom durch Strahlung Energie verlieren und schließlich zerfallen.

J. J. Thomson hat, wie erwähnt, gewisse Atommodelle angegeben, die außerordentlich langsam Energie ausstrahlen, die jedoch schließlich infolge des Verlustes von Atomenergie instabil werden und entweder zerfallen oder ein neues Atomsystem bilden müssen. Die Atome der primär aktiven Elemente, wie Uranium und Thorium, sind verhältnismäßig stabil und haben im Durchschnitt eine Lebensdauer von tausend Millionen Jahren. Es erhebt sich die Frage, ob die Ausstrahlung von Energie dauernd in allen Atomen stattfindet oder zeitweise nur einen kleinen Bruchteil der Atome umfaßt. Nach der ersten Anschauung sollten alle Atome, die zu gleicher Zeit gebildet sind, eine bestimmte Zeit lang bestehen. Dieses widerspricht jedoch dem beobachteten Umwandlungsgesetze, nach dem die Atome theoretisch eine Lebensdauer besitzen, die alle Werte von Null bis Unendlich umfaßt.

Wir müssen also schließen, daß die Konfiguration des Atoms, die zu einer Ausstrahlung von Energie Anlaß gibt, nur in einem kleinen Bruchteile der Atome stattfindet, die zu irgend einer Zeit vorhanden sind, und wohl lediglich durch die Wahrscheinlichkeitsgesetze beherrscht wird.

Die Umwandlung der Produkte des Uraniums, Thoriums, Radiums und Aktiniums zeigt eine Eigentümlichkeit, die vielleicht in diesem Zusammenhange von einiger Bedeutung ist. Die β-Strahlen treten nur bei der letzten schnellen Umwandlung dieser Elemente auf und besitzen eine enorme Geschwindigkeit. Nach der Aussendung der β-Partikel ist das resultierende Produkt entweder dauernd stabil oder viel stabiler als sein Vorgänger. Es scheint mehr als ein Zufall zu sein, daß die Aussendung einer β-Partikel von großer Geschwindigkeit nur dann stattfindet, wenn die Umwandlung ihr Ende erreicht. Es ist möglich, daß die β-Partikel, welche schließlich ausgesandt wird, das treibende Agens der vorausgehenden Umwandlungen bildet, und daß, wenn einmal dieser störende Faktor entfernt ist, das resultierende Atom in einen Zustand viel stabileren Gleichgewichtes sinkt.

Eines der Elektronen, die das Atom aufbauen, kann z. B. in dem Atom eine Stellung einnehmen, die zur Ausstrahlung von Energie führt. Infolgedessen zerfällt das Atom unter Aussendung einer α-Partikel, und dieser Prozeß setzt sich in den folgenden Phasen fort, bis schließlich innerhalb des Atoms eine heftige Explosion stattfindet, bei der das störende Elektron mit außerordentlicher Geschwindigkeit fortgeschleudert wird.

Die Vorgänge im Radium.

Eine Radiummenge von ungefähr einem Millionstel Milligramm enthält etwa $3,6 \times 10^{12}$ Atome von dem Atomgewichte 225. Da in 1 g Radium $6,2 \times 10^{10}$ α-Partikeln in der Sekunde von dem Radium selbst ausgesandt werden, so beträgt die Zahl der Atome, die von einem Millionstel Milligramm in der Sekunde zerfallen, 62. Im Durchschnitt wird eine ebenso große Zahl von α-Partikeln von den Umwandlungsprodukten des Radiums, der Emanation, Radium-A und Radium-C ausgesandt werden.

Die Zahl der Atome der einzelnen Umwandlungsprodukte, die in der Radiummenge enthalten sind, wird sehr verschieden sein. Auf $3,6 \times 10^{12}$ Atome Radium kommen ungefähr 3×10^7 Atome der Emanation, $1,6 \times 10^4$ Atome von Radium-A, $1,5 \times 10^5$ Atome von Radium-B und $1,15 \times 10^5$ Atome von Radium-C. Die Zahl der Radiumatome übertrifft also bei weitem die der Atome der Umwandlungsprodukte.

Wenn es möglich wäre, diese kleine Radiummenge so zu vergrößern, daß man die einzelnen Atome unterscheiden könnte, so würde man ein Gemisch von sehr vielen Radiumatomen und sehr wenigen Atomen seiner Umwandlungsprodukte beobachten. Wenn man dann die Aufmerksamkeit auf die Atome jeder einzelnen Gruppe richtete, so würde man finden, daß jede Gruppe die gleiche Anzahl von α-Partikeln in der Sekunde aussendet. Die Atomzahl bleibt für jedes Produkt im Durchschnitt konstant, denn die Nachlieferung neuer Atome schafft Ersatz für die, welche zerfallen.

Die Elektronentheorie der Materie nimmt an, daß ein Atom sich aus einer Schar bewegter Elektronen aufbaut, die durch die inneren Kräfte des Atoms im Gleichgewicht gehalten werden. Für schwere Atome, wie es die der Radioelemente sind, braucht nicht angenommen zu werden, daß jedes Elektron völlige Bewegungsfreiheit besitzt. Die Erscheinungen, die bei der Umwandlung des Atoms auftreten, lassen vermuten, daß es sich zum Teil aus einer Zahl sekundärer Einheiten aufbaut, aus Gruppen von Elektronen, die in sich Gleichgewicht besitzen und sich in dem Atom mit großer Geschwindigkeit bewegen.

Es ist z. B. wahrscheinlich, daß die α-Partikel oder das Heliumatom wirklich als eine unabhängige Masseneinheit innerhalb des Radiumatoms besteht, und in dem Augenblicke, in dem das Radiumatom zerfällt, in Freiheit gesetzt wird. Diese α-Partikeln befinden sich in lebhafter Bewegung, und eine von ihnen wird, wenn das Atom instabil wird, mit der Geschwindigkeit fortgeschleudert, die sie auf ihrer Kreisbahn innerhalb des Atoms besaß. Wenn dieses der Fall ist, so müssen die α-Partikeln innerhalb des Atoms im Durchschnitt eine Geschwindigkeit von mehr als $1/30$ der Lichtgeschwindigkeit besitzen.

Möglicherweise gewinnen die α-Partikeln jedoch einen Teil ihrer kinetischen Energie erst bei dem Prozeß ihrer Aussendung, denn das Atom muß, wie wir gesehen haben, aus verschiedenen Gründen als der Sitz intensiver elektrischer Kräfte angesehen werden. Kurz vor der Ausschleuderung einer α-Partikel muß sich das Atom in einem Zustande großer Störung befinden. Infolge hiervon können die Kräfte, die eine der α-Partikeln im Atom festhalten, für einen Augenblick neutralisiert sein, und die α-Partikel verläßt das Atom mit ungeheurer Geschwindigkeit. Die inneren Kräfte sind noch stark genug, um die anderen Teile des Atoms zusammenzuhalten, und diese ordnen sich schnell zu einem neuen Systeme um, welches für kürzere oder längere Zeit stabil ist. Dieser Zustand wird wahrscheinlich nicht unmittelbar erreicht, da sich innerhalb des Atoms das Gleichgewicht nicht sofort nach der Fortschleuderung der α-Partikel herstellen wird. Das neugebildete Atom hat eine kleinere Masse als das Mutteratom, darum ordnen sich seine inneren Teile auch in ganz anderer Weise an. Das Atom, das aus dem Radiumatom entsteht, ist das Atom der Emanation und besitzt physikalische und chemische Eigenschaften, die völlig von denen des Mutteratoms verschieden sind.

Die Atome der Emanation sind nicht angenähert so stabil wie die des Radiums, denn ihre Lebensdauer beträgt im Durchschnitt nur sechs Tage. Das Emanationsatom zerfällt wie das des Radiums unter Aussendung einer α-Partikel und Bildung des Atoms von Radium-A, dessen Eigenschaften wiederum von denen der Emanation und des Radiums erheblich verschieden sind. Radium-A ist sehr instabil, seine Atome haben im Durchschnitt eine Lebensdauer von nur vier Minuten. Nachdem eine weitere α-Partikel ausgesandt ist, tritt das Atom von Radium-B auf. Die Umwandlung dieses Atoms trägt offenbar einen ganz anderen Charakter wie die voraufgehenden. Wenn Radium-B eine α-Partikel aussendet, so besitzt sie jedenfalls eine zu geringe Geschwindigkeit, als daß sie ein Gas ionisieren könnte. Das Atom sendet jedoch eine β-Partikel von geringer Geschwindigkeit aus und wandelt sich in das Atom von Radium-C um. Die Unbeständigkeit des letzteren gibt sich in einer Explosion von außerordentlicher Heftigkeit kund. Eine α-Partikel wird mit größerer Geschwindigkeit ausgeschleudert als bei den voraufgehenden Umwandlungen, während zu gleicher Zeit eine β-Partikel fast mit Lichtgeschwindigkeit ausgesandt wird. Hierauf erreicht das Atom einen viel stabileren Zustand; aber auch dieser ist nur für kurze Zeit beständig, die Umwandlung des Atoms durchläuft noch einige weitere Phasen. Das Atom, das schließlich von Radium-F unter Aussendung einer α-Partikel gebildet wird, ist wahrscheinlich identisch mit dem des Bleies.

Das Radium ist also der Schauplatz eines ungewöhnlichen Kräftespiels. In 1 g Radium werden 6×10^{10} α-Partikeln in der Sekunde von jedem der α-Strahlenprodukte ausgesandt, während außerdem noch Radium-B und -C je eine gleiche Zahl von β-Partikeln aussenden. Da die α-Partikeln eine materielle Schicht von nur sehr geringer Dicke durchdringen können, so wird der größte Teil der α-Partikeln in dem Radium selbst aufgehalten, welches also ein Bombardement von gewaltiger Stärke erfährt.

Wir wollen unsere Aufmerksamkeit für einen Augenblick auf ein Radiumatom richten, das im Begriff ist, eine α-Partikel auszusenden. Wenn das Prinzip der Aktion und Reaktion gilt, so muß das Restatom bei der Aussendung einen Rückstoß erfahren. Da die Masse der α-Partikel ungefähr $1/50$ von der des Radiumatoms und ihre Geschwindigkeit nahezu 2×10^9 cm per Sekunde beträgt, so muß die dem Radiumatom mitgeteilte Anfangsgeschwindigkeit ungefähr gleich 4×10^7 cm per Sekunde oder ungefähr gleich 400 km in der Sekunde sein. Diese Geschwindigkeit wird infolge der Zusammenstöße mit anderen Atomen sehr schnell abnehmen und schon, nachdem das Atom nur eine sehr geringe Wegstrecke zurückgelegt hat, nahezu Null sein. Die kinetische Energie des Radiumatoms wird also in Wärme verwandelt werden. Die α-Partikel beginnt ihre Fahrt mit enormer Geschwindigkeit und muß sich ihren Weg durch die Radiumatome bahnen, denen sie begegnet, wobei sie aus ihnen eine Menge von Elektronen in Freiheit setzt. Ihre Energie wird allmählich durch die Ionenbildung verbraucht, ihre Geschwindigkeit nimmt daher ab. Schließlich verliert sie ihr Ionisierungsvermögen und kommt zur Ruhe. Die Ladung wird neutralisiert, die α-Partikel ist dann ein Heliumatom und wird mechanisch in die Masse der Radiumatome eingeschlossen. Die Energie, die zur Ionenbildung innerhalb des Radiums verbraucht wurde, erscheint schließlich in der Form von Wärme, denn die Ionen vereinigen sich wieder miteinander und setzen dabei Wärme in Freiheit.

Die α-Partikeln, die von der Oberflächenschicht einer Radiummenge ausgesandt werden, treten in die Luft oder ein anderes Gas ein, ohne durch das Radium eine Verringerung ihrer Geschwindigkeit erfahren zu haben. Diese α-Partikeln besitzen daher die charakteristischen Anfangsgeschwindigkeiten. Wir wollen uns vorstellen, daß wir dem Fluge einer α-Partikel mit dem Auge folgen könnten. Die Geschwindigkeit der α-Partikel ist im Vergleich zu der Geschwindigkeit der Gasmoleküle anfangs so groß, daß die letzteren, neben der α-Partikel gesehen, still zu stehen scheinen. Die Luftmoleküle haben keine Zeit, der α-Partikel aus dem Wege zu gehen, und die Geschwindigkeit wie die Energie der α-Partikel ist so groß, daß sie imstande ist, durch die Moleküle, auf die sie stößt, hindurchzufliegen. Die elektrische Störung, die die α-Partikel beim Durchdringen des Moleküls hervorruft, kann zur Aussendung eines Elektrons führen, oder vielleicht einen Zerfall des komplexen Moleküls in geladene Atome veranlassen.

Durch das Zusammentreffen einer α-Partikel mit einem Molekül werden also mindestens zwei Ionen gebildet. Dieser Prozeß wiederholt sich, bis die α-Partikel, nachdem sie ungefähr 3,5 cm Luft unter normalen Bedingungen passiert und ungefähr

100000 Ionen gebildet hat, ihr Ionisierungsvermögen verliert. Was mit der α-Partikel am Ende ihrer Bahn geschieht, ist noch nicht genau bekannt. Die Versuche beweisen, wie erwähnt, daß einige α-Partikeln sich noch mit großer Geschwindigkeit bewegen, wenn ihr Ionisierungsvermögen sehr klein geworden ist. Da die schnelle Abnahme, die die Geschwindigkeit der α-Partikel anfangs erfährt, wesentlich daher zu rühren scheint, daß ihre Energie zur Ionisierung verbraucht wird, so ist es wahrscheinlich, daß die α-Partikel, nachdem sie ihr Ionisierungsvermögen größtenteils verloren hat, noch eine große Entfernung in der Luft zurücklegt, ehe sie durch die dauernden Zusammenstöße mit den Gasmolekülen zur Ruhe kommt. Wir können die Gegenwart einer solchen α-Partikel nicht entdecken, da sie alle die Eigenschaften verloren hat, die gewöhnlich zu ihrer Auffindung führen.

Es sprechen viele Gründe dafür, daß die Energie, welche die α-Partikel bei der Bildung eines Ionenpaares verliert, viel größer ist, als lediglich zur Trennung des positiven Ions von dem negativen erforderlich wäre. Es ist daher wahrscheinlich, daß die Ionen während des Ionisierungsprozesses eine beträchtliche Geschwindigkeit erlangen, und daß die Energie, die gebraucht wird, um ihnen Geschwindigkeit zu erteilen, groß im Vergleich zu derjenigen ist, die benötigt wird, um die Ionen aus dem Bereich ihrer gegenseitigen Einwirkung zu entfernen.

Obwohl die β-Partikel eine durchschnittlich zehnmal größere Geschwindigkeit besitzt als die α-Partikel, ist sie ein sehr viel schlechterer Ionisator. Sie bildet auf 1 cm ihres Weges im Vergleich zu der Zahl der von einer α-Partikel erzeugten nur sehr wenige Ionen, und legt ungefähr eine 100 mal größere Entfernung zurück, ehe sie ihr Ionisierungsvermögen verliert.

Wir haben bisher das Auftreten der γ-Strahlen bei radioaktiven Umwandlungen noch nicht besprochen. Diese Strahlen erscheinen stets als Begleiter der β-Strahlen und werden als elektromagnetische Impulse angesehen, die infolge der plötzlichen Ausschleuderung einer β-Partikel entstehen. Diese Impulse sind der Sitz sehr starker elektrischer und magnetischer Kräfte und gehen von dem Atom wie Kugelwellen mit Lichtgeschwindigkeit aus. Diese Impulse sind, verglichen mit den α-Partikeln, sehr schlechte Ionisatoren und erzeugen im Durchschnitt auf 1 cm ihres Weges nur ein Ion, während die α-Partikel auf der gleichen Strecke fast 10 000 bildet. Das Durchdringungsvermögen der γ-Strahlen ist andererseits sehr groß und die γ-Strahlen besitzen noch ihr Ionisierungsvermögen, selbst wenn sie eine große Strecke in Luft zurückgelegt haben.

Die Energie der Strahlen, die ein Gas durchdringen, wird schließlich in Wärme verwandelt. Die anfänglich vorhandene kinetische Energie der Ionen geht schnell durch Zusammenstöße mit den Gasmolekülen verloren, während die Ionen sich schließlich unter Freiwerden von Wärme vereinigen.

Wenn die Strahlen auf Materie auftreffen, so treten außer den Ionisierungseffekten sehr deutliche sekundäre Effekte ein. Die α-Partikeln setzen aus der Materie, auf die sie fallen, eine Wolke von Elektronen in Freiheit. Diese Elektronen besitzen jedoch eine sehr kleine Geschwindigkeit. Die β- und γ-Strahlen machen andererseits Elektronen frei, die nahezu Lichtgeschwindigkeit besitzen. Diese sekundären Strahlungen treten am deutlichsten hervor, wenn die Strahlen auf Schwermetalle wie Blei fallen, entstehen jedoch zweifellos, wenngleich in viel geringerem Grade, auch beim Durchgange der Strahlen durch ein Gas.

Wegen der großen Geschwindigkeit der α-Partikel ist zu erwarten, daß sie die Atome der Materie auf ihrem Wege in Schwingungen versetzt und sie veranlaßt, Lichtwellen auszusenden. Diese Eigenschaft der α-Strahlen, Phosphoreszenz zu erregen, wurde zuerst von Sir William und Lady Huggins[1]) bemerkt, welche fanden, daß das schwache Phosphoreszenzlicht des Radiums das Bandenspektrum des Stickstoffs zeigt. Dieser Effekt ist auf die Wirkung der α-Strahlen auf freien Stickstoff zurückzuführen, der sich in der Nähe des Radiums befindet, oder auf Stickstoff, der in dem Radiumsalz eingeschlossen ist. Dieses Resultat ist von außerordentlichem Interesse, da hier das erste Beispiel dafür vorliegt, daß ein Gas im kalten Zustande ohne den Einfluß einer starken elektrischen Entladung ein Spektrum liefert.

---

[1]) Sir William und Lady Huggins, Proc. Roy. Soc. 72, 196, 409 (1903); 77, 130 (1906).

Walter und Pohl[1]) haben kürzlich gefunden, daß ein Gas, welches von den Strahlen des Radiotelluriums durchdrungen wird, Lichtwellen aussendet, die auf die photographische Platte wirken. Dieser Effekt ist für reinen Stickstoff am größten. Die Stickstoffatome scheinen leichter zu Schwingungen angeregt zu werden, als andere bisher untersuchte Gase. Es ist überraschend, daß bisher noch kein Anzeichen dafür gefunden ist, daß die α-Partikeln selbst ein Spektrum liefern. Die heftigen Zusammenstöße der α-Partikel mit den Molekülen müssen die α-Partikel zu Schwingungen anregen, sie sollte daher ein charakteristisches Spektrum liefern. Versuche in dieser Richtung sind zwar sehr schwierig auszuführen, besitzen aber außerordentliche Bedeutung, weil sie über die Natur der α-Partikel Aufklärung bringen können. In diesem Zusammenhange mag die interessante Beobachtung von Giesel mitgeteilt werden, daß ein Emaniumpräparat ein Phosphoreszenzspektrum aus hellen Linien gab. Die Linien rühren, wie gefunden wurde, von Didym her, das als Verunreinigung in der aktiven Substanz enthalten war.

Zweifellos sind die Strahlen, die von aktiven Substanzen ausgehen, sehr wirkungsvolle Mittel der Ionisation und Dissoziation der Materie. Bisher ist noch kein Beweis dafür erbracht, daß die α- oder β-Strahlen des Radiums imstande sind, seine Umwandlungsgeschwindigkeit zu beeinflussen. Man könnte erwarten, daß so starke Energiequellen, wie diese schnellen Partikeln, unter gewissen Bedingungen einen Zerfall der Materie herbeiführen könnten, die sie durchdringen. Eine Radiummenge, die dem intensiven Bombardement durch ihre eigenen α- und β-Partikeln unterliegt, könnte möglicherweise schneller zerfallen als eine gleiche Menge Radium, die in einem großen Volumen verteilt ist. Weitere Versuche hierüber werden vielleicht noch zeigen, daß ein solcher Effekt existiert, jedenfalls tritt er nicht sehr hervor. Die Frage, ob die X-Strahlen imstande sind, einen Zerfall der Materie herbeizuführen, ist von Bumstead[2]) auf direktem Wege untersucht worden. Ein Bündel intensiver X-Strahlen fiel auf zwei Platten von Zink und Blei, deren Dicke so gewählt war, daß sie von der Energie der auffallenden Strahlen den

---

[1]) Walter und Pohl, Ann. der Physik 18, 406 (1905).
[2]) Bumstead, Phil. Mag., Febr. 1906.

gleichen Bruchteil absorbierten. Das Blei erwärmte sich unter dem Einfluß der Strahlen auf eine viel höhere Temperatur als das Zink; obwohl die Platten die gleiche Energiemenge absorbiert hatten, war in dem Blei mehr Energie frei geworden als in dem Zink. Es ist daher anzunehmen, daß die X-Strahlen im Blei eine größere atomistische Umwandlung herbeiführen als im Zink, und daß ein großer Teil der im Blei erzeugten Wärme von der Energie herrührt, die bei der Zerlegung seiner Moleküle entsteht.

Weitere Versuche mit anderen Metallen und verschiedenen Strahlenquellen sind erforderlich, um einen so weitreichenden Schluß völlig sicher zu stellen, aber die Resultate, die bisher auf diesem schwierigen Gebiete erreicht sind, lassen jedenfalls hoffen, daß es noch gelingen wird, den Zerfall von Atomen durch Hilfsmittel des Laboratoriums herbeizuführen.

Wie wir früher gesehen haben, sprechen sehr viele Gründe für die Annahme, daß gewöhnliche Materie die Eigenschaft besitzt, charakteristische Strahlen auszusenden, die imstande sind, ein Gas zu ionisieren. Es ist daher anzunehmen, daß die gewöhnliche Materie eine außerordentlich langsame Umwandlung erfährt, die derjenigen der radioaktiven Substanzen ähnlich ist; hierbei braucht nicht angenommen zu werden, daß die α-Partikeln aller Atome der Materie die gleiche Masse besitzen. Zum Beispiel könnten einige Substanzen statt des Heliums Wasserstoffatome fortschleudern. Die experimentelle Beobachtung, daß die α-Partikel ihre Wirkung auf die photographische Platte verliert und aufhört, ein Gas zu ionisieren, wenn ihre Geschwindigkeit auf ungefähr 8×10^8 cm per Sekunde gefallen ist, ist in diesem Zusammenhange von großer Bedeutung. Zweifellos würden α-Partikeln, die von der Materie mit kleinerer als dieser Geschwindigkeit ausgesandt werden, wenn überhaupt, so eine sehr geringe elektrische Wirkung hervorbringen. Es ist sicherlich bemerkenswert, daß die Anfangsgeschwindigkeiten der von radioaktiven Substanzen ausgesandten α-Partikeln im Durchschnitt kleiner sind als der doppelte Wert dieser Minimalgeschwindigkeit. Daher ist es keineswegs unwahrscheinlich, daß die sogenannten radioaktiven Substanzen sich von der gewöhnlichen Materie wesentlich nur durch die Fähigkeit unterscheiden, α-Partikeln mit einer größeren Geschwindigkeit als der kritischen

Geschwindigkeit auszusenden. Gewöhnliche Materie, die außerordentlich schwache Ionisationswirkungen hervorbringt, könnte in dem Maße, wie das Uranium, α-Partikeln aussenden, und doch würde es schwierig sein, das Vorhandensein dieser α-Partikeln zu entdecken, wenn ihre Anfangsgeschwindigkeit unterhalb des kritischen Wertes läge.

Es braucht nach diesen Überlegungen nicht notwendigerweise angenommen zu werden, daß bei der Umwandlung der Materie stets die intensiven elektrischen Effekte auftreten, die den eigentlichen radioaktiven Substanzen eigentümlich sind. Die gewöhnliche Materie könnte eine langsame atomistische Umwandlung ähnlich der des Radiums erfahren, ohne daß unsere gegenwärtigen Hilfsmittel uns erlauben würden, die Existenz eines solchen Prozesses nachzuweisen.

REGISTER.

A.

α-Strahlen, Entdeckung 12.
— Erzeugung von Szintillationen 13.
— Eigenschaften 21.
— Zusammenhang zwischen der α-Partikel und Helium 180, 183.
— Eigenschaften 217 f.
— Geschwindigkeit und Masse 219, 228.
— Homogener Charakter der α-Partikeln des Radium-C 221.
— Magnetische Ablenkung 222 f.
— Geschwindigkeitsverlust beim Durchgang durch Materie 223 f.
— Zusammenhang zwischen photographischer Wirkung und Geschwindigkeit 224.
— Ionisierungsbereich 225.
— Phosphoreszenzwirkung 225.
— Elektrostatische Ablenkung 226 f.
— Ablenkung der α-Strahlen des Thorium-B 229.
— Zerstreuung 229.
— Magnetische Ablenkung der α-Strahlen einer dicken Radiumschicht 231 f.
— Absorption 235 f.
— Gesetz der Absorption 236.
— Zusammenhang zwischen Ionisation und Absorption 237 f.
— Ionisationskurven von Radium und Radium-C 238.
— Ionisierungsbereich der α-Partikeln des Radiums 240.
— Ionisationskurve für eine dicke Radiumschicht 242.
— Ladung 244 f.

α-Strahlen, Wärmewirkung 247 f.
— Entwickelung von Wasserstoff und Sauerstoff 252 f.
— Zusammenstellung der Eigenschaften 254.
— Ursachen der Ausschleuderung 265 f.
— Lumineszenz von Gasen 273.
Abraham, Elektrische Masse 11.
Absorption der α-Strahlen durch Materie 235 f.
— Beziehung zur Ionisation 237 f.
— Ionisierungsbereich der α-Partikeln 240.
— Zusammenhang zwischen Absorption und Atomgewicht 243.
Adams, Radioaktivität von Quellwasser 199.
Aktinium, Entdeckung 9, 163.
— Emanation 164.
— Strahlen 165, 167.
— Analyse des aktiven Niederschlages 166.
— Abscheidung des Aktinium-X 166.
— Abscheidung des Radioaktiniums 167.
— Umwandlungsprodukte 167.
Aktinium-A, Periode und Eigenschaften 166.
Aktinium-B, Periode und Eigenschaften 166.
— Elektrolyse 166.
Aktinium-X, Abscheidung 166.
— Periode und Eigenschaften 166.
Allan, S. I., Radioaktivität des Schnees 198.
— und Rutherford, Radioaktivität der Atmosphäre 197.

Allen, H. S., und Lord Blythswood, Radiumemanation in heißen Quellen 199.
Alter des Radiums 147 f.
— der Erdwärme 212 f.
— von radioakt. Mineralien 186 f.
Atmosphäre, Radioaktivität 194 f.
— Induzierte Aktivität 196.
— Gehalt an Radium- u. Thoriumemanation 197.
— Durchdringende Strahlung 206.
— Elektrischer Zustand 206 f.
Atomgewicht des Radiums 8.
— der Radiumprodukte 192.

B.

β-Strahlen, Entdeckung 10.
— Eigenschaften 11.
— Änderung der Masse mit der Geschwindigkeit 11.
— Meßmethoden 31.
— Aussendung von β-Strahlen durch radioaktive Produkte 169.
— Zusammenhang mit dem Atomzerfall 168.
Barnes u. Rutherford, Wärmeentwickelung der Radiumemanation 92.
— Wärmeentwickelung der Radiumprodukte 247 f.
— Zusammenhang zwischen der Wärmeentwickelung und den α-Strahlen 248.
Barrell, Entstehung des Radiums im Erdinnern 193.
Becquerel, H., Entdeckung der Radioaktivität des Uraniums 5.
— Masse und Geschwindigkeit der β-Partikel 10.
— Abscheidung des Uranium-X 161.
— Magnetische Ablenkung der α-Strahlen 219.
— Bahnkurve der α-Strahlen in einem magnetischen Felde 232.
Blanc, Vorkommen der Thoriumemanation im Quellwasser 200.
Blythswood und Allen, H. S., Radiumemanation in heißen Quellen 199.
Bodländer und Runge, Gasentwickelung in Radiumlösungen 252.

Boltwood, Radiumgehalt von Mineralien 151 f.
— Bildung des Radiums aus Uranium 156 f.
— Blei als Endprodukt des Radiums 191.
— Umwandlungsprodukte der Radioelemente 191.
— und Rutherford, Radiumgehalt von Mineralien 155.
— Stellung des Aktiniums in den Umwandlungsreihen 176.
Bragg, Zerstreuung der α- und β-Strahlen 229.
— Magnetische Ablenkung der α-Strahlen 233.
— Absorption der α-Strahlen 235 f.
— und Kleeman, Absorption der α-Strahlen 236 f.
— Ionisationskurven 238 f.
Bronson, Elektrometerschaltung 35.
— Einfluß der Temperatur auf den aktiven Niederschlag des Radiums 119.
Brooks, Miss, Flüchtigkeit von Radium-B 116.
— Abfallskurven der induzierten Aktivität des Aktiniums 165.
— und Rutherford, Diffusion der Radiumemanation 84.
Bumstead, Vorkommen der Thoriumemanation in der Atmosphäre 197.
— Zerlegung der Atome durch X-Strahlen 274.
— und Wheeler, Periode der Radiumemanation 74.
— Diffusion der Radiumemanation 84.
— Vorkommen der Radiumemanation in der Atmosphäre 197.
Burton und McLennan, Vorkommen der Radiumemanation in Petroleum 200.

C.

Campbell, Radioaktivität gewöhnlicher Materie 216.
Collie und Ramsay, Spektrum der Radiumemanation 92.

— 279 —

Cooke, H. L., Durchdringende Strahlen der Erde 206.
Crookes, Sir W., Entdeckung der Szintillationen 12.
— Abscheidung von Uranium-X 161.
Curie, Mme., Abscheidung von Radium und Polonium 7 f.
— Periode des Poloniums 143.
— Absorption der α-Strahlen des Poloniums 235.
— P., Periode der Radiumemanation 74.
— P. und Mme., Abscheidung des Radiums 7.
— Entdeckung der induzierten Aktivität 97.
— und Danne, Diffusion der Radiumemanation 85.
— Flüchtigkeit des aktiven Niederschlages des Radiums 118.
— und Dewar, Heliumbildung aus Radium 181.
— und Laborde, Wärmeentwickelung des Radiums 14, 247.

D.

Dadourian, Vorkommen der Thoriumemanation im Erdboden 198.
Danne, Getrenntes Vorkommen von Radium und Uranium 154.
— und Curie (siehe Curie und Danne).
Debierne, Abscheidung des Aktiniums 9.
— Heliumbildung aus Aktinium 181.
Des Coudres, Magnetische und elektrische Ablenkung der α-Strahlen 219.
Deslandres, Heliumspektrum 181.
Dewar und Curie, Heliumbildung aus Radium 181.
Diffusion der Radiumemanation 82.
— der Aktiniumemanation 164.
Dolezalek, Elektrometer 33.
Dorn, Entdeckung der Radiumemanation 72.

E.

Ebert, Apparat zur Bestimmung des Ionengehaltes der Luft 207.

Ebert, Ionengehalt der Atmosphäre 208.
— und Ewers, Emanation des Erdbodens 199.
Elektrolyse des aktiven Niederschlages des Thoriums 55.
— des Thorium-X 67.
— des aktiven Niederschlages des Aktiniums 166.
Elektrometer, Verwendung 32.
— Dolezalek 33.
Elektron, Entdeckung 2.
— Änderung der Masse mit der Geschwindigkeit 11.
— Identität zwischen Elektron und β-Partikel 10.
— Zahl der Elektronen, die von 1 g Radium ausgesandt werden 23.
— Aussendung langsamer Elektronen durch die Emanationen 121, 245.
— Theorie der Materie 257.
— Atommodelle 262.
Elektroskope, Bau und Verwendung bei radioaktiven Messungen 30.
Elster und Geitel, Entdeckung der Szintillationen 12.
— Radioaktivität der Erde und Atmosphäre 17.
— Vorkommen der Emanation im Erdboden und der Atmosphäre 198.
— Radioaktivität von Erdproben 200.
— Einfluß meteorologischer Bedingungen auf die Radioaktivität der Atmosphäre 202.
Emanation, Entdeckung und Eigenschaften 13.
— des Aktiniums, Entdeckung und Eigenschaften 9, 164.
— Experimenteller Nachweis 164.
— des Radiums, Entdeckung und Eigenschaften 72 f.
— Aufspeicherung 77.
— Periode 74.
— Bildungsgeschwindigkeit 77.
— Kondensation 78.
— Diffusion 83.
— Physikalische und chemische Eigenschaften 86.

Emanation, Volumen 87.
— Spektrum 91.
— Wärmeentwickelung 92.
— Übersicht über die Eigenschaften 94.
— Heliumbildung 177 f.
— Vorkommen im Erdboden und in der Atmosphäre 194 f.
— Emanationsgehalt der Atmosphäre 202.
— Entwickelung von Gasen 252.
— des Thoriums, Eigenschaften 40 f.
— Entweichen aus Thoriumverbindungen 41.
— Chemischer Charakter 42.
— Periode 43.
— Kondensation 42, 82.
— Zusammenhang mit dem aktiven Niederschlage 48.
— Entstehung aus Thorium-X 64.
Emanium (s. Aktinium).
Erde, Radioaktivität 194 f.
— Wärmegehalt 212 f.
— Radiumgehalt 214.
Erhaltung der Aktivität, Beispiele 66.
Eve, A. S., Infektion von Laboratorien durch Radium 136.
— Radiumgehalt der Atmosphäre 202.
— Ionisation durch Radiumemanation 210.
Ewers und Ebert, Vorkommen der Radiumemanation im Erdboden 199.

G.

γ-Strahlen, Entdeckung 12.
— Eigenschaften 21.
— Zusammenhang mit den β-Strahlen 22.
— Meßmethoden 31.
Gase, Gasentwickelung durch Radium 252.
Gates, Miss, Einfluß der Temperatur auf den aktiven Niederschlag des Thoriums 56, 117.
Geitel, Natürliche Ionisation der Luft 195.
— und Elster (siehe Elster und Geitel).

Giesel, Abscheidung des Radiums 9.
— Abscheidung des Emaniums 9, 164.
— Ablenkung der β-Strahlen 10.
— Aktiniumemanation 165.
— Abscheidung des Aktinium-X 166.
— Phosphoreszenz des Emaniums 274.
Gockel und Zölss, Beziehung zwischen Potentialabfall und Zerstreuung in der Atmosphäre 211.
Godlewski, Aufspeicherung der Radiumemanation 78.
— Diffusion des Uranium-X 162.
— Strahlungen des Aktiniums 165.
— Abscheidung des Aktinium-X 166.
Goldstein, Kanalstrahlen 19.
Gonders, Hofman und Wölfl, Untersuchung des Radiobleies 145.

H.

Hahn, Otto, Abscheidung des Radiothoriums 70.
— Abscheidung des Radioaktiniums 167.
— Magnetische Ablenkung der α-Strahlen des Radiothoriums 229.
— Ionisierungsbereich der α-Strahlen des Thoriums und Aktiniums 242.
Heaviside, Elektrische Masse 11.
Helium, Entdeckung 177.
— Entstehung aus Radium 180.
— Entstehung aus Aktinium 181.
— Identität mit der α-Partikel 183.
— Geschwindigkeit der Bildung aus Radium 185.
Hillebrande, Gasgehalt radioaktiver Mineralien 178.
— Analyse radioaktiver Mineralien 188.
Himstedt, Vorkommen der Radiumemanation in Thermalquellen 199.
Hofman (s. Gonders).
Huggins, Sir W., und Lady, Spektrum des Phosphoreszenzlichtes des Radiums 273.

I.

Induzierte Aktivität (siehe Niederschlag).
Ionenstoß, Ionisation der α-Partikel 184.
— Zahl der gebildeten Ionen 271.
Ionen, Wasserdampfkondensation 3.
— Ladung 3.
— Wiedervereinigung 28.
— Ionengehalt der Atmosphäre 208.
— Bildungsgeschwindigkeit in Luft 208.
— Vorkommen langsamer Ionen in Luft 209.
— Energieaufwand bei der Ionenbildung 272.
Ionisation durch X-Strahlen 3.
— durch radioaktive Substanzen 5.
— Einfluß der Ionentheorie auf die Entwickelung der Radioaktivität 18 f.
— Meßmethoden 29 f.
— Ionisation durch α-Strahlen 235 f.
— Abhängigkeit von der Entfernung 237.
— Ionisationskurve für Radium 238.
— Ionisation des Wassers durch Radium 253.

K.

Kaufmann, Änderung der Masse des Elektrons mit der Geschwindigkeit 11.
Kelvin, Lord, Wärme des Erdinnern 212.
— Atommodelle 263.
Kleeman und Bragg (s. Bragg und Kleeman).
Kondensation von Wasserdampf 3.
— von Radium- und Thoriumemanation 78 f.
Konzentration des aktiven Niederschlages auf der Kathode 47.
Kristallisation, Einfluß auf die Aktivität des Urannitrats 162.
Kunzit, Phosphoreszenzwirkung 80.

L.

Laborde und Curie (s. Curie und Laborde).

Ladung der Ionen 3.
— der α-Strahlen 184.
Langevin, Vorkommen langsamer Elektronen in Luft 209.
Larmor, Elektronentheorie 4.
— Strahlung des bewegten Elektrons 261.
Lebensdauer des Radiums 146 f.
— der Radioelemente 174 f.
Leitfähigkeit der Luft in geschlossenen Gefäßen 195.
Lenard, Kathodenstrahlen 1.
Lerch, v., Elektrolyse des aktiven Niederschlages d. Thoriums 55.
— Elektrolyse des Thorium-X 67.
Lockyer, Sir N., Entdeckung des Heliums in der Sonne 179.
Lorentz, Elektronentheorie 4.

M.

Mache und v. Schweidler, Geschwindigkeit der Luftionen 208.
Mackenzie, Magnetische u. elektrische Ablenkung der α-Strahlen 220.
— Dispersion der α-Strahlen des Radiums im Magnetfelde 232.
Makower, Diffusion der Radiumemanation 84.
Marckwald, Darstellung eines Radiumamalgams 9.
— Abscheidung des Radiotelluriums 10, 140.
— Periode des Radiotelluriums 139.
Masse des Elektrons 2, 11.
— Scheinbare Masse der α-Partikeln 184.
Materie, Radioaktivität gewöhnlicher Materie 216.
McClelland, Erzeugung von Sekundärstrahlung durch β- und γ-Strahlen 246.
Mc Clung, Ionisierungsbereich der α-Strahlen des Radium-C 239.
Mc Coy, Aktivität von Uranmineralien 150.
Mc Lennan, Radioaktivität des Schnees 198.
— Durchdringende Strahlung des Erdbodens 206.

Mc Lennan und Burton (siehe Burton).
Meßmethoden d. Radioaktivität 25 f.
— Vergleich zwischen photographischer und elektrischer Methode 26.
— Beschreibung der elektrischen Methode 29 f.
Meyer und v. Schweidler, Periode des Radiotelluriums 139.
— Umwandlungen des Radiobleies 145.
— Kristallisation von Urannitrat 162.
Mineralien, radioaktive, Gehalt an radioaktiv. Endprodukten 191.
— Alter 186.
— Gehalt an Blei und Helium 189.
Moore und Schlundt, Abscheidung von Thorium-X 67.

N.

Niederschlag, aktiver, des Aktiniums, Analyse und Eigenschaften 165 f.
—, — des Radiums, schnelle Umwandlungen 96 f.
—, — des Radiums, langsame Umwandlungen 122 f.
—, — des Thoriums 50.
—, — Zusammenhang mit der Emanation 48 f.
—, — Analyse 50 f.

P.

Pegram, Elektrolyse der Thoriumprodukte 55.
— Wärmeentwickelung des Thoriums 252.
Phosphoreszenz des Radiums 25.
— der Radiumemanation 80.
— Beziehung zur Ionisation 226.
— Phosphoreszenzspektrum von Radiumverbindungen 273.
Photographie, Photographische Meßmethode 26.
— Zusammenhang zwischen photographischer Wirkung und Ionisation 225.
Pohl und Walter, Leuchten von Gasen unter dem Einfluß von α-Strahlen 274.
Polonium, Abscheidung 8.
— Periode 143.
— Identität mit Radiotellurium und Radium-F 143.
— Aussendung langsamer Elektronen 245.
Produkte, radioaktive, des Thoriums 69.
— — des Radiums 130.
— — des Uraniums 162.
— — des Aktiniums 167.
— — Eigenschaften 172 f.

R.

Radioaktinium, Abscheidung und Periode 167.
Radioblei, Entdeckung 10.
— Analyse 143 f.
— Zusammenhang mit Radium-D 145.
Radiotellurium, Entdeckung 10.
— Vorkommen in Radiummineralien 141.
— Periode 139.
— Identität mit Radium-F und Polonium 138 f.
Radiothorium, Entdeckung und Eigenschaften 69 f.
Radium, Entdeckung 8 f.
— Eigenschaften 9.
— Vorkommen in Uranmineralien 9.
— Strahlen 10, 21.
— Emanation 13.
— Eigenschaften der Emanation 72 f.
— Erholung der Aktivität 75.
— Kondensation der Emanation 78 f.
— Diffusion der Emanation 83 f.
— Volumen der Emanation 87 f.
— Spektrum der Emanation 91 f.
— Wärmeentwickelung der Emanation 92 f.
— Aktiver Niederschlag 96 f.
— Zerfallskurven der induzierten Aktivität 101 f.
— Umwandlungstheorie 106.
— Analyse des aktiven Niederschlages 107 f.
— Einfluß der Temperatur auf den aktiven Niederschlag 117 f.

Radium, Produkte von langsamer Umwandlung 122 f.
— Eigenschaften von Radium-D, -E und -F 129.
— Änderung der Aktivität innerhalb langer Zeiträume 134.
— Identität zwischen Radium-F, Radiotellurium und Polonium 138, 143.
— Identität zwischen Radioblei und Radium-D 146.
— Lebensdauer des Radiums 146 f.
— Ursprung des Radiums 146 f.
— Bildung in Uraniumlösungen 151.
— Zusammenhang mit Uranium und Aktinium 176 f.
— Heliumbildung 177 f.
— Alter radiumhaltiger Mineralien 186 f.
— Chemische Konstitution 192.
— Vorkommen im Erdboden und in der Atmosphäre 194 f.
— Radiumgehalt der Atmosphäre 202.
— Wärmegehalt der Erde 212 f.
— Eigenschaften der α-Strahlen 217 f.
— Ionisation durch α-Strahlen 235 f.
— Gasentwickelung 252.
— Radioaktive Prozesse 255 f.
Radium-A, Nomenklatur 97.
— Analyse 101 f.
— Zerfallskurven 113 f.
— Zusammenhang mit Radium-B 115 f.
Radium-B, Analyse 101 f.
— Temperatureinfluß 117 f.
— Wahre Periode 120.
— Aussendung von β-Strahlen 117.
Radium-C, Analyse 101 f.
— Aussendung von β- und γ-Strahlen 104, 105.
— Einfluß der Temperatur 117.
— Wahre Periode 120.
— Heftiger Zerfall 170.
— Eigenschaften der α-Strahlen 223.
Radium-D, Nomenklatur 123.
— Analyse 122 f.
— Einfluß der Temperatur 126.
— Eigenschaften 129.
— Periode 132.
— Vorkommen im alten Radium 136.

Radium-D, Zusammenhang mit Radioblei 143 f.
Radium-E, Analyse 122 f.
— Periode 125.
— Einfluß der Temperatur 126.
— Zusammenhang mit Radium-F 128.
Radium-F, Analyse 122 f.
— Einfluß der Temperatur 126.
— Abscheidung mit Wismut 127.
— Periode 128.
— Änderung der Aktivität 134.
— Vorkommen im Radium 136 f.
— Identität mit Radiotellurium 138.
— Identität mit Polonium 142.
Ramsay, Sir William, Entdeckung des Heliums 178.
— Atomgewicht des Heliums 179.
— Heliumgehalt der Atmosphäre 179.
— und Collie, Spektrum der Radiumemanation 92.
— und Soddy, Volumen der Radiumemanation 87.
— Heliumbildung durch Radium 180.
— Gasentwickelung durch Radium 252.
Regen, Radioaktivität des Regens 198.
Röntgen, Entdeckung der X-Strahlen 1.
Runge und Bodländer, Gasentwickelung durch Radium 252.

S.

Sackur, Periode der Radiumemanation 74.
Sauerstoff, Bildung in Radiumlösungen 252.
Schlundt und Moore, Abscheidung von Thorium-X 67.
Schmidt, G. C., Entdeckung der Aktivität des Thoriums 7.
— H. W., Aussendung von β-Partikeln durch Radium-B 116, 117.
Schnee, Radioaktivität des Schnees 198.
Schuster, Ionengehalt der Atmosphäre 208.

v. Schweidler und Meyer (siehe Meyer und v. Schweidler).
— und Mache (siehe Mache und v. Schweidler).
Searle, Elektrische Masse 11.
Sekundärstrahlen radioaktiver Substanzen 22.
— langsame Elektronen 121, 245.
Simpson, Einfluß meteorologischer Bedingungen auf den Emanationsgehalt der Atmosphäre 211.
Slater, Miss, Einfluß der Temperatur auf den aktiven Niederschlag des Thoriums 56.
— Aussendung langsamer Elektronen durch Emanationen 121.
Soddy, Bildung des Radiums aus Uran 157.
— und Ramsay (siehe Ramsay und Soddy).
— und Rutherford, Entwickelung der Zerfallstheorie 14 f.
— Emanierungsvermögen von Thoriumverbindungen 41.
— Chemischer Charakter der Thoriumemanation 42.
— Abscheidung von Thorium-X 58.
— Periode der Radiumemanation 73.
— Kondensation der Emanationen 78 f.
— Physikalische u. chemische Eigenschaften der Emanationen 86.
— Entstehung des Heliums in Mineralien 180.
Spektrum der Radiumemanation 91.
— des Phosphoreszenzlichtes von Radiumbromid 273.
Strahlenlose Umwandlungen, Eigenschaften 170.
Strom durch Gase 25 f.
— Abhängigkeit von der Spannung 28.
— Messung durch das Elektroskop 30 f.
— Messung durch das Elektrometer 32 f.
Strutt, Radiumgehalt von Mineralien 150.
— Vorkommen der Radiumemanation im Quellwasser 199.
— Beziehung zwischen Thorium und Uranium 177.

Strutt, Radioaktivität der gewöhnlichen Materie 216.
Szintillationen, Entdeckung 12.
— Verwendung zur Bestimmung des Ionisierungsbereiches 225.
— Zusammenhang mit der Ionisation 226.

T.

Temperatur, Einfluß auf den aktiven Niederschlag des Thoriums 56.
— Einfluß auf den aktiven Niederschlag des Radiums 117, 126.
— Einfluß auf den aktiven Niederschlag des Aktiniums 166.
Thomson, J. J., Kathodenstrahlen und Elektronen 2.
— Ionenladung 3.
— Elektrische Masse 11.
— Langsame Elektronen 121.
— Radioaktivität von Brunnenwasser 199.
— Ladung der α-Strahlen 245.
— Atommodelle 263.
Thorium, Entdeckung der Radioaktivität 7.
— Strahlen 40.
— Emanation 41.
— Emanierungsvermögen von Verbindungen 41.
— Induzierte Aktivität 47.
— Umwandlungsprodukte 69.
— Abscheidung von Thorium-X 58 f.
— Abscheidung von Radiothorium 69.
— Zusammenhang mit Uranium 177.
Thorium-A, Periode und Eigenschaften 50 f.
— Elektrolyse 55.
— Einfluß der Temperatur 56.
Thorium-B, Periode und Eigenschaften 50 f.
— Elektrolyse 55.
— Einfluß der Temperatur 56.
— Zusammenhang mit Thorium-C 58, 229.
Thorium-C, Entdeckung 229.
Thorium-X, Entdeckung 14, 58.
— Abscheidung 58 f.
— Zerfalls- u. Erholungskurven 60.
— Entstehung der Emanation 64.

Thorium-X, Unregelmäßigkeiten beim Zerfall 65.
— Trennungsmethoden 67.
Townsend, Ionenladung 3.

U.

Umwandlungen, Allgemeine Theorie 15.
— Zusammenhang mit dem Abfallsgesetze der Aktivität 44.
— des Thoriums 46 f.
— mathematische Theorie 52 f.
— des Radiums 96 f.
— des Uraniums 160 f.
— des Aktiniums 163 f.
— Zusammenhang zwischen den Umwandlungsreihen 167, 176.
— Strahlenlose Umwandlungen 170.
— Eigenschaften der Umwandlungsprodukte 172.
— Rolle des Heliums 177 f.
Umwandlungsprozesse 268.
Uranium, Entdeckung der Radioaktivität 5.
— Radiumgehalt von Uranmineralien 9, 155.
— Zusammenhang mit dem Radium 151.
— Bildung des Radiums im Uran 156.
— Umwandlungsprodukte 162.
— Abscheidung von Uranium-X 161.
— Einfluß der Kristallisation auf die Radioaktivität von Urannitrat 162.
Uranium-X, Abscheidung 161.
— Strahlen 161.
Uranium-X, Einfluß der Kristallisation 162.

V.

Villard, Entdeckung der γ-Strahlen 12.

W.

Wärmeentwickelung des Radiums 14.
— der Emanation 92.
— der Radiumprodukte 247 f.
Walter und Pohl (s. Pohl und Walter).
Wheeler und Bumstead (s. Bumstead und Wheeler).
Whetham, Bildung des Radiums durch Uranium 157.
Wiechert, Natur der X-Strahlen 2.
Wien, Kanalstrahlen 19.
Wilson, C. T. R., Kondensationskerne 3.
— Elektroskop 31.
— Natürliche Ionisation der Luft 195.
— Radioaktivität des Regens und Schnees 198.
Wood, Radioaktivität gewöhnlicher Materie 216.

Z.

Zerfallstheorie (s. Umwandlungen).
Zöllss und Gockel, Zusammenhang zwischen Potentialabfall und Zerstreuung in der Atmosphäre 211.

Verlag von Friedr. Vieweg & Sohn in Braunschweig.

Die Telegraphie ohne Draht.

Von

Augusto Righi und Bernhard Dessau

o. Professor an der Universität Bologna   a. o. Professor an der Universität Perugia

Zweite vervollständigte Auflage.

Mit 312 Abbildungen. gr. 8. Preis geheftet M. 15.—, gebunden M. 16.50.

====== Aus den Urteilen der Presse. ======

Physikalische Zeitschrift: A. Righi ist einer der Klassiker auf dem Gebiete der elektrischen Wellen, und von ihm hat sein Schüler Marconi den wissenschaftlichen Impuls zu seiner energischen Inangriffnahme des praktischen Problems erhalten. Auch das vorliegende Buch ist populär gehalten, aber im besten Sinne wissenschaftlich populär. Dementsprechend orientiert der erste Teil über die grundlegenden elektrischen Erscheinungen. Der zweite Teil spezialisiert sich auf die Grundlagen des Gebietes, die elektromagnetischen Wellen, behandelt dort in sehr schöner und kritisch klarer Weise die elektrischen Schwingungen, die elektrischen Wellen und die Radiokonduktoren. Der dritte Teil bringt dann die praktischen Arbeiten über Telegraphie ohne Draht, wo überall erfolgreich getrachtet ist, das Prinzipielle zu sondern und hervorzuheben. Keine Zusammenstellung, sondern eine kritische Bearbeitung haben wir hier, dabei gründliche und vollständige historische Übersichtlichkeit und gerechte Würdigung der Anteile jedes Arbeiters. Der vierte Teil bringt die Versuche über drahtlose Telegraphie mit Hilfe der photoelektrischen Wirkungen des ultravioletten Lichtes (Zickler), dann die Photophenie (Bell) und deren vom Referenten begründete praktische Ausgestaltung, die Flammentelephonie.

Monatshefte für Mathematik und Physik: Die beiden Verfasser haben es verstanden, das Gebiet, welchem in neuester Zeit allgemeinstes Interesse entgegengebracht wird, in glücklichster Weise gemeinfaßlich und erschöpfend darzustellen. Da das Werk für einen großen Leserkreis bestimmt ist, war es notwendig, einigermaßen ausführlich auf die Grundtatsachen der Elektrizitätslehre einzugehen, auf welchen die neuen Erfolge fußen. Die Auswahl dieser einleitenden Kapitel muß als sehr gelungen bezeichnet werden, und die reichhaltigen, anscheinend vollständigen Literaturnachweise werden sicher jedermann willkommen sein. Auf die Darlegung des historischen Entwickelungsganges der besprochenen Entdeckungen ist großes Gewicht gelegt und die Verdienste minder bekannt gewordener Autoren, wie Calzecchi-Onesti u. a. wurden gebührend hervorgehoben.

Monatsblätter des Wissenschaftlichen Klub in Wien: ... *die Darstellung ist außerordentlich klar gehalten und vermeidet jedes Eingehen in theoretische Betrachtungen solcher Art, welche wegen ihrer mathematischen Natur dem in diesem Gebiete nicht bewanderten Leser ferne liegen. Es ist den Verfassern gelungen, in knappen Umrissen ein Gesamtbild über die wichtigsten Erscheinungen der Elektrizität im Sinne der neueren Anschauungen zu geben; der Abschnitt über Elektronen wird wegen der meisterhaften Auswahl der wichtigsten Tatsachen und Anschauungen über diesen Gegenstand sicherlich auch die Beachtung des Fachmannes finden.* . . .

Verlag von Friedr. Vieweg & Sohn in Braunschweig.

Müller-Pouillets
Lehrbuch der Physik und Meteorologie

in vier Bänden.

Zehnte umgearbeitete und vermehrte Auflage

herausgegeben von

Leopold Pfaundler,

Professor der Physik an der Universität Graz.

Unter Mitwirkung von Prof. Dr. **O. Lummer**-Breslau (Optik und strahlende Wärme), Dr. **K. Drucker**-Leipzig (Molekularphysik), Prof. Dr. **A. Wassmuth**-Graz (Thermodynamik und Wärmeleitung), Hofrat Prof. Dr. **J. Hann**-Wien (Meteorologie), Prof. Dr. **W. Kaufmann**-Bonn (Elektrizitätslehre), Prof. Dr. **A. Coehn**-Göttingen (Elektrochemie), Dr. **A. Nippoldt**-Potsdam (Erdmagnetismus und Erdelektrizität).

Mit über 3000 Abbildungen und Tafeln, zum Teil in Farbendruck.

Bisher erschienen:

I. Band. **Mechanik und Akustik.** Von Leopold Pfaundler. Preis geheftet M. 10.50, gebunden in Halbfranz M. 12.50.

II. Band. 1. Abteilung. **Die Lehre von der strahlenden Energie (Optik).** Von Professor Dr. Otto Lummer. Preis M. 15.—.

Verlag von Friedr. Vieweg & Sohn, Braunschweig

DIE WISSENSCHAFT

Sammlung naturwissenschaftlicher und
mathematischer Monographien

Verzeichnis der Mitarbeiter.

Mme. S. Curie, Paris. (Heft 1.)
Prof. Dr. G. C. Schmidt, Königsberg. (Heft 2.)
Prof. Dr. J. J. Thomson, Cambridge. (Heft 3.)
Dr. Otto Freiherr von und zu Aufsess, München. (Heft 4.)
Dr. Otto Frölich, Berlin. (Heft 5.)
Prof. Dr. Josef Ritter von Geitler, Czernowitz. (Heft 6.)
Prof. Dr. H. Baumhauer, Freiburg i. Schweiz. (Heft 7.)
Prof. Dr. A. Werner, Zürich. (Heft 8.)
Dr. Edwin S. Faust, Straßburg. (Heft 9.)
Dr. G. F. Lipps, Leipzig. (Heft 10.)
Prof. Dr. Hermann Kobold, Kiel. (Heft 11.)
Prof. Dr. G. Jaeger, Wien. (Heft 12.)
Prof. Dr. C. Doelter, Graz. (Heft 13.)
Dr. B. Donath, Charlottenburg. (Heft 14.)
Dr. phil. Walter von Knebel, Groß-Lichterfelde. (Heft 15.)
Prof. Dr. F. E. Geinitz, Rostock. (Heft 16.)
Dr. E. Gehrcke, Berlin. (Heft 17.)
Prof. Dr. Otto Fischer, Leipzig. (Heft 18.)
Prof. Dr. A. Wangerin, Halle a. S. (Heft 19.)
Prof. Dr. J. P. Kuenen, Leiden. (Heft 20.)
Prof. E. Rutherford, Montreal. (Heft 21.)

(Weitere Hefte in Vorbereitung.)

Durch sämtliche Buchhandlungen zu beziehen

Die Wissenschaft. Sammlung naturwissenschaftlicher und mathematischer Monographien.

I. Heft.

Untersuchungen über die radioaktiven Substanzen von Mme. S. Curie. Übersetzt und mit Literatur-Ergänzungen versehen von W. Kaufmann. Preis geh. M. 3.—, geb. in Lnwd. M. 3.80.

Urteile der Presse.

Zeitschrift für angewandte Chemie: Die unter dem Titel „Die Wissenschaft" erscheinende und unter besonderer Mitwirkung von Prof. Dr. Eilhard Wiedemann begründete Sammlung naturwissenschaftlicher und mathematischer Monographien wird auch von den Chemikern freudig begrüßt werden. Die Monographien sollen in übersichtlicher Darstellung begrenzte Gebiete sämtlicher Zweige der Naturwissenschaft behandeln; auch Biographien von großen Gelehrten und historische Darstellungen einzelner Zeiträume sind ins Auge gefaßt. Ein solches Unternehmen, in der angestrebten Weise völlig durchgeführt, erleichtert insbesondere den Einblick in Nebengebiete und wird jedem, der über die wichtigeren Fortschritte der Wissenschaft unterrichtet sein will, nach einer oder mehreren Richtungen hin etwas bringen. Den Reigen der Sammlung konnte kein Thema würdiger eröffnen als die der berufenen Feder der Frau Curie entstammende Beschreibung der radioaktiven Stoffe und ihrer Eigenschaften. Das Werk, welches die von W. Kaufmann ins Deutsche übertragene Dissertation der Verfn. ist, umfaßt klar und übersichtlich alle sich auf Radioaktivität beziehenden Erscheinungen, und wir sind entschieden dem Übersetzer für seine sicher erfolgreiche Bemühung zu großem Dank verpflichtet. Das Buch enthält natürlich in erster Linie und ausführlicher die eigenen Forschungsergebnisse der Frau Curie; es werden aber außerdem die Untersuchungen und Entdeckungen anderer Forscher auf-

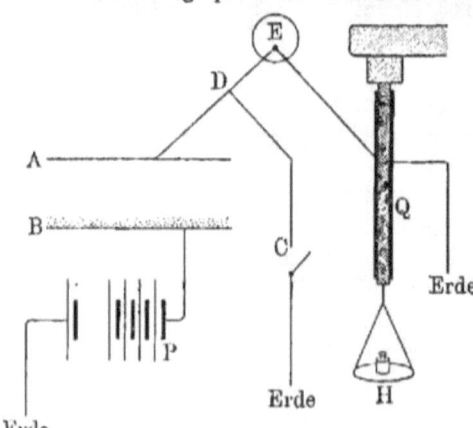

gezählt und besprochen, so daß wir in ihm zurzeit wohl die wissenschaftlich vollständigste und empfehlenswerteste Beschreibung der so rätselhaften Tatsachen haben. Das große reichhaltige Material ist in fünf Kapitel eingeteilt. Das erste ist der Radioaktivität des Urans und Thors und den radioaktiven Materialien gewidmet; im zweiten kommen die neuen radioaktiven Substanzen, besonders das Radium, seine Abscheidung und seine Eigenschaften zur Besprechung; im dritten wird die Strahlung der neuen radioaktiven Substanzen behandelt und im vierten die induzierte Radioaktivität. Im letzten wird die Natur und Ursache der Erscheinungen der Radioaktivität erörtert. Ein zuverlässiges, vom Übersetzer weitergeführtes Literaturverzeichnis bildet den Schluß.

Vierteljahrsberichte des Wiener Vereins für Förderung des physikalischen und chemischen Unterrichts: Mit den Untersuchungen der Madame Curie über radioaktive Substanzen ist diese Sammlung auf das glücklichste begonnen worden. Die Entdeckung eines neuen Wissenszweiges, der Physiker u. Chemiker in gleicher Weise interessiert, wird hier von den Entdeckern selbst geschildert. — Nach einer historischen Einleitung wird die Methode zur Messung der Strahlungsintensität der Uran- und Thorverbindungen und verschiedener radioaktiver Mineralien mittels Messung der Leitfähigkeit der Luft unter der Einwirkung dieser Substanzen beschrieben. Bei der Messung der Pechblende, des Chalkoliths und des Autunits wurde die auffallende Tatsache

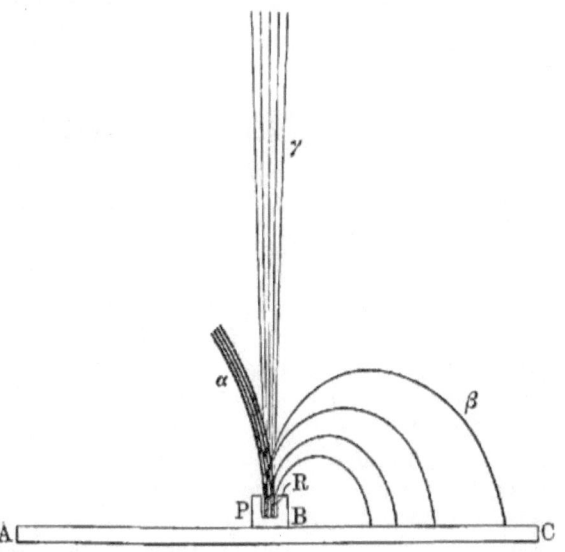

entdeckt, daß diese Mineralien in höherem Grade radioaktiv sind als Uran und Thor selbst. Es lag die Vermutung nahe, daß in den erwähnten Mineralien hochradioaktive Substanzen enthalten seien und die nächste Aufgabe der Curies war nun die Isolierung dieser Substanzen. Es wurden drei gefunden: das Polonium, das Radium und das Aktinium; vollständig gelang nur die Isolierung der Radiumsalze, deren Spektrum sich auch mit zunehmender Reinheit auffallend von jenen des Baryums unterschied, während Polonium dasselbe Spektrum lieferte wie die Wismutverbindungen, aus denen es abgeschieden wurde. Ebenso gelang es, das Atomgewicht des Radiums (225) zu bestimmen, nach welchem das Radium in der Mendelejeffschen Tabelle unter dem Baryum in der Kolumne der Calciumgruppe und in die Zeile, welche Uran und Thor enthält, gehört.

Daß die Entdecker des Radiums selber uns die Geschichte ihrer Forschungen erzählen, gewährt der Abhandlung einen ganz besonderen Reiz.

Die Übersetzung ist von Herrn Dr. Walter Kaufmann, der vor kurzem für seine Forschungen auf dem Gebiete der Elektronentheorie einen Preis von der kaiserl. Akademie zu Wien erhalten hat.

Die Wissenschaft.
Sammlung naturwissenschaftlicher und mathematischer Monographien.

II. Heft.

Die Kathodenstrahlen von G. C. Schmidt, außerordentl. Professor der Physik an der Universität Erlangen. Mit 50 Abbildungen. Preis geh. M. 3.—, geb. in Lnwd. M. 3.60.

Inhaltsverzeichnis.

Einleitung. — 1. Kapitel. Das Wesen des Lichtes. Der Äther. — 2. Kapitel. Neuere Ansichten über die Leitung der Elektrizität durch Elektrolyte. — 3. Kapitel. Apparate zur Erzeugung von Kathodenstrahlen. — 4. Kapitel. Die Entladung in verdünnten Gasen. Die Kathodenstrahlen. — 5. Kapitel. Ältere Theorien über den Entladungsvorgang. — 6. Kapitel. Ladung der Kathodenstrahlen. — 7. Kapitel. Potentialgradient und Kathodenfall in Entladungsröhren. — 8. Kapitel. Kathodenstrahlen im elektrostatischen Felde. — 9. Kapitel. Kathodenstrahlen im magnetischen Felde. — 10. Kapitel. Energie und Geschwindigkeit der Kathodenstrahlen. — 11. Kapitel. Zeeman-Effekt. — 12. Kapitel. Kathodenstrahlen verschiedenen Ursprungs. — 13. Kapitel. Bestimmung von e und m. — 14. Kapitel. Scheinbare Masse. — 15. Kapitel. Fluoreszenzerregung und chemische Wirkung der Kathodenstrahlen. — 16. Kapitel. Reflexion, Absorption, Spektrum und Bahn der Kathodenstrahlen in einer Entladungsröhre. — 17. Kapitel. Kanalstrahlen. — 18. Kapitel. Schluß. — Literaturübersicht.

Auf das „Elektron" wird heute nicht nur eine große Reihe von optischen und elektrischen Erscheinungen zurückgeführt, es erscheint auch von fundamentaler Bedeutung für die Chemie, einzelne Teile der Meteorologie und, falls sich die neueren Arbeiten über die physiologischen Wirkungen des Radiums bestätigen sollten, der Medizin werden zu sollen. Da eine leicht verständliche Abhandlung über dieses Gebiet für Chemiker, Mediziner u. a. erwünscht sein dürfte, hat der Verfasser es unternommen, an der

Hand der Eigenschaften der Kathodenstrahlen zu schildern, wie man zu dem Begriff des „Elektrons" gekommen ist, und was man darunter versteht.

Wie alle Monographien, welche in die unter dem Titel „Die Wissenschaft" erscheinende Sammlung aufgenommen werden sollen, ist auch das vorliegende Bändchen nach Form und Inhalt für weitere Kreise bestimmt. Es werden daher nur die allerelementarsten Kenntnisse in der Physik vorausgesetzt.

Allgemeines Literaturblatt: Die Firma Vieweg hat es unter besonderer Mitwirkung Prof. Dr. E. Wiedemanns unternommen, Monographien über die aktuellsten Themen der modernen Naturwissenschaften zu verlegen.

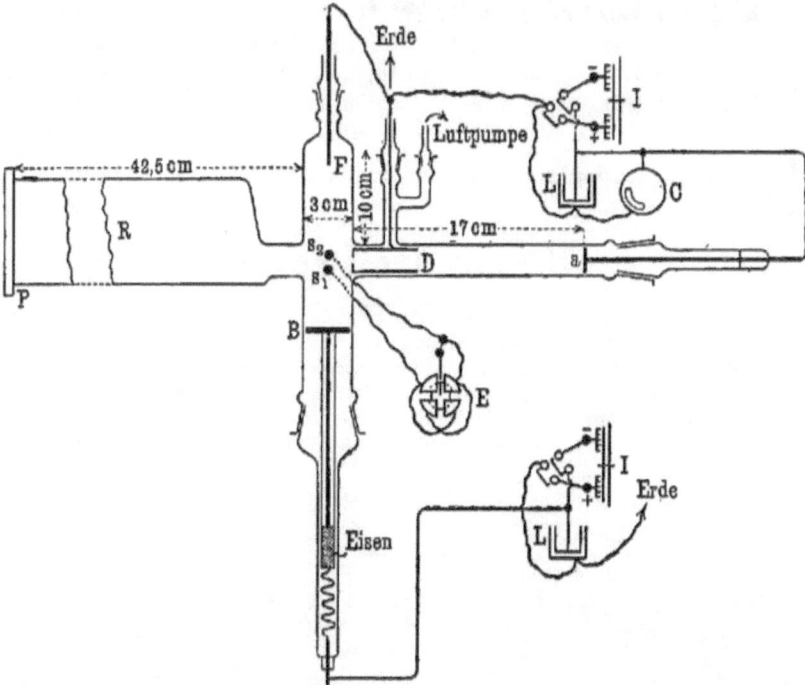

Dieses höchst verdienstvolle Unternehmen, welches tatsächlich einem dringenden Bedürfnisse entspricht, weil gerade die neuesten Errungenschaften auf den Gebieten der Naturerkenntnis nur auf mühseligem Wege aus zahlreichen Zeitschriften zu entnehmen sind, bringt als 2. Heft aus höchst berufener Feder eine Darstellung der Untersuchungen an Kathodenstrahlen; die Aufklärungen über das scheinbar so rätselhafte Verhalten der radioaktiven Substanzen sind vom Verfasser in ausnehmend interessanter und instruktiver Weise dargelegt und dürfen wohl das weiteste Interesse für sich in Anspruch nehmen. Die atomistische Theorie der Elektrizität, welche endlich verspricht, einen Einblick in das Wesen der elektrischen Erscheinungen zu geben und die Frage zu beantworten, deren Lösung Jahrhunderte lang unmöglich schien: Was ist Elektrizität? basiert auf der Untersuchung der Kathodenstrahlen. Das für weitere Kreise verständlich geschriebene Buch kann wärmstens empfohlen werden. Die Behandlung des Themas ist einfach und gründlich; besonders ist auch die Beigabe einer großen Anzahl höchst klarer, schematischer Zeichnungen zu loben, welche die textliche Klarheit des Buches noch bedeutend erhöhen.

Die Wissenschaft.
Sammlung naturwissenschaftlicher und mathematischer Monographien.

III. Heft.

Elektrizität u. Materie von Dr. J. J. Thomson, Mitglied der Royal Society, Professor der Experimentalphysik an der Universität in Cambridge. Autorisierte Übersetzung von G. Siebert. Mit 19 Abbildungen. Preis geb. M. 3.—, geb. in Lnwd. M. 3.60.

Urteile der Presse.

Literarisches Zentralblatt: Eine Reihe geistvoller Vorträge, in welchen die Bedeutung der neuen Fortschritte in der Elektrizitätslehre für unsere Ansichten über die Konstitution der Materie und die Natur der Elektrizität erörtert wird. Ihre Bedeutung liegt vor allem darin, daß sie eine auch weiteren Kreisen verständliche Verbindung zwischen den Maxwell-Faraday-

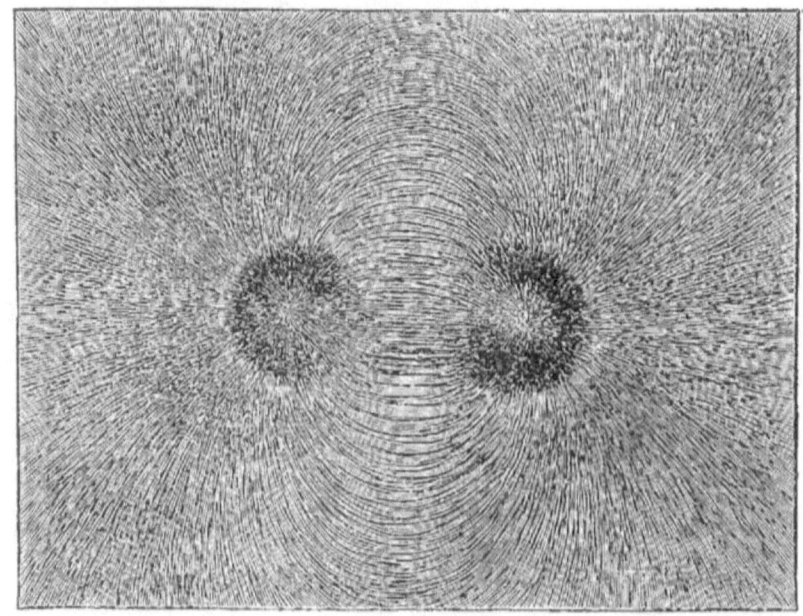

schen Vorstellungen und der modernen Elektronentheorie darstellen und dabei gleichzeitig des berühmten Verfassers eigene Anschauungen über den Aufbau der Atome entwickeln, wobei die radioaktiven Elemente eine besonders eingehende Besprechung erfahren. Die Ausführungen enthalten nur vereinzelte mathematische Ableitungen und können jedem Studierenden empfohlen werden.

Chemiker-Zeitung: . . . Ich bin der Zustimmung aller Fachgenossen sicher, wenn ich behaupte, daß zu der Entwickelung der Elektronik, dieser neuen Disziplin der Physik, kaum jemand mehr beigetragen hat als J. J. Thomson durch seine zahlreichen experimentellen und theoretischen Untersuchungen, und nicht minder durch sein zusammenfassendes Werk Conduction of Electricity through Gases. Es ist deshalb mit besonderer Freude zu begrüßen, daß dieser bahnbrechende Forscher es unternommen hat, seine „Ansichten über die Natur der Elektrizität, über die Vorgänge, welche im elektrischen Felde stattfinden,

und über den Zusammenhang zwischen elektrischer und gewöhnlicher Materie" in einer so anschaulichen und anregenden Weise darzulegen, daß jeder Naturwissenschaftler, nicht nur der Physiker, das Buch verstehen kann und durch die Lektüre reichen Genuß und Gewinn haben wird. Populär im gewöhnlichen Sinne des Wortes ist die Schrift allerdings nicht gehalten, d. h. sie ist keine Kaffee-Lektüre, gibt nicht nur einen Überblick über die gewonnenen Resultate, sondern versucht in den ersten 3 Kapiteln: „Darstellung des elektrischen Feldes durch Kraftlinien, Elektrizität und gebundene Maße, Wirkungen der Beschleunigungen der Faradayschen Röhren", den Leser mit der Faraday-Maxwellschen Kraftlinienvorstellung und der ihr von J. J. Thomson gegebenen Erweiterung bekannt zu machen. Für den Physiker, speziell für den Lehrer der Physik, eine Fundgrube anschaulicher Darstellungen und Gedankengänge. Für den Nichtphysiker eine Anleitung, nicht mühelos, aber doch ohne das schwere Rüstzeug der höheren Mathematik, sich einen Einblick zu verschaffen in die Überlegungen, welche aus den Untersuchungen über Kathodenstrahlen, Röntgenstrahlen und Radioaktivität zu dem Begriffe des Elektrons, des Atoms der Elektrizität, geführt haben.

Die Wissenschaft.
Sammlung naturwissenschaftlicher und mathematischer Monographien.

IV. Heft.
Die physikalischen Eigenschaften der Seen von Dr. **Otto Freiherr von und zu Aufsess,**
Assistent f. Physik a. d. Kgl. techn. Hochschule in München.
Mit 36 Abbild. Preis geh. M. 3.—, geb. in Lnwd. M. 3.60.

Aus den Urteilen der Presse.

Blätter für höheres Schulwesen: An diesem 4. Hefte der „Wissenschaft", der von der Viewegschen Verlagsbuchhandlung herausgegebenen sehr verdienstlichen Sammlung naturwissenschaftlicher und mathematischer Monographien, wird nicht bloß der Physiker, sondern auch jeder gebildete Laie, der als Naturfreund die Natur mit Nachdenken betrachtet, seine Freude haben. Die Darstellung ist ganz elementar und sehr klar gehalten. Der Inhalt gliedert

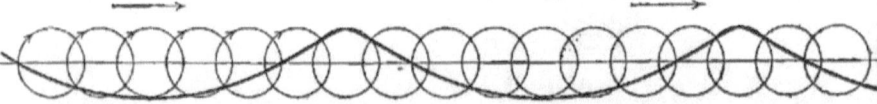

sich naturgemäß in die Mechanik, Akustik, Optik und Thermik der physikalischen See-Erscheinungen. Besonders interessant sind die Untersuchungen über den so viel diskutierten Grund der Verschiedenfarbigkeit der Seen. Die Erscheinungen des Wasserschattens werden mit dem Brockengespenst in zutreffende Parallele gestellt. Aber von dem allergrößten Interesse sind S. 63 ff. die Ausführungen über die Brechungserscheinungen beim Übergange des Lichtes von Wasser in Luft. Es wird hier ganz elementar nachgewiesen, wie relativ und einseitig unsere Erkenntnis der Dinge ist. Wir sehen alle Gegenstände nur durch das Medium Luft, ein Wasserbewohner sieht dieselben Gegenstände durch das Medium Wasser ganz anders als wir, ja er sieht sogar Sachen, die wir als aus einem Stücke bestehend, als kontinuierliche Massen bezeichnen, in Stücke zerteilt!! Das Buch sei auch für die Schüler der obersten Klasse empfohlen.

Vierteljahrsberichte des Wiener Vereins zur Förderung des physikalischen und chemischen Unterrichtes: Der Zweck dieser Sammlung naturwissenschaftlicher und mathematischer Monographien ist, die Ergebnisse neuer Forschungen zusammenzufassen und so dem Spezialforscher Einblick in Nebengebiete zu ermöglichen. Die Darstellungen werden möglichst leicht verständlich gegeben, so daß jeder, der etwas Vorbildung hat, diese Hefte mit Erfolg in die Hand nehmen kann. Der Preis, M. 3.60, ist im Vergleich zum Gebotenen gering.

Die einzelnen Teile der Physik (Mechanik, Akustik, Optik und Thermik) werden so durchgenommen, daß man einerseits den Eindruck hat, daß die Seen praktische Beispiele für die Gesetze der Physik bieten, und daß sie andererseits zu tieferem Eindringen in gewisse Fragen der Physik Anlaß geben. Der Verfasser geht dabei so vor, daß er zuerst die physikalischen Gesetze in überaus leicht verständlicher Weise erläutert und sie dann auf die Seen anwendet. Nicht unerwähnt darf bleiben, daß die vorliegende Arbeit die erste zusammenfassende auf diesem Gebiete ist. Obwohl die behandelten Fragen schon lange die Naturforscher beschäftigten, muß man die wissenschaftliche Seekunde doch noch jung nennen; erst Forel hat sie hauptsächlich durch seine Arbeiten am Genfer See ins Leben gerufen. Freiherr von Aufsess hat schon als Studierender eingehende Studien besonders an bayerischen Seen gemacht, deren Ergebnisse er in seiner Doktordissertation: „Über die Farbe der Seen" niedergelegt hat.

In den „physikalischen Eigenschaften" werden aber alle einschlägigen Fragen behandelt, und zwar möglichst eingehend und gründlich, auch wird hier der theoretische Teil, soweit als notwendig, berücksichtigt.

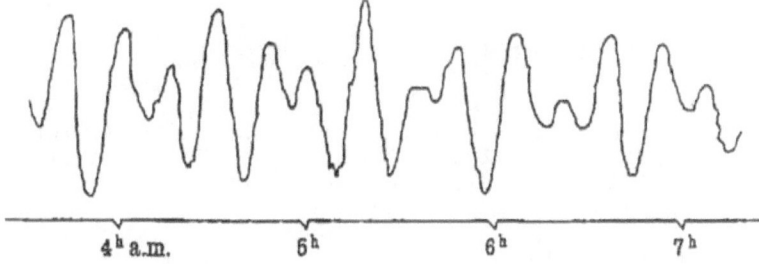

Interferenz von Grund- und Oberschwingung (Kempfenhausener Limnimeter, 25. August 1900).

Die vielen Literaturnachweise machen die vorliegende Arbeit noch wertvoller; die hübsche Ausstattung durch die zahlreichen Figuren fördert das Verständnis; die vielseitigen Gesichtspunkte, von welchen der Gegenstand betrachtet wird, sind geeignet, das Interesse für dieses Thema besonders zu heben.

Himmel und Erde: Wir haben schon einmal Gelegenheit genommen, unsere Leser nachdrücklich auf die unter dem Gesamttitel „Die Wissenschaft" unter der Leitung von E. Wiedemann (Erlangen) bei Vieweg erscheinende Sammlung naturwissenschaftlicher und mathematischer Monographien hinzuweisen. Geistig sehr vornehm gehalten, klar in der Diktion, verfaßt von den ersten Gelehrten, wenden sich die Monographien (vortrefflich ausgestattete Heftchen von etwa 150 Seiten Umfang) an die Wissenschaftler, sowie an jeden Gebildeten. — Dem ersten Hefte von S. Curie über die radioaktiven Stoffe ist rasch eine Reihe anderer gefolgt. Was der Physiker vom weitverbreitetsten Stoffe auf unserem Erdball, dem Wasser, zu sagen weiß, ist fast lückenlos in dem Aufsessschen Buche zusammengefaßt worden. Wir erfahren etwas über die Wellenbewegung an der Oberfläche, die Strömungen, Fortpflanzung des Schalles im Wasser, über die Durchsichtigkeit und die thermischen Verhältnisse. Besonders eingehend behandelt der Verfasser auf Grund eigener Versuche die Durchsichtigkeit und Farbe der Gebirgsseen, wobei er die Frage entscheidet, ob letztere chemischer oder physikalischer Art ist. Wir empfehlen das Buch besonders allen denen, die es lieben, ihre Erholung in einer liebevollen Betrachtung der Natur zu suchen.

Die Wissenschaft.
Sammlung naturwissenschaftlicher und mathematischer Monographien.

V. Heft.

Die Entwickelung der elektrischen Messungen von Dr. O. Frölich. Mit 124 Abbildungen. Preis geheftet Mark 6.—, gebunden in Leinwand Mark 6.80.

Stimmen der Fachpresse.

Beiblätter zu den Annalen der Physik: In seinem Buche zeigt sich der durch Vorveröffentlichungen bereits bekannte Verf. als ein gewissenhafter Chronist der Entwickelung elektrischer Meßinstrumente und Meßmethoden, die in den zwei Hauptabteilungen, in welche das sehr lesenswerte Werk zerfällt, eingehend behandelt werden. Wenn dasselbe auch nicht beabsichtigt, demjenigen, welcher eine elektrische Messung anstellen will, dieselbe zu erleichtern, so ist es jedoch durch seine Literaturhinweise, ganz besonders aber durch seine historischen Erläuterungen der Meßinstrumente und Methoden von bleibendem Wert. Dieselben werden besonders verständlich dadurch gemacht, daß man sie gleichsam im Entstehen kennen lernt und in ihrer Weiterentwickelung verfolgt; so zeigt das Buch die logische Entwickelung des Multiplikators zum Westoninstrument entsprechend den wachsenden Ansprüchen und Bedürfnissen der von der Elektrophysik zur Elektrotechnik heranwachsenden Wissenschaft. Um Ballast zu vermeiden, hat der Verf. nur das gebracht, was auf die Entwickelungen der elektrischen Messungen einen Einfluß ausübte. Das vom Verleger würdig ausgestattete Buch macht sicher dem Physiker ebensoviel Freude wie dem Techniker und ist auch so modern, daß es z. B. den Oszillographen gebührend würdigt.

Chemiker-Zeitung: Die vorliegende Schrift ist das fünfte Heft der unter dem Titel: „Die Wissenschaft" erscheinenden Sammlung naturwissenschaftlicher und mathematischer Monographien. Sie sucht dem Physiker die elektrotechnischen, dem Elektrotechniker die wissenschaftlichen Arbeiten näher zu bringen und durch die Darstellung des Werdeganges auf einem Gebiete der Physik einmal den modernen Fachmann vor Überschätzung der modernen gegenüber den älteren Arbeiten zu bewahren, sodann aber ihm vor Wiederholung eines früher bereits durchgearbeiteten Gedankenganges zu behüten. Sie behandelt in einem ersten Abschnitt die Meßinstrumente. In diesem schildert sie von Strommessern die frühesten Galvanometer, die Spiegelgalvanometer, die Galvanometer mit direkter Ablesung und absoluten Angaben, die Schalttafelinstrumente, die Galvanoskope, endlich die Elektrodynamometer und Wechsel-

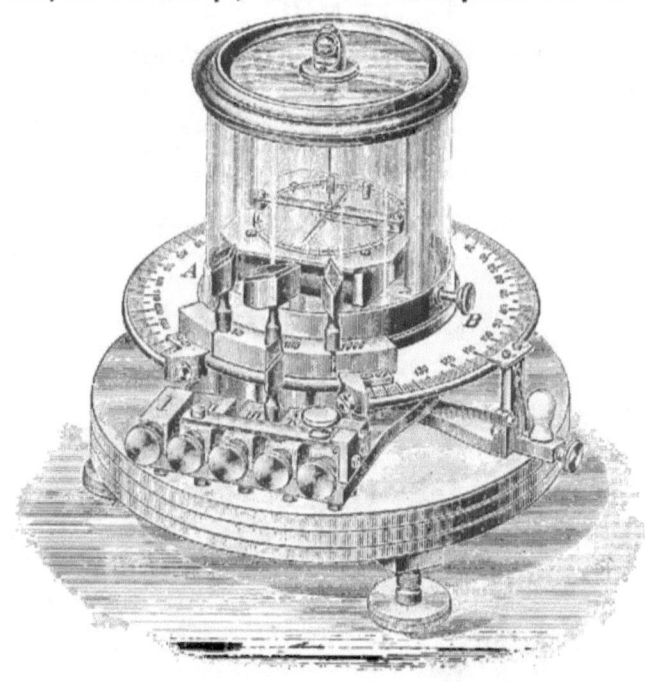

strommesser. Daran schließt sie die Betrachtung der Spannungsmesser, der Widerstandsapparate und Selbstinduktionsskalen, die der Apparate zur Messung magnetischer Eigenschaften, der elektrischen Wärmemesser, Elektrizitätszähler, der elektrischen Registrierapparate und Geschwindigkeitsmesser. Der zweite Abschnitt ist der Beschreibung der Meßmethoden gewidmet. Nach Darstellung der Methoden der Strom-, Spannungs- und Widerstandsmessung behandelt er die zur Bestimmung von Selbstinduktion und der Wechselstrommessung. Ein Rückblick macht darauf aufmerksam, daß, während vor einem halben Jahrhundert der Gelehrte die Apparate erdachte, gegenwärtig der Techniker sich ihres Baues, ihrer Weiterentwickelung bis zur Angabe neuer Prinzipien bemächtigt hat. Erschöpfend ist die Darstellung nicht und will sie nicht sein, weil die Schrift gelesen, aber nicht zum Nachschlagen benutzt werden will. Man wird dem um so unbedingter zustimmen können, als Verf. mehr als jeder andere in der Lage war, eine sachgemäße Auswahl des Mitzuteilenden vorzunehmen, da er ja selbst in hervorragender Weise an der Entwickelung der elektrischen Meßapparate und Meßmethoden beteiligt gewesen ist. So wird das Studium dieses Buches ebenso für den Mann der Wissenschaft, wie den der Technik in hohem Maße lohnend sein.

Die Wissenschaft.
Sammlung naturwissenschaftlicher und mathematischer Monographien.

VI. Heft.

Elektromagnetische Schwingungen u. Wellen von Dr. Josef Ritter von Geitler, außerordentl. Professor der Physik an der k. k. Deutschen Universität Prag. Mit 86 Abbildungen. Preis geh. M. 4.50, geb. in Lnwd. M. 5.20.

Aus der Presse.

Annalen der Elektrotechnik: Die Entdeckung der elektro-magnetischen Wellen durch Hertz hat zu einem neuen Zweige der angewandten Physik geführt, der drahtlosen Telegraphie. Ihre erstaunlichen Erfolge lenken natürlich das allgemeine Interesse wieder auf die rein physikalischen Tatsachen, die ihr zugrunde liegen. Es ist dies jenes Gebiet, auf dem Hertz durch seine berühmten Versuche den Kampf gegen die Fernwirkungshypothese zur Entscheidung gebracht hat, den Faraday so erfolgreich begonnen und Maxwell bis zur Aufstellung seiner elektromagnetischen Theorie des Lichtes fortgeführt hatte. Die vom Verfasser gewählte Art der Darstellung folgt der historischen Entwickelung des Gegenstandes bis in die neueste Zeit und stellt an die mathematische Vorbildung seiner Leser nur die bescheidensten Ansprüche. Die Behandlung des Stoffes ist ausgezeichnet, die Gliederung klar und deutlich, die 86 gut ausgeführten Textfiguren unterstützen u. erleichtern ganz wesentlich das Verständnis der für den Nichtphysiker immerhin schwierigen Materie. Da auch die Ausstattung und der Druck in der gediegenen Weise, welche man von dem Verlage von Friedr. Vieweg & Sohn gewöhnt ist, ausgeführt ist, so kann das Buch auf das wärmste empfohlen werden. Für den Studenten der Physik und Elektrizitätslehre ist das Bändchen als erste Einführung in das genannte Gebiet von großem Nutzen, es gibt aber auch dem gebildeten Nichtphysiker, besonders dem praktischen Elektrotechniker und Ingenieur einen bequemen Überblick über die einschlägigen theoretischen Probleme und deren experimentelle Lösung.

Hochschul-Nachrichten: Im 6. Heft der Wissenschaft sucht der Verfasser den Leser über die Haupteigenschaften und Erzeugungsweisen der elektrischen Schwingungen als der Grundlage für die drahtlose Telegraphie zu orientieren. Es gelingt ihm dies, indem er, von den wichtigsten Entdeckungen Faradays anfangend bis in die neueste Zeit herein, vor dem Leser die grundlegenden Experimente und Anschauungen vorüberziehen läßt, wobei er seine Ausführungen durch zahlreiche sehr übersichtliche schematische Figuren und Abbildungen von experimentellen Anordnungen unterstützt. Die wohlgelungene Darstellung eignet sich nicht bloß für den gebildeten Laien zur Einführung in dieses interessante Gebiet, sondern gibt auch insbesondere den Lehrern der Physik für die Erläuterungen der elektrischen Wellenerscheinungen manch wertvollen Fingerzeig.

Elektrotechnische Zeitschrift: Der Verfasser der vorliegenden Schrift stellt sich die Aufgabe, in gemeinverständlicher Darstellung in den Werdegang und die Grundanschauungen der modernen Elektrodynamik, mit Ausnahme der Elektronentheorie, einzuführen. Der Inhalt umfaßt: Die Entstehungsweise und Kritik der alten Fernwirkungstheorien, die Verdrängung derselben durch die Vorstellungen von Faraday über die Mitwirkung der Medien bei der Übertragung der Kräfte, die Ergänzungen durch Maxwell, die Versuche von Hertz und die weitere Entwickelung auf diesem Gebiete bis zur drahtlosen Telegraphie,

die indessen nur kurz gestreift wird. Die Behandlung des Stoffes ist mustergültig und läßt das Buch als recht geeignet erscheinen, dem oben genannten Zwecke zu dienen.

Himmel und Erde: Der Verfasser setzt seinem vortrefflichen Buche die Goetheschen Worte voran: „Die Menge fragt bei jeder neuen bedeutenden Erscheinung, was sie nütze, und sie hat nicht unrecht; denn sie kann bloß durch den Nutzen den Wert einer Sache gewahr werden." Diesem Bedürfnisse und Recht des weiteren Leserkreises ist Rechnung getragen durch die eingehende Behandlung der Funkentelegraphie als dem Knotenpunkte, in dem die klassischen Arbeiten von Faraday, Maxwell und Hertz für die Praxis zusammenlaufen. Was die genannten großen Forscher ihren Zeitgenossen und der Nachwelt an neuen Anschauungen, kühnster Logik und experimentellen Beweisen zu bieten wußten, das möge man im Geitlerschen Buche selbst nachlesen. Wir empfehlen auch diesen Band der „Wissenschaft" allen, die es verschmähen, ein mit Fleiß und Sachkenntnis geschriebenes Werk nervös zu durchblättern.

Die Wissenschaft.
Sammlung naturwissenschaftlicher und mathematischer Monographien.

VII. Heft.
Die neuere Entwickelung der Kristallographie von Dr. H. Baumhauer, Professor an der Universität Freiburg i. d. Schweiz. Mit 46 Abbildungen. Preis geh. M. 4.—, geb. in Lnwd. M. 4.60.

Stimmen der Kritik.

Physikalische Zeitschrift: Das vorliegende Buch wendet sich nach dem Vorworte des Verfassers insbesondere an solche Leser, „welche, der Kristallographie weniger nahe stehend, dennoch, etwa als Physiker oder Chemiker, der Entwickelung dieser Wissenschaft Interesse entgegenbringen, ja nicht selten sich der kristallographischen Methoden zur Förderung ihrer eigenen Studien bedienen müssen". Deswegen war aus dem reichhaltigen Stoffe eine Auswahl zu treffen; es werden ganz besonders solche Tatsachen und Theorien besprochen, welche sich auf die Kristallographie im engeren Sinne beziehen: Symmetrie- u. Formverhältnisse, Bildungsweise der Kristalle, Beziehungen zwischen Form und chemischer Konstitution kristallisierter Stoffe.

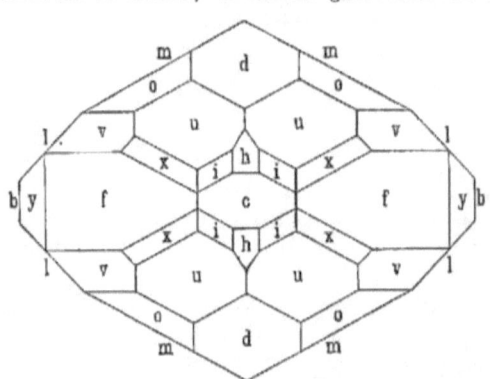

Die Kapitelübersicht ist folgende (es seien nur die wichtigsten Unterabteilungen hervorgehoben): I. Einleitung. (Definition eines Kristalls; fließende und flüssige Kristalle; kristallographische Symbole; Projektion.) — II. Kristallklassen und Pseudosymmetrie. (Einteilung der Kristalle in 32 Klassen; Symmetrieelemente; Kristallsysteme; pseudosymmetrische Kristalle.) — III. Ermittelung der Symmetrieverhältnisse der Kristalle. (Goniometrie; optisches Verhalten der Kristalle; Zirkularpolarisation optisch einachsiger und zweiachsiger Kristalle; polare Pyroelektrizität; Ätz- oder Lösungserscheinungen; geometrische, optische usw. Anomalien.) — IV. Zwillingsbildung der Kristalle. (Allgemeine Zwillingsgesetze; Deutung des Vorganges der Zwillingsbildung; Mimesie.) — V. Flächenentwickelung und Wachstum der Kristalle. (Gesetz der

Komplikationen; Beobachtungen an flächenreichen Zonen; Raumgitter und Punktsysteme; Einfluß des Lösungsmittels.) — VI. Chemische Kristallographie. (Isomorphie; Morphotropie; P. v. Groths neuere Auffassung hierüber; Polymorphie.) — VII. Anhang. (Kristallklassen, Namen und Symbole der Formen nach P. v. Groths physikalischer Kristallographie.)

Die Auswahl aus dem umfangreichen Stoffe der Kristallographie war sicher schwer zu treffen. Trotzdem weist das Buch bei nicht zu großem Umfange eine solche Reichhaltigkeit und Vollständigkeit auf, daß es nicht nur für den Physiker und Chemiker übergenug bringt, sondern auch dem Fachmann eine nicht unwillkommene Gabe sein dürfte. Dem Werke ist eine freundliche Aufnahme zu wünschen.

Zeitschrift für Elektrochemie: Die Kristallographie ist eine geistvolle und anregende Wissenschaft nicht nur für den Mineralogen, der sie am häufigsten braucht, sondern auch für den Chemiker und Physiker, und es ist bedauerlich, daß die letzteren häufig weniger von ihr wissen als recht ist. Gerade an den Chemiker und Physiker in erster Reihe wendet sich das vorliegende Buch, und bei der Verbreitung, welche sich die Viewegsche Sammlung „Die Wissenschaft" in der kurzen Zeit ihres Bestehens erworben hat, ist der Schritt eine größere Leserzahl gewiß. Ein für einen weiteren Leserkreis bestimmtes Buch stellt dem Verf. eine schwierige Aufgabe; es muß so klar und exakt geschrieben sein, daß es vor der genauesten Kritik besteht, und doch so leicht und anregend, daß es mit Interesse auch von denen gelesen werden kann, die keine besonderen Spezialkenntnisse besitzen. Diese Aufgabe ist von dem Verfasser trefflich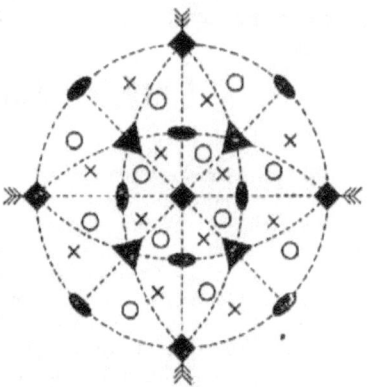
gelöst worden; besonders möchte ich auf das dritte Kapitel (Ätz- und Lösungserscheinungen, optische und geometrische Anomalien) und das letzte (Chemische Kristallographie) hinweisen. Die Ableitung der Kristallklassen im zweiten Kapitel ist streng und korrekt, aber vielleicht etwas wenig anschaulich gegeben. Als einen Vorzug will ich auch hervorheben, daß nicht nur die Ergebnisse der bisherigen Forschung zusammengestellt sind, sondern daß die Darstellung den denkenden Leser auch die vielen Lücken klar erkennen läßt, welche in den Grundlagen einer Theorie des „kristallisierten Aggregatszustandes" noch vorhanden sind. Die vorliegende Monographie ist eine erfreuliche Erscheinung auf dem Büchermarkte, die mit Interesse und Nutzen gelesen werden kann.

Zeitschrift für Naturwissenschaft: Der Inhalt der vorliegenden Schrift ist ein sehr reicher; alle neueren Resultate der Kristallographie sind in derselben besprochen: insbesondere die jetzt gebräuchlichen Arten der Projektion, die Kristallklassen und ihre Symmetrie-Elemente, die zweikreisigen Goniometer, die Zirkularpolarisation der zweiachsigen Kristalle, anomale Ätzfiguren, Translationsflächen als Zwillingsebenen, Gesetz der Komplikation, Untersuchungen über das Wachstum der Kristalle, logische Achsen und endlich Beziehungen zwischen der chemischen Formel und dem Kristallsysteme. Alle Forscher, denen es nicht möglich gewesen ist, die Entwickelung der Kristallographie Schritt für Schritt zu verfolgen, werden hier auf das beste orientiert.

Die Wissenschaft.
Sammlung naturwissenschaftlicher und mathematischer Monographien.

VIII. Heft.
Neuere Anschauungen auf dem Gebiete der anorganischen Chemie von Prof. Dr. A. Werner in Zürich. Preis geheftet M. 5.—, gebunden in Leinwand M. 5.75.

Urteile der Fachpresse.

Chemiker-Zeitung: Eine Schrift von Werner über theoretische Fragen der unorganischen Chemie ist von vornherein des weitestgehenden Interesses sicher. Waren es doch seine Theorien über die Metallammoniaksalze, die seinerzeit Licht in den Wirrwarr komplexer, unorganischer Salze brachten und diesen Stiefkindern der Chemie die Aufmerksamkeit weiterer chemischer Kreise zuzogen. Theorien, die ihre Berechtigung noch weiter dadurch erwiesen, daß sie ihren Schöpfer und andere Unorganiker in zahlreichen Experimentaluntersuchungen zu einer Erweiterung unserer Kenntnisse von diesen merkwürdigen Stoffen veranlaßten, wodurch rückwirkend die Theorie wieder gestützt und erweitert wurde. Unzweifelhaft verdanken wir Werner einen der größten Fortschritte, den die unorganische Chemie seit langem gemacht hat. Der Wunsch nach einer zusammenfassenden Darstellung der neuen Lehre war in weiten Kreisen rege; daß Werner sie selbst geliefert hat, muß mit großem Danke aufgenommen werden. Der vorliegende Band (Die Wissenschaft. Sammlung naturwissenschaftlicher und mathematischer Monographien. 8. Heft), umfaßt drei, ihrer Reihenfolge nach an Umfang steigende Abschnitte. Den Anfang macht eine kurze Darstellung der neueren Anschauungen über die Systematik der Elemente; hier wird das Wernersche Periodensystem näher besprochen. Es folgt ein Abschnitt über die Verbindungen erster Ordnung und die Lehre von der Wertigkeit, in dem namentlich die Schwierigkeiten größeres Interesse erwecken, die sich der Lehre von den Einzelvalenzen und der Fixierung der Einzelvalenzen an bestimmte Punkte des Atoms und in bestimmte Richtungen vom Atome weg entgegenstellen. Statt der Einzelvalenzen ist zweckmäßiger die Gesamtaffinität des Atoms als Ausgangspunkt für die weiteren Betrachtungen zu wählen. Darauf bauend bringt der dritte, etwa Dreiviertel des Werkes umfassende Hauptteil die Lehre von den Verbindungen höherer Ordnung und die Lehre von der Koordination, also das Gebiet, auf dem das Schwergewicht der Wernerschen Forschungen ruht. Hier werden die Anlagerungsverbindungen, die Lehre von der Koordinationszahl, die Einlagerungsverbindungen und die Lehre von der Isomerie unorganischer Stoffe behandelt. Auf Einzelheiten kann in dieser Anzeige nicht eingegangen werden; ich kann nur sagen, daß die Darstellung auch demjenigen, der die betreffenden Publikationen bei ihrem Erscheinen regelmäßig verfolgt hat, Neues bietet, und daß ihre Lektüre einen hohen Genuß bereitet.

Chemische Zeitschrift: Wie kein anderer ist A. Werner berufen, die modernen Anschauungen auf dem Gebiete der anorganischen Chemie einem größeren Leserkreise vorzuführen, hat er doch in unermüdlicher Arbeit das Beste selbst dazu geliefert. Die Konstitution der anorganischen Verbindungen ist in den meisten Fällen noch unaufgeklärt; es ist notwendig, zu ihrem Verständnis die Valenzlehre zu erweitern. Werner zeigt die Gesichtspunkte, welche heute für die strukturelle und räumliche Betrachtung des Molekülbaues anorganischer Verbindungen von Bedeutung sind, ohne dabei zu verschweigen, daß die neuen Vorstellungen nur Bilder sind, die auf Grund weiterer Erkenntnis durch bessere Bilder ersetzt werden können. Eingeteilt ist das Werk in drei Abschnitte: 1. Die Elemente und ihre Systematik; 2. Die Verbindungen erster Ordnung und die Lehre von der Wertigkeit; 3. Die Verbindungen höherer Ordnung und die Lehre von der Koordination. Das eingehende Studium dieses hochinteressanten und fesselnd geschriebenen Buches sei allen Chemikern warm ans Herz gelegt.

Naturwissenschaftliche Rundschau: Alle diese Bedenken und Einwendungen sprechen nicht gegen, sondern deutlich für die große Bedeutung des Wernerschen Buches, das mit seinem überreichen Inhalt zu immer neuen Betrachtungen Anlaß geben wird. Zudem hat die „Wernersche Hypothese" auf die anorganische Chemie des letzten Jahrzehntes einen so großen Einfluß gehabt, daß die Kenntnis derselben nicht nur für jeden Chemiker, sondern auch für jeden Naturwissenschaftler, der die Entwickelung der Chemie verfolgen will, als eine Notwendigkeit bezeichnet werden muß.

Jahrbuch der Elektrochemie: Mit großer Freude wird jeder Chemiker das Erscheinen des achten Bandes dieser Sammlung von A. Werner, Neuere Anschauungen auf dem Gebiete der anorganischen Chemie, begrüßen. Verfasser hat bekanntlich durch seine systematischen Untersuchungen auf dem Gebiete der anorganischen Konstitutionslehre sozusagen eine neue Wissenschaft begründet und ihre Grundlagen in einer sehr großen Anzahl von Originalarbeiten niedergelegt, die zwar leicht zugänglich waren, aber wegen ihres Umfanges und ihrer großen Zahl doch nicht so leicht verständlich. Daß er nun hier eine zusammenfassende Darstellung seiner Arbeiten gegeben hat, wird allerseits mit Freude begrüßt werden. Das Buch bildet einen bemerkenswerten Fortschritt auf dem Gebiete der anorganischen Systematik und seine Lektüre ist nicht nur anregend, sondern wegen des vielen darin zusammengetragenen Tatsachenmaterials auch sehr lehrreich.

Zeitschrift für angewandte Chemie: ... Es ist bekanntlich das große Verdienst A. Werners, zuerst auf die meist vergeblichen Bemühungen der Anhänger der Valenztheorie in der anorganischen Chemie hingewiesen und durch Schaffung des Koordinationsbegriffes eine theoretische Grundlage für die Lehre von der Konstitution zahlreicher anorganischer Verbindungsklassen gegeben zu haben. Die Grundzüge dieser Theorie, die auch neuerdings auf die organische Chemie befruchtend zu wirken beginnt, hat Werner in dem oben genannten Buche niedergelegt, das zweifellos allerseits als ein Ereignis von großer Bedeutung angesehen werden wird. ... Ein weiterer Hinweis auf den wichtigen Inhalt dieses Buches mag unterbleiben, und es sei zum Schluß der berechtigte Wunsch geäußert, daß sich dieses Buch recht bald in der Bibliothek eines jeden Chemikers befinden möge.

Die Wissenschaft.
Sammlung naturwissenschaftlicher und mathematischer Monographien.

IX. Heft.

Die tierischen Gifte von Edwin S. Faust, Dr. phil. et med., Privatdozent der Pharmakologie an der Universität Straßburg. Preis geh. M. 6.—, geb. in Lnwd. M. 6.80.

Aus den Urteilen der Presse.

Repertorium der Praktischen Medizin: Man kann den Verlegern nur beistimmen, wenn sie das Werk Fausts besonders auch den Ärzten empfehlen. Wir haben bis jetzt ein Buch, das in dieser ausführlichen Weise vom Standpunkte des Zoologen, Pharmakologen, Physiologen und Pathologen die tierischen Gifte einer Betrachtung unterwirft, nicht gehabt. Ganz besonders wird uns das Kapitel über Schlangen und Schlangengifte, vor allem auch der physiologische und dann der therapeutische Teil interessieren, wobei der Autor alle Methoden eingehend beschreibt und auf ihren Wert prüft. Einen wertvollen Beitrag bieten die Darlegungen über Immunität und Immunisierung. Überall ist die gründliche Bearbeitung, bei der die Literatur in bewundernswerter Weise benutzt wurde, hervorzuheben. Deshalb ist das Studium des Werkes für wissenschaftliche Arbeiten auf fraglichem Gebiete unumgänglich. — Faust ist es auch u. a. gelungen, beim Cobragift das Gift von den eiweißartigen Stoffen zu trennen; er nennt es Ophiotoxin, das sich vorderhand nur in wässeriger Lösung wirksam erhielt. Die Rückstände der Gifte sind stickstofffrei; es ist nicht flüchtig, wässerige Lösungen schäumen stark beim Schütteln usw.

Nicht weniger eingehend sind alle übrigen Kapitel des Werkes bearbeitet: So die über die anderen Vertebraten (Säugetiere, Eidechsen, Amphibien, Fische). Gerade über die Giftfische und Fischgifte sind die Mitteilungen noch spärlich. Auch die Kapitel über Avertebraten (Muscheltiere, Gliederfüßer, Würmer, Stachelhäuter und Pflanzentiere) bieten uns eine Fülle teils neuer, teils aus der gesamten Literatur gesammelter Daten.

Wir können das Buch jedem Arzt zur Anschaffung empfehlen.

Chemische Zeitschrift: In der vorliegenden Monographie gibt der Verfasser eine Zusammenstellung der von tierischen Organismen abstammenden Giftsubstanzen. Entsprechend dem zoologischen System geordnet, werden, von den Säugetieren beginnend, durch die Reihe der Wirbeltiere bis herunter zu den einfachsten wirbellosen Tieren die zahlreichen Beobachtungen über das Vorkommen von Giftsubstanzen und deren Wirkung mitgeteilt und besprochen.

Daß für den Mediziner und Zoologen eine solche Zusammenstellung von Wichtigkeit ist, bedarf keiner Erörterung. Aber auch weitere Kreise, insbesondere Chemiker, werden das Buch mit größtem Nutzen verwerten können. Die Mehrzahl der tierischen Gifte ist ihrer chemischen Natur nach noch unbekannt und es steht zu erwarten, daß der Arzneischatz aus der chemischen Erforschung dieser Gifte noch manche Bereicherung erfahren wird. Als einen Hauptvorzug dieses Buches möchte ich die außerordentlich anregende Darstellungsweise hervorheben. Es handelt sich natürlich um eine Registrierung zahlreicher, in den verschiedensten Werken verstreuter Beobachtungen. Bei der kritischen Verwertung des in staunenswerter Fülle vom Verfasser gesammelten Materials kam demselben die eigene Erfahrung an den verschiedensten tierischen Giften (Kröten-, Salamander-, Fäulnisgift) zu Hilfe. Auch sind neue, bisher nicht veröffentlichte eigene Beobachtungen mehrfach eingefügt (z. B. über die chemische Natur des Cobragiftes). Diese Fülle von tatsächlichem Material ist dem Leser, hauptsächlich wohl durch die klare, knappe Darstellungsweise, so mundgerecht gemacht, daß die Lektüre des Buches nicht nur belehrend ist, sondern auch ein wirkliches Vergnügen gewährt.

Wiener klinische Wochenschrift: Die Berechtigung und der mögliche Nutzen einer monographischen Bearbeitung gerade dieses Teiles des pharmakologisch-toxikologischen Lehrmateriales leitet sich aus dem Mangel kritischer Tatsachensichtung und darum klarer Fragestellungen auf diesem Gebiete ab, dessen Erforschung von eminent praktischer Bedeutung ist. Fallen doch noch immer alljährlich tausende und abertausende von Menschen der Vergiftung infolge Schlangenbisses zum Opfer. Die eben gekennzeichnete Lücke hat der Verfasser, dem wir sehr gute eigene Arbeiten auf diesem Felde verdanken, in trefflicher Weise ausgefüllt. Dank seiner gründlichen methodischen und kritischen Schulung verstand er das Legendäre, das sich gerade hier von Alters her breit gemacht hat, vom Sichergestellten zu sondern und letzteres so anzuordnen, daß sich die Probleme von selbst ergeben. Das Kapitel über die Schlangengifte, das entsprechend seiner Bedeutung am eingehendsten behandelt ist, enthält auch interessante, sonst noch nicht veröffentlichte Angaben des Verfassers über die chemische Natur des Schlangengiftes. Die Literaturgaben sind reichlich und genau, was man heutzutage wohl besonders hervorheben darf. Der Ausdruck des flott geschriebenen Heftes ist überall präzis und knapp.

Zeitschrift für den physikalisch-chemischen Unterricht: Eine kurze Besprechung dieser Arbeit rechtfertigt sich hier nur vom Standpunkt des chemisch-biologischen Unterrichts aus. Es finden sich darin die im Tierreich so zahlreich vorhandenen Giftstoffe von den Wirbeltieren bis hin zu den Cölenteraten aufs eingehendste und unter genauer Angabe der übrigen wissenschaftlichen Literatur behandelt. Mit besonderer Sorgfalt sind die Schlangenbisse und ihre Therapie besprochen. (Danach kommt dem Alkohol z. B. auch beim Biß der Kreuzotter eine Heilwirkung nicht zu, dagegen hat neuerdings die Serumtherapie in Indien wirkungsvoll eingesetzt.) Auch die Aufzeichnungen über den in den Nebennieren des Menschen enthaltenen Giftstoff Adrenalin oder Epinephrin, über den Giftsporn von Ornithorhynchus, die Giftfestigkeit des Igels, die verschiedenen Wirkungen der Kanthariden, Muraena helena, Miesmuschel u. a. sind sehr interessant gehalten. Überhaupt hat es der Verfasser verstanden, seinen Stoff außerordentlich fesselnd zu gestalten, wobei die vielen historischen Angaben gleichfalls mitsprechen, so daß die Anschaffung des Buches für die Zwecke des chemisch-biologischen Unterrichts durchaus zu empfehlen ist.

Die Wissenschaft. Sammlung naturwissenschaftlicher und mathematischer Monographien.

X. Heft.

Die psychischen Maſsmethoden von Dr. G. F. Lipps, Privatdozent der Philosophie an der Universität Leipzig. Mit 6 Abbildungen. Preis geh. M. 3.50, geb. in Lnwd. M. 4.10.

Inhaltsverzeichnis.

Erster Abschnitt. **Psychologie und Naturwissenschaft.** 1. Die empirische und die philosophische Weltbetrachtung. 2. Die Bewußtseinsinhalte. — Zweiter Abschnitt. **Die Wahrscheinlichkeitslehre.** 3. Gewißheit und Wahrscheinlichkeit. 4. Die Wahrscheinlichkeitsbestimmung. — Dritter Abschnitt. **Die Maßbestimmungen bei der Berücksichtigung subjektiver Faktoren im Bereiche der naturwissenschaftlichen Forschung.** 5. Die Beobachtungsfehler. 6. Die Ungenauigkeit der Sinneswahrnehmung und die sonstigen subjektiven Faktoren. — Vierter Abschnitt. **Die psychophysischen Maßmethoden.** 7. Der naturphilosophische Standpunkt Fechners und das psychophysische Grundgesetz. 8. Das Maß der Empfindlichkeit. 9. Die Methode der eben merklichen Unterschiede. 10. Die Methode der mittleren Fehler. 11. Die Methode der richtigen und falschen Fälle. 12. Die Methode der mittleren Abstufungen. 13. Die Beobachtungsreihen. 14. Das Fehlergesetz. 15. Die Mittelwerte der Beobachtungsreihen. — Fünfter Abschnitt. **Das psychische Maß.** 16. Die durch Fechner begründete Auffassungsweise des psychischen Maßes. 17. Ordnen und Messen. — Sechster Abschnitt. **Die Methoden der psychischen Abhängigkeitsbestimmung.** 18. Die Bestimmung des Grades der Abhängigkeit. 19. Der Typus der Beobachtungsreihe. 20. Die Zerlegung der Beobachtungsreihen in Komponenten und die Bestimmung der Unterschiedsschwelle. — **Anhang.** 21. Die Berechnung der Mittelwerte. — **Literaturverzeichnis.** — Register.

Beurteilungen.

Literarisches Zentralblatt: In der Literatur begegnet man noch so oft unklaren und fehlerhaften Anschauungen über die psychischen Maßmethoden, daß eine umfassende monographische Darstellung der letzteren sicher einem Bedürfnis entspricht. G. F. Lipps gibt nun in der Tat eine Monographie, welche auch zur ersten Einführung in das Gebiet sich recht gut eignet. Er hat sich dabei weiter die doppelte Aufgabe gestellt: einesteils zu zeigen, daß die von Fechner in Anlehnung an das gewöhnliche Fehlergesetz begründeten Maßmethoden unzureichend sind, und anderenteils den Weg anzugeben, auf dem man ohne Voraussetzung eines bestimmten Fehlergesetzes zu einer allen Bedürfnissen der experimentellen Psychologie genügenden Methode der Maß- und Abhängigkeitsbestimmung gelangt. An den Ausfall dieses letzteren Versuches knüpft sich in wissenschaftlicher Beziehung das Hauptinteresse an der Abhandlung des Verf.

Physikalische Zeitschrift: Wer den Wunsch hegt, einen Überblick über das Rüstzeug der messenden Psychologie zu gewinnen, dem wird das vorliegende zehnte Heft der Viewegschen Sammlung „Die Wissenschaft" sehr willkommen sein. Das Buch wird sich bald einen größeren Freundeskreis erwerben.

Südwestdeutsche Schulblätter: Dr. Lipps stellt sich in seiner Schrift die Aufgabe, sowohl die auf Fechner zurückgehenden psychophysischen Maßmethoden als unzureichend darzulegen, als auch zu zeigen, wie man ohne Voraussetzung eines bestimmten Fehlergesetzes zu einer Methode der Maß- und Abhängigkeitsbestimmung gelangen kann, die allen Bedürfnissen der Experimentalpsychologie gerecht werden kann. Selbstverständlich setzt das Werk eine umfassende Kenntnis der höheren Mathematik voraus, wird daher vielleicht bei flüchtiger Durchsicht manchen Psychologie treibenden Leser etwas abschrecken. Die Furcht ist unbegründet. Der Verf. pflegt die mathematisch erhaltenen Resultate ausführlich und klar zu interpretieren. Die dargebotenen zahlreichen Tabellen und Kurvenzüge erleichtern das Studium des interessanten Buches ganz besonders. Das reichhaltige Literaturverzeichnis ergänzt die Arbeit sehr glücklich.

Hochschul-Nachrichten: Mit wahrer Hochachtung muß der eindringende Ernst dieser Untersuchung der noch jungen aber jugendlich regsamen Wissenschaft der Psychophysik erfüllen, die hier von ihren ersten, noch hinter E. H. Weber und G. Th. Fechner zurückliegenden Anfängen bis zu W. Wundt und anderen Zeitgenossen kritisch verfolgt wird. Die Fachgenossen und berufsmäßigen Jünger der Wissenschaft selbst braucht man gewiß nicht erst auf die Arbeit des jungen Doktors Lipps aufmerksam zu machen.

„Aufwärts", Zeitschrift für Studierende: Schon lange Zeit spielen die psychischen Messungen in der experimentellen Psychologie eine Rolle, die neuerdings nicht unangefochten geblieben ist. Da nämlich Subjekt und Objekt bei vielen dieser Methoden dieselbe Persönlichkeit ist, ist dagegen geltend gemacht worden, ihre Ergebnisse könnten nicht als reine gelten. Maß und Zahl sind jedoch die geradezu unentbehrlichen Hilfsmittel des experimentellen Psychologen, und die Feststellung der Bedingungen, unter denen von tadellosen Meß-Methoden gesprochen werden kann, muß demnach für die Wissenschaft von hohem Werte sein. Deshalb ist es von Bedeutung, daß Dr. E. Lipps in einer besonderen, der Sammlung „Die Wissenschaft" (Braunschweig 1906, Friedr. Vieweg & Sohn) einverleibten Schrift diesen Gegenstand einer besonderen Erörterung unterzogen hat. Er beschreibt die eingeschlagenen Methoden im einzelnen und legt Kritik an sie. Eine von Lipps hier und schon früher bevorzugte Messungsmethode ist die Beobachtungsreihe, die auf möglichst weitschichtigem Material beruht. Er gibt hier für diesen Typ Bestimmungen an und analysiert die Komponenten seiner Tragweite. Im übrigen erweist die sehr gehaltvolle Schrift, daß es zurzeit nicht möglich ist, von einer objektiven psychischen Meßmethode zu sprechen und die Bedingungen der psychischen Meßmethoden jedesmal im einzelnen gesondert und geprüft werden müssen.

Die Wissenschaft. Sammlung naturwissenschaftlicher und mathematischer Monographien.

XI. Heft.
Der Bau des Fixsternsystems von Dr. Hermann Kobold, a. o. Professor an der Universität und Observator der Sternwarte in Kiel. Mit 19 Abbild. u. 3 Tafeln. Preis geh. M. 6.50, geb. in Lnwd. M. 7.30.

Urteile der Presse.

Beilage zur Allgemeinen Zeitung, München: Die Frage nach dem Bau des Fixsternsystems, dem unsere Sonne angehört, bildet eines der wichtigsten Probleme der heutigen Astronomie. Wenn eine nach allen Seiten befriedigende Lösung dieses Problems auch in naher Zeit nicht zu erwarten ist, so war es doch ein höchst verdienstvolles Unternehmen des Verfassers, den Standpunkt, den die astronomische Forschung gegenwärtig im Hinblick auf diese Frage einnimmt, sowie die Vorstellungen, die wir uns über den Bau des Fixsternsystems zu machen haben, in zusammenfassender Weise darzustellen und die bis jetzt erlangten Ergebnisse weiteren Kreisen zugänglich zu machen. Verfasser gibt zunächst einen kurzen historischen Überblick über den Gegenstand. Die Frage nach dem Bau des Universums ist verhältnismäßig neu. Kepler (1571—1630), der Entdecker der Gesetze für die Bewegung der Planeten um die Sonne, betrachtet die letztere, „das Herz des Universums", noch als das Weltzentrum; erst Huygens (1629—1695) stellt sie auf die gleiche Stufe mit den Fixsternen. Aber schon 1734 tritt Thomas Wright dafür ein, daß der Milchstraße in bezug auf das Fixsternsystem dieselbe Bedeutung zukomme wie der Ekliptik hinsichtlich unseres Sonnensystems, und nur zwei Jahrzehnte später spricht Kant in seiner „Naturgeschichte des Himmels" die Ansicht aus, daß das Fixsternsystem in der Richtung der Milchstraße sich weiter ausdehne als in anderer Richtung, daß die Sterne über eine linsenförmige Fläche verteilt seien, die wir längs der Kante (der Milchstraße) betrachten; daß ferner die Sonne dem Mittelpunkte dieser Fläche ziemlich nahe stehe und daß endlich die Sterne ähnlich, wie die Planeten um die Sonne, eine Bewegung um einen gemeinsamen Mittelpunkt besäßen. Es ist gewiß von hohem Interesse, zu konstatieren, daß diese auf Grund von rein spekulativen Betrachtungen gewonnenen Anschauungen Kants durch die Ergebnisse der neueren Forschungen im wesentlichen bestätigt worden sind. — Im ersten Abschnitt des Buches behandelt dann Verfasser, zunächst mehr allgemein, die für die Lösung des Problems in Betracht kommenden astronomischen Instrumente und Beobachtungsmethoden: die Bestimmung der Fixsternorte und die Änderungen der letzteren; die Bestimmung der Helligkeit, der

Farbe und des Spektrums der Gestirne, ihrer Entfernung von uns (ihrer „Parallaxe"), ihrer Eigenbewegung am scheinbaren Himmelsgewölbe, sowie in der Richtung des Sehstrahles, endlich die Verteilung der Sterne. Im zweiten Abschnitt geht Verfasser sodann auf diese Gegenstände näher ein, insbesondere teilt er hier, soweit es nötig erscheint, die Ergebnisse der wichtigsten einschlägigen Beobachtungsreihen mit und kommt dann in ausführlicher Weise auf die Bestimmung des Apex der (translatorischen) Bewegung der Sonne aus den bis jetzt bekannten Eigenbewegungen der Fixsterne zu sprechen,

indem er die Grundlagen der von verschiedenen Astronomen hierfür aufgestellten Rechnungsmethoden samt den jedesmaligen Ergebnissen einer kritischen Würdigung unterzieht. Im dritten Abschnitt werden endlich die von den verschiedenen Forschern über das Phänomen der Milchstraße, über die räumliche Anordnung des Universums, sowie über die Bewegungen in dem letzteren angestellten Untersuchungen und Theorien übersichtlich dargestellt und eingehend erörtert. Auf Einzelheiten einzugehen, würde an dieser Stelle zu weit führen . . . — Wir möchten nicht verfehlen, das Studium des ausgezeichneten Buches, das seinesgleichen in der deutschen Literatur nicht besitzt, allen Freunden der Astronomie auf das wärmste zu empfehlen.

Die Wissenschaft. Sammlung naturwissenschaftlicher und mathematischer Monographien.

XII. Heft.
Die Fortschritte der kinetischen Gastheorie von Dr. G. Jäger, Professor der Physik a. d. techn. Hochschule in Wien. Mit 8 Abbildungen.
Preis geheftet M. 3.50, gebunden in Leinwand M. 4.10.

Ein Urteil aus der Presse.

Zeitschrift für das österreichische Gymnasium: Der Verfasser war bestrebt, die Ergebnisse der kinetischen Gastheorie so darzustellen, daß er dadurch die Leser seines Buches zur Weiterforschung anregt und anleitet. Als Einleitung hat der Verfasser in ganz zweckentsprechender Weise eine kurze Darstellung der älteren Resultate der kinetischen Gastheorie gegeben, um auf dieser die neueren und neuesten Forschungen theoretischer Natur auf diesem Wissensfelde aufbauen zu können.

Der Darstellung wurde jene Theorie zugrunde gelegt, nach welcher die Gasmoleküle als vollkommen elastische Kugeln angenommen werden, welche Anziehungskräfte aufeinander ausüben, Annahmen, die nach der Ansicht des Verfassers für die Physik nicht idealer Gase und Flüssigkeiten am ehesten einen Fortschritt versprechen.

In der Einleitung wird zunächst das Boyle-Charlessche Gesetz, dann die Gesetze von Avogadro, Gay-Lussac und Dalton abgeleitet und aus diesen theoretischen Folgerungen der Zahlenwert der Geschwindigkeiten der Moleküle erschlossen. In sehr einfacher Weise wird dann das Verteilungsgesetz der Geschwindigkeit, das von Maxwell aufgestellt wurde, deduziert. Daran anschließend wird die mittlere Weglänge und die Stoßzahl der Moleküle berechnet, und zwar unter der Annahme, daß sämtliche Moleküle dieselbe Geschwindigkeit besitzen und unter jener, daß das Maxwellsche Verteilungsgesetz gelte. Weitere Erörterungen in der Einleitung beziehen sich auf die spezifische Wärme von Gasen, die innere Reibung, die Wärmeleitung und Diffusion derselben. Wie aus der mittleren Weglänge die Größe der Moleküle (nach Loschmid) erschlossen werden kann, wird im folgenden gezeigt. Schließlich werden die Abweichungen angegeben, welche die wirklichen Gase vom Boyle-Charlesschen Gesetze zeigen.

Aus dem Virial der Kräfte, welche auf das System der Massenpunkte wirken, einer Funktion, welche die Eigenschaft hat, daß dasselbe vermehrt um die doppelte kinetische Energie des Systems gleich Null ist, wird in einfacher Weise die Gleichung abgeleitet, durch welche das Gesetz von Boyle-Charles dargestellt ist. In den folgenden Entwickelungen wird das von Boltzmann angegebene H.-Theorem deduziert, aus dem erhellt, daß die Eigenschaft der Entropie, einem Maximum beständig zuzustreben, als ein Streben des Gases erscheint, von einem weniger wahrscheinlichen zu einem wahrscheinlichen Verteilungszustande zu gelangen.

Sehr elegant ist die nun folgende Ableitung des Maxwell-Boltzmannschen Gesetzes der Verteilung der Geschwindigkeiten der Gasmoleküle bei Berücksichtigung des Einflusses äußerer Kräfte. Diese Ableitung, bei der die hydrostatischen Grundgleichungen gebraucht werden, hat der Verfasser des vorliegenden Buches gegeben. Daß das Maxwell-Boltzmannsche Gesetz für beliebig kleine Kraftfelder gültig bleibt, wird im folgenden dargetan. Unter Zugrundelegung der Virialgleichung betrachtet der Verfasser die Zustandsgleichung schwach komprimierter Gase, wobei er den Entwickelungen von Reinganum folgt und schließlich aus der von diesem Forscher aufgestellten Gleichung zur Gleichung von van der Waals gelangt.

Weiter wird gezeigt, wie die Anziehungskräfte der Moleküle bei Berechnung der mittleren Weglänge in Betracht zu ziehen sind; daraus ergibt sich eine Formel, welche die Abhängigkeit der inneren Reibung der Gase von der Temperatur angibt, eine Formel, die auch experimentell verifiziert wurde.

Im weiteren Verlaufe seiner Ausführungen bespricht der Verfasser noch den Temperatursprung bei der Wärmeleitung, also jene Erscheinung, daß — wenn Wärme vom Gas an einen festen Körper oder umgekehrt abgegeben wird — an der Oberfläche des festen Körpers eine tiefere bzw. höhere Temperatur herrschen müsse, als in der unmittelbar daran stoßenden Grenzschichte des Gases.

Die Theorie der idealen Flüssigkeit, wie sie von Jäger vor drei Jahren aufgestellt wurde, wird mit Berücksichtigung des inneren Druckes einer solchen Flüssigkeit und der inneren Reibung derselben in den Schlußabschnitten des Buches dargestellt. Von großem Interesse ist die aus dieser Betrachtung gezogene Folgerung bezüglich des Durchmessers der Flüssigkeitsmoleküle. So wird die Größe des Durchmessers der Quecksilbermoleküle zu $0,3 \cdot 10^{-6}$ mm bestimmt.

Wer sich über die Fortschritte auf dem Gebiete der kinetischen Gastheorie, namentlich in theoretischer Hinsicht, rasch orientieren will, wird mit Vorteil sich dieser sehr klar geschriebenen Schrift bedienen. Das Buch ist dem Meister der gastheoretischen Forschung Prof. Boltzmann gewidmet.

Chemiker-Zeitung: Die ausführliche Einleitung des Werkchens gibt eine ausgezeichnete klare Darstellung der kinetischen Gastheorie. Schon wegen derselben kann das Büchlein, das aus der Feder des durch seine „theoretische Physik" wohlbekannten Verfassers hervorgegangen ist, bestens empfohlen werden. Der Hauptteil ist zunächst Boltzmanns Untersuchungen gewidmet. Das H-Theorem und seine Beziehung zum zweiten Hauptsatze der Wärmetheorie finden zuerst ihre Ableitung, sodann die Sätze über Geschwindigkeitsverteilung und Dichteverteilung in einem Gase, in dem innere und äußere Kräfte wirken. Der Verf. verfolgt hier anschauliche und originelle Methoden. Die Anwendung wird auf die Zustandsgleichung nicht zu stark komprimierter Gase gemacht, wobei der Verf. den Arbeiten von M. Reinganum folgt. Der Temperaturkoeffizient der inneren Reibung, der in letzter Zeit befriedigende Erklärung fand, wird ebenfalls besprochen. Es folgen die Untersuchungen von Smoluchowski über den Temperatursprung der Wärmeleitung in Gasen und eigene Forschungen des Verf. über die Theorie der Flüssigkeiten. Das Büchlein kann daher allen, die sich für die auch in der Elektrizitätslehre immer mehr Bedeutung gewinnende kinetische Theorie interessieren, wärmstens empfohlen werden.

Die Wissenschaft.
Sammlung naturwissenschaftlicher und mathematischer Monographien.

XIII. Heft.

Petrogenesis von Dr. C. Doelter, o. Professor der Mineralogie und Petrographie an der Universität Graz. Mit einer Lichtdrucktafel und 5 Abbildungen. Preis geh. M. 7.—, geb. in Lnwd. M. 7.80.

Urteile der Presse.

Tschermaks mineralogische und petrographische Mitteilungen: In diesem Werk sucht der Verfasser das, was über die Bildungsweise der Gesteine bekannt ist, zu einem Gesamtbild zu vereinigen, eine ebenso interessante als schwierige Aufgabe, wenn man berücksichtigt, daß in diesem Gebiete allerdings seit den ältesten Zeiten geologischer Forschung gearbeitet worden ist, daß aber bis vor nicht langer Zeit die vagen Hypothesen gar sehr den Bestand an sichergestellten Tatsachen überwogen, daß erst seit einer verhältnismäßig kurzen Zeit das Experiment in seine Rechte tritt, welches allerdings die in der Natur sich vollziehenden Vorgänge niemals vollständig wird nachahmen können, dessen wichtige Rolle bei der Beurteilung der einfacheren Fälle aber niemand leugnen kann.

Trotz dieser großen Schwierigkeiten ist ein sehr interessantes Werk herausgekommen, das nicht nur die in so manchen Punkten weit auseinandergehenden Ansichten registriert und referiert, sondern auch in vielen Fällen den Weg andeutet, wie die anscheinenden Widersprüche gehoben werden könnten.

Verhandlungen der k. k. geologischen Reichsanstalt: Einen sehr wertvollen Beitrag zur Reihe petrographischer und geologischer Lehrbücher hat der verdienstvolle Experimentator durch diese für sich abgeschlossene Zusammenstellung unserer dermaligen Kenntnisse von der Gesteinsbildung geleistet. Auch der Meister, der sich mehr für die subjektive Meinung des Autors interessiert, findet diese.

Daß sich der Inhalt eines Lehrbuches nicht in Kürze wiedergeben läßt, und so nur einige wichtigere Erscheinungen und Ansichten zu seiner Charakterisierung herausgegriffen werden können, ist wohl selbstverständlich.

Globus: Für den vorliegenden Band der neuen Monographiensammlung hätte die Verlagshandlung kaum einen berufeneren Verfasser gewinnen können, als den durch seine Versuche über künstliche Darstellung von Mineralien und Gesteinen in weiteren Kreisen bekannten Prof. Doelter-Graz. In sehr durchsichtiger, klarer und überall kritisch sichtender Weise faßt er hier zusammen, was uns über die Entstehung der Gesteine bekannt ist, überall unter Hinweisen auf die noch offenen Fragen und unter Kritik der sich zum Teil noch ziemlich unvermittelt entgegenstehenden Meinungen. Der größte Teil des Buches beschäftigt sich mit den für den Petrographen am interessantesten erscheinenden Eruptivgesteinen, wobei auch selbstverständlich öfters auf die mit ihrer Entstehung zusammenhängenden Fragen aus der Theorie des Vulkanismus und auf die vulkanischen Erscheinungen eingegangen wird. Kürzer behandelt sind die kristallinen Schiefer und Sedimentgesteine, bei denen, den Begriff des Gesteins im engeren Sinne gefaßt, Erze und Kohlen ausgeschlossen bleiben. Daß das Buch die neuesten Ergebnisse der experimentellen physikalisch-chemischen Forschung mit denen der petrographischen Untersuchungen und geologischen Beobachtung verbindet, braucht wohl kaum besonders betont zu werden.

Naturwissensch. Rundschau: Bei der Fülle der Fortschritte auf den Einzelgebieten mathematischer Forschung ist es dankbar zu begrüßen, daß sich die Verlagsbuchhandlung Friedr. Vieweg & Sohn in dieser „Die Wissenschaft" bezeichneten Sammlung die Aufgabe gestellt hat, aus der Feder berufener Spezialforscher auch dem dem jeweiligen besonderen Zweige der Mathematik oder Naturwissenschaften Fernerstehenden eine übersichtliche Darstellung der betreffenden Materie zu bieten ...

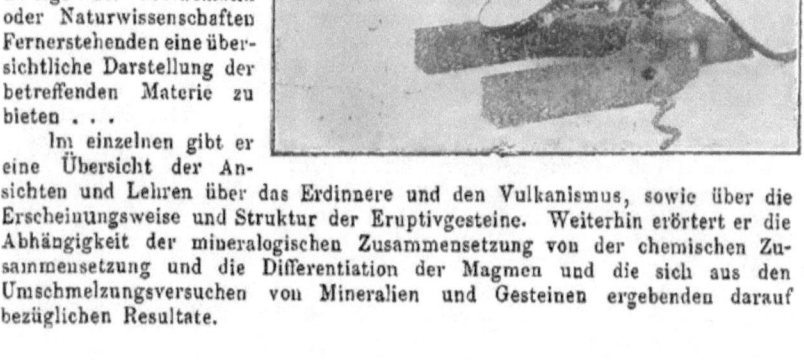

Im einzelnen gibt er eine Übersicht der Ansichten und Lehren über das Erdinnere und den Vulkanismus, sowie über die Erscheinungsweise und Struktur der Eruptivgesteine. Weiterhin erörtert er die Abhängigkeit der mineralogischen Zusammensetzung von der chemischen Zusammensetzung und die Differentiation der Magmen und die sich aus den Umschmelzungsversuchen von Mineralien und Gesteinen ergebenden darauf bezüglichen Resultate.

Die Wissenschaft.
Sammlung naturwissenschaftlicher und mathematischer Monographien.

XIV. Heft.
Die Grundlagen der Farbenphotographie von Dr. B. Donath. Mit 35 Abbildungen und einer farbigen Ausschlagtafel. Preis geh. M. 5.—, geb. in Lnwd. M. 5.80.

Aus der Fachpresse.

Photographische Rundschau: Dr. B. Donath, der bekannte Physiker an der Urania zu Berlin, hat mit vorliegendem Werke den Grundstein gelegt für die gedeihliche Weiterentwickelung der direkten und indirekten Farbenphotographie. Die neuerdings über dies Thema erschienenen Abhandlungen sind zum überwiegenden Teile Reklameschriften für ein bestimmtes Verfahren und verfaßt ohne die notwendigen Vorkenntnisse. Donath erörtert in streng wissenschaftlicher und doch leicht verständlicher Weise die Grundlagen eines jeden Verfahrens, um daran anschließend bewährte Arbeitsvorschriften zu geben. Ungemein lichtvoll sind die schwierigsten Fragen abgehandelt, z. B. das Zustandekommen der Scheinfarben durch stehende Wellen. Selbst ein Meister in der Dreifarbenphotographie hat Donath dies Feld nach allen Seiten hin aufs gründlichste durchforscht und manche neue Anregung gegeben.

Allgemeine Sportzeitung: Bisher mußte man, wenn man sich über Photographie in natürlichen Farben, ihr Wesen und ihre Möglichkeiten befriedigend informieren wollte, mehrere, zum mindesten drei oder vier Werke durchlesen; jetzt ist das für die theoretische Information Notwendige sehr glücklich und gut zusammenhängend in einem Bande dargestellt, so daß man jemandem, der, sei es aus bloß theoretischem Interesse, sei es aus einem praktischen Bedürfnis, das Gebiet der Farbenphotographie betreten will, kaum besser raten kann, als daß er sich das vorliegende Werk anschaffen möge, um in die Grundlagen dieses photographischen Zweiges eingeweiht zu werden und außerdem die verschiedenen Wege, die hier zu dem erstrebten Ziele führen können, verständnisvoll zu überblicken. Man muß keineswegs über elementare, physikalische und optische Kenntnisse hinaus sein, um den Darlegungen des Verfassers zu folgen; denn dieser hat, die Weite des Leserkreises richtig abschätzend, auf eine allgemeine Verständlichkeit Gewicht gelegt. Donath beschreibt zuerst das direkte Verfahren. Es mag hier eingefügt werden, daß die Abhandlung um so größerem Interesse begegnen dürfte, als die Lehmannschen Arbeiten die Aufmerksamkeit der Fachwelt wieder auf das Lippmann-Verfahren hingelenkt haben. In dem zweiten Kapitel wird einer der interessantesten Prozesse verhandelt, nämlich das Ausbleichverfahren; der betreffende Abschnitt ist ziemlich kurz, doch trifft hier den Verfasser kaum eine Schuld — es ist über dieses so interessante Verfahren eben leider nur wenig zu sagen. Der zweite Teil des Buches beschäftigt sich mit der indirekten — heutzutage praktisch wichtigeren — Methode der Farbenphotographie mit ihren zwei Arten der Farbensynthese: der additiven und der subtraktiven. Unter die Verfahren hat der Verfasser auch schon das neue von Lumière (mit gefärbten Stärkemehlkörnern als Filter) aufgenommen. Überhaupt zeichnet sich das Buch fast durchwegs durch seine Vollständigkeit aus, und wenn darin auch nur die Grundlagen gezeigt werden sollen, so sind doch bei jedem Verfahren auch die Hauptzüge der Praxis angedeutet.

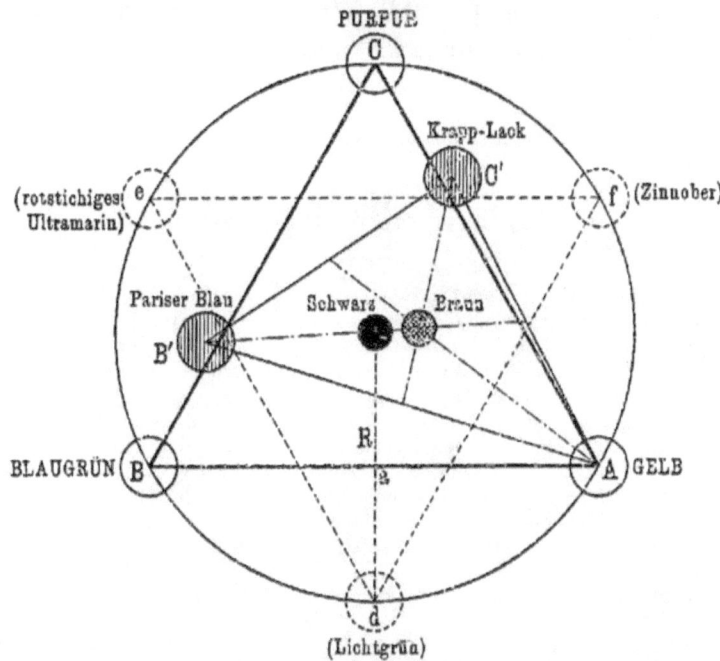

„Apollo", Zentral-Organ für Amateur- und Fachphotographie: Das Werk bildet eine vorzügliche Einführung in die Theorie der direkten und indirekten Farbenphotographie. Trotz seines wissenschaftlichen Charakters ist das Buch in einer klaren, leicht verständlichen Form gehalten, so daß es auch der nicht wissenschaftlich Gebildete mit Genuß und Verständnis lesen kann. In überzeugender Weise behandelt der Verfasser zunächst die direkten Verfahren der photographischen Farbenwiedergabe, und zwar sowohl diejenigen durch stehende Lichtwellen (Lippmannsches Verfahren) als auch diejenigen durch Körperfarben (Ausbleich-Verfahren). Der zweite Teil enthält eine wissenschaftliche Begründung der indirekten Verfahren und zwar sowohl nach der additiven wie nach der subtraktiven Methode der Farbenwiedergabe. Selten dürfte ein wissenschaftliches Werk auch für den Nichtfachmann eine so interessante und anregende Lektüre bilden, wie das vorliegende Buch. Die drucktechnische Ausstattung ist vorzüglich. Wir empfehlen unsern Lesern das Werk angelegentlichst.

Die Wissenschaft.
Sammlung naturwissenschaftlicher und mathematischer Monographien.

XV. Heft.

Höhlenkunde mit Berücksichtigung der Karstphänomene von Dr. phil. **Walter von Knebel**. Mit 42 Abbildungen im Text und auf 4 Tafeln. Preis geh. M. 5.50, geb. in Lnwd. M. 6.30.

Urteile der Presse.

Kölnische Zeitung: Die verdienstliche Sammlung „Die Wissenschaft", von der bisher 15 Hefte erschienen sind, setzt sich zur Aufgabe, die Fortschritte der Mathematik und der Naturwissenschaft in übersichtlichen Monographien über begrenzte Teile dieser Wissensgebiete einheitlich zusammenzufassen. In dem vorliegenden Bändchen hat es der Verfasser, ein junger schlesischer Geologe, unternommen, die Höhlen- und Karsterscheinungen — zwei Forschungszweige, die trotz einer reichen Spezialliteratur noch eine ganze Reihe unerörterter und ungelöster Probleme enthalten — auf Grund sorgfältiger eigener Studien in verschiedenen Höhlengebieten und eindringender Beschäftigung mit der vorhandenen Literatur, in gut populärer und doch auch streng wissenschaftlicher Weise zu behandeln und die einzelnen Anschauungen kritisch zu erörtern. Mit vollem Rechte betont er die Wichtigkeit und Notwendigkeit eingehender höhlenkundiger Untersuchungen und bezeichnet es als einen Hauptzweck seines Buches, den Beobachtern — und zwar nicht bloß den Fachgelehrten — bestimmte Hinweise und Anleitungen zu geben. Dank den Bemühungen von Kraus, Martel und anderen ist ja in Österreich, Frankreich, Italien usw. von einzelnen Forschern und höhlenkundlichen Gesellschaften die Aufsuchung der unterirdischen Naturwunder eifrig in die Hand genommen worden; aber ein wirklich wissenschaftliches höhlenkundliches Werk fehlte bis heute, und hier füllt Knebels Buch eine empfindliche Lücke aus.

Unterhaltungsbeilage für „Tägliche Rundschau": Mit einer wissenschaftlichen Darstellung des Höhlenphänomens und der damit in Zusammenhang stehenden Karstphänomene wendet sich Walter von Knebel, bekannt durch seine vulkanologischen Studien auf Island und den Kanarischen Inseln, an alle wissenschaftlich interessierten Leserkreise. Er kommt damit einem tatsächlich vorhandenen Bedürfnis nach; denn so umfangreich auch die auf die Höhlenkunde bezügliche Literatur ist, so sind die meisten Schriften doch einander sehr ähnlich: sie beschränken sich auf eine mehr oder weniger genaue Beschreibung der Höhlenräume, des darin enthaltenen Tropfsteinschmuckes und anderer Dinge; dann folgen gewöhnlich einige Spekulationen über Alter und Entstehung der Höhlen. Das Ganze gipfelt zumeist in einigen Bemerkungen über das Schaurigschöne der Grottenwelt oder über die Pracht der Stalaktiten.

Da aber der Wissenschaft mit derartigen Darstellungen nur wenig gedient ist, so möchte von Knebel mit seinem auf wissenschaftlicher Grundlage aufgebauten Werk nicht nur den Laien für dieses fesselnde Gebiet der geographischen Geologie gewinnen und ihn, soweit es in seinen Kräften steht, zu gewissenhaften Beobachtungen veranlassen und seinen Blick schärfen, sondern

auch dem Fachmann Anregung und vor allem Gelegenheit zum Meinungsaustausch geben. Sind doch die meisten Fragen der Höhlenkunde nur wenig erörtert und selbst da, wo dies stattgefunden hat, fehlte eben oftmals die zur Entwickelung eines jeden Wissenschaftszweiges so wichtige Diskussion.

Der Verfasser erschien um so eher geeignet, dieses zwar schwierige, aber auch lohnende Beginnen in die Hand zu nehmen, als er sich während einer Reihe von Jahren mit dem Wesen des Höhlenbildung befaßt hat; in den Höhlengebieten Süddeutschlands, dem fränkischen und schwäbischen Jura, im Rheinlande und im österreichischen Karst konnte er seine Studien fortsetzen. Und so hat sich denn bei seinen kritischen Untersuchungen manches ergeben, was bisher wenig oder gar nicht berücksichtigt wurde.

Die Wissenschaft. Sammlung naturwissenschaftlicher und mathematischer Monographien.

XVI. Heft.
Die Eiszeit von Dr. F. E. Geinitz, o. Professor an der Universität Rostock. Mit 25 Abbildungen im Text, 3 farbigen Tafeln und einer Tabelle. Preis geh. M. 7.—, geb. in Lnwd. M. 7.80.

Urteil der Presse.

Globus: Der Verfasser entwirft zunächst in kurzen Zügen ein Bild der diluvialen Vereisung, der Eiszeit und der durch sie erzeugten Gebilde (S. 1 bis 24). Darauf folgt als Hauptteil die Beschreibung der Vergletscherung Europas (bis S. 161). Der Verfasser hat dabei mit großer Gewissenhaftigkeit das gesamte Material zusammengetragen und in ausgezeichneter präziser Fassung dargelegt.

Von hervorragendem Interesse ist die allerdings knappe Darstellung des nordeuropäischen Glazial, das auch schon in früheren, zum Teil umfangreicheren Arbeiten vom Verfasser behandelt wurde.

Geinitz vertritt die Ansicht von der Einheitlichkeit der Eiszeit, eine Auffassung, die zwar der Lehrmeinung von verschiedenen Kälteperioden widerspricht, die aber in ausgezeichneter Weise vertreten und begründet wird. Von weiterem Interesse sind die verschiedenen Deutungen diluvialer Profile mit wechsellagernden glazialen und fluvioglazialen Gebilden, die, wie einleitend gezeigt wird, nicht Zeugnisse verschiedener Vereisungen abwerfen.

Bemerkenswerterweise ist vom Verfasser auch eingehend der Vergletscherungsspuren in den deutschen Mittelgebirgen gedacht. Er hätte vielleicht den problematischen Charakter vieler dieser Gebilde etwas mehr betonen können; vielfach geht Verfasser über ganz bestimmte Gegenbeweise zur Tagesordnung über (z. B. im Ries von Nördlingen).

Schließlich wird auch noch das außereuropäische Glazial gewürdigt, was aber bei dem dürftigen vorliegenden Material naturgemäß nur in knappem Umfange (S. 191—198) geschehen konnte.

Das gesamte Heft der „Wissenschaft" bildet ein geradezu vortreffliches Nachschlagewerk; wir wünschten nur, daß es in einer eventuellen 2. Auflage mit alphabetischem Inhaltsverzeichnis erscheinen möge. Allerdings ist das dem Werke vorangestellte sachliche Inhaltsverzeichnis sehr übersichtlich angelegt. Vielleicht ließe sich dann auch ein zusammenfassendes Kapitel angliedern, das hier dem Leser fehlen dürfte. Indessen ist wohl zu beachten, daß bei Behandlung eines jeden einzelnen Gebietes auf alle Fragen bereits eingegangen ist, so daß ein solches Kapitel vielleicht zu viel Wiederholungen bringen möchte.

Natur und Kultur: Der Verfasser macht den Versuch, die Eiszeit und ihre Erscheinungen und Bildungen im Zusammenhang darzustellen, gibt eine Darstellung der verschiedenen Hypothesen zur Erklärung der Eiszeit, wobei er für die Einheitlichkeit des Phänomens eintritt, der Tier- und Pflanzenwelt derselben und nimmt auch eingehend Rücksicht auf die Funde, die über das erste Auftreten des Menschen Aufschluß geben. Weiter beschreibt er die Bildungen, die im wesentlichen Produkte des Eises und seiner Schmelzwasser sind, wie der Geschiebemergel, die Ablagerung der Grund- und Endmoränen und untersucht die Einwirkungen des Eises auf den Untergrund durch Schrammung, Randhöckerbildung, Gletschererosion usw. und die Schöpfung der Bodenformen durch Moränenbildungen. Der Hauptteil des Buches betrachtet die einzelnen Vereisungsgebiete. Besonders ausführlich wird die Glazialablagerung und ihr Vorkommen in Skandinavien, Finnland, Rußland, Dänemark, Holland und Norddeutschland nach eigenen Forschungen behandelt, aber auch die Bildungen Großbritanniens und der Alpen finden exakteste Darstellung nach den Arbeiten Geikies, Pencks und Brückners. Weiterhin schildert Geinitz die Schotter- und Kalktuff-, Löß- und Höhlenbildungen zwischen alpiner und nordischer Vergletscherung sowie die Spuren im Schwarzwald, den Vogesen und anderen deutschen Mittelgebirgen. Darauf wendet er sich dem übrigen Europa, Nordamerika und den Polarländern zu, um zum Schluß auch noch kurz die Spuren der Eiszeit auf den übrigen Kontinenten zu besprechen. Den Text ergänzen gute, zum Teil zweifarbig ausgeführte Karten und schöne Abbildungen, worunter sich sehr charakteristische Landschaftsformen als Vollbilder befinden. Das Buch verdient weiteste Verbreitung.

Zeitschrift für Schulgeographie: Der bekannte Mecklenburger Forscher auf dem Gebiete der Glazialgeologie hat hier ein Kompendium seines Forschungsgebietes gegeben, wie es knapper und zutreffender kaum gegeben werden konnte. Der Text ist eng zusammengedrängt, nicht gerade leicht zu lesen, erteilt aber dafür über alles, was mit der Eiszeit irgendwie in Beziehung steht, genaue und zuverlässige Auskunft. Mag man sich über die Moorfrage mit Bezug auf Klimaschwankungen oder über die Niveauschwankungen des Baltikums orientieren wollen, alle diese Erscheinungen charakterisiert Geinitz in kurzen treffenden Worten. Das fehlende Register wird durch das eingehende Inhaltsverzeichnis genügend ersetzt, so daß sich das Werk auch zum Nachschlagen sehr eignet.

Nach einer Betrachtung des Quartärs und seiner Eiszeit im allgemeinen, wo die Theorien über die Ursache und die Berechnungen ihrer Dauer mitgeteilt werden, beginnt die eingehende Besprechung des nordeuropäischen Glazials, die bis zu den postglazialen Niveauschwankungen herabgeführt wird. Geinitz ist bekanntlich Vorkämpfer des Monoglazialismus und gibt seiner Anschauung von der Einheitlichkeit der Eiszeit auch hier kräftigen Ausdruck, ohne sie aber einseitig zu verfechten. Durch den Vergleich gewisser europäischer Vorkommnisse mit dem nordamerikanischen driftlessarea gewinnt seine Ansicht an Wahrscheinlichkeit. Im zweiten Abschnitt wird das Glazialphänomen der Alpen einer Betrachtung unterzogen, ihm folgen in ähnlicher Behandlung das Gebiet zwischen alpiner und nordischer Vergletscherung, die Eiszeitgletscher im übrigen Europa, die Eiszeit Nordamerikas, die Polarländer und die Eiszeit auf den übrigen Kontinenten.

So haben wir zum erstenmal eine Behandlung des Glazialphänomens der ganzen Erde vor uns und mancher interessante Vergleich ergibt sich aus dieser Zusammenstellung, die für Geographen von besonderem Wert ist. Daß das textlich und illustrativ schön ausgestattete Buch weite Verbreitung finden wird, ist nicht zu bezweifeln, und Ref. kann es zu Orientierung und Studium bestens empfehlen.

Die Wissenschaft.
Sammlung naturwissenschaftlicher und mathematischer Monographien.

XVII. Heft.
Die Anwendung der Interferenzen in der Spektroskopie und Metrologie
von Dr. **E. Gehrcke**, Privatdozent a. d. Universität Berlin, technischer Hilfsarbeiter an der physik.-techn. Reichsanstalt. Mit 73 Abbildungen. Preis geh. M. 5.50, geb. in Lnwd. M. 6.20.

Besprechungen.

Zentralzeitung für Optik und Mechanik: Das vorliegende Buch ist das 17. Heft der in dem bekannten Verlage erscheinenden „Sammlung naturwissenschaftlicher und mathematischer Monographien".

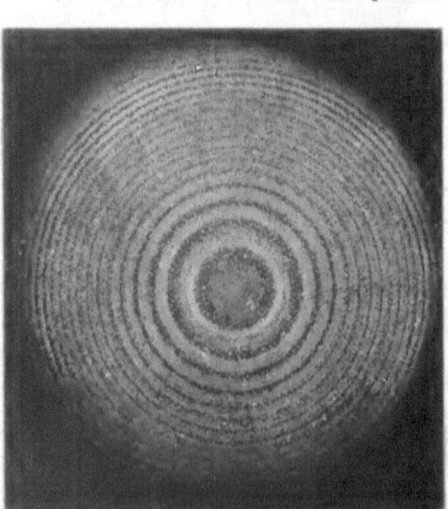

In der Lehre vom Licht beanspruchen die Interferenzerscheinungen von jeher schon ein eigenes Feld, dessen Bearbeitung alle Forscher und Lehrer der Optik sich in hohem Maße angelegen sein ließen. Schon Grimaldi (1665) kannte die Erscheinungen, welche später Goring mit der Benennung Interferenz des Lichtes in der Optik einen besonderen Platz anwies. Seither wurde die Theorie der Interferenzerscheinungen von zahlreichen Gelehrten mit mehr oder weniger Glück ausgebaut, ist aber heute auf einen Standpunkt angelangt, welcher die Forschung als abgeschlossen und die Gesetze darüber als feststehend betrachten läßt.

Im vorliegenden Werke hat es der Verfasser verstanden, die Theorie und die Anwendung der Interferenzerscheinungen, auf streng wissenschaftlicher Basis, trotzdem aber in anschaulicher und wohl allgemein verständlicher Weise zur Darstellung zu bringen.

Zahlreiche Abbildungen unterstützen das Verständnis. Das Buch wird sowohl dem Forscher wie auch dem Studierenden durch seine gedrängte Übersicht über einen wichtigen und interessanten Teil der Physik gute Dienste leisten.

Naturwissenschaftliche Rundschau: Ihre ersten, fundamentalen Erfahrungen verdankt die ältere spektroskopische Forschung nahe ausschließlich ihrem wichtigen und bewährten Hilfsmittel, dem Prisma. So wesentlich aber auch seine Verwendung für die gesamte Kenntnis auf diesem Gebiete war, so versagte es doch bald in vielen Fällen, wo die mit seiner Hilfe gewonnenen Resultate zu neuen Fragen anregten, die das Bedürfnis nach subtileren experimentellen Untersuchungen weckten. Da waren es die auf die lange bekannten Erscheinungen der Interferenz gegründeten Methoden, welche in neuerer Zeit in ihren verschiedenen Modifikationen der Spektroskopie eine aufs höchste gesteigerte Genauigkeit der Beobachtung erbrachten und damit erst die Beantwortung einer großen Zahl der wichtigsten Probleme ermöglichten.

Der Verf., welcher selbst tätigen Anteil an dem Ausbau des in Rede stehenden Gebietes genommen hat, versucht in vorliegendem Hefte die große Mannigfaltigkeit von Methoden und Versuchen, welche auf dem Interferenzprinzip aufgebaut wurden, übersichtlich darzustellen und an mehreren Beispielen die große Bedeutung dieser Methoden für den Entwickelungsgang der spektro-

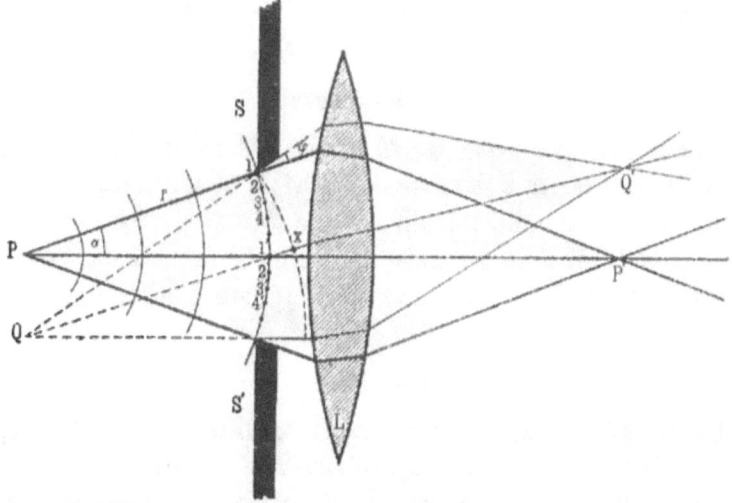

skopischen Erkenntnis zu zeigen. Die klaren und trotz elementarer Behandlung streng wissenschaftlichen Darlegungen müssen ihrer Vollständigkeit halber das Interesse des Fachmannes nicht weniger herausfordern wie dasjenige des dem Gebiete weniger nahestehenden Lesers, der, durch die elementare Beschreibung der Vorgänge der Wellenbewegung und der einfacheren Erscheinungen der Interferenz vorbereitet, auch den schwierigeren Problemen dürfte folgen können, wenn er vielleicht von den vielfach eingestreuten, dem Mathematiker jedenfalls willkommenen mathematischen Deduktionen absieht und sich die Darlegungen an den deutlichen Figuren veranschaulicht.

Von dem in fünf Teile gegliederten Inhalt sei hervorgehoben die Besprechung der Fresnelschen Interferenzversuche, der Newtonschen Farbenringe und ihrer Modifikation durch Fizeau, des Interferometers von Michelson, der Interferenzerscheinungen in planparallelen und keilförmigen Platten und des Interferenzspektroskops von Lummer und Gehrcke, schließlich des Gitters und Stufengitters. Der vierte Teil zeigt die Verwendung der Interferenzapparate. Der fünfte Teil bespricht einige Anwendungen der Interferenzen zu physikalischen Messungen. Der Anhang enthält ein Literaturverzeichnis.

DIE WISSENSCHAFT

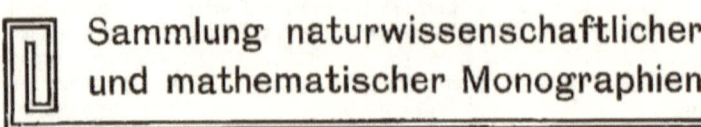

Sammlung naturwissenschaftlicher und mathematischer Monographien

XVIII. Heft:

Kinematik organischer Gelenke von Prof. Dr. Otto Fischer in Leipzig. Mit 77 Abbildungen. Preis geheftet Mark 8.—, gebunden in Leinwand Mark 9.—.

XIX. Heft:

Franz Neumann und sein Wirken als Forscher und Lehrer von Dr. A. Wangerin, Professor an der Universität Halle a. S. Mit einer Textfigur und einem Bildnis Neumanns in Heliogravure. Preis geheftet Mark 5.50, gebunden in Leinwand Mark 6.20.

XX. Heft:

Die Zustandsgleichung der Gase u. Flüssigkeiten und die Kontinuitätstheorie von Professor Dr. J. P. Kuenen in Leiden. Mit 9 Abbildungen. (Unter der Presse.)

XXI. Heft:

Radioaktive Umwandlungen von E. Rutherford, Professor der Physik an der Mc Gill Universität in Montreal. Übersetzt von M. Levin. Mit 53 Abbild. (Unter der Presse.)

═══ Weitere Hefte befinden sich in Vorbereitung. ═══

Ausführlichen Verlagskatalog bitten wir kostenlos zu verlangen.

Verlag von Friedrich Vieweg & Sohn in Braunschweig.

Ansichten über die organische Chemie.
Von
Prof. Dr. J. H. van 't Hoff.
Zwei Teile in einem Bande. gr. 8. Preis geh. 16,80 ℳ.

Die Lagerung der Atome im Raume
von
Prof. Dr. J. H. van 't Hoff.
Zweite umgearbeitete und vermehrte Auflage.
Mit einem Vorwort
von Dr. Johannes Wislicenus,
Professor der Chemie an der Universität Leipzig.
Mit 19 eingedruckten Holzstichen. gr. 8. Preis geh. 4 ℳ., geb. 4,60 ℳ

Vorlesungen über
theoretische und physikalische Chemie
von
Prof. Dr. J. H. van 't Hoff.

Erstes Heft. Die chemische Dynamik. Zweite Auflage. Mit in den Text eingedruckten Abbildungen. gr. 8. geh. Preis 6 ℳ.
Zweites Heft. Die chemische Statik. Zweite Auflage. Mit in den Text eingedruckten Abbildungen. gr. 8. geh. Preis 4 ℳ.
Drittes Heft. Beziehungen zwischen Eigenschaften und Zusammensetzung. Zweite Auflage. Mit in den Text eingedruckten Abbildungen. gr. 8. geh. Preis 4 ℳ.

Acht Vorträge über physikalische Chemie,
gehalten
auf Einladung der Universität Chicago 20. bis 24. Juni 1901
von
Prof. Dr. J. H. van 't Hoff.
Mit in den Text eingedruckten Abbildungen. gr. 8. geh. Preis 2,50 ℳ.

Zur Bildung der
ozeanischen Salzablagerungen
von
Prof. Dr. J. H. van 't Hoff.
Erstes Heft. Mit 34 Abbildungen. gr. 8. Preis geh. 4 ℳ.

Verlag von Friedr. Vieweg & Sohn in Braunschweig.

In vierter Auflage erschien:

Lehrbuch der anorganischen Chemie

von

Professor Dr. H. Erdmann,

Direktor des Anorganisch-Chemischen Instituts der Königlichen Technischen Hochschule zu Berlin.

XXVI und 794 Seiten. gr. 8. Mit 303 Abbildungen und 7 farbigen Tafeln.

Preis geh. 15 M., geb. in Lnwd. 16 M., geb. in Hlbfrz. 17 M.

Berichte d. deutschen pharmazeutischen Gesellschaft (Berlin): „... Daß die Ausführung dieser Aufgabe dem Verfasser aufs beste gelungen ist, zeigt jedes nur geringe Eingehen auf den Inhalt, der sich überall auf der Höhe der Wissenschaft bewegt. Die sehr zahlreichen Abbildungen sind instruktiv und von tadelloser Ausführung."

Berliner klinische Wochenschrift: „... Diese Lücke auszufüllen, ist in würdiger Weise vorliegendes Buch berufen und geeignet, das vollkommen auf dem Boden modernster Forschung steht und deren Resultate verwertet. Es ist ein gutes Lehrbuch und infolge seines Reichtums an beigebrachtem tatsächlichem Material gleichzeitig auch ein Nachschlagewerk. Was das Buch vor anderen wertvoll macht, ist neben seiner Klarheit die außerordentliche Vielseitigkeit seines Inhalts."

Zeitschrift für die gesamte Kälte-Industrie: „... Der verarbeitete Stoff ist ein ganz gewaltiger; trotzdem liest sich das Ganze dank der gefälligen Schreibweise fließend. Zum Verständnis sind nur geringe Vorkenntnisse notwendig. ... Alles in allem befriedigt die anorganische Chemie von Erdmann alle Anforderungen, die man billig an ein Lehrbuch sowohl von wissenschaftlicher, wie technischer Seite stellen kann, in vollständiger und harmonischer Weise; ein sehr übersichtliches alphabetisches Sachregister macht sie auch als Nachschlagebuch geeignet, was angesichts des reichen Inhaltes nicht zu unterschätzen ist."

Zeitschrift für das landwirtschaftliche Versuchswesen in Österreich: „... Der Autor verstand es mit Meisterschaft, den spröden Stoff nicht nur vollständig, sondern auch logisch und anziehend abzuhandeln, und neben der reinen Theorie auch die Technologie gebührend zu würdigen."

Acetylen in Wissenschaft und Industrie: „... Die Lösung seiner Aufgabe ist dem Verfasser aufs glänzendste gelungen und wir können das treffliche Werk nicht nur zum Studium der chemischen Wissenschaft, sondern auch als Nachschlagebuch aufs wärmste empfehlen."

Allgemeines Literaturblatt (Wien): „... Das vorliegende Buch zeichnet sich neben seiner prächtigen Ausstattung besonders durch seine anregende Schreibweise aus und durch starke Berücksichtigung der neueren Errungenschaften der Chemie ... So ist das Buch in besonderem Maße geeignet, Freude an dem Gegenstande zu erwecken und zu erhalten."

American Chemical Journal (Baltimore): „Any one who is familiar with Professor Erdmanns useful little book on the preparation of inorganic compounds will at once welcome the idea of a larger work from the same pen. It is a pleasure to say that this new volume will not disappoint such expectations ... the book is so full of admirable material that it will undoubtedly serve a very useful purpose, especially as an experimental guide to the teacher of the facts of inorganic chemistry."

www.ingramcontent.com/pod-product-compliance
Lightning Source LLC
Chambersburg PA
CBHW032050220426
43664CB00008B/943